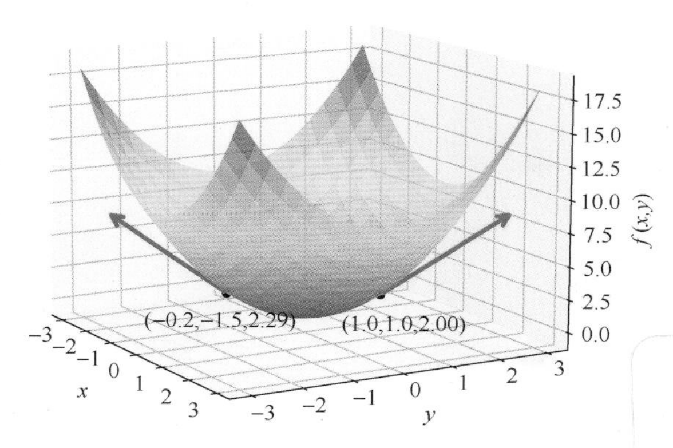


（a）抛物面 $f(x, y) = x^2 + y^2$ 的梯度

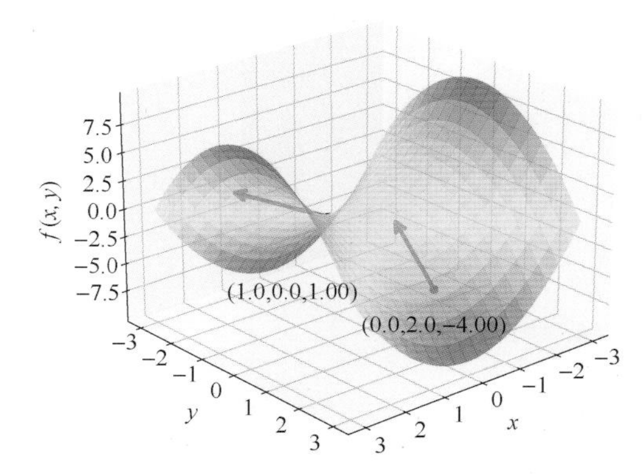


（b）马鞍面 $f(x, y) = x^2 - y^2$ 的梯度

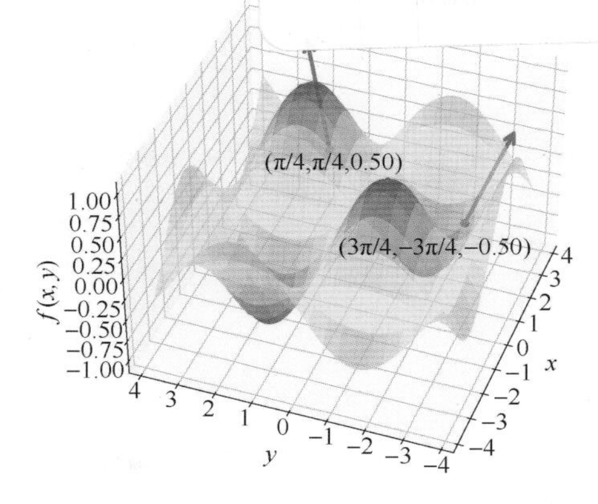


（c）$f(x, y) = \sin x \sin y$ 的梯度

图 1

(a) 内容图像

(b) 风格图像

(c) 生成图像

图 2

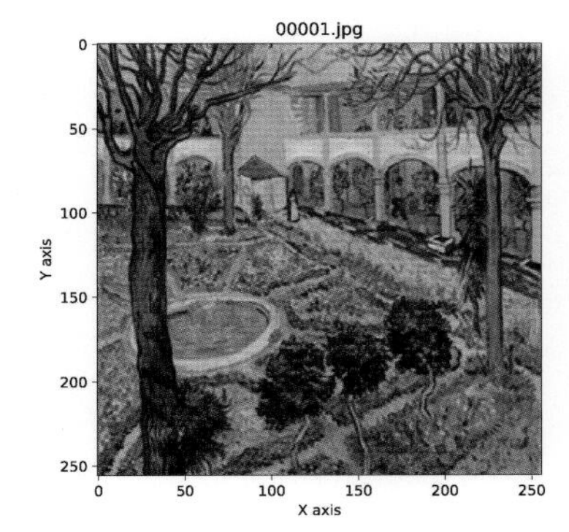


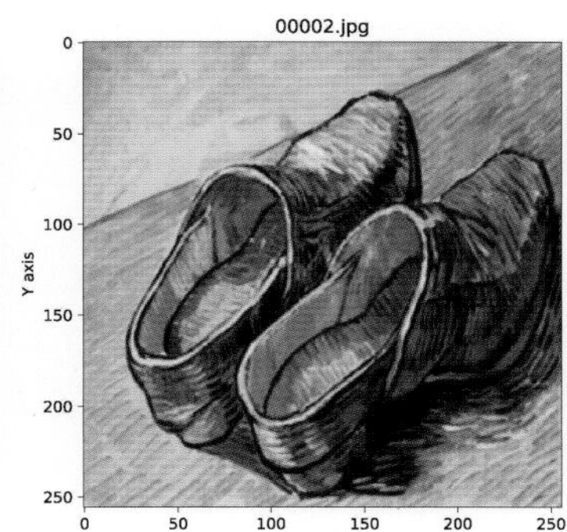


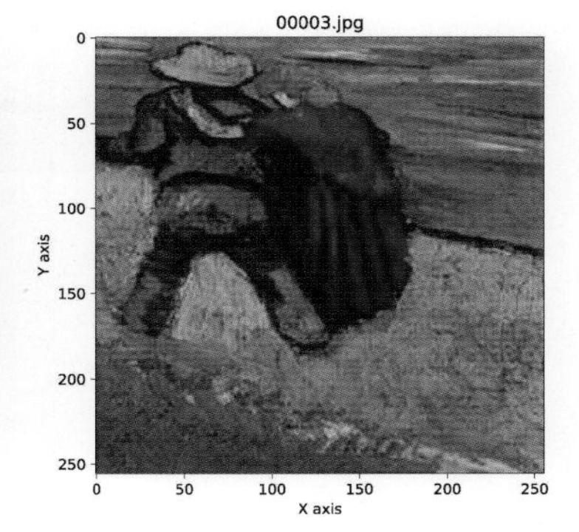


图 3

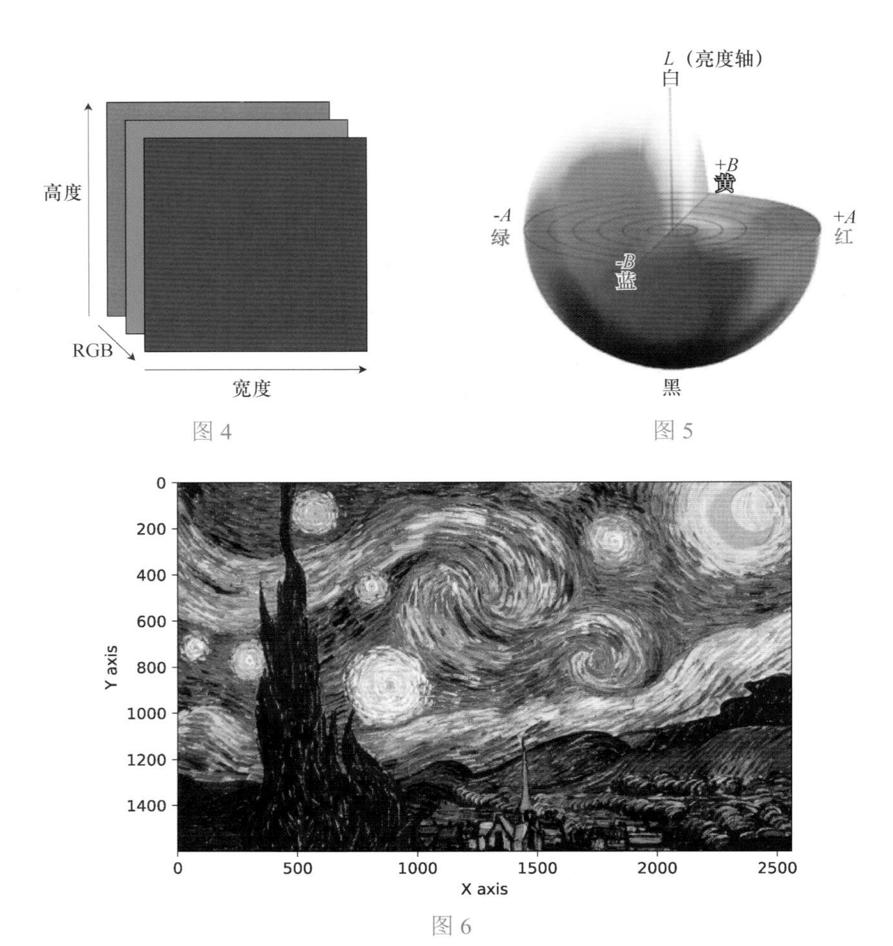
高度
RGB
宽度
L（亮度轴）
白
+B
黄
-A
绿
+A
红
-B
蓝
黑
Y axis
0
200
400
600
800
1000
1200
1400
0
500
1000
1500
2000
2500
X axis

图 4

图 5

图 6

Y axis
0
50
100
150
200
250
300
350
400
0
100
200
300
400
500
600
X axis

图 7

Y axis
X axis
0
50
100
150
200
250
300
350
400
0
100
200
300
400
500
600

图 8

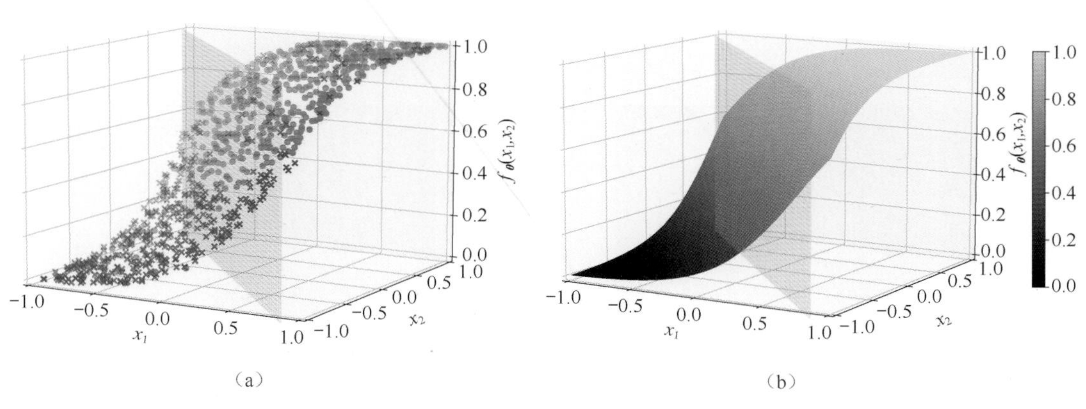
$f_\theta(x_1,x_2)$
$x_1$
$x_2$
$f_\theta(x_1,x_2)$
$x_1$
$x_2$

（a）

（b）

图 9

内容图像
0
100
200
300
400
500

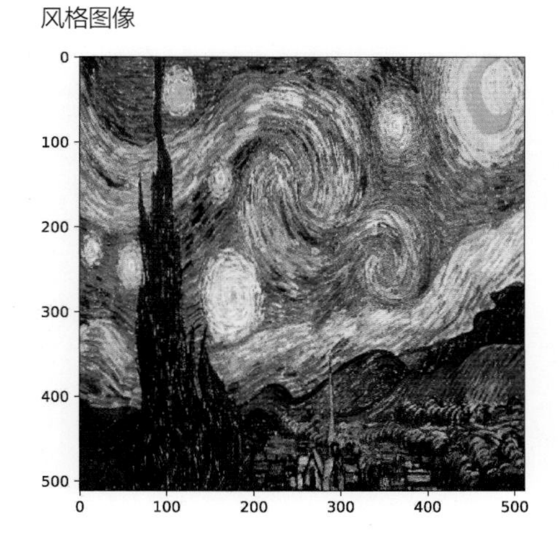
风格图像
0
100
200
300
400
500

图 10

训练轮数：0，风格损失：11691.9434，
内容损失：0.0000

训练轮数：50，风格损失：88.7717，
内容损失：3.3852

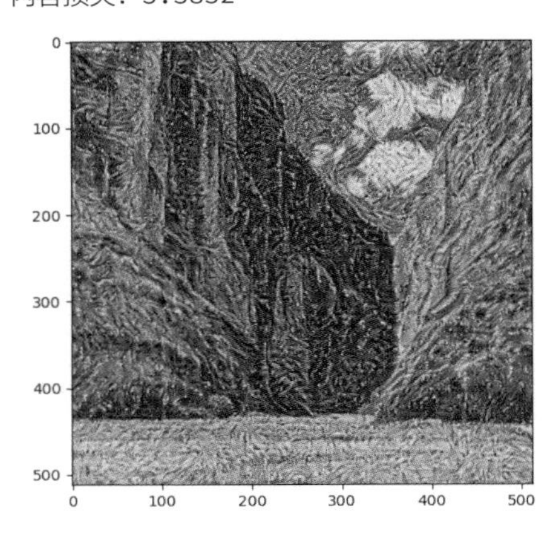

训练轮数：100，风格损失：21.4749，
内容损失：2.5494

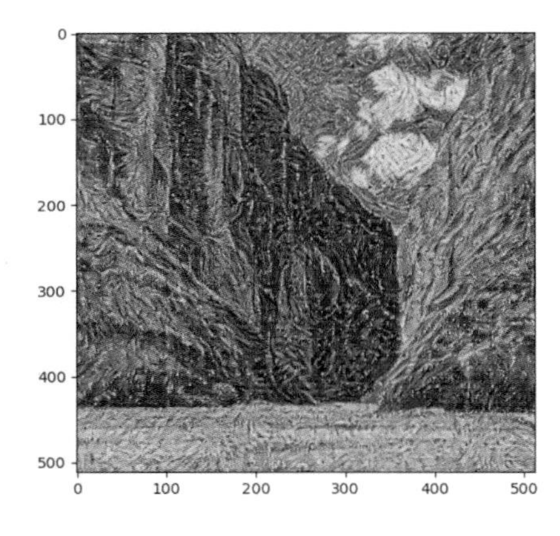

训练轮数：150，风格损失：13.0989，
内容损失：2.2862

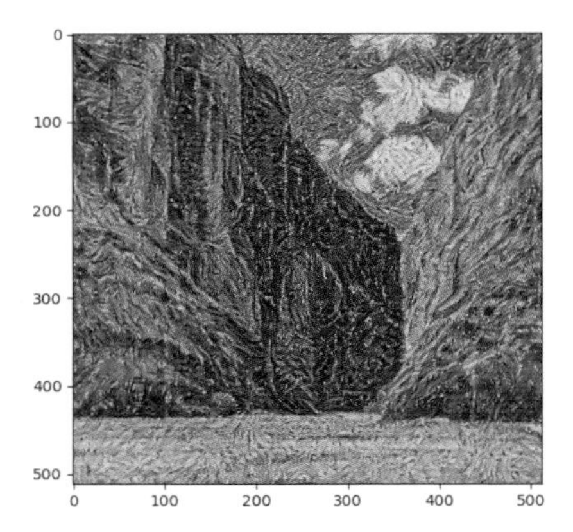

训练轮数：199，风格损失：7.4475，
内容损失：2.0521

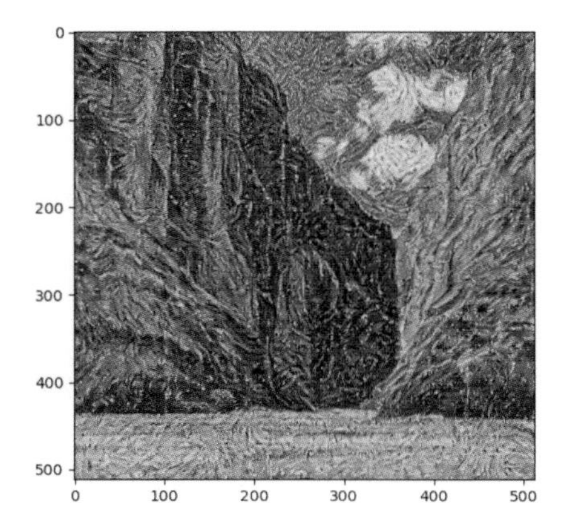

图 11

新一代人工智能实战型人才培养系列教程

# 动手学 机器学习

# HANDS-ON MACHINE LEARNING

张伟楠 赵寒烨 俞勇 著

人民邮电出版社
北京

图书在版编目（CIP）数据

动手学机器学习 / 张伟楠，赵寒烨，俞勇著. -- 北京 : 人民邮电出版社，2023.8
新一代人工智能实战型人才培养系列教程
ISBN 978-7-115-61820-7

Ⅰ. ①动… Ⅱ. ①张… ②赵… ③俞… Ⅲ. ①机器学习一教材 Ⅳ. ①TP181

中国国家版本馆CIP数据核字(2023)第092918号

## 内容提要

本书系统介绍了机器学习的基本内容及其代码实现，是一本着眼于机器学习教学实践的图书。

本书包含4个部分：第一部分为机器学习基础，介绍了机器学习的概念、数学基础、思想方法和最简单的机器学习算法；第二部分为参数化模型，讲解线性模型、神经网络等算法；第三部分为非参数化模型，主要讨论支持向量机和决策树模型及其变种；第四部分为无监督模型，涉及聚类、降维、概率图模型等多个方面。本书将机器学习理论和实践相结合，以大量示例和代码带领读者走进机器学习的世界，让读者对机器学习的研究内容、基本原理有基本认识，为后续进一步涉足深度学习打下基础。

本书适合对机器学习感兴趣的专业技术人员和研究人员阅读，同时适合作为人工智能相关专业机器学习课程的教材。

◆ 著　　张伟楠　赵寒烨　俞　勇
责任编辑　刘雅思
责任印制　王　郁　马振武
◆ 人民邮电出版社出版发行　　北京市丰台区成寿寺路11号
邮编　100164　　电子邮件　315@ptpress.com.cn
网址　https://www.ptpress.com.cn
固安县铭成印刷有限公司印刷
◆ 开本：775×1092　1/16　　彩插：2
印张：18　　2023年8月第1版
字数：462千字　　2025年4月河北第15次印刷

定价：89.80元

读者服务热线：(010)81055410　印装质量热线：(010)81055316
反盗版热线：(010)81055315

# 前　言

250 多年以来，经济增长的基本动力一直是技术创新。其中最重要的，正是经济学家们提出的所谓通用型技术，包括蒸汽机、电力与内燃机，等等。而我们这个时代下最重要的通用型技术正是人工智能，特别是机器学习。

——埃里克·布林约尔松（Erik Brynjolfsson，斯坦福大学）与安德鲁·麦卡菲（Andrew McAfee，麻省理工学院），《与机器赛跑》，2014

机器学习正在时刻改变着我们的世界。除了人脸识别、文字翻译、语音合成等耳熟能详的功能，2020 年以来的机器学习技术进一步开阔了我们的视野。机器学习技术能预测蛋白质的三维结构，极大促进了全球范围内药物发现的加速升级；机器学习技术正深入无数的工厂，通过建模不同机组的作业数据，在不降低产能的前提下降低工厂电能消耗，提升能效；机器学习技术构建的新型对话系统可以自由地和人进行对话，回答各种领域的问题，甚至可以产生程序代码来完成人类语言描述的任务。

作为一名机器学习的研究者和实践者，我时常惊叹于机器学习技术在各个领域的成功赋能，它大大提升了人类在各领域的效率，是当今真正的通用型技术。与蒸汽机、电力不同的是，现阶段的机器学习技术需要各领域的从业人员根据领域业务问题来做具体的机器学习整合方案。正因如此，机器学习技术应该深入各行各业的人才培养体系，各个专业的人才都应该学习机器学习这门学科。

作为现代人工智能技术的基础学科，机器学习同时在数学和编程两方面对学习者提出了较高的要求。一方面，学习者需要充分理解机器学习方法背后的原理，才能在各种实践场景中更好地选择合适的机器学习模型，或者甄别模型失效的原因。例如学习者需要深入理解矩阵的特征值和特征向量，才能在主成分分析的推导中理解为何数据的主要投影方向应为数据协方差矩阵最大特征值对应的特征向量方向；学习者需要掌握了延森不等式，才能顺利推导 EM 算法的有效性和收敛性等。另一方面，机器学习是建立在实践之上的一门学科，拥有再好理论性质的算法和模型都需要用实际性能来考量。因此学习者需要在编程实践中不断地验证和修正自己对机器学习模型性能和学习行为的认知。例如针对具体的数据集，使用支持向量机的哪种核方法能取得优秀的分类性能，为什么？使用逻辑斯谛回归做大规模数据分类时，何时使用 $L_1$ 或 $L_2$ 正则化约束？

2017 年至今，本书的作者之一张伟楠在上海交通大学致远学院 ACM 班讲授机器学习课程，观察到学生在学习机器学习过程中的一个普遍挑战是难以将课堂上讲的机器学习原理对应到课后的代码实验中。一个常见的场景是，学生在教室里听老师讲解一个单元的机器学习知识，推导了大量公式，但课后自己做具体的机器学习实践题目时，却不知如何写第一行模型代码。大部分已有的教材或者互联网上的机器学习技术文章都没有解决这一问题。张伟楠尝试在课后以 Python Notebook 的形式将课程讲义和可运行的代码融合在一起呈现给学员。在讲解完成一个具体的机器学习知识点的原理后，立刻配套相关的可运行代码，运行结果直接呈现在代码后面，这样就完成了知识原理和代码实践的闭环。

这些机器学习课程的实践代码小作业材料在 2018 年底的机器学习冬令营中获得了较大的拓展，代码实践几乎覆盖了机器学习课程的每个单元，形成了本书的雏形。在后续几年的 ACM 班机器学习课程中，动手学材料以课程辅助材料和代码小作业的形式持续提供给学生，通过不断的反馈和迭代，终于达到令人满意的质量。从学生的反馈来看，这样的学习方式能帮助他们更好地将原理理解和代码实践对应起来，提高学习效率。2022 年春夏期间，张伟楠再次梳理了本书每一章的内容和知识点，统一了整体代码风格，而后实验室的老师和同学又进行了审阅，最终在 2022 年底完成了本书的初稿。

中国并不缺少好的机器学习教材，周志华老师的《机器学习》和李航老师的《机器学习方法》都是极好的入门书籍。这本《动手学机器学习》旨在探索一种更好的机器学习教学方式，为我国机器学习人才的培养贡献一份力量。

## 本书使用方法

本书每一章都由一个 Python Notebook 组成，Notebook 中包括机器学习相关概念定义、理论分析、算法过程和可运行代码。读者可以根据自己的需求自行选择感兴趣的部分阅读。例如，只想学习各个算法的整体思想而不关注具体实现细节的读者，可以只阅读除代码以外的文字部分；已经了解算法原理，只想要动手进行代码实践的读者，可以只关注代码的具体实现部分。

本书面向的读者主要是对机器学习感兴趣的高校学生（不论是本科生还是研究生）、教师、企业研究员及工程师。在阅读本书之前，读者需要掌握一些基本的数学概念和数理统计基础知识（如矩阵运算、概率分布和数值分析方法等）。

本书包含 4 个部分。第一部分为机器学习基础，主要讲解机器学习的基本概念以及两个最基础的机器学习算法，即 KNN 和线性回归，并基于这两个算法讨论机器学习的基本思想和实验原则。这一部分涵盖了机器学习最基础、最主要的原理和实践内容，完成此部分学习后就能在大部分机器学习实践场景中上手解决问题。第二部分为参数化模型，主要讨论监督学习任务的参数化模型，包括线性模型、双线性模型和神经网络。这类方法主要基于数据的损失函数对模型参数求梯度，进而更新模型，在代码实现方面具有共通性。第三部分为非参数化模型，主要关注监督学习的非参数化模型，包括支持向量机、树模型和梯度提升树等。把非参数化模型单独作为一个部分来讨论，能更好地帮助读者从原理和代码方面体会参数化模型和非参数化模型之间的区别和优劣。第四部分为无监督模型，涉及聚类、PCA 降维、概率图模型、EM 算法和自编码器，旨在从不同任务、不同技术的角度讨论无监督学习，让读者体会无监督学习和监督学习之间的区别。本书的 4 个部分皆为机器学习的主干知识，希望系统掌握机器学习基本知识的读者都应该学习这些内容。

本书为机器学习的入门读物，也可以作为高校机器学习课程教学中的教材或者辅助材料。本书提供的代码都是基于 Python 3 编写的，读者需要具有一定的 Python 编程基础。我们对本书用到的 Python 工具库都进行了简要说明。每一份示例代码中都包含可以由读者自行设置的变量，方便读者进行修改并观察相应结果，从而加深对算法的理解。本书的源代码可在仓库 https://github.com/boyu-ai/Hands-on-ML 中下载。书中会尽可能对一些关键代码进行注释，但我们也深知无法将每行代码都解释清楚，还望读者在代码学习过程中多思考，甚至翻阅一些其他资料，以做到完全理解。

我们为本书录制了视频课程，读者可扫描书中的二维码进行学习，也可在 http://hml.boyuai.com 网站中进行学习。

在入门机器学习的基础上，如果读者有兴趣以动手学的形式进一步了解深度学习，推荐阅读《动手学深度学习》；如果读者有兴趣以动手学的形式进一步了解强化学习，推荐阅读《动手学强化学习》。

由于能力和精力有限，我们在撰写本书过程中难免会出现一些小问题，如有不当之处，恳请读者批评指正，以便再版时修改完善。希望每一位读者在学习完本书之后都能有所收获，也许它能帮你了解机器学习的整体思想和模型原理，也许它能帮你更加熟练地进行机器学习的代码实践，也许它能帮你开启机器学习的兴趣之门并进行更深入的机器学习课题研究。无论是哪一种，对我们来说都是莫大的荣幸。

## 致谢

我们由衷感谢上海交通大学致远学院 ACM 班和上海交通大学计算机科学与工程系 APEX 数据与知识管理实验室的同学们为本书做出的卓越贡献，他们是赵孜铧、刘韫聪、陈浩坤、洪伟峻、周铭、陈程、潘哲逸、沈键、陈铭城、朱耀明、侯博涵和苏起冬等。

感谢上海交通大学设计学院的侯开元同学为本书绘制插图。

伯禹教育的殷力昂、粟锐、田园、张惠楚对本书进行了审阅并提出了十分宝贵的建议。

感谢上海交通大学致远学院 ACM 班和机器学习冬令营的学生和助教对本书涉及的课程教案和代码做出早期的反馈，这让我们能更好地把握学生在学习过程中真正关心的问题和可能面临的困难，进而对本书的内容做出及时的改进。

感谢 Deepnote 平台作为撰稿平台对本书的大力支持。

# 作者简介

张伟楠，上海交通大学副教授，博士生导师，ACM 班机器学习、强化学习课程授课教师，于 2016 年获得英国伦敦大学学院（UCL）计算机科学博士学位。吴文俊人工智能优秀青年奖、达摩院青橙奖得主，获得中国科协“青年人才托举工程”支持。主要研究强化学习、数据挖掘、知识图谱、深度学习以及这些技术在推荐系统、游戏智能、机器人控制等场景中的应用，累计发表国际期刊和会议论文 180 余篇。

赵寒烨，上海交通大学 APEX 数据与知识管理实验室博士生，师从张伟楠副教授，研究方向为强化学习、机器学习。本科毕业于上海交通大学 ACM 班，其间以第一作者身份在人工智能顶级国际会议 NeurIPS 上发表论文，并参与多本机器学习相关教材的编写。

俞勇，享受国务院特殊津贴专家，国家级教学名师，上海交通大学特聘教授，APEX 数据与知识管理实验室主任，上海交通大学 ACM 班创始人。曾获得首批“国家高层次人才特殊支持计划”教学名师、“上海市教学名师奖”“全国师德标兵”“上海交通大学校长奖”和“最受学生欢迎教师”等荣誉。于 2018 年创办了伯禹人工智能学院，在上海交通大学 ACM 班人工智能专业课程体系的基础上，对人工智能课程体系进行创新，致力于培养卓越的人工智能算法工程师和研究员。

# 资源与支持

本书由异步社区出品，社区（https://www.epubit.com）为您提供相关资源和后续服务。

## 配套资源

本书提供如下资源：

- 配套源代码；
- 教学 PPT 课件；
- 理论解读视频课程；
- 学习社群；
- 思维导图。

要获得以上配套资源，您可以扫描下方二维码，根据指引领取。

注意：为保证购书读者的权益，该操作会给出相关提示，要求输入提取码进行验证。

如果您是教师，希望获得教学配套资源，请在社区本书页面中直接联系本书的责任编辑。

## 提交勘误

作者和编辑尽最大努力来确保书中内容的准确性，但难免会存在疏漏。欢迎您将发现的问题反馈给我们，帮助我们提升图书的质量。

当您发现错误时，请登录异步社区，按书名搜索，进入本书页面，点击“发表勘误”，输入勘误信息，点击“提交勘误”按钮即可（见下页图）。本书的作者和编辑会对您提交的勘误进行审核，确认并接受后，您将获赠异步社区的 100 积分。积分可用于在异步社区兑换优惠券、样书或奖品。

图书勘误　发表勘误

页码： 1　页内位置（行数）： 1　勘误印次： 1

图书类型： 纸书　电子书

添加勘误图片（最多可上传4张图片）

提交勘误

全部勘误　我的勘误

## 与我们联系

我们的联系邮箱是 contact@epubit.com.cn。

如果您对本书有任何疑问或建议，请您发邮件给我们，并请在邮件标题中注明本书书名，以便我们更高效地做出反馈。

如果您有兴趣出版图书、录制教学视频，或者参与图书技术审校等工作，可以发邮件给本书的责任编辑（liuyasi@ptpress.com.cn）。

如果您来自学校、培训机构或企业，想批量购买本书或异步社区出版的其他图书，也可以发邮件给我们。

如果您在网上发现有针对异步社区出品图书的各种形式的盗版行为，包括对图书全部或部分内容的非授权传播，请您将怀疑有侵权行为的链接通过邮件发给我们。您的这一举动是对作者权益的保护，也是我们持续为您提供有价值的内容的动力之源。

## 关于异步社区和异步图书

“异步社区”（www.epubit.com）是由人民邮电出版社创办的 IT 专业图书社区。异步社区于 2015 年 8 月上线运营，致力于优质学习内容的出版和分享，为读者提供优质学习内容，为作译者提供优质出版服务，实现作者与读者在线交流互动，实现传统出版与数字出版的融合发展。

“异步图书”是由异步社区编辑团队策划出版的精品 IT 专业图书的品牌，依托于人民邮电出版社 30 余年的计算机图书出版积累和专业编辑团队，相关图书在封面上印有异步图书的 LOGO。异步图书的出版领域包括软件开发、大数据、AI、测试、前端、网络技术等。

# 目　录

## 第一部分　机器学习基础


第1章　初探机器学习……2

1.1 人工智能的“两只手和四条腿”……2

1.2 机器学习是什么……2

1.3 时代造就机器学习的盛行……4

1.4 泛化能力：机器学习奏效的本质……5

1.5 归纳偏置：机器学习模型的“天赋”……6

1.6 机器学习的限制……7

1.7 小结……7

第2章　机器学习的数学基础……8

2.1 向量……8

2.2 矩阵……10

2.2.1 矩阵的基本概念……10

2.2.2 矩阵运算……11

2.2.3 矩阵与线性方程组……12

2.2.4 矩阵范数……13

2.3 梯度……14

2.4 凸函数……17

2.5 小结……19

第3章　*k*近邻算法……20

3.1 KNN算法的原理……20

3.2 用KNN算法完成分类任务……21

3.3 使用scikit-learn实现KNN算法……24

3.4 用KNN算法完成回归任务——色彩风格迁移……25

3.4.1 RGB空间与LAB空间……27

3.4.2 算法设计……27

3.5 小结……30

第4章　线性回归……33

4.1 线性回归的映射形式和学习目标……33

4.2 线性回归的解析方法……35

4.3 动手实现线性回归的解析方法……35

4.4 使用sklearn中的线性回归模型……37

4.5 梯度下降算法……38

4.6 学习率对迭代的影响……42

4.7 小结……44

第5章　机器学习的基本思想……46

5.1 欠拟合与过拟合……46

5.2 正则化约束……49

5.3 输入特征与相似度……52

5.4 参数与超参数……55

5.5 数据集划分与交叉验证……56

5.6 小结……57

5.7 扩展阅读：贯穿恒等式的证明……58

5.8 参考文献……58

## 第二部分　参数化模型

第 6 章　逻辑斯谛回归 ······ 60
6.1　逻辑斯谛函数下的线性模型 ······ 61
6.2　最大似然估计 ······ 62
6.3　分类问题的评价指标 ······ 64
6.4　动手实现逻辑斯谛回归 ······ 69
6.5　使用sklearn中的逻辑斯谛回归模型 ······ 73
6.6　交叉熵与最大似然估计 ······ 74
6.7　小结 ······ 76
6.8　扩展阅读：广义线性模型 ······ 78
6.9　参考文献 ······ 79

第 7 章　双线性模型 ······ 80
7.1　矩阵分解 ······ 81
7.2　动手实现矩阵分解模型 ······ 83
7.3　因子分解机 ······ 86
7.4　动手实现因子分解机模型 ······ 89
7.5　小结 ······ 92
7.6　扩展阅读：概率矩阵分解 ······ 93
7.7　参考文献 ······ 95

第 8 章　神经网络与多层感知机 ······ 96
8.1　人工神经网络 ······ 96
8.2　感知机 ······ 97
8.3　隐含层与多层感知机 ······ 99
8.4　反向传播 ······ 102
8.5　动手实现多层感知机 ······ 104
8.6　用PyTorch库实现多层感知机 ······ 110
8.7　小结 ······ 113
8.8　参考文献 ······ 114

第 9 章　卷积神经网络 ······ 115
9.1　卷积 ······ 115
9.2　神经网络中的卷积 ······ 117
9.3　用卷积神经网络完成图像分类任务 ······ 119
9.4　用预训练的卷积神经网络完成色彩风格迁移 ······ 126
9.4.1　VGG 网络 ······ 126
9.4.2　内容表示与风格表示 ······ 127
9.5　小结 ······ 134
9.6　扩展阅读：数据增强 ······ 134
9.7　参考文献 ······ 136

第 10 章　循环神经网络 ······ 137
10.1　循环神经网络的基本原理 ······ 137
10.2　门控循环单元 ······ 139
10.3　动手实现 GRU ······ 141
10.4　小结 ······ 146
10.5　参考文献 ······ 147

## 第三部分　非参数化模型

第 11 章　支持向量机 ······ 150
11.1　支持向量机的数学描述 ······ 150
11.2　序列最小优化 ······ 153
11.3　动手实现 SMO 求解 SVM ······ 156
11.4　核函数 ······ 158
11.5　sklearn 中的 SVM 工具 ······ 162
11.6　小结 ······ 163
11.7　扩展阅读：SVM 对偶问题的推导 ······ 164

第 12 章　决策树 ······ 167
12.1　决策树的构造 ······ 168
12.2　ID3 算法与 C4.5 算法 ······ 171
12.3　CART 算法 ······ 172
12.4　动手实现 C4.5 算法的决策树 ······ 175
12.4.1　数据集处理 ······ 175
12.4.2　C4.5 算法的实现 ······ 178
12.5　sklearn 中的决策树 ······ 182
12.6　小结 ······ 183
12.7　参考文献 ······ 184

第 13 章　集成学习与梯度提升决策树 ······ 185
13.1　自举聚合与随机森林 ······ 186
13.2　集成学习器 ······ 191
13.3　提升算法 ······ 194

13.3.1 适应提升 ······ 195
13.3.2 梯度提升 ······ 200
13.4 小结 ······ 205
13.5 参考文献 ······ 206

## 第四部分　无监督模型

**第 14 章　*k* 均值聚类 ······ 208**
14.1 *k* 均值聚类算法的原理 ······ 208
14.2 动手实现 *k* 均值算法 ······ 209
14.3 *k*-means++ 算法 ······ 212
14.4 小结 ······ 214
14.5 参考文献 ······ 215

**第 15 章　主成分分析 ······ 216**
15.1 主成分与方差 ······ 216
15.2 利用特征分解进行 PCA ······ 218
15.3 动手实现 PCA 算法 ······ 221
15.4 用 sklearn 实现 PCA 算法 ······ 222
15.5 小结 ······ 223

**第 16 章　概率图模型 ······ 225**
16.1 贝叶斯网络 ······ 226
16.2 最大后验估计 ······ 228
16.3 用朴素贝叶斯模型完成文本分类 ······ 231
16.4 马尔可夫网络 ······ 234
16.5 用马尔可夫网络完成图像去噪 ······ 236
16.6 小结 ······ 240
16.7 参考文献 ······ 241

**第 17 章　EM 算法 ······ 242**
17.1 高斯混合模型的 EM 算法 ······ 243
17.2 动手求解 GMM 来拟合数据分布 ······ 245
17.3 一般情况下的 EM 算法 ······ 251
17.4 EM 算法的收敛性 ······ 253
17.5 小结 ······ 254

**第 18 章　自编码器 ······ 255**
18.1 自编码器的结构 ······ 256
18.2 动手实现自编码器 ······ 257
18.3 小结 ······ 262
18.4 参考文献 ······ 262

**总结与展望 ······ 264**
总结 ······ 264
展望 ······ 264

**中英文术语对照表 ······ 267**

# 第一部分

# 机器学习基础

# 第1章

# 初探机器学习

我们生活在一个人工智能的时代！在生活中已随处可见人工智能技术的影子。在上海交通大学，在第五食堂中，就餐的学生把打好饭菜的托盘放到摄像头下面，机器就可以通过自动识别每个餐盘的形状来自动计算这顿饭的价格；而在校园的大部分电梯里，学生可以说例如“我要去3楼”，电梯就会自动带学生去3楼。或许对“20后”的孩子而言，智能就像普通能源一样从他们记事起就随处可见、随手可得，就像移动互联网之于“10后”一样。

## 1.1 人工智能的“两只手和四条腿”

人工智能大概长什么样呢？做一个有画面感的描述，人工智能有“两只手和四条腿”。“两只手”代表的是人工智能可以做的两大类任务，即预测与决策。预测包括对给定输入目标的模式识别、标签分类和回归或者预测未来的数据，以及对数据做聚类或生成，如语音识别与合成。而决策则需要机器产生相关的动作，下达到环境中并改变环境，如下围棋和自动驾驶控制。“四条腿”则代表支撑人工智能的四大类技术，包括搜索、推理、学习和博弈。搜索是在给定的数学环境中以既定的算法去探索选择分支的好坏并最终作出决策的方法，可以用在下围棋、路径规划等任务中。推理是基于给定的规则或知识，使用逻辑归纳的方式，得到进一步的规则或知识，进而完成给定问题的作答，如数学定理的自动证明、知识问答等。学习，即机器学习（machine learning），是机器通过经验数据，对任务目标做出优化的自动化过程，如人脸识别、语音识别等。博弈则关注多个人工智能智能体之间的交互，例如桥牌对战、足球团队配合等。

通过上面的简述，我们可以大概知道人工智能的一个全貌。过去十年间，人工智能的主要进展在机器学习技术方面，以至于有人甚至分不清人工智能和机器学习之间的关系。本书重点讨论人工智能中服务于预测任务的机器学习技术。而支撑决策任务的机器学习技术被称为强化学习（reinforcement learning），关于它的详细讨论，读者可参阅《动手学强化学习》。

## 1.2 机器学习是什么

那就究竟什么是学习呢？诺贝尔经济学奖和图灵奖双料得主、卡耐基梅隆大学的赫伯特·西蒙（Herbert Simon）教授是这样定义的："学习是系统通过经验提升性能的过程"。可以看到，学习是一个过程，并且这里有 3 个关键词，即经验、提升和性能。我们先要明确，学习的目标是提升某个具体性能，例如我们学习开车时，希望能提升自己的车技，这可以通过一些驾驶的测试来获得具体的指标分数。我们还要明确，学习是基于经验的，也就是基于我们经历过的事情，如我们在驾驶过程中遇到的情况以及当时的具体动作和结果，这其实就是数据。因此，如果用较为计算机的语言来描述，学习就是系统基于数据来提升既定指标分数的过程。

有了上述对于学习是怎样一个过程的理解，现在我们就比较好定义机器学习了。根据机器学习泰斗、卡耐基梅隆大学的汤姆·米切尔（Tom Mitchell）教授的定义，机器学习是一门研究算法的学科，这些算法能够通过非显式编程（non-explicit programming）的形式，利用经验数据来提升某个任务的性能指标。一组学习任务可以由三元组〈任务，指标，数据〉来明确定义。

如果用较为数学的语言来描述机器学习，则对应一个优化问题。针对某一预测任务，其数据集为 $\mathcal{D}$，对于一个机器学习预测模型 $f$，预测任务的性能指标可以通过一个函数 $T(\mathcal{D}, f)$ 来表示，那么机器学习的过程则是在一个给定的模型空间 $\mathcal{F}$ 中，寻找可以最大化性能指标的预测模型 $f^*$：

$$f^* = \arg\max_{f \in \mathcal{F}} T(\mathcal{D}, f) = \text{ML}(\mathcal{D})$$

这里的$\text{ML}(\mathcal{D})$表示机器学习可以被看成是一个输入数据集、输出解决任务算法的算法。

这里说的非显式编程具有哪些特性呢？一般人工智能技术的实现，都是需要人先充分了解任务和解决方法，并根据具体的解决思路，编写程序来完成该任务。例如地图的导航任务，系统需要先将城市的路网建模成一个图结构，然后针对具体起点到终点的任务，寻找最短路径，如使用 A* 搜索算法。因此，显式编程需要开发者首先自己可以完成该智能任务，才能通过实现对应的逻辑来使机器完成它，相当于要事先知道 $f^*$，然后直接实现它。这其实大大抬高了人工智能技术的门槛，它需要有人能解决任务并通过程序来实现解决方法。而有的智能任务是很难通过这样的方式来解决的，如人脸识别、语音识别这样的感知模式识别任务，其实我们自己都不清楚人是如何精准识别平时碰到的每个人的脸的，也就更加无法编写程序来直接实现这个逻辑；亦或是如深海无人艇航行、无人机飞行等人类自己无法完成的任务，自然也无法通过直接编程来实现。

具体地，在上述优化范式中，我们在模型空间 $\mathcal{F}$ 中寻找最优模型 $f^*$ 的过程可以是一个持续迭代的形式，即

$$f_0 \to f_1 \to f_2 \to \cdots \to f^*$$

而这个寻找最优模型 $f^*$ 的过程就是机器学习。机器学习的算法对应着从 $f_i$ 迭代到 $f_{i+1}$ 的程序。

华盛顿大学的佩德罗·多明戈斯（Pedro Domingos）教授将机器学习比喻成"终极算法"。因为有了机器学习技术，只需要拥有任务的数据，就可以得到解决任务的算法。这样，程序员就可以"往后站一步"，从直接编写各类任务具体的算法程序，转为编写机器学习算法程序，然后在不同任务中，基于任务自身的数据，学习出一个解决该任务的算法（即机器学习模型），如图 1-1 所示。

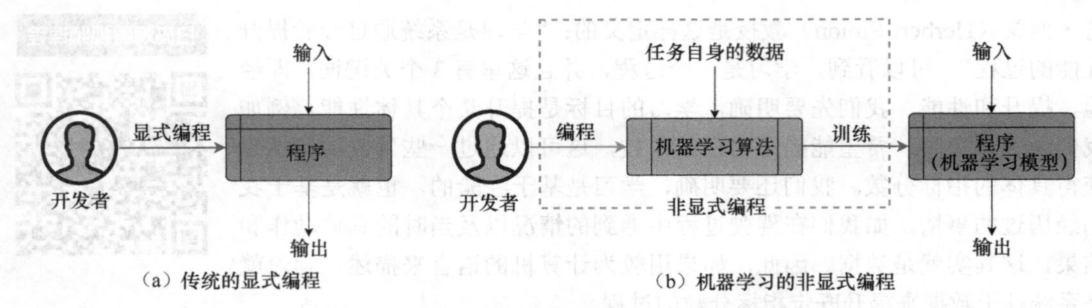


图 1-1 传统的显式编程与机器学习的非显式编程

## 1.3 时代造就机器学习的盛行

机器学习技术为什么现在如此盛行呢？主要原因之一来自时代造就！2006 年，美国亚马逊公司推出云计算服务，云计算技术开始普及，不少公司开始将大量业务数据存储到云计算平台。2011 年，大数据概念开始深入人心，大量的公司开始挖掘云计算平台积累下来的大数据的价值，继而基于大数据的机器学习技术越来越被重点关注。2012 年，深度学习率先在计算机视觉领域取得大的突破，随后在 2013 年，自然语言处理、语音识别和深度强化学习等人工智能分支和应用场景开始大爆发。我们可以看到，在云计算和大数据的基础之上，机器学习作为一种在数据和算力给足的情况下可以变得更强大的人工智能技术，获得了充分成长的条件。而到了 21 世纪 20 年代的今天，我们已经看到机器学习技术开始从数据量最多的互联网场景大量外溢到传统工业、农业场景，如工厂的能效优化和排产规划以及农田收成预测与种植规划等，各个行业正在经历一个数字化转型和智能化升级的阶段。我们有理由相信，未来 10 年，机器学习技术会持续渗透到各行各业，并在各类预测和决策任务场景中服务人类。

按照任务来分类，机器学习可以分为监督学习、无监督学习和强化学习三大类。

- 监督学习（supervised learning）：训练集 $\mathcal{D}$ 中的每个数据实例 $(\boldsymbol{x}, y)$ 由特征和标签组成。模型的任务是根据数据的特征来预测其标签。模型的性能指标可以由一个损失函数 $L(y, f(\boldsymbol{x}))$ 来定义。该损失函数衡量具体的数据实例 $(\boldsymbol{x}, y)$ 上的预测偏差，即性能指标可以定义为损失函数的负数。由此，监督学习的一般形式可以写为

$$f^* = \arg\min_f \frac{1}{|\mathcal{D}|} \sum_{(\boldsymbol{x},y)\in\mathcal{D}} L(y, f(\boldsymbol{x}))$$

- 无监督学习（unsupervised learning）：与监督学习不同，无监督学习任务中的数据没有标签的概念，或者说，所有数据维度都是同等重要的，即训练集 $\mathcal{D}$ 中的每个数据实例仅由数据特征 $\boldsymbol{x}$ 来表示。无监督学习的任务目标多种多样，我们往往使用概率分布模型 $p(\boldsymbol{x})$ 来建模数据的分布。在数据实例满足独立同分布的普遍假设下，将整个数据集的对数似然（log-likelihood）作为无监督学习需要最大化的目标，即

$$p^* = \arg\max_p \frac{1}{|\mathcal{D}|} \sum_{\boldsymbol{x}\in\mathcal{D}} \log p(\boldsymbol{x})$$

对比监督学习和无监督学习，监督学习只关心基于数据特征对标签的预测是否精准，并不

关心数据特征之间的相关性等模式。例如人脸识别就是一个典型的监督学习任务，模型只关心输入人脸图像后是否能准确预测对应的身份，而不关注输入图像本身是否真的包含一张人脸。无监督学习则关注数据的分布与其中包含的模式，如关注人脸图像的概率分布，并可以判断一幅给定的图像是否包含一张人脸，甚至可以生成一张新的人脸图像。本书的前三部分讲述监督学习的相关内容，第四部分讲述无监督学习的相关内容。

- 强化学习（reinforcement learning）：与监督学习和无监督学习关于人工智能中的预测问题不同，强化学习关注人工智能中的决策问题。强化学习是寻找更好的决策的过程，而优化的目标则是决策带来的累积回报的期望。由于强化学习的数学建模方式与监督学习和无监督学习有较大差距，也超出了本书的讨论范畴，因此这里不具体给出数学公式。

按照建模方式来分类，机器学习模型可以分为参数化模型和非参数化模型两大类。

- 参数化模型（parametric model）：在一套具体的模型族（model family）内，每一个具体的模型都可以用一个具体的参数向量来唯一确定，因此确定了参数向量也就确定了模型。例如，对监督学习的一般形式，可以将参数向量 $\boldsymbol{\theta}$ 写成预测模型的下标，即 $f_{\boldsymbol{\theta}}$，来表示参数化模型。因此，参数化模型的监督学习也可以写成是寻找最优参数 $\boldsymbol{\theta}^*$ 的过程，即

$$\boldsymbol{\theta}^* = \arg\min_{\boldsymbol{\theta}} \frac{1}{|\mathcal{D}|} \sum_{(\boldsymbol{x}, y) \in \mathcal{D}} L(y, f_{\boldsymbol{\theta}}(\boldsymbol{x}))$$

  参数化模型的一大性质是，模型的参数量不随训练数据量而改变。因此，在计算过程中，模型占用计算机的资源（如内存或者显存）是固定的。

  本书第一部分和第二部分中讲到的线性回归、逻辑斯谛回归、双线性模型、神经网络模型都是典型的参数化模型。求解上述最优参数可以借助损失函数针对模型参数的梯度来完成，方法具有普适性，因此参数化模型整体上比非参数化模型更普遍，有很多机器学习代码库支持，包括深度学习框架 PyTorch 和 TensorFlow 等。

- 非参数化模型（nonparametric model）：与参数化模型相反，非参数化模型并非由一个具体的参数向量来确定，其训练的算法也不是更新模型的参数，而是由具体的计算规则直接在模型空间中寻找模型实例。可以理解为，参数化模型将从数据中学到的知识注入参数中，而非参数化模型则保留数据本身作为知识。由于模型和参数并非一一对应，因此数据量的不同（或者数据的不同）会导致模型中具体使用的参数量也不同。对于有些非参数化模型，如 $k$ 近邻（KNN）和高斯过程，其参数量和训练数据量成正比，即每个数据实例就是一个参数。KNN、支持向量机和树模型都是极其重要的机器学习模型，且在实践中具有不可替代的功能。本书第三部分会集中讲解非参数化模型。

## 1.4 泛化能力：机器学习奏效的本质

在机器学习里，泛化能力（generalization ability）被用来描述一个智能模型在没见过的数据上的预测性能。一般使用泛化误差来量化一个模型的泛化能力，具体定义为模型在给定数据

分布下的损失函数值的期望：

$$R(f)=\int_{(x,y)}p(x,y)L(y,f(x))\mathrm{d}(x,y)$$

为什么机器学习模型通过在有限的数据上训练后，就可以在其他没见过的数据上做出一定精度的预测呢？机器学习的底层是数理统计，其基本原理是，相似的数据拥有相似的标签。机器学习模型对于新数据的标签预测的“底气”在于见过类似的数据，这样的泛化能力被称为统计泛化。定性来讲，如果预测任务越简单，训练数据量越大，那么学到的机器学习模型的泛化能力就越强。但是，选择的机器学习模型的复杂性和其泛化能力并没有直接的对应关系。具体来说，模型空间越复杂，其建模能力越强，但也越需要足够的训练数据来支撑，否则模型可能由于“过拟合”数据而导致其泛化能力低下。

## 1.5 归纳偏置：机器学习模型的“天赋”

在给定的任务和训练数据集下，不同的机器学习模型训练出来的性能总是不同的，或者反过来说，让不同的机器学习模型在给定的任务下达到相同的泛化能力，需要的训练数据量往往也是不同的。这背后的原因是，不同的机器学习模型对特定数据模式的归纳偏置（inductive bias）不同。所谓归纳偏置，就是指模型对问题的先验假设，如假设空间上相邻的样本有相似的特征。归纳偏置可以让模型在缺乏对样本的知识时也能给出预测。对某类数据的归纳偏置更强的模型能更快地学到其中的模式。例如神经网络模型对同分布域的感知数据的归纳偏置很强，因此处理图像和语音的模式识别任务效果非常好；而树模型对混合离散连续的结构化数据的归纳偏置很强，因此对于银行表单数据和医疗风险的预测效果很好。可以说，归纳偏置就是机器学习模型的“天赋”。图 1-2 展示了线性分类模型和圆形分类模型的分类决策边界。可以看出当数据分布在直线两侧时，线性分类模型可以很轻松地将两类数据分开，而当数据呈里外两类分布时，圆形分类模型则能更容易地将两类数据分开，这体现出两个模型归纳偏置的不同。

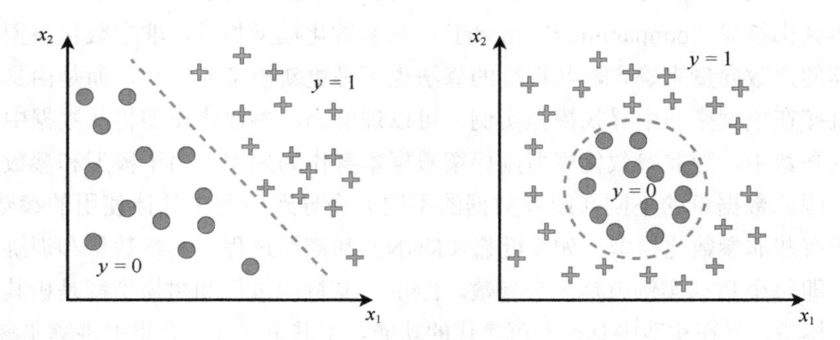


图 1-2 不同模型有不同的天然决策边界

因此，对于不同的任务、不同的数据，选择什么样的模型是机器学习算法工程师需要重点考虑的。在企业里，一个好的机器学习算法工程师能根据自己的经验，为企业不同的业务选择适合的模型，这样能提升模型预测的精度，提升业务效率，或者减少模型选型的迭代次数，节约开发成本。

## 1.6 机器学习的限制

至少在目前阶段，机器学习并不是万能的，它在以下几个方面存在限制。

- 数据限制：在某些场景，即使使用了所有的数据，也可能不足以训练出一个令人满意的预测模型。在算力允许的情况下，人们倾向于设计越来越复杂的模型，如千亿参数级别的线性模型或者深度神经网络模型，但与之匹配的训练数据量却难以跟上。以互联网企业用户行为预测任务为例，为了训练复杂度更高的模型，需要匹配更多的训练数据，因而不得不用比较早期的数据来支撑，但用户在互联网平台的行为模式有一定的时效性，所以使用过时的数据可能并不能帮助模型进一步提升预测精度。
- 泛化能力限制：机器学习的统计泛化能力并非使它无所不能。人工智能场景中有不少任务是缺乏数据或是要求举一反三的，这需要具有逻辑推理能力的组合泛化。因此，我们认为，在通往强人工智能（或称为通用人工智能）的道路上，机器学习是重要但并非唯一需要的技术。现在也有一些新兴的国际研讨会或者学术会议聚焦研究机器学习和符号逻辑的融合方法，旨在让机器同时拥有统计泛化和组合泛化能力，以解决更加复杂的智能任务。
- 使用形态限制：就像上文描述的公式$f^* = \mathrm{ML}(\mathcal{D})$所表达的，目前机器学习的主要使用形态是一个针对特定任务，输入数据集，输出训练好的模型的工具，这距离强人工智能（或者通用人工智能）还有较远的距离。未来的机器学习在具备更好的性能的条件下，可以在不断收集的数据上持续学习，能自动判别和选择新的需要学习的任务，能从过去多种任务的学习过程中总结更高效的学习方法，在新任务中做到小样本学习，融入人类的知识库并做到“举一反三”的组合泛化。

## 1.7 小结

本章简要介绍了机器学习是什么，它在人工智能领域中的地位以及机器学习模型的分类，说明机器学习奏效的本质是其泛化能力，不同的模型往往有不同的归纳偏置，机器学习本身也存在一些限制。

在本书第一部分接下来的章节中，我们首先介绍机器学习所必需的数学工具，为后续理解各个不同的模型打下基础。然后，我们分别介绍机器学习中最简单的非参数化模型——$k$近邻算法和最简单的参数化模型——线性回归算法，最后基于这两个模型案例，讨论机器学习的基本思维方式。

好了，接下来该是我们躬身入局，开动脑筋，“弄脏”双手，通过模型原理和代码实践来学习机器学习的时候了。你准备好了吗？我们开始吧！

# 第 2 章 机器学习的数学基础

在第 1 章中，我们对机器学习的目标和分类进行了简要介绍。作为一门以数据及其模型为研究对象的学科，优化模型、分析模型性能等都需要数学手段的帮助。和其他学科一样，数学可以帮我们更清晰地描述和理解机器学习算法，也可以从理论上证明算法的有效性，是机器学习中必不可少的一环。本章将介绍机器学习中常用的数学工具，为后面的章节打下基础。但本书并不是一本数学书，对数学知识的介绍将以概念和结论为主，不会过多涉及中间的证明过程。因此，我们推荐读者在阅读本章时辅以相关的数学参考资料。

## 2.1 向量

向量（vector）在数学中指具有大小和方向的量。与向量相对的，只具有大小、不具有方向的量则称为标量（scalar）。简单来说，我们可以将向量理解为由 $n$ 个数构成的 $n$ 元组，$n$ 称为向量的维数。向量通常有两种写法，如下所示的竖排写法称为列向量：

$$\boldsymbol{x}=\begin{pmatrix}x_1\\x_2\\\vdots\\x_n\end{pmatrix}$$

横排写法$\boldsymbol{x}=(x_1,x_2,\cdots,x_n)$称为行向量。一个向量如果不加说明即默认为列向量，但实际中为了节省空间，我们通常将列向量写成$\boldsymbol{x}=(x_1,x_2,\cdots,x_n)^\mathrm{T}$的形式，其中，上标T表示转置（transpose），即将行和列翻转过来。行向量转置后就变成了列向量。例如，向量$\boldsymbol{x}=(1,2)$的转置为

$$\boldsymbol{x}^\mathrm{T}=\begin{pmatrix}1\\2\end{pmatrix}$$

关于向量的含义，我们既可以将其看成 $n$ 维空间中的一个点，其中每一维的值代表坐标；也可以将其看成从原点指向该坐标点的有向线段，具有长度和方向。无论哪种理解，每个 $n$ 维向量都与一个 $n$ 维空间中的点相对应，因此，全体 $n$ 维向量构成的空间与$\mathbb{R}^n$是等价的。在没有额外说明的情况下，对于向量$\boldsymbol{x}\in\mathbb{R}^n$，我们用 $x_i\ (1\leqslant i\leqslant n)$ 来表示其第 $i$ 维的分量。此外，记所有分量全部为 0 的向量为零向量 $\boldsymbol{0}=(0,0,\cdots,0)^\mathrm{T}$。

设向量 $\boldsymbol{x},\boldsymbol{y}\in\mathbb{R}^n$，标量 $a\in\mathbb{R}$，向量有以下常见运算。

- 向量相加：$\boldsymbol{x}+\boldsymbol{y}=(x_1+y_1,x_2+y_2,\cdots,x_n+y_n)^{\mathrm{T}}$。
- 向量与标量相乘：$a\boldsymbol{x}=\boldsymbol{x}a=(ax_1,ax_2,\cdots,ax_n)^{\mathrm{T}}$。当 $a=0$ 或 $\boldsymbol{x}=\boldsymbol{0}$ 时，结果即为 $\boldsymbol{0}$。
- 向量内积（inner product），也称向量点积（dot product）：$\boldsymbol{x}\cdot\boldsymbol{y}=\sum_{i=1}^{n}x_iy_i$，注意，两个向量的内积结果是标量。从式中可以看出，向量内积满足交换律，即 $\boldsymbol{x}\cdot\boldsymbol{y}=\boldsymbol{y}\cdot\boldsymbol{x}$。

为了衡量向量的“长度”，我们定义范数（norm）函数 $\|\cdot\|:\mathbb{R}^n\to\mathbb{R}$。一个函数是范数，当且仅当其满足以下 3 个条件。

（1）正定性：$\|\boldsymbol{x}\|\geqslant 0$，当且仅当 $\boldsymbol{x}=\boldsymbol{0}$ 时，$\|\boldsymbol{x}\|=0$。

（2）绝对齐次性：$\|a\boldsymbol{x}\|=|a|\|\boldsymbol{x}\|$。

（3）三角不等式：$\|\boldsymbol{x}+\boldsymbol{y}\|\leqslant\|\boldsymbol{x}\|+\|\boldsymbol{y}\|$。

在各种各样的向量范数中，$L_p$ 范数（又称 $p$ 范数）是一类相对常用的范数，其定义为

$$\|\boldsymbol{x}\|_p=\left(\sum_{i=1}^{n}|x_i|^p\right)^{1/p},\quad p\geqslant 1$$

其中，又以下面几种 $L_p$ 范数最为常见。

- $L_2$ 范数，又称欧几里得范数，其结果是向量各个分量平方之和的平方根，也称为向量的模长：

$$\|\boldsymbol{x}\|_2=\sqrt{\sum_{i=1}^{n}x_i^2}$$

  由于其应用最广，我们有时会省略 $L_2$ 范数的下标，直接写为 $\|\boldsymbol{x}\|$。

- $L_1$ 范数，又称绝对值范数，为向量各个分量的绝对值之和，其结果是向量所表示的点到原点的曼哈顿距离：

$$\|\boldsymbol{x}\|_1=\sum_{i=1}^{n}|x_i|$$

- $L_\infty$ 范数，又称正无穷范数，由对 $L_p$ 范数的定义取极限，即 $p\to+\infty$ 得到，其结果是向量中绝对值最大的分量：

$$\|\boldsymbol{x}\|_\infty=\max_{i=1,\cdots,n}|x_i|$$

当 $0<p<1$ 时，按与上面相同的方式定义的函数并不满足范数的条件，具体原因我们留作习题。但是为了方便，我们常将下面的函数也称为“范数”。

- $L_0$ 范数，由对 $L_p$ 范数的定义取极限，即 $p\to 0^+$ 得到，其结果是向量中不为 0 的元素的个数：

$$\|\boldsymbol{x}\|_0=\sum_{i=1}^{n}\mathbb{I}(x_i\neq 0)$$

## 2.2　矩阵

向量是一些数在一维上构成的元组，如果把它向二维扩展，我们就得到了矩阵（matrix）。与向量相比，矩阵有更多的维数，因此具有更大的灵活性，还可以定义新的运算。下面，我们就来介绍矩阵的基本概念和本书中可能用到的矩阵的简单性质。

### 2.2.1　矩阵的基本概念

矩阵是由一些数构成的矩形元组。一个 $m$ 行 $n$ 列的矩阵通常称为 $m\times n$ 的矩阵，记为

$$\boldsymbol{A}=\begin{pmatrix} a_{11} & a_{12} & \cdots & a_{1n} \\ a_{21} & a_{22} & \cdots & a_{2n} \\ \vdots & \vdots & & \vdots \\ a_{m1} & a_{m2} & \cdots & a_{mn} \end{pmatrix}$$

对具体的元素不关心时，我们也将其记为 $\boldsymbol{A}_{m\times n}$ 或 $\boldsymbol{A}$。默认情况下，我们用 $a_{ij}$ 或者 $A_{ij}$ 来表示矩阵 $\boldsymbol{A}$ 中位于第 $i$ 行第 $j$ 列的元素，有时也用 $(a_{ij})_{m\times n}$ 表示元素为 $a_{ij}$ 的 $m$ 行 $n$ 列矩阵。与向量相似，$m\times n$ 的实数矩阵构成的空间即与 $m\times n$ 维的实数空间等价，一般记为 $\mathbb{R}^{m\times n}$。向量实际上是一种特殊的矩阵，列向量的列数为 1，行向量的行数为 1。同时，矩阵也可以看作由一组向量构成。设 $\boldsymbol{a}_i=(a_{1i}, a_{2i}, \cdots, a_{mi})^{\mathrm{T}}$，那么 $\boldsymbol{A}=(\boldsymbol{a}_1, \boldsymbol{a}_2, \cdots, \boldsymbol{a}_n)$。与向量相似，矩阵同样存在转置操作，表示将矩阵的行和列交换。一个 $m\times n$ 的矩阵 $(a_{ij})_{m\times n}$ 转置后会得到 $n\times m$ 的矩阵 $(a_{ji})_{n\times m}$。例如，矩阵

$$\boldsymbol{A}=\begin{pmatrix} 1 & 2 \\ 3 & 4 \\ 5 & 6 \end{pmatrix}$$

的转置矩阵为

$$\boldsymbol{A}^{\mathrm{T}}=\begin{pmatrix} 1 & 3 & 5 \\ 2 & 4 & 6 \end{pmatrix}$$

特别地，行数和列数均为 $n$ 的矩阵称为 $n$ 阶方阵。如果 $n$ 阶方阵 $\boldsymbol{D}$ 只有左上到右下的对角线上的元素不为0，则称该方阵为对角矩阵（diagonal matrix），记为 $\mathrm{diag}(a_1, a_2, \cdots, a_n)$。例如，$\mathrm{diag}(1, 2, 3)$ 表示的矩阵为

$$\begin{pmatrix} 1 & 0 & 0 \\ 0 & 2 & 0 \\ 0 & 0 & 3 \end{pmatrix}$$

进一步，如果对角矩阵对角线上的元素全部为 1，则称该方阵为 $n$ 阶单位矩阵（identity matrix）或单位阵，用 $\boldsymbol{I}_n$ 表示。阶数明确时，也可以省略下标的阶数，记为 $\boldsymbol{I}$。例如，三阶单位矩阵为

$$\boldsymbol{I}_3=\begin{pmatrix} 1 & 0 & 0 \\ 0 & 1 & 0 \\ 0 & 0 & 1 \end{pmatrix}$$

所有元素为零的矩阵称为零矩阵，记为$\boldsymbol{0}$。

## 2.2.2 矩阵运算

设矩阵 $\boldsymbol{A},\boldsymbol{B}\in\mathbb{R}^{m\times n}$，$\boldsymbol{C}\in\mathbb{R}^{n\times l}$，$\boldsymbol{D}\in\mathbb{R}^{l\times k}$，$\boldsymbol{P}\in\mathbb{R}^{m\times l}$，向量 $\boldsymbol{x},\boldsymbol{y}\in\mathbb{R}^{n}$，标量 $\lambda\in\mathbb{R}$。矩阵有以下常用运算。

- 矩阵相加：$\boldsymbol{A}+\boldsymbol{B}=\boldsymbol{B}+\boldsymbol{A}=(a_{ij}+b_{ij})_{m\times n}$ 要求两个矩阵行列数目都相同。
- 矩阵与标量相乘：$\lambda\boldsymbol{A}=\boldsymbol{A}\lambda=(\lambda a_{ij})_{m\times n}$。
- 矩阵与矩阵相乘：要求第一个矩阵的列数与第二个矩阵的行数相同。设$\boldsymbol{P}=\boldsymbol{AC}$，则有

$$p_{ij}=\sum_{t=1}^{n}a_{it}c_{tj}$$

最终得到的$\boldsymbol{P}$是$m\times l$维的矩阵。这一运算方式可以理解为，$\boldsymbol{P}$的第$i$行第$j$列的元素$p_{ij}$是由$\boldsymbol{A}$的第$i$行和$\boldsymbol{B}$的第$j$列做向量内积得到的。这也说明了为什么矩阵乘法要求第一个矩阵的列数（即行向量的维数）与第二个矩阵的行数（即列向量的维数）相同，因为只有维数相等的向量才能进行内积。例如：

$$\begin{pmatrix}1 & 0 & 2\\0 & 2 & 1\end{pmatrix}\times\begin{pmatrix}2 & 0\\1 & 3\\3 & 2\end{pmatrix}=\begin{pmatrix}8 & 4\\5 & 8\end{pmatrix}$$

其中，结果矩阵的第一行第一列的8的计算过程为

$$(1,0,2)\begin{pmatrix}2\\1\\3\end{pmatrix}=1\times2+0\times1+2\times3=8$$

其余元素以此类推。

应当注意，由于矩阵乘法对行数和列数的要求，将 $\boldsymbol{AC}$ 交换成 $\boldsymbol{CA}$ 并不一定还符合乘法的定义。即使 $\boldsymbol{A}$ 与 $\boldsymbol{C}$ 的维数形如$m\times n$和$n\times m$，交换后仍然满足乘法定义，其交换前后相乘的结果也不一定相等，即$\boldsymbol{AC}\neq\boldsymbol{CA}$。例如：

$$\begin{pmatrix}1 & 1\\0 & 1\end{pmatrix}\times\begin{pmatrix}0 & 1\\1 & 1\end{pmatrix}=\begin{pmatrix}1 & 2\\1 & 1\end{pmatrix},\quad\begin{pmatrix}0 & 1\\1 & 1\end{pmatrix}\times\begin{pmatrix}1 & 1\\0 & 1\end{pmatrix}=\begin{pmatrix}0 & 1\\1 & 2\end{pmatrix}$$

不过，虽然矩阵的乘法不满足交换律，但依然满足结合律，即$(\boldsymbol{AC})\boldsymbol{D}=\boldsymbol{A}(\boldsymbol{CD})$。另外，对于转置操作，有$(\boldsymbol{AC})^{\mathrm{T}}=\boldsymbol{C}^{\mathrm{T}}\boldsymbol{A}^{\mathrm{T}}$。

由于向量也是一种特殊的矩阵，向量内积其实是矩阵乘法的一种特殊形式。但是，两个$n\times1$维的列向量并不满足矩阵乘法对维数的要求。为了将向量的内积与矩阵乘法统一，我们通常将其中一个向量转置成$1\times n$维的行向量，再按矩阵乘法的规则进行计算，即：

$$\boldsymbol{x}\cdot\boldsymbol{y}=\boldsymbol{y}^{\mathrm{T}}\boldsymbol{x}$$

本书用$\langle\boldsymbol{x},\boldsymbol{y}\rangle$表示向量的内积，该写法只是一种形式，其计算规则和上面是相同的。

矩阵也可以与向量相乘，其计算方式与矩阵乘法相同。设 $\boldsymbol{z}=\boldsymbol{A}\boldsymbol{x}$，那么：

$$z_i = \sum_{t=1}^{n} a_{it} x_t$$

得到的$\boldsymbol{z}$是$m$维向量。例如：

$$\begin{pmatrix} 1 & 0 & 2 \\ 2 & 1 & 1 \end{pmatrix} \times \begin{pmatrix} 0 \\ 3 \\ 1 \end{pmatrix} = \begin{pmatrix} 2 \\ 4 \end{pmatrix}$$

类似于实数中的 1，任何矩阵与其维度相符的单位矩阵相乘，结果都等于自身，即 $\boldsymbol{A}_{m\times n}\boldsymbol{I}_n = \boldsymbol{I}_m\boldsymbol{A}_{m\times n} = \boldsymbol{A}_{m\times n}$。进一步，在实数中，相乘等于 1 的两个数互为倒数。利用单位矩阵，我们也可以定义矩阵的“倒数”——*逆矩阵*（inverse matrix）。对于 $n$ 阶方阵 $\boldsymbol{A}$，如果存在 $n$ 阶方阵 $\boldsymbol{B}$，满足 $\boldsymbol{AB}=\boldsymbol{I}$，则称 $\boldsymbol{B}$ 是 $\boldsymbol{A}$ 的逆矩阵，记为 $\boldsymbol{B}=\boldsymbol{A}^{-1}$。逆矩阵之间的乘法是可交换的，即$\boldsymbol{A}\boldsymbol{A}^{-1} = \boldsymbol{A}^{-1}\boldsymbol{A} = \boldsymbol{I}$。例如：

$$\begin{pmatrix} 1 & 1 \\ 0 & 1 \end{pmatrix} \times \begin{pmatrix} 1 & -1 \\ 0 & 1 \end{pmatrix} = \begin{pmatrix} 1 & 0 \\ 0 & 1 \end{pmatrix}, \quad \begin{pmatrix} 1 & -1 \\ 0 & 1 \end{pmatrix} \times \begin{pmatrix} 1 & 1 \\ 0 & 1 \end{pmatrix} = \begin{pmatrix} 1 & 0 \\ 0 & 1 \end{pmatrix}$$

转置运算与求逆运算的顺序可以交换，即$(\boldsymbol{A}^{\mathrm{T}})^{-1} = (\boldsymbol{A}^{-1})^{\mathrm{T}}$。这一性质由定义即可证明，我们把它留作习题。

### 2.2.3　矩阵与线性方程组

矩阵的逆并不是一定存在的。例如，二阶矩阵

$$\boldsymbol{A} = \begin{pmatrix} 1 & -1 \\ -1 & 1 \end{pmatrix}$$

就不存在逆矩阵。显然，零矩阵也不存在逆矩阵。那么，什么情况下矩阵的逆存在呢？我们可以从多元一次方程组的角度来理解。设矩阵$\boldsymbol{A}_{n\times n} \in \mathbb{R}^{n\times n}$，向量 $\boldsymbol{x} \in \mathbb{R}^n$。将方程 $\boldsymbol{Ax} = \boldsymbol{0}$ 按矩阵与向量的乘法展开，得到

$$\begin{cases} a_{11}x_1 + a_{12}x_2 + \cdots + a_{1n}x_n = 0 \\ a_{21}x_1 + a_{22}x_2 + \cdots + a_{2n}x_n = 0 \\ \quad \vdots \\ a_{n1}x_1 + a_{n2}x_2 + \cdots + a_{nn}x_n = 0 \end{cases}$$

这是一个$n$元一次方程组，且显然有解$\boldsymbol{x} = \boldsymbol{0}$。如果该方程组只有这一个解，那么矩阵$\boldsymbol{A}$的逆存在；反之，如果方程组存在非零解，则矩阵的逆不存在。设$\boldsymbol{x}_1$是方程的一个非零解，满足 $\boldsymbol{A}\boldsymbol{x}_1 = \boldsymbol{0}$，假设矩阵的逆存在，那么：

$$\boldsymbol{0} = \boldsymbol{A}^{-1}\boldsymbol{0} = \boldsymbol{A}^{-1}\boldsymbol{A}\boldsymbol{x}_1 = \boldsymbol{I}\boldsymbol{x}_1 = \boldsymbol{x}_1$$

由此得到$\boldsymbol{x}_1 = \boldsymbol{0}$，这与$\boldsymbol{x}_1$是非零解矛盾，故矩阵的逆不存在。

我们用上述二阶矩阵 $\boldsymbol{A}$ 的例子来进一步说明这一现象，该矩阵对应的线性方程组为

$$\begin{cases} x_1 & -x_2 & =0 \\ -x_1 & +x_2 & =0 \end{cases}$$

可以发现，如果将第一个方程乘以-1，就得到了第二个方程。因此，这两个方程事实上是一样的，方程组其实只包含一个方程$x_1-x_2=0$。最终，方程组有两个未知数，但只有一个方程，就存在无穷多个解，从而矩阵的逆不存在。

如果方程组$\boldsymbol{Ax}=\boldsymbol{0}$存在非零解，不妨设解向量中的前$m$维$x_1,x_2,\cdots,x_m$不为零。否则，我们总可以重排矩阵和向量行的顺序来使不为零的维度变成前$m$维。设矩阵$\boldsymbol{A}$的列向量为$\boldsymbol{a}_1,\boldsymbol{a}_2,\cdots,\boldsymbol{a}_n$，那么非零解就对应如下关系：

$$x_1\boldsymbol{a}_1+x_2\boldsymbol{a}_2+\cdots+x_m\boldsymbol{a}_m=\boldsymbol{0}$$

也就是说，原方程组中至少有一个方程可以由其他方程线性组合得到。像这样，对于向量组$\boldsymbol{u}_1,\cdots,\boldsymbol{u}_n$，如果以$t_i$为未知数的方程

$$\sum_{i=1}^{n}t_i\boldsymbol{u}_i=\boldsymbol{0}$$

有非零解，就称向量组$\boldsymbol{u}_1,\cdots,\boldsymbol{u}_n$是线性相关的；反之，如果该方程只有零解，就称向量组是线性无关的。而对于线性相关的向量组，设其中存在$m$个向量线性无关，而任取$m$+1个向量都线性相关，则称该向量组的秩（rank）为$m$，记为$\mathrm{Rank}(\boldsymbol{u}_1,\cdots,\boldsymbol{u}_n)=m$。线性无关的向量组的秩就等于其包含向量的个数。将这一概念应用到矩阵上，可以定义矩阵$\boldsymbol{A}$的秩$\mathrm{Rank}(\boldsymbol{A})$为其列向量组成的向量组的秩。于是，我们可以用矩阵的秩来判断其是否可逆：方阵$\boldsymbol{A}_{n\times n}$可逆的充分必要条件是$\mathrm{Rank}(\boldsymbol{A})=n$。

直观上来说，矩阵的秩可以衡量矩阵包含的信息，也就是矩阵的复杂程度。例如在上述线性方程组中，虽然包含两个方程，但由其中一个方程可以推出另一个，说明它包含的信息与仅有一个方程没有什么区别。对于矩阵，秩越低，其列向量之间的相关性就越强，说明其实际上包含的信息就越少。

### 2.2.4 矩阵范数

与向量类似，在矩阵上同样可以定义范数函数$\|\cdot\|:\mathbb{R}^{m\times n}\to\mathbb{R}$，其需要满足的3个条件也与向量范数相同。

（1）正定性：$\|\boldsymbol{A}\|\geqslant 0$，当且仅当$\boldsymbol{A}$的所有元素都为0（$\boldsymbol{A}=\boldsymbol{0}$）时，$\|\boldsymbol{A}\|=0$。

（2）绝对齐次性：$\|a\boldsymbol{A}\|=|a|\|\boldsymbol{A}\|$。

（3）三角不等式：$\|\boldsymbol{A}+\boldsymbol{B}\|\leqslant\|\boldsymbol{A}\|+\|\boldsymbol{B}\|$。

在机器学习中，较为常用的矩阵范数是弗罗贝尼乌斯范数（Frobenius norm），简称F范数，定义为矩阵每个元素的平方之和的平方根：

$$\|\boldsymbol{A}\|_{\mathrm{F}}=\left(\sum_{i=1}^{m} \sum_{j=1}^{n} a_{ij}^{2}\right)^{\frac{1}{2}}$$

F范数与向量的$L_2$范数的定义较为类似，直观来说，可以用来衡量矩阵整体的“大小”，或者可以理解为将矩阵拉成向量后，向量对应的模长。

## 2.3　梯度

在机器学习中，我们经常会将问题抽象成数学模型，经过一系列推导后，将其转化为在一定约束条件下，求某个函数在空间上的最小值的问题，这样的问题就叫作优化问题。给定函数 $f:\mathbb{R}^n \to \mathbb{R}$，最简单也是最自然的优化问题是寻找函数的最小值：

$$\min_{\boldsymbol{x}} f(\boldsymbol{x})$$

要求解这一优化问题，就必须分析该函数的性质，尤其是函数的变化趋势。试想，如果我们知道了函数值在空间中的每个点沿着任一方向是上升还是下降，就可以不断沿着函数值下降的方向走，直到所有方向的函数值都上升为止。这时，我们就找到了函数的一个局部极小值。当然，这里描述的只是某种直观的感受，并不完全严谨，但也提示了函数的变化趋势在优化问题中的重要性。而梯度，就是描述函数变化速率和方向的工具。

我们假设读者有一定的微积分基础，下面给出梯度（gradient）的定义。对于向量的标量值函数 $f:\mathbb{R}^n \to \mathbb{R}$，其在 $\boldsymbol{x}$ 点的梯度为

$$\nabla_{\boldsymbol{x}} f(\boldsymbol{x})=\left(\frac{\partial f}{\partial x_1},\frac{\partial f}{\partial x_2},\cdots,\frac{\partial f}{\partial x_n}\right)^{\mathrm{T}}$$

其中，$\nabla_{\boldsymbol{x}}$ 表示对变量$\boldsymbol{x}$求梯度。在不引起混淆的情况下，下标$\boldsymbol{x}$可以省略。可以看出，$\nabla f$ 也是一个$n$维向量，与$\boldsymbol{x}$形状相同，其每一维均由 $f$ 对$\boldsymbol{x}$的对应维度求偏导得到。我们知道，多元函数对其中一个变量的偏导数代表了函数在该变量方向上的变化速率和方向。如果将向量函数的变量$\boldsymbol{x}$看作$n$个独立的标量变量，那么$f$也可以认为是有$n$个变量的多元函数 $f(x_1,\cdots,x_n)$。并且在直角坐标系中，由于向量的每一维都对应一个坐标轴，$f$ 对每个维度的偏导数就指示了函数在这一坐标轴方向上的变化情况。最终由各个偏导数组合而成的向量代表函数在空间中完整的变化速率与方向。

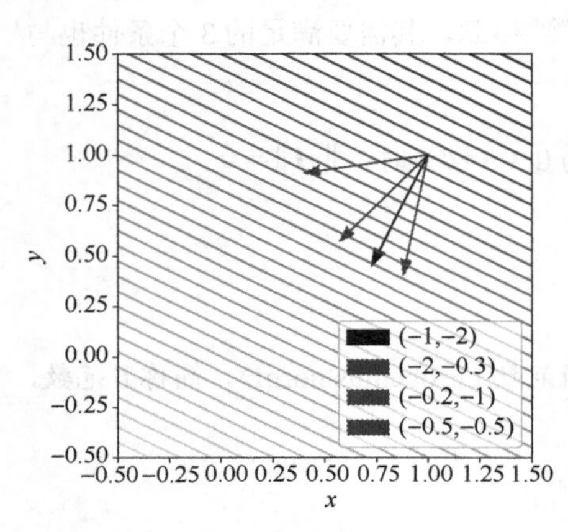

图 2-1　梯度与函数值变化

值得注意的是，梯度向量所指的方向有非常特殊的性质。如图 2-1 所示，图中是函数 $f(x,y)=-x-2y$ 在 $xy$ 平面上的等值线图，在每条直线上函数的值都相等，且颜色越浅的地方函数值越大，越深的地方函数值越小。按照梯度的定义可以算出，函数在点 (1, 1) 处的梯度为$(-1,-2)$。图 2-1 中画出了以 (1, 1) 为起点的一些箭头，箭头的长度都相等，图例中标明了箭头的方向，

其中黑色实线箭头是梯度方向。可以看出，虽然沿所有箭头的方向函数值都在增大，但是黑色实线箭头跨过了最多的等值线，说明沿该方向函数值增大最快。

或许有读者对图 2-1 有疑问，认为函数非线性的情况与图中展示的线性情况不同，函数值增大最快的方向应当是从起点指向最大值点的方向。然而，仿照一元函数的泰勒展开 $f(x) \approx f(x_0) + f'(x_0)(x - x_0)$，我们也可以利用梯度对标量值函数在局部进行线性近似，即

$$f(\boldsymbol{x}) \approx f(\boldsymbol{x}_0) + \nabla f(\boldsymbol{x}_0)^{\mathrm{T}}(\boldsymbol{x} - \boldsymbol{x}_0)$$

在本书遇到的情境中，函数 $f$ 的性质通常都足够好，可以进行上面的线性近似。因此，当我们讨论函数在一个很小局部内的变化时，总是可以认为函数是线性的。这样，参照图2-1线性函数的例子，就可以从直观上推出：在某一点函数值上升最快的方向就是函数在该点梯度的方向。更严格的数学证明应当考虑函数在起点$\boldsymbol{x}_0$沿不同方向的方向导数$\dfrac{\partial f(\boldsymbol{x}_0)}{\partial \boldsymbol{s}}$，其中$\boldsymbol{s}$表示空间中的某个方向。该导数的含义是，自变量从$\boldsymbol{x}_0$沿方向$\boldsymbol{s}$变为$\boldsymbol{x}_0$+d$\boldsymbol{s}$时，函数值的变化为$\left\|\dfrac{\partial f(\boldsymbol{x}_0)}{\partial \boldsymbol{s}}\right\|$。利用方向导数可以证明，当函数值变化最大时，$\boldsymbol{s}$就是梯度方向。相关的推导并不困难，我们将二元函数的简单情况留作习题供读者思考。

图 2-2 展示了 3 种有代表性的二元函数在空间中部分点的梯度（另见彩插图 1）。

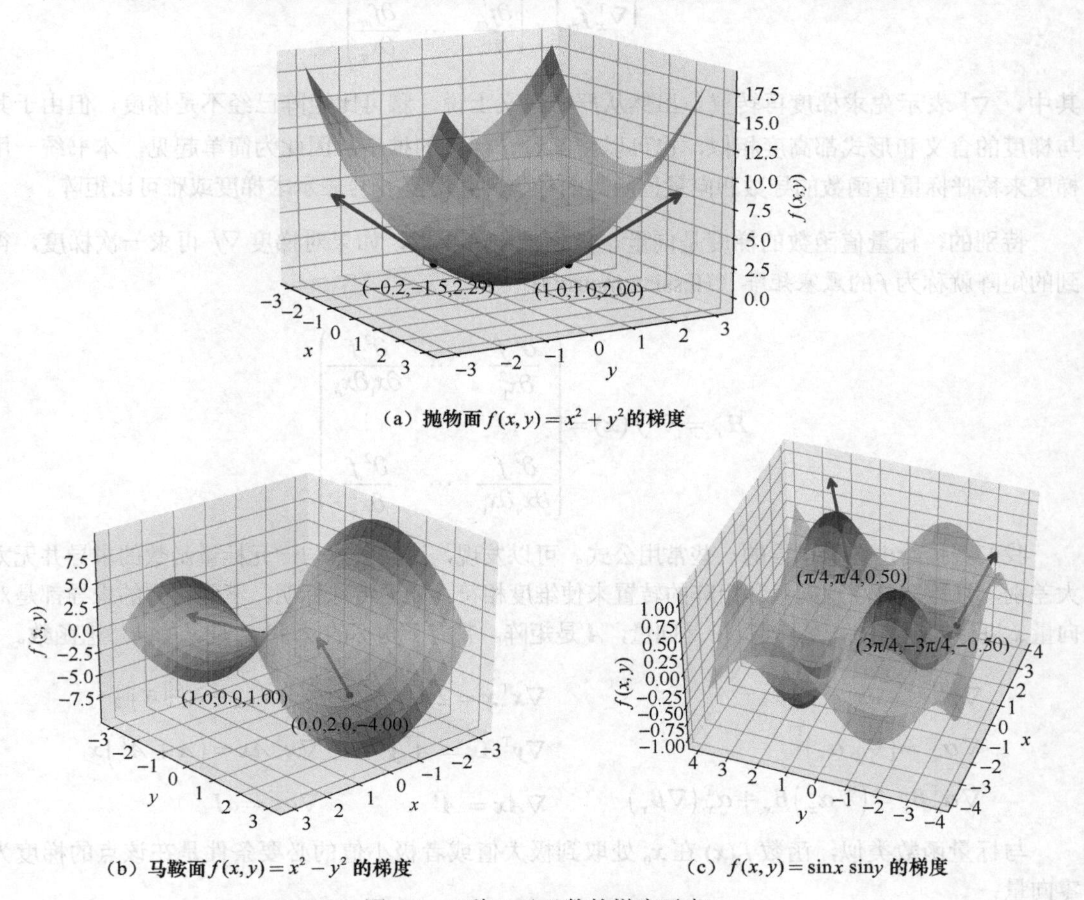


（a）抛物面 $f(x,y) = x^2 + y^2$的梯度

（b）马鞍面 $f(x,y) = x^2 - y^2$ 的梯度

（c）$f(x,y) = \sin x \sin y$ 的梯度

图 2-2　3 种二元函数的梯度示意

标量值函数以向量为自变量，函数值是标量。而在机器学习中我们还经常会遇到函数值是向量的函数，称为向量值函数。设 $\boldsymbol{f}:\mathbb{R}^n \to \mathbb{R}^m$ 是向量值函数，那么函数值的每一维都是一个 $n$ 元标量值函数：

$$\boldsymbol{f}(\boldsymbol{x}) = \left(f_1(x_1,\cdots,x_n), f_2(x_1,\cdots,x_n),\cdots,f_m(x_1,\cdots,x_n)\right)^{\mathrm{T}}$$

向量值函数其实并不少见，半径为 $r$ 的圆的参数方程 $x = r\cos\theta, y = r\sin\theta$ 就可以看成自变量为 $\theta$、函数值为向量 $(x, y)$ 的函数。假如我们要描述空间中的风速，那么也需要一个从空间坐标 $(x, y, z)$ 到风速 $(v_x, v_y, v_z)$ 的向量值函数。而在机器学习中，我们最常见的是向量之间的线性变换 $\boldsymbol{f}(\boldsymbol{x}) = \boldsymbol{A}\boldsymbol{x}$，其中 $\boldsymbol{A}$ 是矩阵。

向量值函数同样也可以对自变量求导，但这时求导的结果就变成矩阵，称为**雅可比矩阵**（Jacobian matrix），通常用 $\nabla\boldsymbol{f}$ 或者 $\boldsymbol{J}_f$ 表示。设 $\boldsymbol{f}:\mathbb{R}^n \to \mathbb{R}^m$，其对自变量 $\boldsymbol{x}$ 的梯度是一个 $m\times n$ 维的矩阵：

$$\nabla_{\boldsymbol{x}}\boldsymbol{f} = \begin{pmatrix} \nabla_{\boldsymbol{x}}^{\mathrm{T}}\boldsymbol{f}_1 \\ \vdots \\ \nabla_{\boldsymbol{x}}^{\mathrm{T}}\boldsymbol{f}_m \end{pmatrix} = \begin{pmatrix} \dfrac{\partial f_1}{\partial x_1} & \cdots & \dfrac{\partial f_1}{\partial x_n} \\ \vdots & & \vdots \\ \dfrac{\partial f_m}{\partial x_1} & \cdots & \dfrac{\partial f_m}{\partial x_n} \end{pmatrix}$$

其中，$\nabla^{\mathrm{T}}$ 表示先求梯度再转置。虽然从严格意义上说，雅可比矩阵已经不是梯度，但由于其与梯度的含义和形式都高度相似，也可以将其看作梯度的推广。因此为简单起见，本书统一用梯度来称呼标量值函数的导数和向量值函数的导数，并用 $\nabla$ 符号表示求梯度或雅可比矩阵。

特别的，标量值函数的梯度是向量。类比于二阶导数，如果对梯度 $\nabla f$ 再求一次梯度，得到的矩阵就称为 $f$ 的**黑塞矩阵**（Hessian matrix）：

$$\boldsymbol{H}_f = \nabla^2 f(\boldsymbol{x}) = \begin{pmatrix} \dfrac{\partial^2 f}{\partial x_1^2} & \cdots & \dfrac{\partial^2 f}{\partial x_1 \partial x_n} \\ \vdots & & \vdots \\ \dfrac{\partial^2 f}{\partial x_n \partial x_1} & \cdots & \dfrac{\partial^2 f}{\partial x_n^2} \end{pmatrix}$$

我们直接给出向量求导的一些常用公式。可以发现，这些公式与一元标量函数的求导并无太大差别，只是需要注意向量和矩阵的转置来使维度相符。如无特殊标明，下面所有的求导都是对向量 $\boldsymbol{x}$ 进行的。其中 $a$ 是标量，$\boldsymbol{y}$ 是向量，$\boldsymbol{A}$ 是矩阵。带有下角标的 $\boldsymbol{\alpha}_x$ 和 $\boldsymbol{\beta}_x$ 是 $\boldsymbol{x}$ 的向量值函数。

$$\nabla\boldsymbol{y}^{\mathrm{T}}\boldsymbol{x} = \nabla\boldsymbol{x}^{\mathrm{T}}\boldsymbol{y} = \boldsymbol{y} \qquad \nabla\boldsymbol{x}^{\mathrm{T}}\boldsymbol{x} = 2\boldsymbol{x} \qquad \nabla\|\boldsymbol{x}\|_2 = \boldsymbol{x}/\|\boldsymbol{x}\|_2$$

$$\nabla\boldsymbol{\alpha}_{\boldsymbol{x}}^{\mathrm{T}} = \left(\nabla_{\boldsymbol{x}^{\mathrm{T}}}\boldsymbol{\alpha}_{\boldsymbol{x}}\right)^{\mathrm{T}} \qquad \nabla\boldsymbol{y}^{\mathrm{T}}\boldsymbol{A}\boldsymbol{x} = \boldsymbol{A}^{\mathrm{T}}\boldsymbol{y} \qquad \nabla\boldsymbol{x}^{\mathrm{T}}\boldsymbol{A}\boldsymbol{x} = \left(\boldsymbol{A}+\boldsymbol{A}^{\mathrm{T}}\right)\boldsymbol{x}$$

$$\nabla\boldsymbol{\alpha}_{\boldsymbol{x}}^{\mathrm{T}}\boldsymbol{\beta}_{\boldsymbol{x}} = \left(\nabla\boldsymbol{\alpha}_{\boldsymbol{x}}^{\mathrm{T}}\right)\boldsymbol{\beta}_{\boldsymbol{x}} + \boldsymbol{\alpha}_{\boldsymbol{x}}^{\mathrm{T}}\left(\nabla\boldsymbol{\beta}_{\boldsymbol{x}}\right) \qquad \nabla\boldsymbol{A}\boldsymbol{x} = \boldsymbol{A}^{\mathrm{T}} \qquad \nabla a\boldsymbol{x} = a\boldsymbol{I}$$

与标量函数类似，函数 $f(\boldsymbol{x})$ 在 $\boldsymbol{x}_0$ 处取到极大值或者极小值的必要条件是在该点的梯度为零向量：

$$\nabla f(\boldsymbol{x})|_{\boldsymbol{x}_0} = \boldsymbol{0}$$

虽然仅有这一条件并不充分，如图2-2（b）展示过的 $f(x,y)=x^2-y^2$，其在(0, 0)处的梯度为零向量，但该点显然并非局部极小值。然而，进一步讨论需要用到 $\boldsymbol{H}_f$ 较为复杂的性质，且梯度为零在函数光滑时是必要条件。因此，我们暂且先对梯度与极值的关系有一个基本认识，在需要深入时再具体介绍分析的方法。

## 2.4 凸函数

在 2.3 节最后我们发现，梯度为零并不能说明函数达到极值点。那么，是否存在一类函数，由梯度为零就可以直接推出极值点呢？考虑最简单的开口向上的二次函数 $y=x^2$，显然函数在顶点 $x=0$ 处的梯度为零，同时该点也是函数的极小值点。进一步分析可以发现，在自变量 $x$ 由小变大的过程中，函数的导数（梯度）$y'=2x$ 是单调增加的。所以，如果导数存在零点 $x_0$，在零点左边导数始终小于 0，函数值单调减小；在零点右边导数始终大于 0，函数值单调增加。这样，导数为零的点一定是函数的极小值点。

当函数的自变量由一元扩展到多元、导数扩展成梯度的时候，我们同样需要把上面的直觉扩展，找到在不同情况下都适用的描述方法。直观上来说，如果梯度为零就可以推出极小值点，函数的图像应当是没有“起伏”的，这种性质该如何描述呢？这里直接给出定义：考虑函数 $f(\boldsymbol{x})$，对任意 $\boldsymbol{x}_1$、$\boldsymbol{x}_2$ 和 $0<\alpha<1$，如果都有

$$\alpha f(\boldsymbol{x}_1)+(1-\alpha)f(\boldsymbol{x}_2)\geqslant f(\alpha\boldsymbol{x}_1+(1-\alpha)\boldsymbol{x}_2)$$

则称 $f$ 是凸函数（convex function）。

图 2-3 是一个凸函数的示意图，我们通过这张图来简单说明凸函数定义式的几何含义。上式左边是 $f(\boldsymbol{x}_1)$ 和 $f(\boldsymbol{x}_2)$ 的加权平均，随着 $\alpha$ 从 0 变到 1，它的轨迹就是连接 $(\boldsymbol{x}_1,f(\boldsymbol{x}_1))$ 和 $(\boldsymbol{x}_2,f(\boldsymbol{x}_2))$ 两点的线段。上式右边则是 $\boldsymbol{x}_1$ 和 $\boldsymbol{x}_2$ 两个点先加权平均得到 $\alpha\boldsymbol{x}_1+(1-\alpha)\boldsymbol{x}_1$，再求函数值的结果。要让上式成立，就需要左边表示的线段始终在右边对应位置的函数值上方，和上面我们希望的函数图像没有“起伏”是一致的。否则，我们就可以在函数图像有“鼓包”的地方找到两个点，使它们的连线在函数下方了。

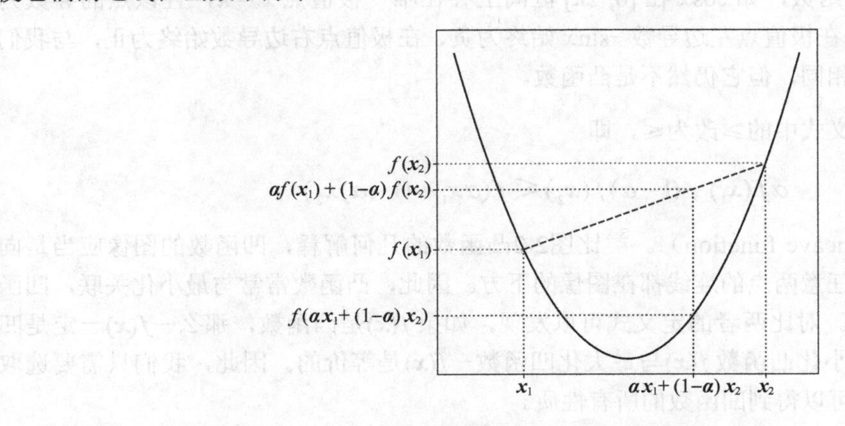


图 2-3 凸函数定义的几何解释

图 2-4 展示了常见的凸函数 $f(x)=|x|$ 和 $f(x)=\mathrm{e}^x$，以及非凸函数 $f(x)=x^3$ 和 $f(x)=\cos x$ $(0\leqslant x\leqslant 2\pi)$。非凸函数的图像上还画出了一条虚线，表示该函数违反凸函数定义的地方。读者可以自行验证这些函数确实满足或不满足凸函数的定义。

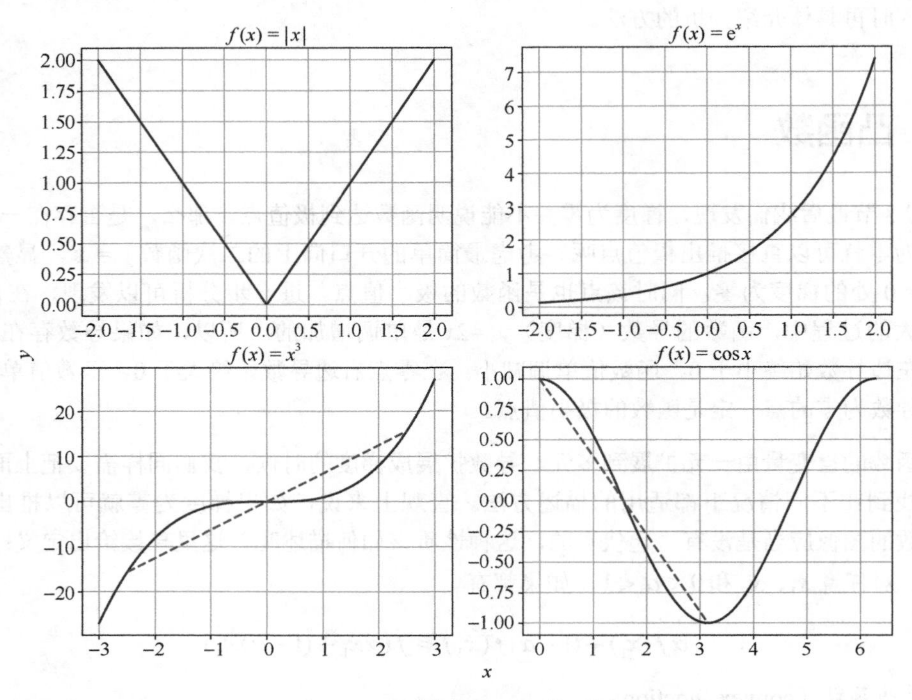


图 2-4 凸函数与非凸函数示例

从这些例子中，我们需要说明几个与前述的“直觉”不完全相同的地方，也提醒读者，严谨的数学表达是比直觉更可靠的工具。第一，凸函数不一定在所有点可导（可求梯度），如 $|x|$ 在 $x=0$ 处的梯度就不存在。但我们在机器学习中遇到的大多数函数，都可以通过合理规定不可导点的导数来尽量弥补这一缺陷，如规定 $|x|$ 在 $x=0$ 的导数为 0。第二，凸函数不一定存在极值点，如 $\mathrm{e}^x$ 在定义域内是单调递增函数，不存在导数为 0 的点。第三，存在全局唯一极小值点的不一定是凸函数，如 $\cos x$ 在 $[0, 2\pi]$ 区间上存在唯一极值点 $x=\pi$，且该点的导数为 $-\sin\pi=0$。甚至 $\cos x$ 在极值点左边导数 $-\sin x$ 始终为负、在极值点右边导数始终为正，与我们在本节最开始的描述相同，但它仍然不是凸函数。

如果将凸函数定义式中的 $\geqslant$ 改为 $\leqslant$，即

$$\alpha f(\boldsymbol{x}_1)+(1-\alpha)f(\boldsymbol{x}_2)\leqslant f(\alpha\boldsymbol{x}_1+(1-\alpha)\boldsymbol{x}_2)$$

就得到了凹函数（concave function）。类比图2-2凸函数的几何解释，凹函数的图像应当是向上“鼓起”的，从而任意两点的连线都在图像的下方。因此，凸函数常常与最小化关联，凹函数常常与最大化关联。对比两者的定义式可以发现，如果 $f(\boldsymbol{x})$ 是凸函数，那么 $-f(\boldsymbol{x})$ 一定是凹函数。相应来说，最小化凸函数 $f(\boldsymbol{x})$ 与最大化凹函数 $-f(\boldsymbol{x})$ 是等价的。因此，我们只需要选取凸函数进行研究，就可以得到凹函数的所有性质。

凸函数在机器学习中非常常见，在 2.1 节中介绍的向量范数都是凸函数。由于凸函数的良好性质，它的优化问题通常有简单且理论上严格的解法。因此，在后续所有的模型中，我们都

希望尽可能找到某种形式的凸函数作为优化问题的目标。

## 2.5 小结

本章主要介绍了本书所讲解的机器学习算法中常用的数学工具。我们希望尽可能将重点放在机器学习算法的讲解与实践上，所以并没有像数学教材那样过多地展示数学证明与定理。因此，本章的内容以概念和定义为主，力求将这些数学概念以直观的方式展示给读者。对这些概念的更多性质和原理感兴趣的读者，可以自行查阅相关的数学资料。

**习题**

（1）向量的 $L_0$ 范数为向量中非零元素的个数，严格满足向量范数的 3 个条件，这种说法是否正确？

A. 错误　　　　B. 正确

（2）下列说法错误的是（　　）。

A. 两个对角矩阵之间相乘一定可交换

B. 矩阵与向量的乘法满足分配律，即对于维度合适的矩阵 $\boldsymbol{A}$ 和向量 $\boldsymbol{x}$、$\boldsymbol{y}$，有 $\boldsymbol{A}(\boldsymbol{x}+\boldsymbol{y})=\boldsymbol{A}\boldsymbol{x}+\boldsymbol{A}\boldsymbol{y}$

C. 矩阵对向量的点积满足结合律，即对于维度合适的矩阵 $\boldsymbol{A}$ 和向量 $\boldsymbol{x}$、$\boldsymbol{y}$，有 $(\boldsymbol{A}\boldsymbol{x})\cdot\boldsymbol{y}=\boldsymbol{A}(\boldsymbol{x}\cdot\boldsymbol{y})$

D. 假设 $f$ 处处可微且存在最大值，那么在最大值点 $f$ 的梯度一定为零

（3）当 $L_p$ 范数中的 $p\in(0,1)$ 或取 $p\to 0^+$ 得到 $L_0$ 范数时，它并不满足范数的定义。依次验证范数的 3 个条件，它违反了哪一个条件？试举出一个违反该条件的例子。

（4）证明矩阵的转置和逆满足 $(A^{\mathrm{T}})^{-1}=(A^{-1})^{\mathrm{T}}$。

（5）设二元函数 $f(x,y)$ 在 $\mathbb{R}^2$ 上处处光滑且可微，证明在任意一点 $(x_0,y_0)$ 处，函数的梯度是函数值上升最快的方向。（提示：考虑函数在该点沿 $(\cos\theta,\sin\theta)$ 方向导数的长度，何时该长度最大？）

（6）利用向量范数的定义证明所有的向量范数都是凸函数。

（7）是否存在非凸非凹的函数？又凸又凹呢？若存在，试举例说明；或证明其不存在。

（8）试通过作图来展示。对不同的 $p$ 值，在二维坐标上画出 $L_p$ 范数等于 1 的向量对应的点构成的曲线。设平面上点的坐标为 $(x,y)$，该曲线的方程就是 $(|x|^p+|y|^p)^{1/p}=1$。通过这些图像来证明和理解一个趋势：$p$ 越小，曲线越贴近坐标轴；$p$ 越大，曲线越远离坐标轴，并且棱角越明显。

# 第3章
# k近邻算法

从本章开始，我们先来讲解两个最简单的机器学习算法，从中展开机器学习的基本概念和思想。或许有的读者会认为机器学习非常困难，需要庞大的模型、复杂的网络，但事实并非如此。相当多的机器学习算法都非常简单、直观，也不涉及神经网络。本章就将介绍一个最基本的分类和回归算法：*k* 近邻（k-nearest neighbor，KNN）算法。KNN 是最简单也是最重要的机器学习算法之一，它的思想可以用一句话来概括，即相似的数据往往拥有相同的类别，这也对应于中国的一句谚语："物以类聚，人以群分"。具体来说，我们在生活中常常可以观察到，同一种类的数据之间特征更为相似，而不同种类的数据之间特征差别更大。例如，在常见的花中，十字花科的植物大多数有 4 片花瓣，而夹竹桃科的植物花瓣大多数是 5 的倍数。虽然存在例外，但如果我们按花瓣个数对植物分类，那么花瓣个数相同或呈倍数关系的植物相对更可能属于同一种。

在本章中，我们将详细讲解并动手实现 KNN 算法，再将其应用到不同的任务中去。

## 3.1 KNN算法的原理

在分类任务中，我们的目标是判断样本 $\boldsymbol{x}$ 的类别 $y$。KNN 会先观察与该样本点距离最近的 $K$ 个样本，统计这些样本所属的类别。然后，将当前样本归到出现次数最多的类中。我们用 KNN 算法的经典示意图来更清晰地说明其思想。如图 3-1 所示，假设共有两个类别的数据点：圆形和正方形，而中心位置的样本✖当前尚未被分类。

根据统计近邻的思路：

- 当 $K=3$ 时，样本✖的 3 个邻居中有 2 个正方形样本，1 个圆形样本，因此应该将样本✖归类为正方形；
- 当 $K=5$ 时，样本✖的 5 个邻居中有 2 个正方形样本，3 个圆形样本，因此应该将样本✖归类为圆形。

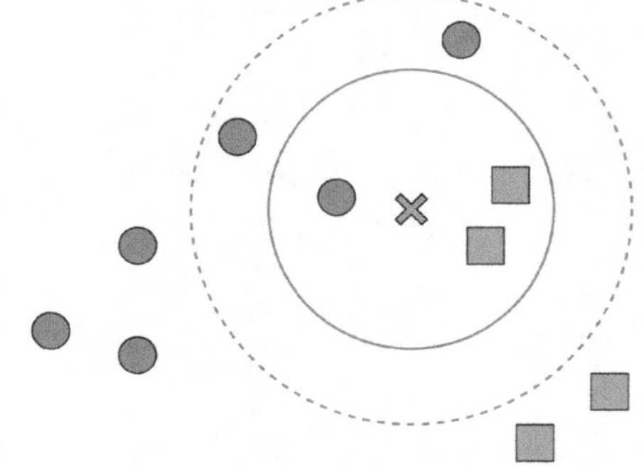

图 3-1　KNN 算法示意图

从这个例子中可以看出，KNN 的基本思路是让当前样本的分类服从邻居中的多数分类。但是，当 $K$ 的大小变化时，由于邻居的数量变化，其多数类别也可能会变化，从而改变对当前样本的分类判断。因此，决定 $K$ 的大小是 KNN 中最重要的部分之一。直观上来说，当 $K$ 的取值太小时，分类结果很容易受到待分类样本周围的个别噪声数据影响；当 $K$ 的取值太大时，又可能将远处一些不相关的样本包含进来。因此，我们应该根据数据集动态地调整 $K$ 的大小，以得到最理想的结果。

下面，我们用数学语言来描述 KNN 算法。设已分类样本的集合为 $\mathcal{X}_0$。对于一个待分类的样本 $\boldsymbol{x}$，定义其邻居 $\mathcal{N}_K(\boldsymbol{x})$ 为 $\mathcal{X}_0$ 中与 $\boldsymbol{x}$ 距离最近的 $K$ 个样本 $\boldsymbol{x}_1, \boldsymbol{x}_2, \cdots, \boldsymbol{x}_K$ 组成的集合，这些样本对应的类别分别是 $y_1, y_2, \cdots, y_K$。我们统计集合 $\mathcal{N}_K(\boldsymbol{x})$ 中类别为 $j$ 的样本的数量，记为 $G_j(\boldsymbol{x})$：

$$G_j(\boldsymbol{x}) = \sum_{x_i \in \mathcal{N}_K(\boldsymbol{x})} \mathbb{I}(y_i = j)$$

其中，$\mathbb{I}(p)$ 是示性函数，其自变量 $p$ 是一个命题。当 $p$ 为真时，$\mathbb{I}(p)=1$，反之，当 $p$ 为假时，$\mathbb{I}(p)=0$。最后，我们将$\boldsymbol{x}$的类别 $\hat{y}(\boldsymbol{x})$ 判断为使$G_j(\boldsymbol{x})$最大的类别：

$$\hat{y}(\boldsymbol{x}) = \arg\max_j G_j(\boldsymbol{x})$$

与分类任务类似，我们还可以将 KNN 应用于回归任务。对于样本 $\boldsymbol{x}$，我们需要预测其对应的实数值 $y$。同样，KNN 考虑 $K$ 个相邻的样本点 $\boldsymbol{x}_i \in \mathcal{N}_K(\boldsymbol{x})$，将这些样本点对应的实数值 $y_i$ 进行加权平均，就得到样本 $\boldsymbol{x}$ 的预测结果 $\hat{y}(\boldsymbol{x})$：

$$\hat{y}(\boldsymbol{x}) = \sum_{x_i \in \mathcal{N}_K(\boldsymbol{x})} w_i y_i, \text{其中} \sum_{i=1}^{K} w_i = 1$$

在这里，权重 $w_i$ 代表不同邻居对当前样本的重要程度，权重越大，该邻居的值 $y_i$ 对最后的预测影响也越大。我们既可以预先定义好权重，例如简单地认为所有邻居的重要程度相同，令所有$w_i = 1/K$；也可以根据数据集的特性设置权重与距离的关系，如让权重与距离成反比；还可以将权重作为模型的参数，通过学习得到。

## 3.2 用KNN算法完成分类任务

本节将在 MNIST 数据集上应用 KNN 算法完成分类任务。MNIST 是手写数字数据集，其中包含了很多手写数字 0 ～ 9 的黑白图像，每幅图像的尺寸是 28 像素 ×28 像素。每个像素用 1 或 0 表示，1 代表黑色像素，属于图像背景；0 代表白色像素，属于手写数字。读者可以在 MNIST 的官方网站上得到更多数据集的信息。我们的任务是用 KNN 对不同的手写数字进行分类。为了更清晰地展示数据集的内容，下面先将一个数据点转成黑白图像显示出来。此外，把每个数据集都按 8 ：2 的比例随机划分成训练集（training set）和测试集（test set）。我们先在训练集上应用 KNN 算法，再在测试集上测试算法的表现。将数据集划分为训练集和测试集的原因会在第 5 章中详细讲解。

在本节中，我们会用到 NumPy 和 matplotlib 两个 Python 库。NumPy 是科学计算库，包含了大量常用的计算工具，如数组工具、数据统计、线性代数等，我们用 NumPy 中的数组来存储数据，并使用其中的多个函数。matplotlib 是可视化库，包含了各种绘图工具，我们用 matplotlib 进行数据可视化并绘制各种训练结果。本书不会对库中该函数的用法做详细说明，感兴趣的读者可以自行查阅官方文档、API 或其他教程，了解相关函数的具体使用方法。

```
import matplotlib.pyplot as plt
import numpy as np
import os

# 读入MNIST数据集
m_x = np.loadtxt('mnist_x', delimiter=' ')
m_y = np.loadtxt('mnist_y')

# 数据集可视化
data = np.reshape(np.array(m_x[0], dtype=int), [28, 28])
plt.figure()
plt.imshow(data, cmap='gray')

# 将数据集分为训练集和测试集
ratio = 0.8
split = int(len(m_x) * ratio)

# 打乱数据
np.random.seed(0)
idx = np.random.permutation(np.arange(len(m_x)))
m_x = m_x[idx]
m_y = m_y[idx]
x_train, x_test = m_x[:split], m_x[split:]
y_train, y_test = m_y[:split], m_y[split:]
```

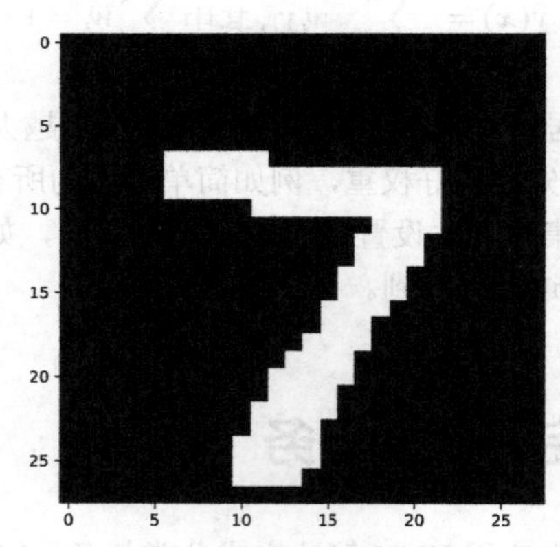


下面是 KNN 算法的具体实现。首先，我们定义样本之间的距离。为简单起见，我们采用最常用的欧氏距离（Euclidean distance），也就是我们生活中最常用、最直观的空间距离。对于 $n$ 维空间中的两个点 $\boldsymbol{x}=(x_1, \cdots, x_n)$ 和 $\boldsymbol{y}=(y_1, \cdots, y_n)$，其欧氏距离为

$$d_{\text{Euc}}(\boldsymbol{x}, \boldsymbol{y}) = \sqrt{\sum_{i=1}^{n}(x_i - y_i)^2}$$

```
def distance(a, b):
    return np.sqrt(np.sum(np.square(a - b)))
```

为了方便，我们将 KNN 算法定义成类，其初始化参数是 $K$ 和类别的数量。每一部分的含义在代码中有详细注释。

```
class KNN:
```

```
    def __init__(self, k, label_num):
        self.k = k
        self.label_num = label_num # 类别的数量

    def fit(self, x_train, y_train):
        # 在类中保存训练数据
        self.x_train = x_train
        self.y_train = y_train

    def get_knn_indices(self, x):
        # 获取距离目标样本点最近的K个样本点的下标
        # 计算已知样本到目标样本的距离
        dis = list(map(lambda a: distance(a, x), self.x_train))
        # 按距离从小到大排序，并得到对应的下标
        knn_indices = np.argsort(dis)
        # 取最近的K个下标
        knn_indices = knn_indices[:self.k]
        return knn_indices

    def get_label(self, x):
        # 对KNN方法的具体实现，观察K个近邻并使用np.argmax获取其中数量最多的类别
        knn_indices = self.get_knn_indices(x)
        # 类别计数
        label_statistic = np.zeros(shape=[self.label_num])
        for index in knn_indices:
            label = int(self.y_train[index])
            label_statistic[label] += 1
        # 返回数量最多的类别
        return np.argmax(label_statistic)

    def predict(self, x_test):
        # 预测样本 test_x 的类别
        predicted_test_labels = np.zeros(shape=[len(x_test)],dtype=int)
        for i, x in enumerate(x_test):
            predicted_test_labels[i] = self.get_label(x)
        return predicted_test_labels
```

最后，我们在测试集上观察算法的效果，并对不同的 $K$ 的取值进行测试。

```
for k in range(1, 10):
    knn = KNN(k, label_num=10)
    knn.fit(x_train, y_train)
    predicted_labels = knn.predict(x_test)

    accuracy = np.mean(predicted_labels == y_test)
    print(f'K的取值为 {k}, 预测准确率为 {accuracy * 100:.1f}%')
```

```
K的取值为 1, 预测准确率为 88.5%
K的取值为 2, 预测准确率为 88.0%
K的取值为 3, 预测准确率为 87.5%
K的取值为 4, 预测准确率为 87.5%
K的取值为 5, 预测准确率为 88.5%
K的取值为 6, 预测准确率为 88.5%
K的取值为 7, 预测准确率为 88.0%
K的取值为 8, 预测准确率为 87.0%
K的取值为 9, 预测准确率为 87.0%
```

## 3.3 使用scikit-learn实现KNN算法

Python作为机器学习的常用工具，有许多Python库已经封装好了机器学习常用的各种算法。这些库通常经过了很多优化，其运行效率比上面我们自己实现的要高。所以，能够熟练掌握各种机器学习库的用法，也是机器学习的学习目标之一。其中，scikit-learn（简称sklearn）是一个常用的机器学习算法库，包含了数据处理工具和许多简单的机器学习算法。本节以sklearn库为例，来讲解如何使用封装好的KNN算法，并在高斯数据集gauss.csv上观察分类效果。高斯数据集包含一些平面上的点，分别由两个独立的二维高斯分布随机生成，每行包含3个数，依次是点的$x$和$y$坐标和类别。首先，我们导入数据集并进行可视化。

```
from sklearn.neighbors import KNeighborsClassifier # sklearn中的KNN分类器
from matplotlib.colors import ListedColormap

# 读入高斯数据集
data = np.loadtxt('gauss.csv', delimiter=',')
x_train = data[:, :2]
y_train = data[:, 2]
print('数据集大小：', len(x_train))

# 可视化
plt.figure()
plt.scatter(x_train[y_train==0, 0], x_train[y_train==0, 1], c='blue', marker='o')
plt.scatter(x_train[y_train==1, 0], x_train[y_train==1, 1], c='red', marker='x')
plt.xlabel('X axis')
plt.ylabel('Y axis')
plt.show()
```

```
数据集大小：200
```

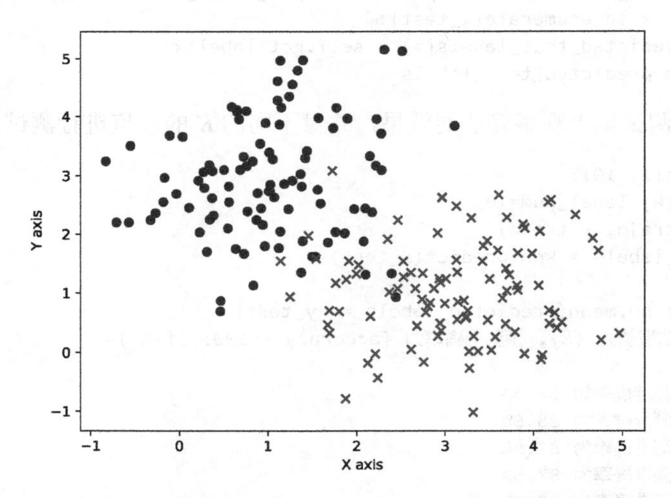


在高斯数据集中，我们将整个数据集作为训练集，将平面上的其他点作为测试集，观察KNN在不同的$K$值下的分类效果。因此，我们不对数据集进行划分，而是在平面上以0.02为间距构造网格作为测试集。由于平面上的点是连续的，我们无法依次对它们测试，只能像这样从中采样。在没有特殊要求的情况下，我们一般采用最简单的均匀网格采样。这里，我们选用网格间距0.02是为了平衡测试点的个数和测试点的代表性，读者也可以调整该数值，观察结果的变化。

```
# 设置步长
step = 0.02
# 设置网格边界
x_min, x_max = np.min(x_train[:, 0]) - 1, np.max(x_train[:, 0]) + 1
y_min, y_max = np.min(x_train[:, 1]) - 1, np.max(x_train[:, 1]) + 1
# 构造网格
xx, yy = np.meshgrid(np.arange(x_min, x_max, step), np.arange(y_min, y_max, step))
grid_data = np.concatenate([xx.reshape(-1, 1), yy.reshape(-1, 1)], axis=1)
```

在 sklearn 中，KNN 分类器由 `KNeighborsClassifier` 定义，通过参数 `n_neighbors` 指定 $K$ 的大小。我们分别设置 $K=1$、$K=3$ 和 $K=10$ 观察分类效果。数据集中的点用深色表示，平面上被分到某一类的点用与其相对应的浅色表示。可以看出，随着 $K$ 的增大，分类的边界变得更平滑，但错分的概率也在变大。

```
fig = plt.figure(figsize=(16,4.5))
# K值，读者可以自行调整，观察分类结果的变化
ks = [1, 3, 10]
cmap_light = ListedColormap(['royalblue', 'lightcoral'])

for i, k in enumerate(ks):
    # 定义KNN分类器
    knn = KNeighborsClassifier(n_neighbors=k)
    knn.fit(x_train, y_train)
    z = knn.predict(grid_data)

    # 画出分类结果
    ax = fig.add_subplot(1, 3, i + 1)
    ax.pcolormesh(xx, yy, z.reshape(xx.shape), cmap=cmap_light, alpha=0.7)
    ax.scatter(x_train[y_train==0, 0], x_train[y_train==0, 1], c='blue', marker='o')
    ax.scatter(x_train[y_train==1, 0], x_train[y_train==1, 1], c='red', marker='x')

    ax.set_xlabel('X axis')
    ax.set_ylabel('Y axis')
    ax.set_title(f'K = {k}')

plt.show()
```

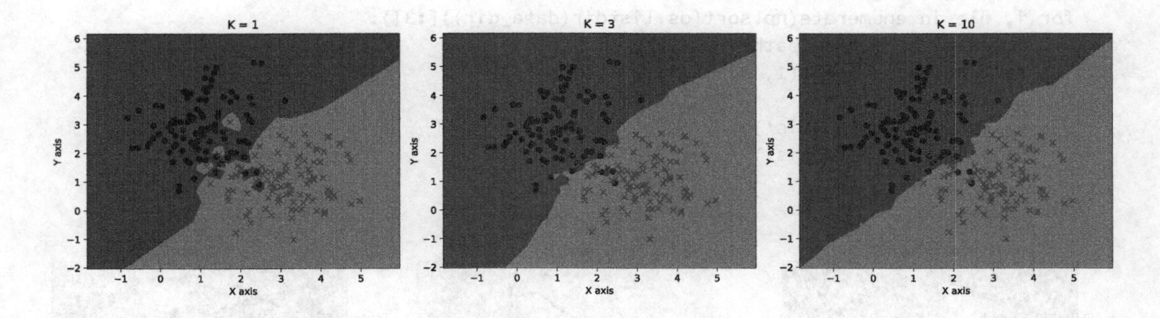


## 3.4 用KNN算法完成回归任务——色彩风格迁移

在 3.2 节和 3.3 节中，我们展示了 KNN 在分类任务上的效果，本节我们将 KNN 算法应用到回归任务——色彩风格迁移上。在该任务中，我们的目标是给一张黑白照片着色，同时要求着色的风格要接近另一张彩色照片。图 3-2（a）所示的内容图像是一张上海外滩的黑白风景照片，

图 3-2（b）所示的风格图像是梵高著名的画作 *The Starry Night*。通过色彩风格迁移，可以达到图 3-2（c）所示生成图像的着色效果（另见彩插图 2）。梵高作为著名的荷兰后印象派画家，其画作色彩比较夸张奔放，常常采用一些高明度、高纯度的色彩。得益于其富有特色的风格，我们可以从生成图像中明显观察到图像风格的转变。因此，在后续任务中，我们都采用这张上海外滩风景照片作为内容图像，而用梵高的不同作品作为风格图像。

(a) 内容图像

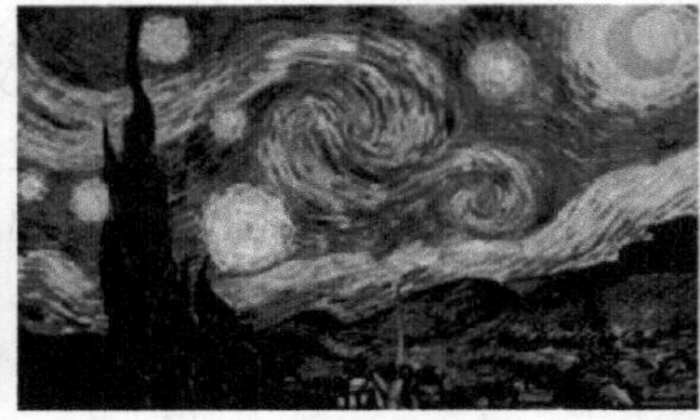

(b) 风格图像

(c) 生成图像

图 3-2　任务图像展示

我们先安装并导入必要的库。本节会用到 scikit-image（简称 skimage）图像处理库，以及 sklearn 中的 KNN 回归器 `KNeighborsRegressor`。

```
!pip install scikit-image
from skimage import io # 图像输入输出
from skimage.color import rgb2lab, lab2rgb # 图像通道转换
from sklearn.neighbors import KNeighborsRegressor # KNN 回归器
import os

path = 'style_transfer'
```

在讲解 KNN 的用法之前，我们必须要了解如何表示图像的色彩。我们先将用到的部分梵高画作展示出来，让读者有较为清晰的感受（另见彩插图 3）。数据集中，每幅画作的尺寸是 256 像素 ×256 像素。

```
data_dir = os.path.join(path, 'vangogh')
fig = plt.figure(figsize=(16, 5))
for i, file in enumerate(np.sort(os.listdir(data_dir))[:3]):
    img = io.imread(os.path.join(data_dir, file))
    ax = fig.add_subplot(1, 3, i + 1)
    ax.imshow(img)
    ax.set_xlabel('X axis')
    ax.set_ylabel('Y axis')
    ax.set_title(file)
plt.show()
```

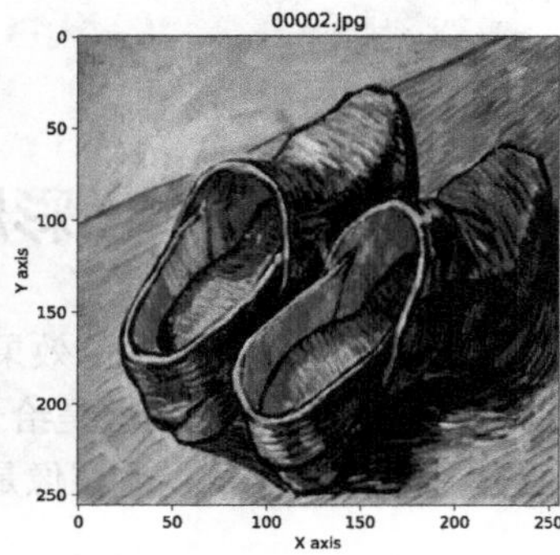


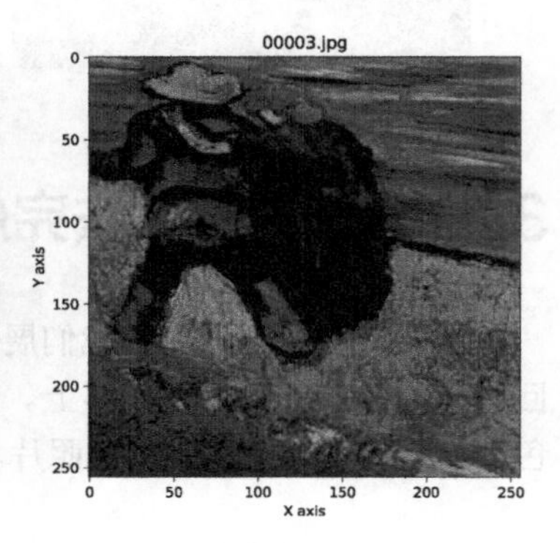

### 3.4.1 RGB空间与LAB空间

我们知道，所有颜色都可以由三原色红、绿、蓝混合得到。因此，在计算机中，为了表示图像中每个像素的颜色，我们常用 RGB 表示法。其中 R、G 和 B 分别代表红、绿、蓝在颜色中所占的比例，取值均为 0 ～ 255 的整数。将整幅图像上每个像素的 RGB 值分别合在一起，就得到了图3-3所示的图像的RGB颜色空间矩阵（另见彩插图4）。如果图像的高是 $H$，宽是 $W$，这一 $H\times W\times 3$ 的矩阵就包含了图像的色彩信息。

然而，RGB 表示法中对数字大小的限制使得 RGB 并不能表示出所有颜色。除 RGB 之外，计算机中还常用 LAB 法来表示颜色。其中，L 代表明度，A 表示红、绿方向的分量，B 表示黄、蓝方向的分量。虽然 LAB 理论上也能表示所有颜色，但由于实际应用中的限制，一般规定 L 的范围是 0 ～ 100，其中，0 代表黑色，100 代表白色；A 的范围是 –128 ～ 127，其中，负数代表绿色，正数代表红色；B 的范围是 –128 ～ 127，其中，负数代表蓝色，正数代表黄色。图 3-4 展示了 LAB 颜色空间的色彩变化（另见彩插图 5）。相比于 RGB，LAB 将亮度信息提取出来，与彩色信息独立，使我们可以在不改变黑白图像亮度的情况下对其着色，完成色彩风格迁移。

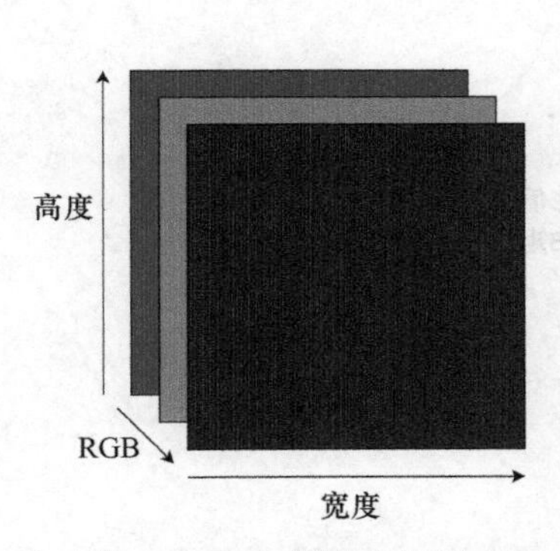


图 3-3 RGB 颜色空间示意

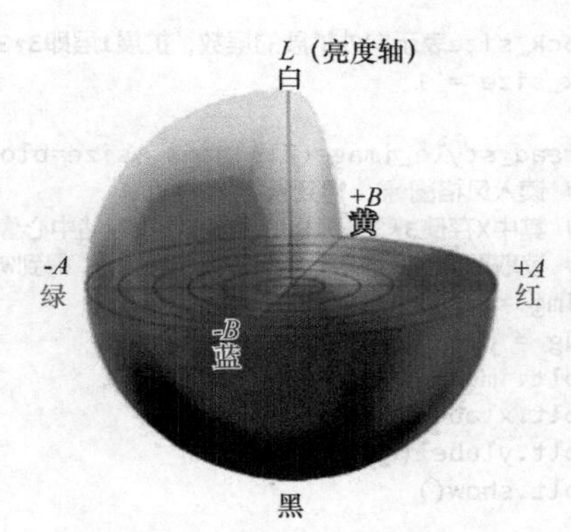


图 3-4 LAB 颜色空间示意

### 3.4.2 算法设计

在确定了图像色彩的表示方式后，着色的过程就是确立从黑白图像到彩色图像的颜色映射的过程。然而，黑白图像中只有亮度信息，我们无法直接还原出其对应的颜色，因此，需要为其补充额外的信息。可以采用 KNN 算法来完成这一映射。我们先将风格图像也变成黑白的，提取出其灰度信息。接下来，最简单的思路是，将内容图像中的像素到黑白风格图像中进行匹配，用最近邻的 $K$ 像素的原始颜色的平均值作为该像素着色后的颜色。

然而，这一想法所利用的信息太少，最后着色的效果也不佳。在内容图像中，同样的灰度像素既可能出现在黄色的土地上，也可能出现在蓝色的天空中。如果将这些差异很大的颜色取平均值进行上色，自然得不到我们期望的效果。就像在一个由很多人组成的方阵中只靠身高去找人一样，同样身高的人可能有很多，我们很难准确定位要找的人。但是，如果我们又知道了目标周围相邻的人的身高，就可以大大提高精确率。因此，我们将匹配的范围扩大，对于内容图像中的任意一个像素点，我们取其周围相邻的 8 个像素点，组成 3×3 的窗口，再到黑白风格图像中寻找与其最相似的 $K$ 个 3×3 的像素窗口。最后，对这些窗口的中心像素的颜色取平均值作为该像素的颜色。图 3-5 描述了上述使用 KNN 算法的思路。

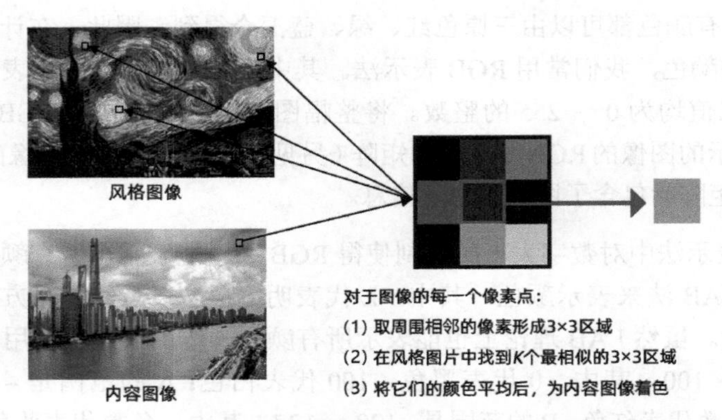


图 3-5　用 KNN 解决色彩风格迁移问题的算法

下面，我们就来实现这一算法。首先，记录风格图像中每个窗口对应的原始颜色，供最后着色使用。

```
# block_size表示向外扩展的层数，扩展1层即3*3
block_size = 1

def read_style_image(file_name, size=block_size):
    # 读入风格图像，得到映射 X->Y
    # 其中X存储3*3像素格的灰度值，Y存储中心像素格的色彩值
    # 读取图像文件，设图像宽为W，高为H，得到W*H*3的RGB矩阵
    img = io.imread(file_name)
    fig = plt.figure()
    plt.imshow(img)
    plt.xlabel('X axis')
    plt.ylabel('Y axis')
    plt.show()

    # 将RGB矩阵转换成LAB表示法的矩阵，大小仍然是W*H*3，三维分别是L、A、B
    img = rgb2lab(img)
    # 取出图像的宽度和高度
    w, h = img.shape[:2]

    X = []
    Y = []
    # 枚举全部可能的中心点
    for x in range(size, w - size):
        for y in range(size, h - size):
            # 保存所有窗口
            X.append(img[x - size: x + size + 1, \
                y - size: y + size + 1, 0].flatten())
            # 保存窗口对应的色彩值a和b
            Y.append(img[x, y, 1:])
    return X, Y
```

然后，读取梵高的 *The Starry Night* 作为风格图像（另见彩插图 6），并用 sklearn 中的 KNN 回归器建立模型。

```
X, Y = read_style_image(os.path.join(path, 'style.jpg')) # 建立映射

# weights='distance'表示邻居的权重与其到样本的距离成反比
```

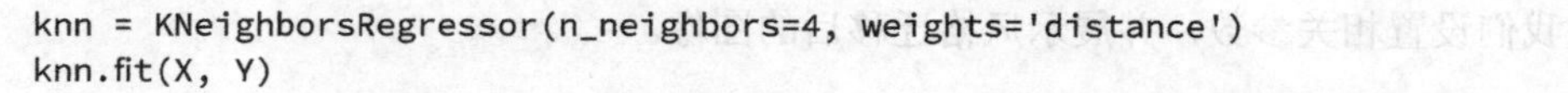

```
knn = KNeighborsRegressor(n_neighbors=4, weights='distance')
knn.fit(X, Y)
```

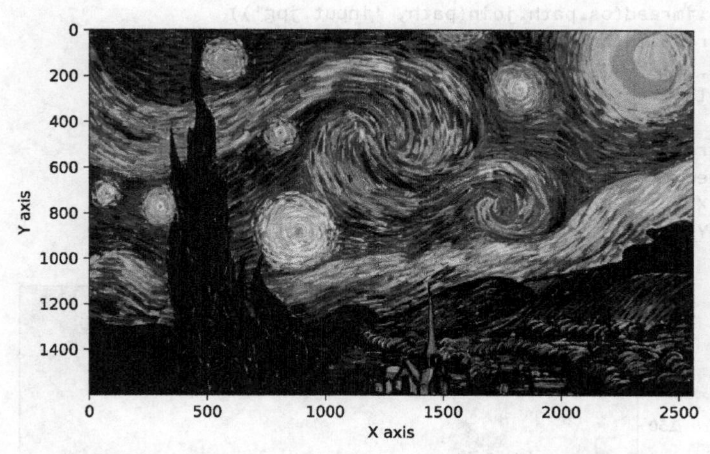


接下来，我们将内容图像分割成同样大小的窗口，并用 KNN 模型着色（输出图像另见彩插图 7）。

```
def rebuild(img, size=block_size):
    # 打印内容图像
    fig = plt.figure()
    plt.imshow(img)
    plt.xlabel('X axis')
    plt.ylabel('Y axis')
    plt.show()

    # 将内容图像转为LAB表示
    img = rgb2lab(img)
    w, h = img.shape[:2]

    # 初始化输出图像对应的矩阵
    photo = np.zeros([w, h, 3])
    # 枚举内容图像的中心点，保存所有窗口
    print('Constructing window...')
    X = []
    for x in range(size, w - size):
        for y in range(size, h - size):
            # 得到中心点对应的窗口
            window = img[x - size: x + size + 1, \
                y - size: y + size + 1, 0].flatten()
            X.append(window)
    X = np.array(X)

    # 用KNN回归器预测颜色
    print('Predicting...')
    pred_ab = knn.predict(X).reshape(w - 2 * size, h - 2 * size, -1)
    # 设置输出图像
    photo[:, :, 0] = img[:, :, 0]
    photo[size: w - size, size: h - size, 1:] = pred_ab

    # 由于最外面size层无法构造窗口，简单起见，我们直接把这些像素裁剪掉
    photo = photo[size: w - size, size: h - size, :]
    return photo
```

最后，我们设置相关参数，并展示风格迁移后的图像。

```
content = io.imread(os.path.join(path, 'input.jpg'))
new_photo = rebuild(content)
# 为了展示图像，我们将其再转换为RGB表示
new_photo = lab2rgb(new_photo)

fig = plt.figure()
plt.imshow(new_photo)
plt.xlabel('X axis')
plt.ylabel('Y axis')
plt.show()
```

```
Constructing window...
Predicting...
```

## 3.5　小结

本章主要讲述了 KNN 算法的原理，并在分类和回归任务上进行了应用。KNN 算法作为最简单的机器学习算法之一，其统计的思想仍然在多个领域中有着广泛应用。此外，机器学习的各种工具库也是机器学习必不可少的一部分。读者在学习理论的同时，也应当多动手实践，观察不同参数带来的影响。

## 习题

（1）在 KNN 算法中，我们将训练集上的平方误差和作为选择 $K$ 的标准，是否正确？

A. 错误　　　　　　B. 正确

（2）关于 KNN 算法描述错误的是（　　）。

A. KNN 算法用于分类和回归问题

B. KNN 算法在空间中找到 $K$ 个最近邻的样本进行预测

C. KNN 算法的 $K$ 是经过学习得到的

（3）在 3.2 节的 KNN 算法中，我们采用了最常用的欧氏距离作为寻找邻居的标准。在哪些场景下，我们可能会用到其他距离度量，如曼哈顿距离（Manhattan distance）？把 3.2 节实验中的距离改为曼哈顿距离，观察对分类效果的影响。

（4）在色彩风格迁移中，如果扩大采样的窗口，可能会产生什么问题？调整窗口大小并观察结果。

（5）思考一下，你在生活和工作中是否也使过 KNN 算法？你为什么使用 KNN 算法来处理碰到的问题？

（6）在本书的在线资源的 vangogh 文件夹中还提供了许多其他的梵高画作。如果我们将所有画作中的窗口都提取出来，用 KNN 去匹配，最后着色的结果会是什么样的？下面提供了相关代码，观察结果（输出图像另见彩插图 8），并思考产生该结果的原因。从中可以总结，当使用 KNN 解决问题时，需要注意什么。

```
# 创建由多幅图像构成的数据集，num表示图像数量
# 返回的X、Y的含义与函数read_style_image相同
def create_dataset(data_dir='vangogh', num=10):
    # 初始化函数输出
    X = []
    Y = []
    # 读取图像
    files = np.sort(os.listdir(os.path.join(path, data_dir)))
    num = min(num, len(files))
    for file in files[:num]:
        print('reading', file)
        X0, Y0 = read_style_image(os.path.join(path, data_dir, file))
        X.extend(X0)
        Y.extend(Y0)
    return X, Y

X, Y = create_dataset()
knn = KNeighborsRegressor(n_neighbors=4, weights='distance')
knn.fit(X, Y)

content = io.imread(os.path.join(path, 'input.jpg'))
new_photo = rebuild(content)
new_photo = lab2rgb(new_photo)

fig = plt.figure()
plt.imshow(new_photo)
plt.xlabel('X axis')
plt.ylabel('Y axis')
plt.show()
```

```
reading 00001.jpg
```

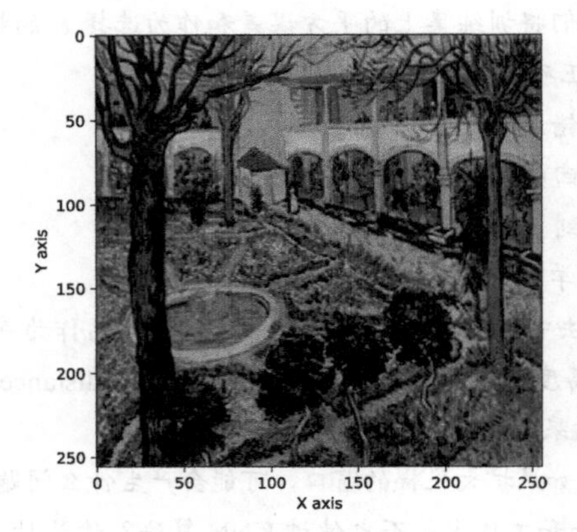


```
reading 00002.jpg
```

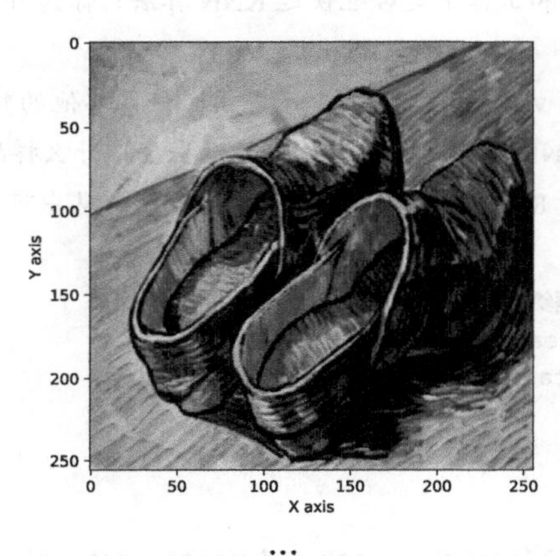


```
...
Constructing window...
Predicting...
```

# 第4章
# 线性回归

在第 3 章中，我们介绍了最简单的机器学习算法之一——KNN 算法。

本章将逐步引入一些数学工具，讲解另一个较为简单的机器学习算法——线性回归（linear regression）。与 KNN 算法不同，线性回归是一种基于数学模型的算法，其首先假设数据集中的样本与标签之间存在线性关系，再建立线性模型求解该关系中的各个参数。在实际生活中，线性回归算法因为其简单易算，在统计学、经济学、天文学和物理学等领域中都有广泛应用。下面，我们从线性回归的描述开始，讲解线性回归的原理和实践。

## 4.1 线性回归的映射形式和学习目标

扫码观看视频课程

顾名思义，在“线性”回归问题中，我们假设输入与输出呈线性关系。设输入$\boldsymbol{x}\in\mathbb{R}^d$，那么该线性映射关系可以写为

$$f_{\boldsymbol{\theta}}(\boldsymbol{x})=\boldsymbol{\theta}^{\mathrm{T}}\boldsymbol{x}=\theta_1x_1+\cdots+\theta_dx_d$$

其中，$\boldsymbol{\theta}\in\mathbb{R}^d$ 是模型的参数，我们通常以脚标$f_{\boldsymbol{\theta}}$的形式来表示$\boldsymbol{\theta}$是模型 $f$ 的参数。如果线性回归需要包含常数项，我们只需再添加一维参数$\theta_0$以及对应的常数特征 $x_0=1$ 即可。这样上式的形式没有变化，只是向量的维度由$d$变为$d+1$。为了表达的简洁，下面不再将常数项单独拆开表示和分析。图4-1中分别展示了输入特征是一维和二维情况下的数据点和线性回归模型拟合的结果。在$d$维输入特征和一维输出特征的情况下，线性回归模型共有$d+1$个参数，从而给出了$d+1$维空间中的一个$d$维超平面。

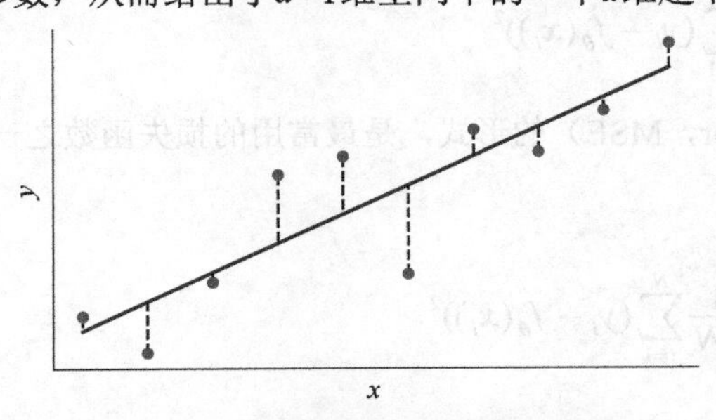


（a）一维输入特征的线性回归模型

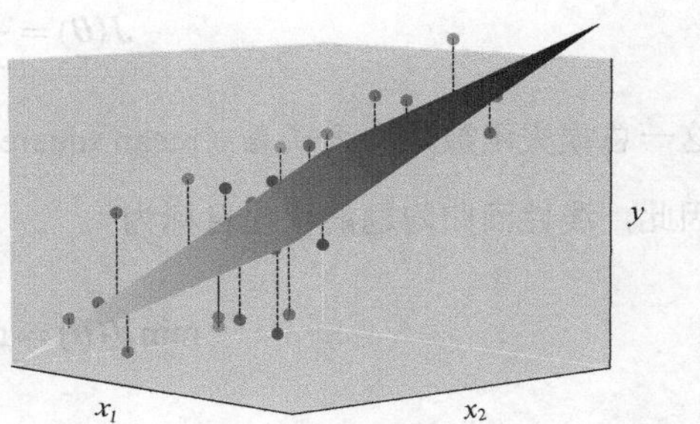


（b）二维输入特征的线性回归模型

图 4-1　一维输入特征和二维输入特征的线性回归模型

在机器学习中，我们一般先设计损失函数，由模型预测标签与真实标签的误差计算损失的值，并通过最小化损失函数来训练模型。设共有 $N$ 个输入数据 $\boldsymbol{x}_1,\cdots,\boldsymbol{x}_N$，其对应的标签分别是 $y_1,\cdots,y_N$，那么模型的总损失为

$$J(\boldsymbol{\theta})=\frac{1}{N}\sum_{i=1}^{N}\mathcal{L}(y_i,f_{\boldsymbol{\theta}}(\boldsymbol{x}_i))$$

其中，$\mathcal{L}(y_i,f_{\boldsymbol{\theta}}(\boldsymbol{x}_i))$ 为单个样本的损失函数，用来衡量真实标签与预测标签之间的距离。定义损失函数为

$$\mathcal{L}(y_i,f_{\boldsymbol{\theta}}(\boldsymbol{x}_i))=\frac{1}{2}(y_i-f_{\boldsymbol{\theta}}(\boldsymbol{x}_i))^2$$

其形状如图4-2所示。可以看到，在$y_i$与$f_{\boldsymbol{\theta}}(x_i)$距离较小的情况下，损失也较小并且变化不大，而随着两者的距离增大，其损失以二次方的速度迅速增长。这样的损失函数的设计可以让模型倾向忽略预测已经很精准的数据，而重点关注预测标签和真实标签差距较大的数据。要知道，特征和标签数据的采集经常会带上些许的偏差或者噪声，如我们做物理实验时，测量物体尺寸的结果往往会因估读而带有误差。因此，当预测标签和真实标签已经足够接近时，没有必要将精力放在进一步消除最后一点损失上。

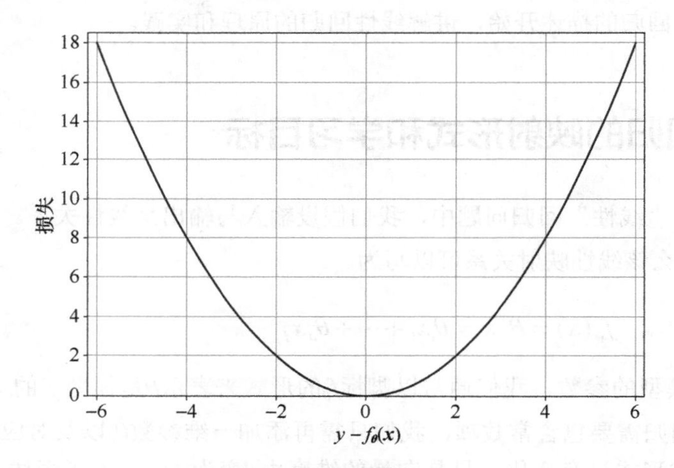

图 4-2 损失函数示意

将该损失函数代入总损失，可得

$$J(\boldsymbol{\theta})=\frac{1}{2N}\sum_{i=1}^{N}(y_i-f_{\boldsymbol{\theta}}(\boldsymbol{x}_i))^2$$

这一总损失函数是*均方误差*（mean squared error，MSE）的形式，是最常用的损失函数之一。因此，线性回归问题的优化目标为

$$\min_{\boldsymbol{\theta}} J(\boldsymbol{\theta})=\min_{\boldsymbol{\theta}}\frac{1}{2N}\sum_{i=1}^{N}(y_i-f_{\boldsymbol{\theta}}(\boldsymbol{x}_i))^2$$

## 4.2 线性回归的解析方法

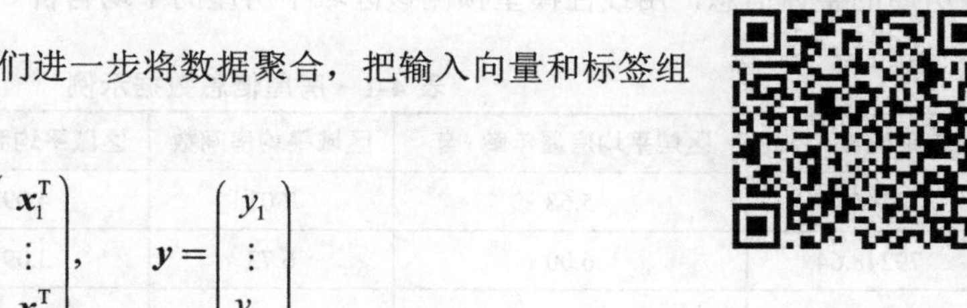


为了使表达式更简洁，我们进一步将数据聚合，把输入向量和标签组织成矩阵：

$$\boldsymbol{X}=\begin{pmatrix}\boldsymbol{x}_1^{\mathrm{T}}\\ \vdots\\ \boldsymbol{x}_N^{\mathrm{T}}\end{pmatrix},\quad \boldsymbol{y}=\begin{pmatrix}y_1\\ \vdots\\ y_N\end{pmatrix}$$

其中，$\boldsymbol{X}$的每一行对应一个数据实例的特征向量，每一列对应了一个具体特征在各个数据实例上的取值。这样，损失函数可以写为

$$J(\boldsymbol{\theta})=\frac{1}{2N}(\boldsymbol{y}-\boldsymbol{X\theta})^{\mathrm{T}}(\boldsymbol{y}-\boldsymbol{X\theta})$$

样本总数$N$是常数，作为系数不影响优化得到的最终结果，为了形式简洁，我们通常在矩阵形式下省略这一系数。但是在实际计算时，为了降低样本规模的影响，在绝大多数情况下还是以平均后的值作为实际损失。

为了求函数 $J(\boldsymbol{\theta})$ 的最小值，我们寻找其对 $\boldsymbol{\theta}$ 导数为零的点，即

$$\frac{\partial J}{\partial \boldsymbol{\theta}}=\boldsymbol{0}$$

计算偏导数，得到

$$\begin{aligned}\boldsymbol{0}=\frac{\partial J}{\partial \boldsymbol{\theta}}&=\frac{\partial}{\partial \boldsymbol{\theta}}\frac{1}{2}(\boldsymbol{y}^{\mathrm{T}}\boldsymbol{y}-\boldsymbol{y}^{\mathrm{T}}\boldsymbol{X\theta}-(\boldsymbol{X\theta})^{\mathrm{T}}\boldsymbol{y}+(\boldsymbol{X\theta})^{\mathrm{T}}\boldsymbol{X\theta})\\&=\frac{1}{2}\left(\frac{\partial \boldsymbol{y}^{\mathrm{T}}\boldsymbol{y}}{\partial \boldsymbol{\theta}}-\frac{\partial \boldsymbol{y}^{\mathrm{T}}\boldsymbol{X\theta}}{\partial \boldsymbol{\theta}}-\frac{\partial(\boldsymbol{X\theta})^{\mathrm{T}}\boldsymbol{y}}{\partial \boldsymbol{\theta}}+\frac{\partial(\boldsymbol{X\theta})^{\mathrm{T}}\boldsymbol{X\theta}}{\partial \boldsymbol{\theta}}\right)\\&=-\boldsymbol{X}^{\mathrm{T}}\boldsymbol{y}+\boldsymbol{X}^{\mathrm{T}}\boldsymbol{X\theta}\end{aligned}$$

通过上式可得$\boldsymbol{\theta}$ 的解析解，即

$$\begin{aligned}&\boldsymbol{0}=-\boldsymbol{X}^{\mathrm{T}}\boldsymbol{y}+\boldsymbol{X}^{\mathrm{T}}\boldsymbol{X\theta}\\ \Rightarrow\quad &\boldsymbol{X}^{\mathrm{T}}\boldsymbol{X\theta}=\boldsymbol{X}^{\mathrm{T}}\boldsymbol{y}\\ \Rightarrow\quad &\boldsymbol{\theta}=(\boldsymbol{X}^{\mathrm{T}}\boldsymbol{X})^{-1}\boldsymbol{X}^{\mathrm{T}}\boldsymbol{y}\end{aligned}$$

于是，算法学到的模型对训练数据的预测为

$$f_{\boldsymbol{\theta}}(\boldsymbol{X})=\boldsymbol{X\theta}=\boldsymbol{X}(\boldsymbol{X}^{\mathrm{T}}\boldsymbol{X})^{-1}\boldsymbol{X}^{\mathrm{T}}\boldsymbol{y}$$

下面，我们用 NumPy 库中的线性代数相关工具，直接用解析解来计算线性回归模型。

## 4.3 动手实现线性回归的解析方法

本章采用的数据集由房屋信息与房屋售价组成。其中，房屋信息包含所在区域平均收入、

区域平均房屋年龄、区域平均房间数、区域平均卧室数、区域人口等。我们希望根据某一区域中房屋的整体信息，用线性模型预测该区域中房屋的平均售价。表 4-1 展示了其中的 3 条数据。

表 4-1　房屋信息数据示例

| 区域平均收入 / 元 | 区域平均房屋年龄 / 年 | 区域平均房间数 | 区域平均卧室数 | 区域人口 | 房屋售价 / 元 |
|---|---|---|---|---|---|
| 79545.46 | 5.68 | 7.01 | 4.09 | 23086.80 | 1059033.56 |
| 79248.64 | 6.00 | 6.73 | 3.09 | 40173.07 | 1505890.91 |
| 61287.06 | 5.86 | 8.51 | 5.13 | 36882.15 | 1058987.98 |

我们首先读入并处理数据，并且划分训练集与测试集，为后续算法实现做准备。这里，我们会用到 sklearn 中的数据处理工具包 `preprocessing` 中的 `StandardScaler` 类。该类的 fit 函数可以根据输入的数据计算平均值和方差，并用计算结果将数据标准化，使其均值为 0、方差为 1。例如，数组 `[0, 1, 2, 3, 4]` 经过标准化，就变为 `[-1.41, -0.71, 0.00, 0.71, 1.41]`。对输入数据进行标准化，可以避免不同特征的数据之间数量级差距过大导致的问题。以上面列出的数据条目为例，区域平均收入在 $10^4$ 数量级，而区域平均卧室数在 $10^0$ 数量级，如果直接用原始数据进行训练，假如区域平均收入在运算中产生了 0.1% 的误差，约为 $10^1$，就几乎足以掩盖区域平均卧室数带来的影响。因此，通常来说，我们在训练前将不同特征的数据转换到同一量级上。

```
import numpy as np
import matplotlib.pyplot as plt
from matplotlib.ticker import MaxNLocator
from sklearn.preprocessing import StandardScaler

# 从源文件加载数据，并输出查看数据的各项特征
lines = np.loadtxt('USA_Housing.csv', delimiter=',', dtype='str')
header = lines[0]
lines = lines[1:].astype(float)
print('数据特征：', ', '.join(header[:-1]))
print('数据标签：', header[-1])
print('数据总条数：', len(lines))

# 划分训练集与测试集
ratio = 0.8
split = int(len(lines) * ratio)
lines = np.random.permutation(lines)
train, test = lines[:split], lines[split:]

# 数据标准化
scaler = StandardScaler()
scaler.fit(train) # 只使用训练集的数据计算均值和方差
train = scaler.transform(train)
test = scaler.transform(test)

# 划分输入和标签
x_train, y_train = train[:, :-1], train[:, -1].flatten()
x_test, y_test = test[:, :-1], test[:, -1].flatten()
```

```
数据特征： Avg. Area Income, Avg. Area House Age, Avg. Area Number of Rooms, Avg. Area
Number of Bedrooms, Area Population
数据标签： Price
```

```
数据总条数: 5000
```

我们按照 4.2 的推导，利用 NumPy 库中的工具直接进行矩阵运算，并输出预测值与真实值的误差。衡量误差的标准也有很多，这里我们采用*均方根误差*（rooted mean squared error，RMSE）。对于真实值 $y_1,\cdots,y_N$ 和预测值 $\hat{y}_1,\cdots,\hat{y}_N$，RMSE 为

$$\mathcal{L}_{\mathrm{RMSE}}(\boldsymbol{y},\hat{\boldsymbol{y}})=\sqrt{\frac{1}{N}\sum_{i=1}^{N}(y_i-\hat{y}_i)^2}$$

RMSE与MSE非常接近，但是平方再开方的操作使得RMSE应当与$y$具有相同的量纲，从直观上易于比较。我们可以简单认为，对于任意样本$\boldsymbol{x}$，模型的预测标签 $\hat{y}$ 与真实值$y$之间的误差大致就等于RMSE的值。而MSE由于含有平方，其量纲和数量级相对来说不够直观，但其更容易求导。因此，我们常将MSE作为训练时的损失函数，而用RMSE作为模型的评价指标。

```
# 在X矩阵最后添加一列1，代表常数项
X = np.concatenate([x_train, np.ones((len(x_train), 1))], axis=-1)
# @ 表示矩阵相乘，X.T表示矩阵X的转置，np.linalg.inv函数可以计算矩阵的逆
theta = np.linalg.inv(X.T @ X) @ X.T @ y_train
print('回归系数：', theta)

# 在测试集上使用回归系数进行预测
X_test = np.concatenate([x_test, np.ones((len(x_test), 1))], axis=-1)
y_pred = X_test @ theta

# 计算预测值和真实值之间的RMSE
rmse_loss = np.sqrt(np.square(y_test - y_pred).mean())
print('RMSE: ', rmse_loss)
```

```
回归系数:  [ 6.58226194e-01 4.67417057e-01 3.44983201e-01 5.15608473e-03 4.25581148e-01
-9.18015663e-15]
RMSE:  0.29126047061896954
```

## 4.4 使用sklearn中的线性回归模型

接下来，我们使用 sklearn 中已有的工具 `LinearRegression` 来实现线性回归模型。可以看出，该工具计算得到的回归系数与 RMSE 都和我们用解析方式计算的结果相同。

```
from sklearn.linear_model import LinearRegression

# 初始化线性回归模型
linreg = LinearRegression()
# LinearRegression的方法中已经考虑了线性回归的常数项，所以无须再拼接1
linreg.fit(x_train, y_train)
# coef_是训练得到的回归系数，intercept_是常数项
print('回归系数：', linreg.coef_, linreg.intercept_)
y_pred = linreg.predict(x_test)

# 计算预测值和真实值之间的RMSE
rmse_loss = np.sqrt(np.square(y_test - y_pred).mean())
print('RMSE: ', rmse_loss)
```

```
回归系数:  [0.65822619 0.46741706 0.3449832 0.00515608 0.42558115 -9.181561330211378e-15]
RMSE:  0.29126047061896954
```

## 4.5　梯度下降算法

虽然对于线性回归问题，我们在选取平方损失函数后可以通过数学推导得到问题的解析解。但是，这样的做法有一些严重的缺陷。第一，解析解中涉及大量的矩阵运算，非常耗费时间和空间。假设样本数目为 $N$，特征维度为 $d$，那么 $\boldsymbol{X}\in\mathbb{R}^{N\times d}$，$\boldsymbol{y}\in\mathbb{R}^{N}$。按照式 $\boldsymbol{\theta}=(\boldsymbol{X}^{\mathrm{T}}\boldsymbol{X})^{-1}\boldsymbol{X}^{\mathrm{T}}\boldsymbol{y}$ 进行计算的时间复杂度大约是 $O(Nd^2+d^3)$。虽然我们可以通过矩阵运算技巧进行优化，但时间开销仍然较大。此外，当样本很多时，存储矩阵 $\boldsymbol{X}$ 也会占用大量空间。第二，在更广泛的机器学习模型中，大多数情况下我们都无法得到解析解，或求解析解非常困难。因此，我们通常会采用数值模拟的方法，避开复杂的计算，经过一定次数的迭代，得到与解析解误差很小的数值解。本节继续以平方损失函数的线性回归为例，介绍机器学习中非常常用的数值计算方法：梯度下降（gradient decent，GD）算法。

回顾梯度的意义，我们可以发现，梯度的方向就是函数值上升最快的方向。那么反过来说，梯度的反方向就是函数值下降最快的方向。如果我们将参数不断沿梯度的反方向调整，就可以使函数值以最快的速度减小。当函数值几乎不再改变时，我们就找到了函数的一个局部极小值。而对于部分较为特殊的函数，其局部极小值就是全局最小值。在此情况下，梯度下降算法最后可以得到全局最优解。我们暂时不考虑具体哪些函数满足这样的条件，而是按照直观的思路进行简单的推导。设模型参数为 $\boldsymbol{\theta}$，损失函数为 $J(\boldsymbol{\theta})$，那么梯度下降的公式为

$$\boldsymbol{\theta}\leftarrow\boldsymbol{\theta}-\eta\nabla_{\boldsymbol{\theta}}J(\boldsymbol{\theta})$$

其中，$\leftarrow$ 表示令左边的变量等于右边表达式的值，$\eta$ 是参数更新的步长，称为学习率（learning rate）。我们将带平均的线性回归损失函数 $J(\boldsymbol{\theta})=\dfrac{1}{2N}\sum\limits_{i=1}^{N}(y_i-f_{\boldsymbol{\theta}}(\boldsymbol{x}_i))^2$ 代入上式，就得到

$$\begin{aligned}\boldsymbol{\theta}&\leftarrow\boldsymbol{\theta}-\eta\nabla_{\boldsymbol{\theta}}\left(\frac{1}{2N}\sum_{i=1}^{N}(y_i-f_{\boldsymbol{\theta}}(\boldsymbol{x}_i))^2\right)\\&=\boldsymbol{\theta}-\frac{\eta}{N}\sum_{i=1}^{N}(f_{\boldsymbol{\theta}}(\boldsymbol{x}_i)-y_i)\nabla_{\boldsymbol{\theta}}f_{\boldsymbol{\theta}}(\boldsymbol{x}_i)\\&=\boldsymbol{\theta}-\frac{\eta}{N}\sum_{i=1}^{N}(f_{\boldsymbol{\theta}}(\boldsymbol{x}_i)-y_i)\boldsymbol{x}_i\end{aligned}$$

如果写成矩阵形式，上式就等价于

$$\begin{aligned}\boldsymbol{\theta}&\leftarrow\boldsymbol{\theta}-\eta\nabla_{\boldsymbol{\theta}}\left(\frac{1}{2N}(\boldsymbol{y}-\boldsymbol{X}\boldsymbol{\theta})^{\mathrm{T}}(\boldsymbol{y}-\boldsymbol{X}\boldsymbol{\theta})\right)\\&=\boldsymbol{\theta}-\frac{\eta}{N}(-\boldsymbol{X}^{\mathrm{T}}\boldsymbol{y}+\boldsymbol{X}^{\mathrm{T}}\boldsymbol{X}\boldsymbol{\theta})\\&=\boldsymbol{\theta}-\frac{\eta}{N}\boldsymbol{X}^{\mathrm{T}}(f_{\boldsymbol{\theta}}(\boldsymbol{X})-\boldsymbol{y})\end{aligned}$$

图 4-3 展示了在二维情况下 MSE 损失函数梯度下降的迭代过程。图中的椭圆线条是损失

函数的等值线，颜色表示损失函数值的大小，颜色越深的地方损失越小，越浅的地方损失越大。3 条曲线代表了从 3 个不同的初值进行梯度下降的过程中参数值的变化情况。可以看出，对于 MSE 损失函数，无论初始值如何，参数都不断沿箭头所指的梯度反方向变化，最终到达损失函数的最小值点 $\boldsymbol{\theta}^*$。这是因为 MSE 损失函数关于参数是凸函数，所以无论起点如何，沿梯度方向都可以到达使损失函数最小的点。

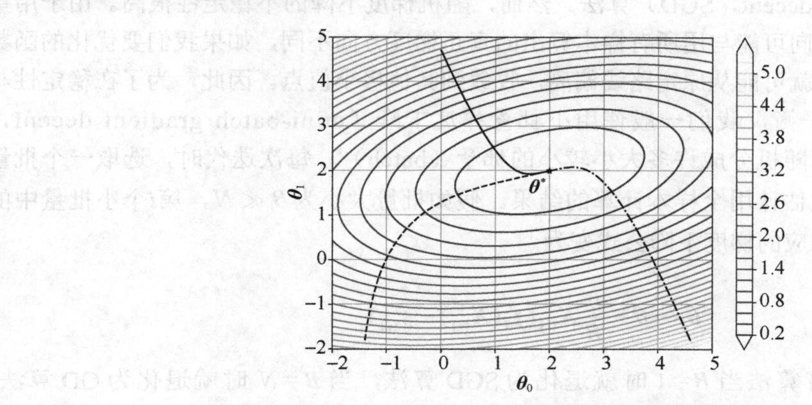


图 4-3　二维 MSE 损失函数的梯度下降示意

如果需要优化的损失函数是非凸的，梯度下降就可能陷入局部极小值，无法达到全局最优。如图 4-4 所示，损失函数在空间上有两个局部极小值点 $\boldsymbol{\theta}_1^*$ 和 $\boldsymbol{\theta}_2^*$，其中，$\boldsymbol{\theta}_1^*$ 是全局最小值，两条曲线分别代表从不同的起始参数出发进行梯度下降的结果。可以看出，如果参数的初始值比较靠下，梯度下降算法就只能收敛到较差的解 $\boldsymbol{\theta}_2^*$ 上。图中的两个起始参数位置其实非常接近，在这样的情况下，模型得到的结果受初始的随机参数以及计算误差的影响非常大，从而非常不稳定。当模型较为复杂时，我们通常无法直观判断损失函数是否为凸函数，也无法先验地得知函数有几个局部极小值点，哪个才是全局最优，还很难控制随机生成的初始参数的位置。因此，在现代的深度学习中，非凸函数的优化仍然是一个重要的研究课题。

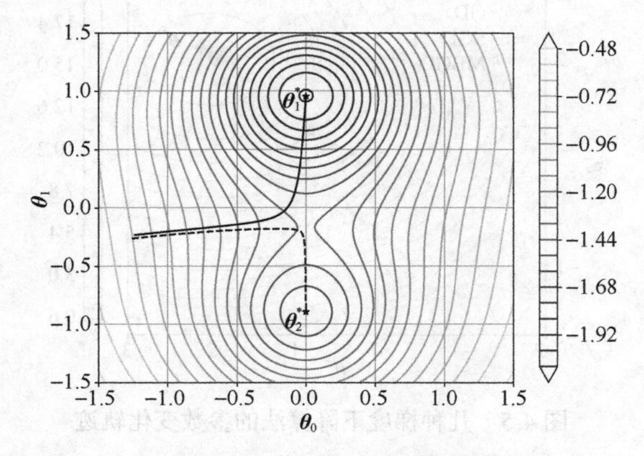


图 4-4　有两个局部极小值的损失函数

梯度下降的公式已经不含矩阵求逆和矩阵相乘等时间复杂度很高的运算，但当样本量很大时，矩阵与向量相乘仍然很耗时，矩阵的存储问题也没有解决。因此，我们可以每次只随机选一个样本计算其梯度，并进行梯度下降。设选取的样本为 $\boldsymbol{x}_k$，其参数更新可以写为

$$\boldsymbol{\theta} \leftarrow \boldsymbol{\theta} - \eta \nabla_{\boldsymbol{\theta}} \left( \frac{1}{2} (y_k - \boldsymbol{\theta}^{\mathrm{T}} \boldsymbol{x}_k)^2 \right)$$
$$= \boldsymbol{\theta} - \eta (\boldsymbol{\theta}^{\mathrm{T}} \boldsymbol{x}_k - y_k) \boldsymbol{x}_k$$

由于每次只计算一个样本，梯度下降的时间复杂度大大降低了，这样的算法就称为随机梯度下降（stochastic gradient decent，SGD）算法。然而，随机梯度下降的不稳定性很高。由于用单个样本计算出的梯度方向可能与用所有样本算出的真正梯度方向不同，如果我们要优化的函数不是凸函数，SGD算法就可能从原定路线偏离，收敛到其他极小值点。因此，为了在稳定性与时间复杂度之间取得平衡，我们一般使用小批量梯度下降（mini-batch gradient decent，MBGD）算法，将样本随机分成许多大小较小的批量（batch）。每次迭代时，选取一个批量来计算函数梯度，以此估计用全样本计算的结果。假如批量大小为$B \ll N$，第$i$个小批量中的数据为$\boldsymbol{X}_{(i)}$和$\boldsymbol{y}_{(i)}$，那么相应的梯度下降公式变为

$$\boldsymbol{\theta} \leftarrow \boldsymbol{\theta} - \frac{\eta}{B} \boldsymbol{X}_{(i)}^{\mathrm{T}} (f_{\boldsymbol{\theta}}(\boldsymbol{X}_{(i)}^{\mathrm{T}}) - \boldsymbol{y}_{(i)})$$

可以看出，MBGD 算法当 $B=1$ 时就退化为 SGD 算法，当 $B=N$ 时就退化为 GD 算法。对每个小批量来说，用来计算梯度的矩阵 $\boldsymbol{X}$ 的大小就从 $N \times d$ 下降到 $B \times d$，时间复杂度和空间复杂度同样大大降低了。对于 MBGD，反复随机抽样进行迭代大概率可以在平均意义上消除梯度估计的偏差，并且还可以通过调整 $B$ 来控制随机性。图 4-5 中展示了在 MSE 损失函数下进行梯度下降时参数的轨迹，实线表示从起点进行 GD，虚线表示从起点进行 SGD，点划线表示从起点进行 MBGD。可以看出，全样本的 GD 每次计算出的都是精确的梯度值，下降轨迹完全沿梯度方向；MBGD 的轨迹存在一定的振荡，但是始终与实线偏离不远，并且最后也可以收敛到最优解的位置；SGD 的轨迹则振荡很大，并且在最优解附近时，由于其随机性较大，其轨迹会在周围反复抖动，很难真正收敛到最优解。虽然 MBGD 也有在最优解附近抖动的情况，但是其抖动幅度较小，在合适的情况下可以认为它得到了最优解很好的近似。

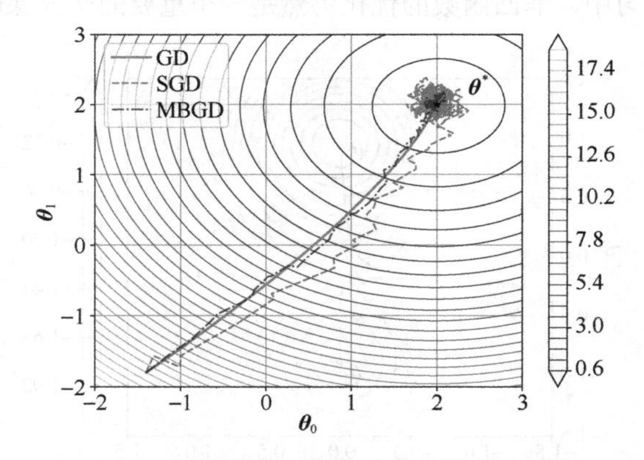


图 4-5　几种梯度下降算法的参数变化轨迹

虽然 SGD 与 MBGD 理论上是不同的算法，但是作为 SGD 的扩展，在现代深度学习中 SGD 已经成为了 MBGD 的代名词，在不少代码库中，SGD 就是 MBGD。因此，在本书中不再区分这两个算法，统一称为 SGD。下面，我们来动手实现 SGD 算法完成相同的线性回归任务，并观察 SGD 算法的表现。首先，我们实现随机划分数据集和产生批量的函数。

```
# 该函数每次返回大小为batch_size的批量
```

```
# x和y分别为输入和标签
# 若shuffle = True，则每次遍历时会将数据重新随机划分
def batch_generator(x, y, batch_size, shuffle=True):
    # 批量计数器
    batch_count = 0
    if shuffle:
        # 随机生成0到len(x)-1的下标
        idx = np.random.permutation(len(x))
        x = x[idx]
        y = y[idx]
    while True:
        start = batch_count * batch_size
        end = min(start + batch_size, len(x))
        if start >= end:
            # 已经遍历一遍，结束生成
            break
        batch_count += 1
        yield x[start: end], y[start: end]
```

然后是算法的主体部分。在模型优化中，我们一般将一次参数更新称为一步（step），如进行一次梯度下降，而将遍历一次所有训练数据称为一轮（epoch）。我们提前设置好轮数、学习率和批量大小，并用梯度下降公式$\boldsymbol{\theta} \leftarrow \boldsymbol{\theta} - \eta / B\boldsymbol{X}_{(i)}^{\mathrm{T}}(f_{\boldsymbol{\theta}}(\boldsymbol{X}_{(i)}^{\mathrm{T}}) - \boldsymbol{y}_{(i)})$不断迭代。最后将迭代过程中 RMSE 的变化曲线绘制出来。可以看出，最终得到的结果和之前精确计算的结果虽然有差别，但已经十分接近，RMSE 也在可以接受的范围内。

```
def SGD(num_epoch, learning_rate, batch_size):
    # 拼接原始矩阵
    X = np.concatenate([x_train, np.ones((len(x_train), 1))],axis=-1)
    X_test = np.concatenate([x_test, np.ones((len(x_test), 1))],axis=-1)
    # 随机初始化参数
    theta = np.random.normal(size=X.shape[1])

    # 随机梯度下降
    # 为了观察迭代过程，我们记录每一次迭代后在训练集和测试集上的均方根误差
    train_losses = []
    test_losses = []
    for i in range(num_epoch):
        # 初始化批量生成器
        batch_g = batch_generator(X, y_train, batch_size,shuffle=True)
        train_loss = 0
        for x_batch, y_batch in batch_g:
            # 计算梯度
            grad = x_batch.T @ (x_batch @ theta - y_batch)
            # 更新参数
            theta = theta - learning_rate * grad / len(x_batch)
            # 累加平方误差
            train_loss += np.square(x_batch @ theta -y_batch).sum()
        # 计算训练和测试误差
        train_loss = np.sqrt(train_loss / len(X))
        train_losses.append(train_loss)
        test_loss = np.sqrt(np.square(X_test @ theta - y_test).mean())
        test_losses.append(test_loss)

    # 输出结果，绘制训练曲线
    print('回归系数：', theta)
    return theta, train_losses, test_losses
```

```
# 设置轮数、学习率与批量大小
num_epoch = 20
learning_rate = 0.01
batch_size = 32
# 设置随机种子
np.random.seed(0)

_, train_losses, test_losses = SGD(num_epoch, learning_rate,batch_size)

# 将损失函数关于轮数的关系制图，可以看到损失函数先一直保持下降，之后趋于平稳
plt.plot(np.arange(num_epoch), train_losses, color='blue', label='train loss')
plt.plot(np.arange(num_epoch), test_losses, color='red', ls='--', label='test loss')
# 由于epoch是整数，这里把图中的横坐标也设置为整数
# 该步骤也可以省略
plt.gca().xaxis.set_major_locator(MaxNLocator(integer=True))
plt.xlabel('Epoch')
plt.ylabel('RMSE')
plt.legend()
plt.show()
```

```
回归系数： [0.6593123 0.46840754 0.34538223 0.00696886 0.42458987 0.00080192]
```

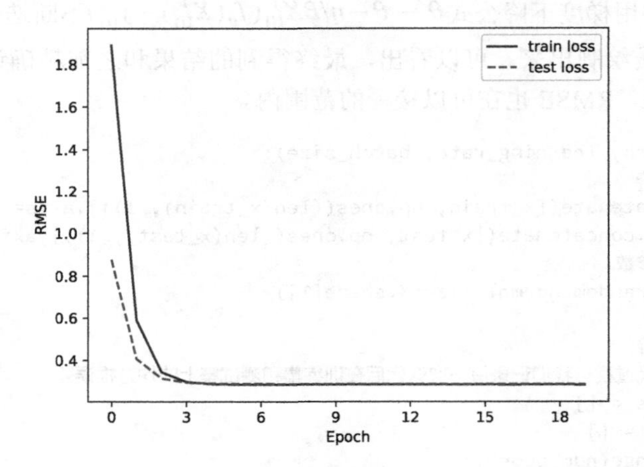


# 4.6 学习率对迭代的影响

在梯度下降算法中，学习率是一个非常关键的参数。我们调整学习率，观察训练结果的变化。

```
_, loss1, _ = SGD(num_epoch=num_epoch, learning_rate=0.1, batch_size=batch_size)
_, loss2, _ = SGD(num_epoch=num_epoch, learning_rate=0.001, batch_size=batch_size)
plt.plot(np.arange(num_epoch), loss1, color='blue', label='lr=0.1')
plt.plot(np.arange(num_epoch), train_losses, color='red', ls='--', label='lr=0.01')
plt.plot(np.arange(num_epoch), loss2, color='green', ls='-.', label='lr=0.001')
plt.xlabel('Epoch')
plt.ylabel('RMSE')
plt.gca().xaxis.set_major_locator(MaxNLocator(integer=True))
plt.legend()
plt.show()
```

```
回归系数： [0.66580232 0.46470147 0.33983419 0.01738148 0.42683219 0.00176777]
```

```
回归系数:  [0.59894032 0.5888181 0.27381235 0.1012509 0.50023358 0.13104136]
```

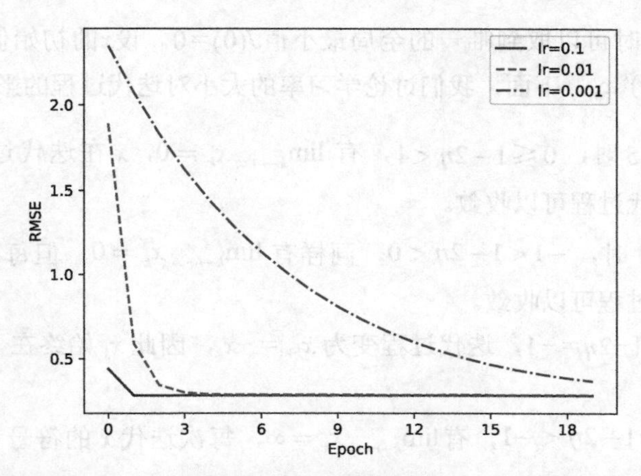


可以看出，随着学习率增大，算法的收敛速度明显加快。那么，学习率是不是越大越好呢？我们将学习率继续上调到 1.5，观察结果。

```
_, loss3, _ = SGD(num_epoch=num_epoch, learning_rate=1.5, batch_size=batch_size)
print('最终损失: ', loss3[-1])
plt.plot(np.arange(num_epoch), np.log(loss3), color='blue', label='lr=1.5')
plt.xlabel('Epoch')
plt.ylabel('log RMSE')
plt.gca().xaxis.set_major_locator(MaxNLocator(integer=True))
plt.legend()
plt.show()
```

```
回归系数:  [-5.15801733e+72 -3.33487711e+72 -1.23704832e+72 -1.19806080e+73  -4.35700463e+72
-3.50053178e+70]
最终损失:  3.1768909964569323e+73
```

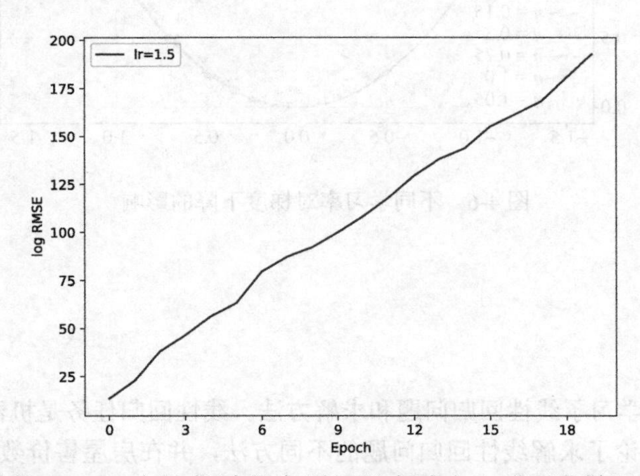


可以看到，算法的 RMSE 在迭代过程中不但没有减小，反而发散了。注意，由于原始的损失数值过大，我们将纵轴改为了损失的对数，因此图中的直线对应于实际的指数增长。上图最后的损失约为 $10^{73}$。我们用一个简单的例子来详细说明这一现象产生的原因。假设我们要优化的目标函数是 $J(x) = x^2$，那么梯度下降的迭代公式为

$$x \leftarrow x - \eta \nabla J(x) = x - 2\eta x = (1 - 2\eta)x$$

显然，该函数在$x=0$时可以取到唯一的全局最小值$J(0)=0$。设$x$的初始值为$x_0$，经过$k$次迭代后，$x$变为$x_k=(1-2\eta)^k x_0$。下面，我们讨论学习率的大小对迭代过程的影响。

- 当$0<\eta \leqslant 0.5$时，$0 \leqslant 1-2\eta<1$，有$\lim_{k\to+\infty} x_k=0$，$x$在迭代过程中始终与$x_0$符号相同，且迭代过程可以收敛。
- 当$0.5<\eta<1$时，$-1<1-2\eta<0$，同样有$\lim_{k\to+\infty} x_k=0$，但每次迭代$x$的符号都会改变，迭代过程可以收敛。
- 当$\eta=1$时，$1-2\eta=-1$，迭代过程变为$x_{k+1}=-x_k$，因此$x_k$始终在$\pm x_0$间变化，迭代不收敛。
- 当$\eta>1$时，$1-2\eta<-1$，有$\lim_{k\to+\infty} x_k=\infty$，每次迭代$x$的符号都会改变，且向无穷大发散。

图 4-6 展示了在初始点$x_0=1$，学习率$\eta$分别为 0.15、0.3、0.75、1.0 和 1.05 时，前 3 次迭代中$x$的变化。可以看出，学习率在一定范围内增大时可以加速算法收敛，但学习率过大时，算法也会出现不稳定，甚至发散的情况。因此，梯度下降算法的学习率往往需要多次调整，才能找到合适的值。

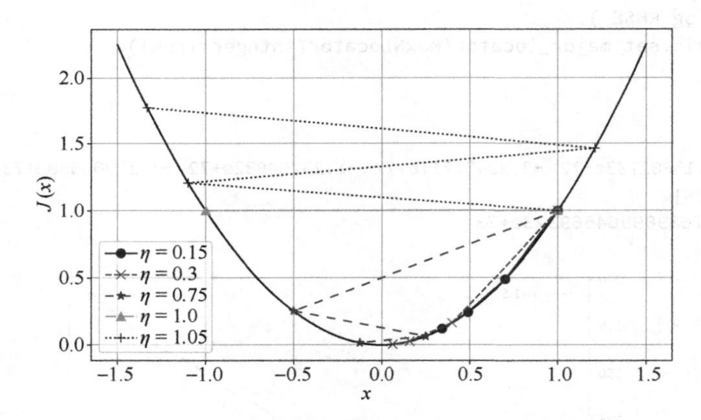


图 4-6　不同学习率对梯度下降的影响

## 4.7　小结

在本章中，我们学习了线性回归问题和求解方法。线性回归任务是机器学习中最基础的监督学习任务。本章讨论了求解线性回归问题的不同方法，并在房屋售价数据集上进行了实践。解析方法与梯度下降算法各有优劣。前者能直接得到精确的解，但计算的时空开销较大，其表达式一般情况下也难以计算；后者通过数值近似方法，用较小的时空复杂度得到了与精确解接近的结果，但是往往需要手动调整学习率和迭代次数。整体而言，梯度下降算法更为常用，它也衍生出了许多更有效、更快速的优化方法，是现代深度学习的基础之一。

## 习题

（1）以下关于线性回归的表述错误的是（　　）。

A. 线性回归中的“线性”，是指模型参数 $\boldsymbol{\theta}$ 之间不存在非线性耦合项

B. 线性回归常用均方误差作为损失函数

C. $f(x)=\theta_0+\theta_1/x$ 可以是一个线性回归得到的模型表达式

D. 损失函数用于度量预测值和真实值之间的误差

（2）以下关于梯度下降的表述错误的是（　　）。

A. 使用梯度信息来最小化目标函数时，参数的更新方向是其梯度的负方向

B. 梯度下降中设置更大的学习率就可以更快地收敛到全局最优

C. 随机梯度下降是一种权衡训练速度和稳定性的方法

D. 损失函数的优化目标是最小化模型在训练集上的误差

（3）假设在线性回归问题中，数据集有两个样本 $\{\boldsymbol{x}_1=(1,1,1), y_1=0\}$ 和 $\{\boldsymbol{x}_2=(0,1,2), y_2=1\}$，尝试用解析方式计算线性回归的参数 $\boldsymbol{\theta}$。计算中是否遇到了问题？

（4）针对一维线性回归问题，基于训练数据 $\{(0.1, 0.3), (0.2, 0.35), (0.3, 0.41), (0.4, 0.48), (0.5, 0.54)\}$（其中，第一维为唯一特征 $x$，第二维为标签 $y$），构建线性回归模型 $f(x)=\theta_0+\theta_1 x$，并完成以下任务：

a. 试作图展示均方误差和参数 $\theta_0$、$\theta_1$ 的函数关系；

b. 以不同的参数初始化位置和学习率，画出不同的参数学习轨迹；

c. 尝试增大学习率，观察参数学习出现的发散现象。

（5）调整 SGD 算法中 batch_size 的大小，观察结果的变化。对较大规模的数据集，batch_size 过小或过大各有什么缺点？

（6）4.5 节 SGD 算法的代码中，我们采用了固定轮数的方式，但是这样无法保证程序运行完毕时迭代已经收敛，也有可能迭代早已收敛而程序还在运行。另一种方案是，如果损失函数值连续 $M$ 轮都没有减小，或者减小的量小于某个预设精度 $\epsilon$（如 $10^{-6}$），就终止迭代。请实现该控制方案，并思考它和固定迭代次数之间的利弊。能不能同时使用这两种方案呢？

# 第 5 章

# 机器学习的基本思想

在第 3 章和第 4 章中，我们介绍了 KNN 和线性回归两个基本的机器学习模型。读者或许已经注意到，除模型本身以外，要训练一个好的机器学习模型，还有许多需要注意的地方。例如，我们将数据集分为训练集和测试集，在前者上用不同参数训练，再在后者上测试，以选出效果最好的模型参数。此外，在第 4 章中，我们还对数据集做了预处理，把每个特征下的数据分别标准化，放缩到同一数量级上。诸如此类的细节在机器学习中还有很多，它们虽然本身和算法关系不大，但对模型最终效果的好坏却有着至关重要的影响，而把握好这些细节的前提是深入理解机器学习的基本思想。本章就来讲解这些机器学习的基本思想。

扫码观看视频课程

## 5.1 欠拟合与过拟合

在第 4 章的习题中，我们看到了在某些情况下，无论用解析方法还是梯度下降方法，线性回归都无法得到让人满意的模型，训练损失与测试损失都较大。而在另一些情况下，虽然线性回归可以在训练集上得到非常好的效果，但在测试集上表现较差。在机器学习中，从模型实验表现的视角来看，我们将训练损失与测试损失都较大的情况称为欠拟合（underfitting），将训练损失小而测试损失大的情况称为过拟合（overfitting）。

扫码观看视频课程

在正式讨论欠拟合和过拟合之前，我们首先需要了解数据的模式和噪声。

- 数据的模式指数据背后的规律，如第 4 章中讨论的房屋售价与该区域的居民收入、房屋年龄、房间数、卧室数等特征之间的定量关系。每个数据集（或数据源）背后都有其真实的模式。在监督学习中，标签和数据特征之间的模式可以记为 $f(\boldsymbol{x})$，机器学习的任务就是构建模型和学习算法，使得模型能发现数据背后的这些模式，以至于可以在新的数据上做出相应的目标预测。
- 数据的噪声指具体的数据点偏离其数据集模式的随机信息。真实观测到的数据点往往带有噪声。如图 5-1 所示，用高精度的游标卡尺测量工件的直径，手拿不稳会引起误差；观察温度计的读数，视线的高低会引起误差；测量汽车的速度，会因为车速表的最小精度不够而引起误差；判断足球是否进入球门，也会因为视角的原因产生误差。因此，每一个训练数据或测试数据实例 $(\boldsymbol{x}, y)$ 其实也很可能有误差，即 $y \approx f(\boldsymbol{x})$。

图 5-1 真实的测量数据总带有噪声

下面，我们依次来分析出现欠拟合和过拟合这两种情况的原因。

欠拟合指模型无法拟合数据中的重要模式，以至于模型预测精度低。欠拟合一般出现在模型复杂度小于数据本身复杂度，导致训练损失与测试损失都较大的场景中。例如在第 4 章中提到，线性回归模型的有效性依赖于数据的线性分布假设。如果数据分布本身就与线性分布偏差较大，如 $y=\mathrm{e}^x$，那么在大的数据范围下，任何线性模型都无法拟合输入与输出之间的关系，这时就会出现欠拟合的现象。欠拟合还常常出现在梯度下降算法的过程中。如果迭代次数较少或学习率过低，那么参数离最优参数就还有一定距离，模型拟合的结果同样较差。需要注意，这两种情况虽然都表现为训练损失与测试损失都较大，但其成因有本质区别。后者可以通过增加迭代次数、调整学习率等方式缓解；而前者必须通过分析数据分布后，更换更合适的模型来解决。

与欠拟合相对，过拟合指模型过度地拟合到了观测数据中不具有普遍性的部分，以至于在对未观测的数据标签进行预测时出现较大偏差的现象。过拟合一般出现在模型复杂度大于数据复杂度，导致训练损失小而测试损失大的场景中。这时，模型可能将数据中的噪声和离群点也纳入考量，学到了过于“精确”的关系。在线性回归中，如果训练集中数据的数量 $N$ 小于等于数据特征数量 $d$，就一定会出现过拟合现象，因为在 $d$ 维空间中，任意小于等于 $d$ 个点一定在同一个 $d-1$ 维超平面上。举一个简单的例子，设真实的数据分布为 $y=x$，但是 $y$ 带有一定的噪声。训练集中共有两个点 (0, −0.1) 和 (1, 1.1)，测试集包含一个点 (10, 10)。用线性回归进行拟合，得到的模型是 $\hat{y}=1.2x-0.1$。该模型在测试集上的预测结果是 $1.2\times 10-0.1=11.9$，已经有了很大误差。图 5-2 展示了该示例中模型的图像。

更一般的情况是，欠拟合和过拟合取决于模型本身的复杂度。我们将视角从线性模型扩展到多项式模型，即提前选定多项式的次数 $n$，用 $y=a_0+a_1x+\cdots+a_nx^n$ 来拟合输入与输出，其中模型的参数是系数 $a_0,a_1,\cdots,a_n$。对于相同的数据，不同的模型选择会导致完全不同的结果。

如图 5-3 所示，点是由模式函数 $f(x)=x^3-3x^2+2x+1$ 再加上随机噪声生成的，其中，实心点是训练集，空心点是测试集。图 5-3（a）～图 5-3（c）中的曲线分别是用一次多项式（线性模型）、三次多项式、九次多项式拟合实心的训练集的结果。可以看出，线性模型由于复杂度不够，无法学到数据中的基本模式，出现欠拟合；三次多项式复杂度与数据本身相匹配，整体效果最好；九次多项式虽然能够完美穿过所有实心点，包括产生标签 $y$ 的带有噪声的数据，在训练集上达到了零损失，但在由同一模式函数 $f(x)$ 生成的测试集（空心点）上，预测结果偏差很大。因此，即使不考虑模型训练，在选择模型时，我们应当首先考察问题的复杂度，选择与其相匹配的模型。

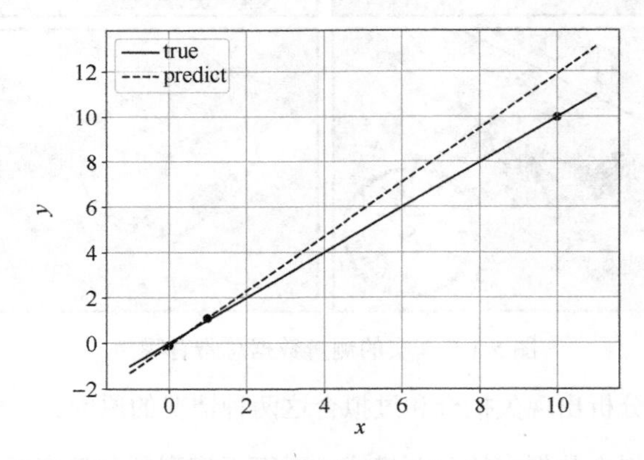


图 5-2　线性模型的过拟合

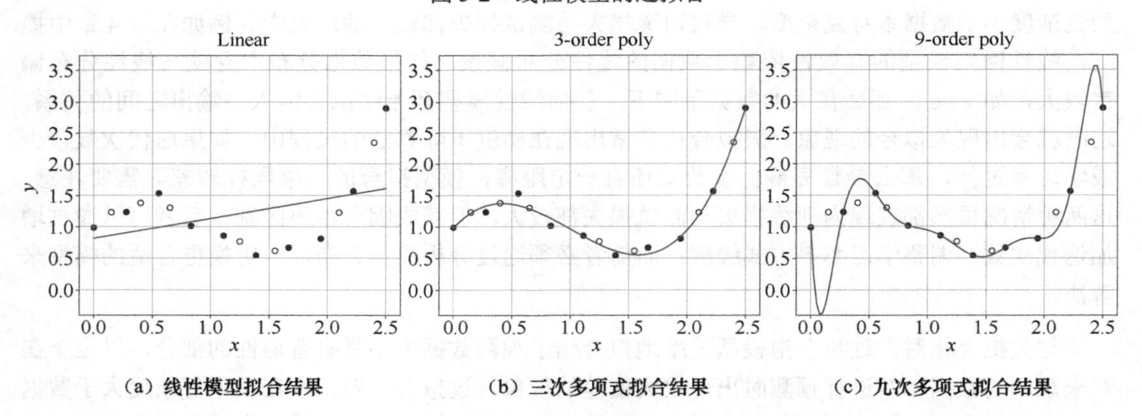


（a）线性模型拟合结果　（b）三次多项式拟合结果　（c）九次多项式拟合结果

图 5-3　不同次数的多项式拟合数据的结果，其中实心点为训练数据，空心点为测试数据

欠拟合与过拟合在模型训练时也有迹可循，我们通常可以根据训练集上模型的损失和测试集上模型的损失来判断。如图 5-4 所示，从左向右依次是模型欠拟合、恰好拟合（well fitting）和过拟合时训练损失和测试损失的曲线。

- 在欠拟合时，训练损失和测试损失都未收敛，还有明显的下降趋势，说明模型还没有完全捕捉到数据中的主要模式。这时，我们可以增加学习率或者训练轮数，让模型充分拟合。如果一个模型的训练损失和测试损失都收敛，但其相对大小很大，说明模型或许本身复杂度较低，即使穷尽了模型的能力，也无法捕捉到数据中的主要模式，如图 5-3（a）中用线性模型拟合三次多项式数据。

- 在恰好拟合时，训练损失和测试损失先下降后收敛到一个比较低的位置，说明模型基本达到了其自身能力的极限，很好地完成了学习任务。
- 在过拟合时，虽然训练损失还在下降或已经收敛，测试损失却在下降后重新上升，说明在学习过程中，模型学到了很多训练集中独有的模式，拟合到了训练集上的噪声信号，其泛化能力反而降低了。此外，在判断模型是否拟合良好时，损失的相对大小也是一个重要指标。

总之，在实践中我们可以将训练损失和测试损失曲线与损失大小综合起来判断模型训练的情况，由此调整模型的类型或者超参数。

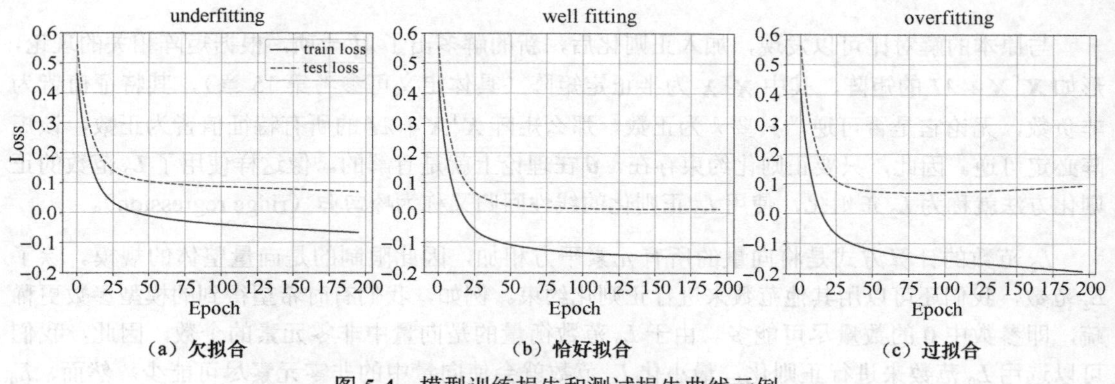


图 5-4 模型训练损失和测试损失曲线示例

## 5.2 正则化约束

当我们确定了要使用的模型后，一方面，很多情况下我们无法直接确定该模型的复杂度是否仍然过高；另一方面，梯度下降的迭代次数太大也会导致过拟合现象，而反复调整迭代次数又非常消耗时间和计算资源。本质上，过拟合是由于模型的参数过于复杂所引起的。因此，我们希望对模型的参数引入某种限制，在训练的过程中就防止其向过拟合的方向发展。像这样对参数的复杂度进行约束的方法称为正则化（regularization）。下面，我们以线性回归问题为例，介绍正则化的思想。

前面已经讲过，在线性回归中，如果数据集的数据个数 $N$ 小于等于数据特征数 $d$，就会出现过拟合现象。从理论上分析，线性回归模型的解析解为

$$\boldsymbol{\theta}=(\boldsymbol{X}^{\mathrm{T}}\boldsymbol{X})^{-1}\boldsymbol{X}^{\mathrm{T}}\boldsymbol{y}$$

当$N\leqslant d$时，矩阵 $\boldsymbol{X}^{\mathrm{T}}\boldsymbol{X}$ 的逆矩阵不存在，因此上式无法计算。为了解决这一问题，在考虑所有样本的平方误差总和的情况下，我们将线性回归的损失函数改为

$$J(\boldsymbol{\theta})=\frac{1}{2}(\boldsymbol{y}-\boldsymbol{X}\boldsymbol{\theta})^{\mathrm{T}}(\boldsymbol{y}-\boldsymbol{X}\boldsymbol{\theta})+\frac{\lambda}{2}\|\boldsymbol{\theta}\|^2$$

其中的 $\frac{\lambda}{2}\|\boldsymbol{\theta}\|^2$ 就称为正则项，$\lambda>0$ 表示正则化约束的强度。相比于原本的损失函数，新的损失函数多了与$\boldsymbol{\theta}$的$L_2$范数的平方有关的项。当我们最小化损失函数时，这一正则项的存在就要

求参数$\boldsymbol{\theta}$的$L_2$范数较低，从而限制了其复杂度。对于那些对模型预测作用不大的特征、甚至完全是噪声的特征，正则化会使得与这些特征相关的系数缩减到接近0，让这些特征失效，降低模型的复杂度。

从理论角度分析，我们用新的损失函数重新求解线性回归问题，可得

$$\nabla J(\boldsymbol{\theta}) = -\boldsymbol{X}^{\mathrm{T}}\boldsymbol{y} + \boldsymbol{X}^{\mathrm{T}}\boldsymbol{X}\boldsymbol{\theta} + \lambda\boldsymbol{\theta} = (\boldsymbol{X}^{\mathrm{T}}\boldsymbol{X} + \lambda\boldsymbol{I})\boldsymbol{\theta} - \boldsymbol{X}^{\mathrm{T}}\boldsymbol{y}$$

令其等于$\boldsymbol{0}$，解出

$$\boldsymbol{\theta} = (\boldsymbol{X}^{\mathrm{T}}\boldsymbol{X} + \lambda\boldsymbol{I})^{-1}\boldsymbol{X}^{\mathrm{T}}\boldsymbol{y}$$

与原本的解对比可以发现，加入正则化后，新的解多出了$\lambda\boldsymbol{I}$一项。根据矩阵相关的理论，形如$\boldsymbol{X}^{\mathrm{T}}\boldsymbol{X} + \lambda\boldsymbol{I}$的矩阵，其中$\boldsymbol{X}^{\mathrm{T}}\boldsymbol{X}$为半正定矩阵（具体定义可参考第 15 章），其特征值皆为非负数，无论它是否可逆，只要$\lambda$为正数，那么矩阵$\boldsymbol{X}^{\mathrm{T}}\boldsymbol{X} + \lambda\boldsymbol{I}$的所有特征值皆为正数，该矩阵必定可逆。因此，只要正则化约束存在，$\boldsymbol{\theta}$在理论上就是有解的。像这样使用了$L_2$范数的正则化方法就称为$L_2$正则化，使用$L_2$正则化的线性回归又称为*岭回归*（ridge regression）。

$L_2$范数的计算方式是将向量的所有元素平方相加，因此限制的是向量整体的规模。除了$L_2$范数，我们还可以用其他范数来进行正则化约束。例如，我们有时希望得到的模型参数更稀疏，即参数中 0 的数量尽可能多。由于$L_0$范数衡量的是向量中非零元素的个数，因此，我们可以选用$L_0$范数来进行正则化，最小化$L_0$范数就会使向量中的非零元素尽可能少。然而，$L_0$范数中含有示性函数$\mathbb{I}$，其不可导，无论是解析求解还是使用梯度下降算法求解都比较困难。因此，我们常用$L_1$范数代替$L_0$范数作为正则化约束。理论上可以证明，$L_1$范数是对$L_0$范数的非常好的近似。

加入$L_1$正则化后，线性回归的损失函数变为

$$J(\boldsymbol{\theta}) = \frac{1}{2}(\boldsymbol{y} - \boldsymbol{X}\boldsymbol{\theta})^{\mathrm{T}}(\boldsymbol{y} - \boldsymbol{X}\boldsymbol{\theta}) + \lambda\|\boldsymbol{\theta}\|_1$$

其梯度为

$$\nabla J(\boldsymbol{\theta}) = -\boldsymbol{X}^{\mathrm{T}}\boldsymbol{y} + \boldsymbol{X}^{\mathrm{T}}\boldsymbol{X}\boldsymbol{\theta} + \lambda\mathrm{sgn}(\boldsymbol{\theta})$$

其中，$\mathrm{sgn}(x)$是符号函数，定义为

$$\mathrm{sgn}(x) = \begin{cases} 1, & x > 0 \\ 0, & x = 0 \\ -1, & x < 0 \end{cases}$$

$L_1$正则化的解析求解较为困难，但是可以利用梯度下降法得到数值解。使用$L_1$正则化的线性回归又称作*最小绝对值收敛和选择算子*（least absolute shrinkage and selection operator, LASSO）回归，简称 LASSO 回归。

下面，我们用图像来说明$L_1$与$L_2$正则化起作用的原理。图 5-5 展示了参数$\boldsymbol{\theta}$为二维的场景，原始的损失函数$J_0$与$\boldsymbol{\theta}$与平面上一点$\boldsymbol{\theta}^*$之间的距离有关。图 5-5（a）绘制了不带有正则

化的损失函数 $J_0(\boldsymbol{\theta})$ 的等值线，在每个椭圆上，损失函数的值相等。越靠近中心的地方损失越小，越靠近边缘的地方损失越大。椭圆中心的 $\boldsymbol{\theta}^*$ 是损失函数 $J_0(\boldsymbol{\theta})$ 的最小值点，也就是最优参数。当不加正则化约束时，对损失函数做梯度下降，最终就会收敛到 $\boldsymbol{\theta}^*$。

图 5-5（b）和图 5-5（c）分别描绘了使用 $L_2$ 正则化和 $L_1$ 正则化时损失函数等值线的变化。可以明显看出，引入正则化后，由于零向量的范数最小，损失函数较小的区域向原点偏移了，且形状也有变化。作为参考，图中虚线形状的椭圆是原始损失函数 $J_0$ 的等值线，而点划线形状的圆形或正方形分别是 $L_1$ 范数和 $L_2$ 范数的等值线。图中的 $\boldsymbol{\theta}_\lambda^*$ 是使用了正则化后的最优参数。可以证明，整体损失函数的最小值会在某两条等值线相切的地方取得，而具体的位置受正则化约束强度 $\lambda$ 的控制。$\lambda$ 越小，能容忍的范数值就越大，最优参数离原点就越远。

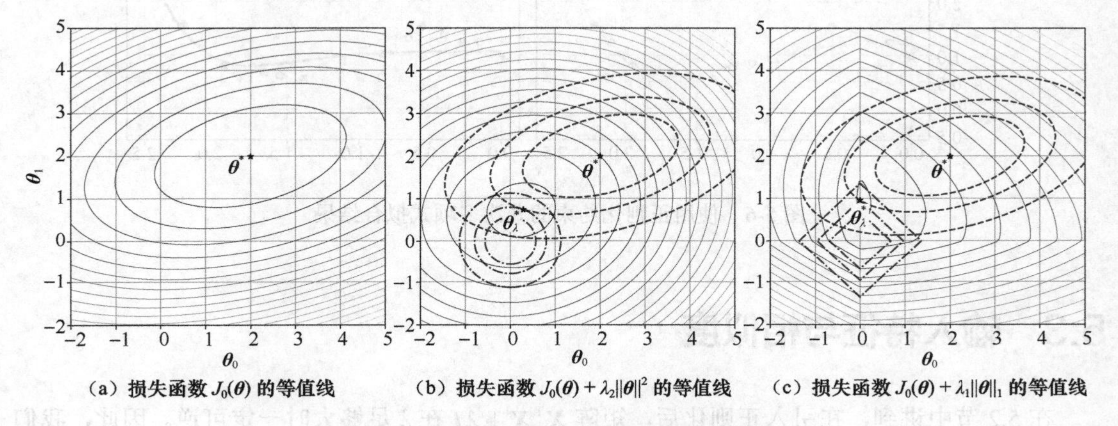


（a）损失函数 $J_0(\boldsymbol{\theta})$ 的等值线　（b）损失函数 $J_0(\boldsymbol{\theta}) + \lambda_2\|\boldsymbol{\theta}\|^2$ 的等值线　（c）损失函数 $J_0(\boldsymbol{\theta}) + \lambda_1\|\boldsymbol{\theta}\|_1$ 的等值线

图 5-5　$L_1$ 正则化约束与 $L_2$ 正则化约束的对比

而从图 5-5（b）和图 5-5（c）正则化约束对应等值线的形状，我们也能看出 $L_1$ 正则化和 $L_2$ 正则化的区别。对 $L_1$ 正则化产生的正方形区域来说，切点更容易在正方形的顶点处取得，或者非常接近顶点。此时，$\boldsymbol{\theta}_\lambda^*$ 在某些维度上很接近 0，变得更加稀疏。对 $L_2$ 正则化产生的圆形区域来说，不同方向是对称的，因此它约束参数的整体规模。

正则化的思想不仅在线性回归中起作用，在更一般的机器学习模型中，它也是防止过拟合的有效手段。我们回顾本章时开始用多项式拟合数据点的例子，九次多项式出现了严重的过拟合问题。现在，我们为其加上不同强度的 $L_2$ 正则化约束再进行拟合，结果如图 5-6 所示。可以看出，当添加强度合适的 $L_2$ 正则化约束后，模型过拟合的现象得到了明显改善。然而，当 $\lambda$ 越来越大时，模型的复杂度被大大限制，反而过于简单，拟合结果也由过拟合转而变为欠拟合。因此，正则化约束的强度并非越大越好，而是应当根据模型复杂度和实验结果逐步调整为合适的值。

图 5-6 的例子也展示了机器学习模型选择的一个基本思想，即模型复杂度决定了其能够拟合到的模式的复杂程度，如果所选模型的复杂度不够，那么再怎么调试也无法使其拟合到正确的数据模式，欠拟合问题无法解决；而如果所选模型的复杂度较高，为了防止其过拟合到数据噪声，可以加入一定程度的正则化约束。因此，一般选择模型时，我们可以选择具有一定复杂度的模型，首先杜绝欠拟合问题，再通过调整正则化约束的强度来控制过拟合的程度。

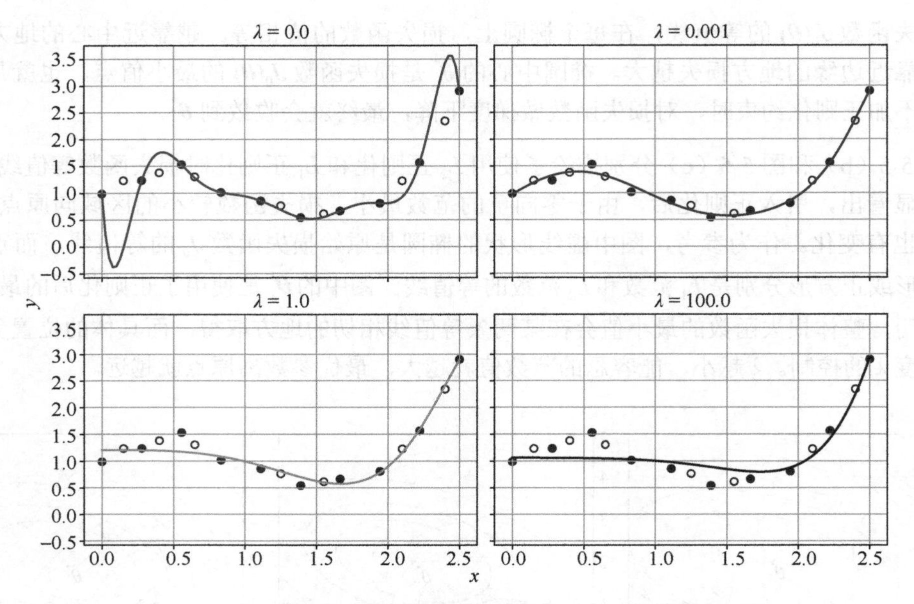


图 5-6　使用正则化约束的九次多项式拟合结果

## 5.3　输入特征与相似度

在 5.2 节中讲到，在引入正则化后，矩阵 $\boldsymbol{X}^{\mathrm{T}}\boldsymbol{X}+\lambda\boldsymbol{I}$ 在 $\lambda$ 足够大时一定可逆。因此，我们可以对线性回归的结果进行化简。模型用最优参数对训练数据预测的结果为

$$f_{\boldsymbol{\theta}}(\boldsymbol{X})=\boldsymbol{X}\boldsymbol{\theta}=\boldsymbol{X}(\boldsymbol{X}^{\mathrm{T}}\boldsymbol{X}+\lambda\boldsymbol{I})^{-1}\boldsymbol{X}^{\mathrm{T}}\boldsymbol{y}$$

利用矩阵中的贯穿恒等式（push-through identity）[1]，对于矩阵 $\boldsymbol{P}\in\mathbb{R}^{n\times m}$和 $\boldsymbol{Q}\in\mathbb{R}^{m\times n}$，有

$$(\lambda\boldsymbol{I}+\boldsymbol{P}\boldsymbol{Q})^{-1}\boldsymbol{P}=\boldsymbol{P}(\lambda\boldsymbol{I}+\boldsymbol{Q}\boldsymbol{P})^{-1}$$

感兴趣的读者可以在本章的扩展阅读中看到上式的证明。令 $\boldsymbol{P}=\boldsymbol{X}^{\mathrm{T}}$，$\boldsymbol{Q}=\boldsymbol{X}$，我们得到

$$f_{\boldsymbol{\theta}}(\boldsymbol{X})=\boldsymbol{X}(\boldsymbol{X}^{\mathrm{T}}\boldsymbol{X}+\lambda\boldsymbol{I})^{-1}\boldsymbol{X}^{\mathrm{T}}\boldsymbol{y}=\boldsymbol{X}\boldsymbol{X}^{\mathrm{T}}(\boldsymbol{X}\boldsymbol{X}^{\mathrm{T}}+\lambda\boldsymbol{I})^{-1}\boldsymbol{y}=\boldsymbol{K}(\boldsymbol{K}+\lambda\boldsymbol{I})^{-1}\boldsymbol{y}$$

其中，$\boldsymbol{K}=\boldsymbol{X}\boldsymbol{X}^{\mathrm{T}}$。可以发现，$\boldsymbol{K}$的第$i$行$j$列的元素恰好等于数据集中第$i$个样本和第$j$个样本的内积，即$K_{ij}=\boldsymbol{x}_i^{\mathrm{T}}\boldsymbol{x}_j$。为什么最后的结果会包含样本之间的内积形式呢？考虑两个向量$\boldsymbol{a}$和$\boldsymbol{b}$之间的夹角$\alpha$的余弦值，它可以由内积计算得到：

$$\cos\alpha=\frac{\boldsymbol{a}\cdot\boldsymbol{b}}{\|\boldsymbol{a}\|\|\boldsymbol{b}\|}=\frac{\boldsymbol{a}}{\|\boldsymbol{a}\|}\cdot\frac{\boldsymbol{b}}{\|\boldsymbol{b}\|}$$

上式表明，如果向量 $\boldsymbol{a}$ 和 $\boldsymbol{b}$ 的模长都是 1，它们之间夹角的余弦值就等于其内积；而当两个向量重合时，夹角为 0，内积的最大值就是 1。沿着这一思路，即使我们不对模长做归一化，而是直接将两个向量做内积，得到的结果同样可以在一定程度上反映它们之间的相似度。当

然，这样的相似度在向量的模长相差不大时更准确一些。对于有实际意义的样本向量，向量的每个维度代表样本的一个特征，不同样本的同一维度代表同一个特征。这样，样本 $\boldsymbol{a}$ 和样本 $\boldsymbol{b}$ 的内积就体现了它们在各个特征下的关联程度。

机器学习归根到底还是基于样本的统计信息。在第 3 章中我们讲过，“近朱者赤，近墨者黑”，所有的模型都基于“相似的样本应当具有相似的标签”这一基本假设。例如在分类问题中，相似的样本大概率具有相似的类别；在线性回归这样的连续值回归问题中，相似的样本大概率具有相似的 $y$ 值。这样，在线性回归的解中出现样本间的相似度就是相当自然的事情了。而当我们要用训练好的模型预测新样本 $\boldsymbol{x}$ 的类别或者目标值 $y$ 时，实际上仍然是通过训练集中与新样本 $\boldsymbol{x}$ 较为相似的那些样本进行推测。还以线性回归为例，解出模型参数 $\boldsymbol{\theta}$ 后，对新样本 $\boldsymbol{x}$ 的预测值为

$$
\begin{aligned}
f_{\boldsymbol{\theta}}(\boldsymbol{x}) &= \boldsymbol{x}^{\mathrm{T}}\boldsymbol{\theta} = \boldsymbol{x}^{\mathrm{T}}\left(\boldsymbol{X}^{\mathrm{T}}\boldsymbol{X}+\lambda\boldsymbol{I}\right)^{-1}\boldsymbol{X}^{\mathrm{T}}\boldsymbol{y} \\
&= \boldsymbol{x}^{\mathrm{T}}\boldsymbol{X}^{\mathrm{T}}\left(\boldsymbol{X}\boldsymbol{X}^{\mathrm{T}}+\lambda\boldsymbol{I}\right)^{-1}\boldsymbol{y} \\
&= \left(\boldsymbol{x}^{\mathrm{T}}\boldsymbol{x}_1,\cdots,\boldsymbol{x}^{\mathrm{T}}\boldsymbol{x}_n\right)\left(\boldsymbol{X}\boldsymbol{X}^{\mathrm{T}}+\lambda\boldsymbol{I}\right)^{-1}\boldsymbol{y}
\end{aligned}
$$

结果中的第一个向量的每个元素恰好是$\boldsymbol{x}$与训练集中的样本$\boldsymbol{x}_i$的内积，而最后一项是训练集中的标签$\boldsymbol{y}$。这就说明，线性回归的预测其实是在用$\boldsymbol{x}$与训练集中样本的相似度$\boldsymbol{x}^{\mathrm{T}}\boldsymbol{x}_i$，经过某个变换（乘以$(\boldsymbol{X}\boldsymbol{X}^{\mathrm{T}}+\lambda\boldsymbol{I})^{-1}$）后作为权重，对训练集的标签计算加权平均。不同模型有不同的利用相似度的方式，如KNN就直接把相似度作为直接依据进行分类，而更复杂的模型可能要对相似度进行更加复杂的变换。

在考虑样本间的相似度时，又产生了另外一个问题：为什么直接内积作为相似度是合理的？事实上，在大多数情况下，我们不会直接用原始输入中的特征作为判断相似度的依据，而是会先将输入经过某种变换 $\phi:\mathbb{R}^d\to\mathbb{R}^h$，将 $d$ 维的特征变为 $h$ 维。函数 $\phi$ 就称为特征映射函数，它的主要目的就是把原始的特征经过某种筛选或者变换，得到更能反映样本本质的特征。例如样本 $\boldsymbol{x}$ 是一些长方形，其原始特征中包含样本的长和宽，记为 $x^{(l)}$ 和 $x^{(w)}$，而样本的标签只和其面积有关。那么，直接用长、宽两个特征做内积，就不能合适地反映在该问题下样本的相似情况。这时，我们可以引入特征映射 $\phi(x^{(l)},x^{(w)},\cdots)=(x^{(l)}x^{(w)},\cdots)$，把长、宽两个特征映射成面积这一个特征，再用面积作为计算相似度的特征。我们还以线性回归为例，设映射后的样本组成的矩阵为

$$
\boldsymbol{\Phi} = \begin{pmatrix} \phi(\boldsymbol{x}_1)^{\mathrm{T}} \\ \phi(\boldsymbol{x}_2)^{\mathrm{T}} \\ \vdots \\ \phi(\boldsymbol{x}_n)^{\mathrm{T}} \end{pmatrix} = \begin{pmatrix} \phi_1(\boldsymbol{x}_1) & \phi_2(\boldsymbol{x}_1) & \cdots & \phi_h(\boldsymbol{x}_1) \\ \phi_1(\boldsymbol{x}_2) & \phi_2(\boldsymbol{x}_2) & \cdots & \phi_h(\boldsymbol{x}_2) \\ \vdots & \vdots & & \vdots \\ \phi_1(\boldsymbol{x}_n) & \phi_2(\boldsymbol{x}_n) & \cdots & \phi_h(\boldsymbol{x}_n) \end{pmatrix}
$$

称为特征映射矩阵。其中$\phi_k(\boldsymbol{x}_j)$表示样本$\boldsymbol{x}_j$经映射后的第$k$个特征。该矩阵完全可以替代原始推导中样本矩阵$\boldsymbol{X}$的位置，因此，经过映射的线性回归的解析解为

$$
\boldsymbol{\theta} = (\boldsymbol{\Phi}^{\mathrm{T}}\boldsymbol{\Phi}+\lambda\boldsymbol{I})^{-1}\boldsymbol{\Phi}^{\mathrm{T}}\boldsymbol{y} = \boldsymbol{\Phi}^{\mathrm{T}}(\boldsymbol{\Phi}\boldsymbol{\Phi}^{\mathrm{T}}+\lambda\boldsymbol{I})^{-1}\boldsymbol{y}
$$

同样，对训练数据的预测结果为

$$f_{\theta}(\boldsymbol{X})=\boldsymbol{\Phi}\boldsymbol{\theta}=\boldsymbol{\Phi}\boldsymbol{\Phi}^{\mathrm{T}}(\boldsymbol{\Phi}\boldsymbol{\Phi}^{\mathrm{T}}+\lambda\boldsymbol{I})^{-1}\boldsymbol{y}=\boldsymbol{K}(\boldsymbol{K}+\lambda\boldsymbol{I})^{-1}\boldsymbol{y}$$

其中，$\boldsymbol{K}=K(\boldsymbol{x}_i,\boldsymbol{x}_j)=\phi(\boldsymbol{x}_i)^{\mathrm{T}}\phi(\boldsymbol{x}_j)$称为核矩阵（kernel matrix），$K(\cdot,\cdot)$ 称为核函数（kernel function）。容易发现，如果我们不做特征映射，或者说$\phi(\boldsymbol{x})=\boldsymbol{x}$是恒等映射，这里得到的结果就和本节开始时得到的结果完全一样了。

读者可能会疑惑，既然要计算两个向量的内积，为什么要多此一举引入核函数 $K$ 呢？仔细观察可以看出，在最终的预测式中，特征映射函数 $\phi$ 并没有单独出现过，化简后留下的只有两个特征向量的内积。这提示我们，可以设计合适的核函数 $K$ 来绕过 $\phi(\boldsymbol{x}_i)$ 和 $\phi(\boldsymbol{x}_j)$ 的计算，一步到位，直接算出 $K(\boldsymbol{x}_i,\boldsymbol{x}_j)=\phi(\boldsymbol{x}_i)^{\mathrm{T}}\phi(\boldsymbol{x}_j)$。例如，设核函数 $K(\boldsymbol{x},\boldsymbol{y})=(\boldsymbol{x}^{\mathrm{T}}\boldsymbol{y})^2$，其中，$\boldsymbol{x},\boldsymbol{y}\in\mathbb{R}^n$。它对应的特征映射函数 $\phi$ 可以通过如下过程计算：

$$\begin{aligned}K(\boldsymbol{x},\boldsymbol{y})&=\left(\sum_{i=1}^{n}x_iy_i\right)\left(\sum_{j=1}^{n}x_jy_j\right)\\&=\sum_{i=1}^{n}\sum_{j=1}^{n}x_iy_ix_jy_j\\&=\sum_{i=1}^{n}\sum_{j=1}^{n}(x_ix_j)(y_iy_j)\end{aligned}$$

当 $n=3$ 时，上式给出的特征映射函数为

$$\phi(\boldsymbol{x})=\phi(x_1,x_2,x_3)=(x_1^2,x_1x_2,x_1x_3,x_2x_1,x_2^2,x_2x_3,x_3x_1,x_3x_2,x_3^2)^{\mathrm{T}}$$

读者可以自行验算 $K(\boldsymbol{x},\boldsymbol{y})=\phi(\boldsymbol{x})^{\mathrm{T}}\phi(\boldsymbol{y})$。在本例中，计算$K$需要计算两个$n$维向量的内积，再对得到的标量求平方，时间复杂度是$O(n)$。但特征映射函数$\phi$是从$n$维到$n^2$维的映射，计算映射要先花费$O(n^2)$的时间，再将两个映射后的向量做内积又要花费$O(n^2)$的时间，远远超出了用核函数$K$计算的消耗。进一步，在用模型预测新样本 $\boldsymbol{x}$ 时，得到的结果也能用核函数表示：

$$f_{\theta}(\boldsymbol{x})=\phi(\boldsymbol{x})^{\mathrm{T}}\boldsymbol{\Phi}^{\mathrm{T}}(\boldsymbol{\Phi}\boldsymbol{\Phi}^{\mathrm{T}}+\lambda\boldsymbol{I})^{-1}\boldsymbol{y}=(K(\boldsymbol{x},\boldsymbol{x}_1),\cdots,K(\boldsymbol{x},\boldsymbol{x}_n))(\boldsymbol{K}+\lambda\boldsymbol{I})^{-1}\boldsymbol{y}$$

这一结果同样不需要显式地出现特征映射函数 $\phi$。因此，大多数时候我们直接用核函数进行计算即可，不需要再推算特征映射函数的具体形式。这样的方法称为核技巧（kernel trick），关于它的更多应用我们会在第 11 章中介绍。

回顾上述内容，可以大致总结出两个思想。第一，机器学习先计算样本之间的相似度，再用统计的思想利用相似度来给出模型对样本的预测。第二，为了让相似度的计算更符合任务要求，可以先用特征映射把样本中的有用信息提取出来，从而降低后续特征利用的难度。这两个思想是几乎所有机器学习模型都会用到的基本思想。注意，这两个思想并不一定是两个“步骤”，在许多情况下可以合二为一，把特征提取和相似度的计算与应用统一起来，包装在更复杂的模型里。例如在现代深度学习的神经网络中，它们很难再被严格区分，但是其基本思路仍然是一致的。

## 5.4 参数与超参数

机器学习的目标是学习输入与输出之间的映射关系。在计算机中，我们通常用一些参数来表示模型，如线性回归中的 $\boldsymbol{\theta}$。而在此之外，还有一类参数对于模型的训练效果也有很大影响，如线性回归中的学习率 $\eta$、KNN 中的 $K$，以及正则化约束强度 $\lambda$。这两类参数虽然都是模型的一部分，但是它们调整和优化的方式并不一样。回顾使用正则化的线性回归算法可以发现，无论我们用解析方式还是梯度下降算法，求解的都是 $\boldsymbol{\theta}$。而 $\lambda$ 则以“已知数”的身份出现，在开始训练前就由我们提前定好，在训练过程中不再改变。像 $\lambda$ 这样，不通过模型训练优化、需要人为指定的参数称为*超参数*（hyperparameter）。而调整超参数、寻找表现最好的模型的过程，就称为“调参”。

图 5-7 简单描述了一个机器学习模型开发者为完成某项任务而建立模型的过程。假设我们现在的身份就是机器学习模型开发者，首先，我们应当根据任务的特点和数据分布设计合适的模型，如线性回归模型。这时，我们还无法直接开始优化模型，因为其训练轮数、批量大小等超参数还未确定。因此，我们需要先设置各个超参数的值，用 $\boldsymbol{h}_1$ 表示。在超参数确定后，我们就可以初始化模型参数 $\boldsymbol{\theta}_1$，用数据集不断优化模型，得到优化的参数 $\boldsymbol{\theta}_1^*$，并在验证集或者测试集上观察模型的表现。接下来，我们可以调整超参数的值为 $\boldsymbol{h}_2$，重新初始化模型参数 $\boldsymbol{\theta}_2$，重复优化流程，直到得到我们满意的训练结果。这样下来，对每一组超参数 $\boldsymbol{h}_i$，我们都得到一组优化后的模型参数 $\boldsymbol{\theta}_i^*$ 及其测试结果。我们可以根据实际需要，选出最符合要求的超参数 $\boldsymbol{h}_k$ 和相应的 $\boldsymbol{\theta}_k^*$。进一步，如果有一个新的类似的任务需要解决，我们既可以把参数为 $\boldsymbol{\theta}_k^*$ 的模型拿来直接使用或在新数据上微调参数，也可以用相同的超参数 $\boldsymbol{h}_k$ 在新数据上训练一个新的模型。如果重新训练的效果还是不好，我们就只好回到最开始设置超参数的步骤，尝试其他超参数的取值，寻找最适合新任务的超参数。

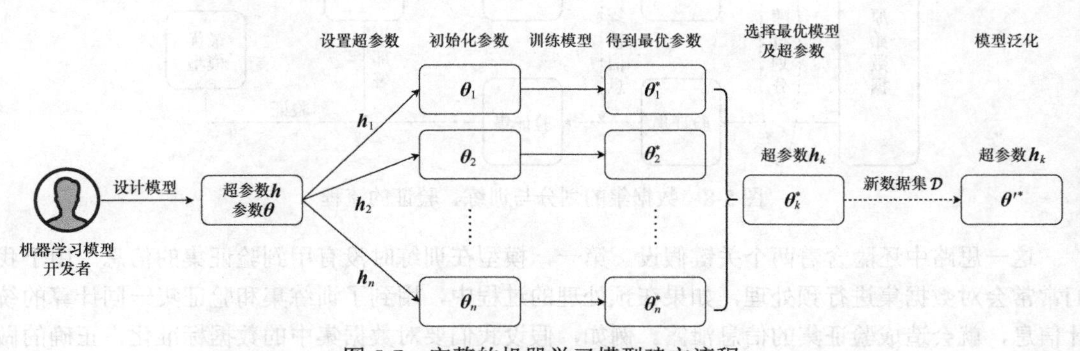


图 5-7 完整的机器学习模型建立流程

参数与超参数的数量都会影响模型的复杂度。参数通常影响模型在训练时消耗的时间，而超参数由于需要我们提前设置，无法在训练中优化，其影响的是我们寻找最优模型的时间，过多的超参数会使得调参非常困难。因此，优秀的机器学习模型通常需要减少其中超参数的数量，或者让部分超参数对模型的影响较小，不需要太多调整就可以达到较好的效果。

针对一个给定的机器学习任务，选择模型和调整超参数是一个机器学习模型开发者的“家常便饭”，这能决定最终训练出来的机器学习模型的性能。好的机器学习模型开发者能根据自己的经验，快速确定使用哪类模型和一个调试超参数的范围，然后通过少量实验就可以快速确定最终选择的模型和超参数，开始模型的正式训练。

超参数也并非完全不能自动优化。在机器学习中，自动机器学习（AutoML）领域的研究内容就是自动优化机器学习模型的结构和超参数。其具体内容较为复杂，超出了本书的讲述范围，感兴趣的读者可以在掌握好机器学习的基础后，查阅相关资料进行学习。

## 5.5 数据集划分与交叉验证

扫码观看视频课程

除了使用正则化约束，我们还可以从数据集的角度来防止过拟合产生。在前面几章中，我们已经采用了最基础的手段，将数据集分为训练集和验证集两部分。通过 5.1 节对欠拟合与过拟合现象的讲述，相信读者已经明白，在训练模型时，只观察训练集上损失函数的变化情况是远远不够的。但是在现实场景中，测试数据又是未知的，无法在训练时获得。因此，我们通常采用人为构造“测试集”的方法，将数据集随机划分为训练集和验证集（validation set）两部分，用验证集来代替测试集。一个完整的模型训练流程如图 5-8 所示。当我们用不同的超参数（如 KNN 中的 $K$、正则化的约束强度 $\lambda$）在训练集上训练出不同的模型后，可以观察这些模型在验证集上的效果，选出表现最好的模型。由于模型在训练时完全没有用到验证集中数据的任何信息，因此对模型来说，如果真实的测试集和验证集内的数据分布相同，验证集与测试集就是等效的。我们可以期望，按照验证集上的表现所选择的模型，在测试集上也有接近的效果。

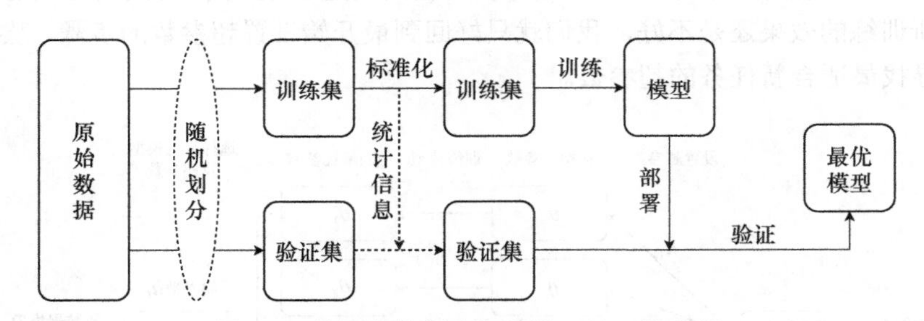


图 5-8 数据集的划分与训练、验证的流程

这一思路中还隐含着两个关键假设。第一，模型在训练时没有用到验证集的信息。由于我们常常会对数据集进行预处理，如果在预处理的过程中，用到了训练集和验证集一同计算的统计信息，就会造成验证集的信息泄露。例如，假设我们要对数据集中的数据标准化，正确的做法是先划分训练集和验证集，仅用训练集计算均值和方差等信息，再用这些信息处理验证集的数据。虽然我们目前已介绍过的任务和所用模型对信息泄露并不敏感，但读者仍然应当对此保持警惕，养成良好习惯。第二，训练集与真实的测试集中的数据分布相同。如果两者分布不相同，那么训练集与测试集里的样本很可能满足不同的关系，从而在训练集上训练得到的模型并不适用于测试集，通过验证集来挑选模型也就无从谈起了。现实中，训练集与测试集数据不同分布的任务确实有很多。例如，训练集中包含上海的天气数据，而测试场景在北京。由于地理位置差异，上海的天气数据与北京的天气数据很可能分布不同。但是，这两者肯定都服从气象学的普遍规律，仍然存在对两方都适用的机器学习模型。设计适用于此类训练集和测试集数据分布不同的任务的模型与算法属于机器学习中迁移学习（transfer learning）的范畴。在本书涉

及的较为基础的范围内，我们都假设训练集与测试集的数据分布是相同的。

在实践中，为了进一步消除数据分布带来的影响，我们在划分训练集和验证集时，通常采用随机划分的方式。如果数据集中的数据原本是有序的，随机划分就可以防止训练集中的样本只来自样本空间中的一小部分。如果再考虑到随机划分也可能因为运气不好，恰好得到有偏差的分布，我们还可以采用交叉验证（cross validation）的方法来再加一重保险。如图 5-9 所示，首先，将数据集随机分成 $k$ 份，记其编号为$1,\cdots,k$。然后，进行 $k$ 次独立的训练，第 $i$ 次训练时，将第 $i$ 份作为验证集，其他 $k-1$ 份合起来作为训练集。最后，将 $k$ 次训练中得到的验证集上误差的平均值作为模型最终的误差。其中，$\mathcal{L}_{\text{val}}^{(i)}$表示第 $i$ 次训练时在验证集上计算的损失，$\mathcal{L}_{\text{val}}$ 表示模型的最终损失。交叉验证虽然增加了训练模型需要的时间，但一方面降低了数据集划分时数据分布带来的误差，另一方面也将所有的数据都利用了起来，每个样本都会在某次训练时出现在训练集中。而在 $k$ 值的选择上，$k$ 越小，受到随机性的影响就越大，最终的 $\mathcal{L}_{\text{val}}$ 作为对真实期望值的估计，其偏差也就越大。但是，由于验证集中的样本更多，不同训练结果之间的方差也就比较小。反过来，$k$ 越大，$\mathcal{L}_{\text{val}}$ 的估计就越准确，但方差也会增大。此外，我们还要考虑 $k$ 对总的训练时间的影响。经验上，我们一般取 $k\in[5,10]$。

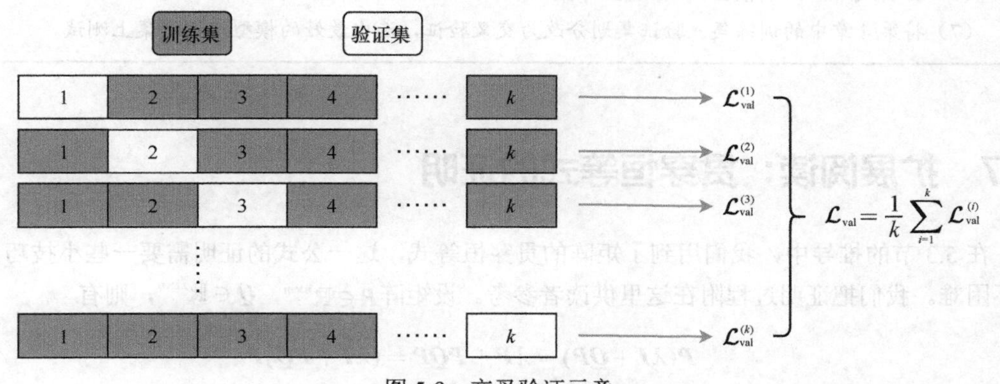


图 5-9 交叉验证示意

由于本书涉及的任务都较为基础，简单起见，后续的代码仍然使用普通的训练集-验证集划分，交叉验证的代码留作习题由读者自行完成。

## 5.6 小结

本章主要介绍了机器学习中的一些基本概念和思想，以线性回归为例，详细讲解了欠拟合与过拟合产生的原因，以及用正则化约束缓解过拟合的方法。在我们后续引入神经网络等更复杂的模型后，正则化将是防止模型过拟合的必不可少的一环。模型的超参数会影响我们寻找最优模型的难度与时间，因此，在设计模型时要注意超参数的个数和对模型的影响。为了进一步减少随机性以及数据分布的影响，我们可以采用交叉验证的方式，将数据全部利用起来，并得到更稳定的结果。

**习题**

（1）机器学习的基本假设是（　　）。

A. 在训练和测试数据中存在相同的模式

B. 训练数据和测试数据数量相同

C. 测试数据是训练数据的一部分

D. 训练数据的数量足够多，可以训练出好的模型

（2）下列说法正确的是（　　）。

A. 为了防止过拟合，正则化约束强度越大越好

B. 为了防止过拟合，应当选择尽可能简单的模型

C. 交叉验证方法中虽然所有数据都被用到，但是不存在信息泄露

D. 正则化约束强度 $\lambda$ 可以通过令损失函数对 $\lambda$ 的梯度为零计算出来

（3）假如数据中不存在噪声，过拟合现象是否会消失？

（4）机器学习模型是否可以预测毫无规律的真随机数？试从统计规律的角度解释原因。

（5）除了学习率 $\eta$，第 4 章的线性回归模型中还有哪些超参数？数据集大小 $N$ 是超参数吗？

（6）在实践中，如果模型在测试集上的效果不好，如何判断模型是欠拟合还是过拟合？

（7）将第 4 章中的训练集－验证集划分改为交叉验证，选出最好的模型在测试集上测试。

## 5.7　扩展阅读：贯穿恒等式的证明

在 5.3 节的推导中，我们用到了矩阵的贯穿恒等式，这一公式的证明需要一些小技巧，但并不困难。我们把证明过程附在这里供读者参考。设矩阵 $\boldsymbol{P}\in\mathbb{R}^{n\times m}$，$\boldsymbol{Q}\in\mathbb{R}^{m\times n}$，则有

$$\boldsymbol{P}(\lambda\boldsymbol{I}+\boldsymbol{QP})=\lambda\boldsymbol{P}+\boldsymbol{PQP}=(\lambda\boldsymbol{I}+\boldsymbol{PQ})\boldsymbol{P}$$

如果 $\lambda$ 足够大，则 $\lambda\boldsymbol{I}+\boldsymbol{PQ}$ 和 $\lambda\boldsymbol{I}+\boldsymbol{QP}$ 都可逆。在上式两边分别乘以其逆矩阵，就得到

$$\begin{aligned}
&\boldsymbol{P}(\lambda\boldsymbol{I}+\boldsymbol{QP})=(\lambda\boldsymbol{I}+\boldsymbol{PQ})\boldsymbol{P}\\
\Rightarrow\ &(\lambda\boldsymbol{I}+\boldsymbol{PQ})^{-1}\boldsymbol{P}(\lambda\boldsymbol{I}+\boldsymbol{QP})(\lambda\boldsymbol{I}+\boldsymbol{QP})^{-1}=(\lambda\boldsymbol{I}+\boldsymbol{PQ})^{-1}(\lambda\boldsymbol{I}+\boldsymbol{PQ})\boldsymbol{P}(\lambda\boldsymbol{I}+\boldsymbol{QP})^{-1}\\
\Rightarrow\ &(\lambda\boldsymbol{I}+\boldsymbol{PQ})^{-1}\boldsymbol{P}=\boldsymbol{P}(\lambda\boldsymbol{I}+\boldsymbol{QP})^{-1}
\end{aligned}$$

当我们应用贯穿恒等式时，需要注意，两边括号内的矩阵阶数是不同的，$\boldsymbol{PQ}$ 是 $n$ 阶方阵，而 $\boldsymbol{QP}$ 是 $m$ 阶方阵，对应的单位矩阵的阶数也分别是 $n$ 和 $m$。矩阵求逆是一个非常复杂的运算，对一般的 $n$ 阶方阵求逆的时间复杂度大致是 $O(n^3)$。因此，如果 $n\gg m$，贯穿恒等式就把 $n$ 阶方阵求逆转化为了更加简单的 $m$ 阶方阵求逆。

## 5.8　参考文献

[1] HENDERSON H V, SEARLE S R. On deriving the inverse of a sum of matrices[J]. SIAM review, 1981, 23(1):53-60.

# 第二部分

# 参数化模型

# 第6章

# 逻辑斯谛回归

在介绍了机器学习中相关的基本概念和技巧后，本章我们继续讲解参数化模型中的线性模型。对于机器学习算法，其目标通常可以抽象为得到某个从输入空间到输出空间的映射 $f: \mathcal{X} \to \mathcal{Y}$，对每个输入数据 $x \in \mathcal{X}$，该映射给出预测的标签 $y=f(x)$。而对于映射 $f$ 的形式，不同算法有不同的假设。像 KNN 这样，不对 $f$ 的形式做先验假设、在学习中可以得到其任意形式的模型，称为非参数化模型（nonparametric model）。而与之相对的，像线性回归这样的算法会先假设 $f$ 具有某种特定的形式。例如，我们可以假设输入与输出一定满足某个二次函数关系，即 $y=f(x)=ax^2+bx+c$。这时，我们就只需要对映射的参数 $a$、$b$ 和 $c$ 进行学习。像这样对 $f$ 进行先验假设的模型，称为参数化模型（parametric model）。

相比于非参数化模型，参数化模型由于限制了 $f$ 可能的集合，学习难度相对较低。以上面的二次函数为例，非参数化模型需要在所有可能映射的集合 $\mathcal{F}=\{f: \mathcal{X} \to \mathcal{Y}\}$ 中寻找合适的 $f$，而参数化模型的搜索范围只有 $\mathcal{F}=\{f: \mathcal{X} \to \mathcal{Y} \mid f(x)=ax^2+bx+c\}$，对应于一个三维的实数参数空间 $\{(a,b,c) \in \mathbb{R}^3\}$，降低了搜索难度和时间开销。然而，对搜索空间的限制也成为参数化模型的缺点。如果真实的输入输出关系是 $y=\mathrm{e}^x$，那么以二次函数为基础的参数化模型显然无法在大范围的输入上都得到误差较小的结果。因此，参数化模型通常需要对已知数据和问题特性进行分析，确定合适的参数化假设，才能得到理想的学习结果。除此之外，参数化模型由于假设了数据的分布，其参数的数量通常和数据集的大小无关。因为无论数据集中有多少数据，我们都认为它们是由同一个分布生成的。而非参数化模型也并非“没有参数的模型”，但其参数的数量通常会随数据集的大小而变化，如 KNN 算法的参数可以看成每个数据的特征和标签，它与数据集始终是同等规模的。

在线性回归中，我们利用参数化的线性假设解决了回归问题，而分类问题作为机器学习任务中的另一大类别，其与回归问题既有相似之处也有不同之处。通常来说，回归问题的输出是连续的，而分类问题的输出是离散的。设输入数据 $x \in \mathbb{R}^d$，输出标签 $y \in \mathcal{C}$。其中 $\mathcal{C} \subseteq \mathbb{N}$ 是一有限的离散集合，其每个元素表示一个不同的类别。事实上，当 $\mathcal{C}$ 是一有限的离散集合时，多分类问题与二分类问题等价。因为我们总可以先判断“$x$ 是否属于第一类”，再判断“$x$ 是否属于第二类”，以此类推，从而可以用至多 $|\mathcal{C}|-1$ 次二分类来完成 $|\mathcal{C}|$ 分类。因此，大多数时候我们可以只考虑最简单的二分类问题，其中，样本标签 $y \in \{0,1\}$。对分类问题来说，同样可以利用线性假设对问题建模，这一模型就是*逻辑斯谛回归*（logistic regression），又称为*对数几率回归*[1]。下面，我们将详细介绍如何利用参数化模型逻辑斯谛回归来处理分类问题。

# 6.1 逻辑斯谛函数下的线性模型

与线性回归类似，对二分类问题，我们同样可以作线性假设。设学习到的映射为$f:\mathbb{R}^d \to \{0, 1\}$，参数为$\boldsymbol{\theta}$。在线性回归中，我们直接计算输入样本与$\boldsymbol{\theta}$的乘积$\boldsymbol{\theta}^{\mathrm{T}}\boldsymbol{x}$。然而，在二分类问题中直接使用该乘积存在两个问题。第一，该乘积是连续的，并不能拟合离散变量；第二，该乘积的取值范围是$\mathbb{R}$，与我们期望的$\{0, 1\}$相距甚远。为了解决这两个问题，最简单的方法是再引入阈值$z$，定义$f$如下：

$$f(\boldsymbol{x})=\begin{cases}0, & \boldsymbol{\theta}^{\mathrm{T}}\boldsymbol{x}\leqslant z\\ 1, & \boldsymbol{\theta}^{\mathrm{T}}\boldsymbol{x}>z\end{cases}$$

似乎刚刚的两个问题都得到了解决，但是，这一方法又为模型训练带来了新的困难。在线性回归中，我们已经介绍过，无论是解析方法还是梯度下降，都需要以函数的梯度为基础。然而，这样的分类方法太“硬”了，使得$f$在阈值处出现了跳跃，从而不再可导；而在阈值之外可导的地方，其导数又始终为0。因此，硬分类得到的$f$难以直接训练。

我们不妨换一个角度来考虑二分类问题。如果把样本$\boldsymbol{x}$的类别$y$看作有0和1两种取值的随机变量，我们只需要判断$P(y=0\mid\boldsymbol{x})$和$P(y=1\mid\boldsymbol{x})$之间大小关系，再将$\boldsymbol{x}$归为概率较大的一类即可。事实上，我们并不一定需要$f$的输出必须是0或1。如果$f$能够给出样本$\boldsymbol{x}$的类别$y$的概率分布，即$f(\boldsymbol{x})=P(y=1\mid\boldsymbol{x})$，同样可以达到分类的效果。相比于硬分类，概率分布可以用连续函数建模，从而可以对$f$求梯度。并且，在很多决策问题中，给出每个分类的概率信息比直接给出最后的分类结果要更有用。

至此我们已经解决了用连续函数拟合离散分类和硬分类函数不可导的问题。但我们在前面提到，$\boldsymbol{\theta}^{\mathrm{T}}\boldsymbol{x}$的取值范围是$\mathbb{R}$，而概率分布的取值范围是$[0, 1]$。因此，我们需要某种从$\mathbb{R}$到$[0, 1]$的映射来确保其取值范围相同。在实践中，我们通常采用**逻辑斯谛函数**（logistic function）$\sigma$，其定义为

$$\sigma(x)=\frac{1}{1+\mathrm{e}^{-x}}=\frac{\mathrm{e}^{x}}{\mathrm{e}^{x}+1}$$

该函数的图像如图6-1所示。

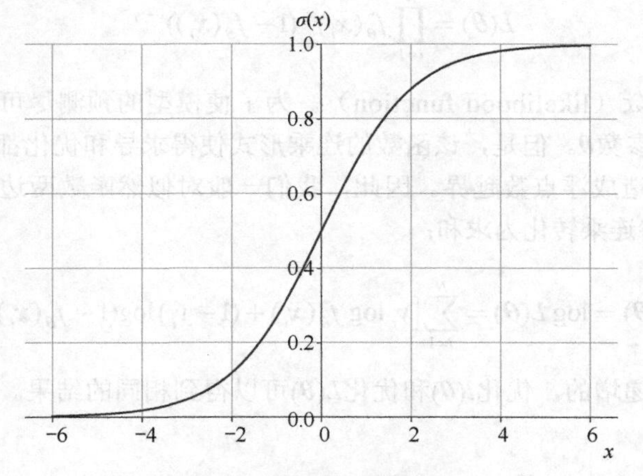


图 6-1　逻辑斯谛函数

逻辑斯谛函数是一种常见的 sigmoid 函数。sigmoid 函数是一类形状类似于“S”型的函数，但在实践中，如无特殊说明，一般就指逻辑斯谛函数。逻辑斯谛函数有许多优秀的性质。首先，它关于 (0, 0.5) 点对称，从而有$\sigma(x)+\sigma(-x)=1$，这意味着$P(y=0|x)=P(y=1|-x)$，即当$x$相反时，其概率分布也正好相反。其次，从图像中可以看出，$\sigma(x)$ 在 $x$ 偏离 0 时会迅速收敛到 0 或 1。例如在$x=6$时，$\sigma(x)\approx 0.9975$，与 1 已经非常接近。这一性质使得其对 $x$ 的变化较为敏感，适合作为分类函数。最后，逻辑斯谛函数在$\mathbb{R}$上连续、单调递增且可导，具有良好的分析性质。其导数为

$$
\begin{aligned}
\frac{\mathrm{d}\sigma(x)}{\mathrm{d}x} &= -\frac{1}{(1+\mathrm{e}^{-x})^2}\cdot \mathrm{e}^{-x}\cdot(-1) \\
&= \frac{1}{1+\mathrm{e}^{-x}}\cdot\frac{\mathrm{e}^{-x}}{1+\mathrm{e}^{-x}} \\
&= \sigma(x)(1-\sigma(x))
\end{aligned}
$$

综上所述，我们只需要用逻辑斯谛函数对 $\boldsymbol{\theta}^{\mathrm{T}}\boldsymbol{x}$ 进行变换，就可以得到符合要求的映射 $f_{\boldsymbol{\theta}}(\boldsymbol{x})=\sigma(\boldsymbol{\theta}^{\mathrm{T}}\boldsymbol{x})$。虽然这一映射不再是线性的，但它依然是以线性函数 $\boldsymbol{\theta}^{\mathrm{T}}\boldsymbol{x}$ 为基础，再经过某种变换得到的。这样的模型属于广义线性模型，感兴趣的读者可以参考本章的扩展阅读。

## 6.2 最大似然估计

扫码观看视频课程

确定了逻辑斯谛回归的数学模型之后，我们接下来还需要确定优化目标。对于有关概率分布的问题，我们常常使用最大似然估计（maximum likelihood estimation，MLE）的思想来优化模型，即寻找逻辑斯谛回归的参数 $\boldsymbol{\theta}$，使得模型在训练数据上预测出正确标签的概率最大。

设共有 $N$ 个样本 $\boldsymbol{x}_1,\cdots,\boldsymbol{x}_N$，类别分别是 $y_1,\cdots,y_N\in[0,1]$。对于样本 $\boldsymbol{x}_i$，如果 $y_i=0$，那么模型预测正确的概率为 $1-f_{\boldsymbol{\theta}}(\boldsymbol{x}_i)$；如果 $y_i=1$，那么概率为$f_{\boldsymbol{\theta}}(\boldsymbol{x}_i)$。将两者综合起来，可以得到模型正确的概率为$f_{\boldsymbol{\theta}}(\boldsymbol{x}_i)^{y_i}(1-f_{\boldsymbol{\theta}}(\boldsymbol{x}_i))^{1-y_i}$。假设样本之间是两两独立的，那么模型将所有样本的分类都预测正确的概率就等于单个样本概率的乘积：

$$
L(\boldsymbol{\theta})=\prod_{i=1}^{N} f_{\boldsymbol{\theta}}(\boldsymbol{x}_i)^{y_i}(1-f_{\boldsymbol{\theta}}(\boldsymbol{x}_i))^{1-y_i}
$$

该函数也称为似然函数（likelihood function）。为了使模型的预测尽可能准确，我们需要寻找使似然函数最大的参数$\boldsymbol{\theta}$。但是，该函数的连乘形式使得求导和优化都很困难，在计算机上直接计算甚至很容易造成浮点数越界。因此，我们一般对似然函数两边取对数，即对数似然（log-likelihood），将连乘转化为求和：

$$
l(\boldsymbol{\theta})=\log L(\boldsymbol{\theta})=\sum_{i=1}^{N}\left[y_i\log f_{\boldsymbol{\theta}}(\boldsymbol{x}_i)+(1-y_i)\log(1-f_{\boldsymbol{\theta}}(\boldsymbol{x}_i))\right]
$$

由于对数函数是单调递增的，优化$l(\boldsymbol{\theta})$和优化$L(\boldsymbol{\theta})$可以得到相同的结果。于是，我们的优化目标为

$$\max_{\boldsymbol{\theta}} l(\boldsymbol{\theta})$$

对$l(\boldsymbol{\theta})$求梯度，得到

$$\nabla l(\boldsymbol{\theta}) = \sum_{i=1}^{N}\left[\frac{\nabla f_{\boldsymbol{\theta}}}{f_{\boldsymbol{\theta}}} y_i - \frac{\nabla f_{\boldsymbol{\theta}}}{1-f_{\boldsymbol{\theta}}}(1-y_i)\right]$$

再把 $f_{\boldsymbol{\theta}}(\boldsymbol{x}) = \sigma(\boldsymbol{\theta}^{\mathrm{T}}\boldsymbol{x})$ 代入，并利用 $\nabla_{\boldsymbol{\theta}}\sigma(\boldsymbol{\theta}^{\mathrm{T}}\boldsymbol{x}) = \sigma(\boldsymbol{\theta}^{\mathrm{T}}\boldsymbol{x})(1-\sigma(\boldsymbol{\theta}^{\mathrm{T}}\boldsymbol{x}))\boldsymbol{x}$，得到

$$\begin{aligned}\nabla l(\boldsymbol{\theta}) &= \sum_{i=1}^{N}\left[(1-\sigma(\boldsymbol{\theta}^{\mathrm{T}}\boldsymbol{x}_i))y_i\boldsymbol{x}_i - \sigma(\boldsymbol{\theta}^{\mathrm{T}}\boldsymbol{x}_i)(1-y_i)\boldsymbol{x}_i\right] \\ &= \sum_{i=1}^{N}(y_i - \sigma(\boldsymbol{\theta}^{\mathrm{T}}\boldsymbol{x}_i))\boldsymbol{x}_i\end{aligned}$$

注意到我们的优化目标是最大化 $l$，因此定义损失函数$J(\boldsymbol{\theta}) = -l(\boldsymbol{\theta})$，将优化目标转化为最小化 $J(\boldsymbol{\theta})$。根据梯度下降算法，设学习率为 $\eta$，则 $\boldsymbol{\theta}$ 的更新公式为

$$\begin{aligned}\boldsymbol{\theta} &\leftarrow \boldsymbol{\theta} + \eta\nabla l(\boldsymbol{\theta}) \\ &= \boldsymbol{\theta} + \eta\sum_{i=1}^{N}(y_i - \sigma(\boldsymbol{\theta}^{\mathrm{T}}\boldsymbol{x}_i))\boldsymbol{x}_i\end{aligned}$$

注意，在实际计算时，我们通常会对样本取平均值，来消除样本规模对学习率 $\eta$ 的影响。为了得到更简洁和易于计算的形式，我们定义样本矩阵 $\boldsymbol{X} = (\boldsymbol{x}_1, \cdots, \boldsymbol{x}_N)^{\mathrm{T}}$，标签向量 $\boldsymbol{y} = (y_1, \cdots, y_N)^{\mathrm{T}}$，以及向量形式的逻辑斯谛函数$\sigma(\boldsymbol{u}) = (\sigma(u_1), \cdots, \sigma(u_N))^{\mathrm{T}}$。此时，就可以将梯度写成矩阵形式：

$$\nabla J(\boldsymbol{\theta}) = -\nabla l(\boldsymbol{\theta}) = \boldsymbol{X}^{\mathrm{T}}(\boldsymbol{y} - \sigma(\boldsymbol{X}\boldsymbol{\theta}))$$

从而梯度下降算法的矩阵形式为

$$\boldsymbol{\theta} \leftarrow \boldsymbol{\theta} + \eta\boldsymbol{X}^{\mathrm{T}}(\boldsymbol{y} - \sigma(\boldsymbol{X}\boldsymbol{\theta}))$$

除此之外，我们再为模型加入 $L_2$ 正则化约束，设正则化约束强度为 $\lambda$，则完整的优化目标与迭代公式为

$$\min_{\boldsymbol{\theta}} J(\boldsymbol{\theta}) = \min_{\boldsymbol{\theta}}\left(-l(\boldsymbol{\theta}) + \frac{\lambda}{2}\|\boldsymbol{\theta}\|_2^2\right)$$

$$\nabla J(\boldsymbol{\theta}) = -\boldsymbol{X}^{\mathrm{T}}(\boldsymbol{y} - \sigma(\boldsymbol{X}\boldsymbol{\theta})) + \lambda\boldsymbol{\theta}$$

$$\boldsymbol{\theta} \leftarrow (1-\lambda\eta)\boldsymbol{\theta} + \eta\boldsymbol{X}^{\mathrm{T}}(\boldsymbol{y} - \sigma(\boldsymbol{X}\boldsymbol{\theta}))$$

逻辑斯谛回归的损失函数也是凸函数，图 6-2 展示了在 $f_{\boldsymbol{\theta}}(x) = \sigma(\boldsymbol{\theta}_0 + \boldsymbol{\theta}_1 x_1 + \boldsymbol{\theta}_2 x_2)$ 这一逻辑斯谛回归模型中带有正则化约束的损失函数等值线。为了能在二维平面中展示参数的变化，$\boldsymbol{\theta}_0$ 已经固定，仅有 $\boldsymbol{\theta}_1$ 和 $\boldsymbol{\theta}_2$ 变化。图中的曲线表示从不同初始参数开始进行梯度下降的轨迹。这些等值线已经不是椭圆形，但进行梯度下降时，凸函数的性质仍然保证 $\boldsymbol{\theta}$ 可以收敛到最优解。

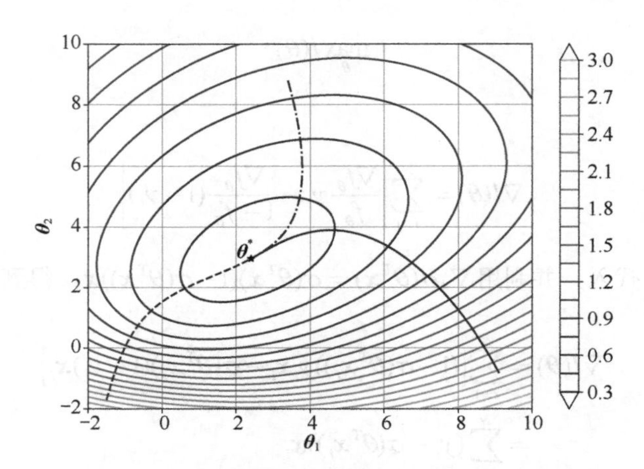


图 6-2　逻辑斯谛回归损失函数的梯度下降

由于逻辑斯谛函数只适用于二分类的情况，对于多分类问题，我们需要寻找新的映射函数。这时，我们通常采用柔性最大值（softmax）函数来将线性部分的预测 $\boldsymbol{\theta}^{\mathrm{T}}\boldsymbol{x}$ 映射到多分类概率上。softmax 函数的定义为

$$\sigma(\boldsymbol{z})_i=\frac{\mathrm{e}^{z_i}}{\sum_{j=1}^{K}\mathrm{e}^{z_j}}$$

其中，$\boldsymbol{z}$是一个$K$维的得分向量，每一维取值 $z_j\in(-\infty,+\infty)$代表第$j$类的得分。softmax函数将$K$维的向量映射到新的$K$维向量$\sigma(\boldsymbol{z})$，容易验证，映射得到的向量各个元素的取值范围为(0,1)，并且它们的值之和为1。因此，$\sigma(\boldsymbol{z})$可以看作一个有$K$种取值的离散随机变量的概率分布。这一特性使得softmax函数可以在多分类问题上作为映射函数。设参数$\boldsymbol{\theta}_1,\cdots,\boldsymbol{\theta}_K$分别用来预测样本$\boldsymbol{x}$属于第1类到第$K$类的未归一化概率，记 $\boldsymbol{z}=(\boldsymbol{\theta}_1^{\mathrm{T}}\boldsymbol{x},\cdots,\boldsymbol{\theta}_K^{\mathrm{T}}\boldsymbol{x})$，那么，$\sigma(\boldsymbol{z})_i$就给出了$\boldsymbol{x}$属于第$i$类的概率。

下面我们来考察 softmax 函数的一些性质。直观上看，在原始的向量 $\boldsymbol{z}$ 中越大的元素，映射后仍然越大。因此，softmax 函数不改变向量元素的大小顺序。此外，与逻辑斯谛函数类似，softmax 函数避免了直接取最大元素导致的不可导问题。事实上，如果在上式中令 $K=2$，softmax 函数就退化为逻辑斯谛函数。或者说，逻辑斯谛函数只是 softmax 函数在二分类前提下的特殊情况。所以，我们同样用 $\sigma$ 来表示 softmax 函数。

为简单起见，在本章的后续部分我们仍然以二分类问题为讨论对象。softmax 函数的更多性质与多分类问题的损失函数留作习题供读者思考。

## 6.3 分类问题的评价指标

在动手实现逻辑斯谛回归之前，我们还需要解决一个问题：如何评价分类模型的好坏呢？对于一个二分类问题，最简单的评估模型好坏的方式就是测试模型的正确率。这时，无论是用直接给出类别的硬分类，还是给出不同分类概率的软分类，我们都需要考虑分类的阈值。例如，如果模型判断某样本的类别是正类 $y=1$ 的概率是 0.6，而预设的阈值是 0.5，就应当

将该样本归为正类；如果阈值是 0.7，虽然该样本是正类的概率比是负类的概率大，但我们仍然应当将它归为负类。在我们的默认思维中，一般会通过比较正负类的概率大小给出最后的判断，这实际上隐含了“阈值为 0.5”的假设。

读者或许有疑问，为什么不能遵循最自然的大小关系，将 0.5 作为阈值呢？这与实际应用中分类任务的特点有关。例如，当前的任务是进行汽车的出厂质量检测，根据检测的数据判断汽车是否有质量问题，我们定义有质量问题是正类，没有质量问题是负类。在这样的任务中，如果模型把有问题的汽车错判为没有问题，就可能让质量不合格的汽车出厂，其后果比把没有问题的汽车错判为有问题要严重得多。因此，我们需要把正类的阈值设置得很低，如 0.01。可以发现，在抽象的分类问题中，正类与负类的地位是对等的，因此将正类错判为负类和将负类错判为正类没有什么区别，但在实际场景中，这两者往往并不对称，我们必须根据任务的特点设置合适的阈值。并且，只有正确率这一标准是不够的，还需要分别考虑正类和负类分别被错判的比例。

在机器学习中，我们通常用图 6-3 的*混淆矩阵*（confusion matrix）来统计不同的分类结果。其中，*真阳性*（true positive，TP）表示将真实的正类判别为正类，*真阴性*（true negative，TN）表示将真实的负类判别为负类，这两者属于判断正确的结果。*假阴性*（false negative，FN）表示将真实的正类判别为负类，*假阳性*（false positive，FP）表示将真实的负类判别为正类，属于判断错误的结果。我们常说的*精度*（accuracy），也称*准确率*，就是判断正确的样本数量占样本总数的比例：

$$\mathrm{Acc} = \frac{\mathrm{TP}+\mathrm{TN}}{\mathrm{TP}+\mathrm{FP}+\mathrm{FN}+\mathrm{TN}}$$

在汽车质检的例子中，我们更关心找出的有问题汽车占真正有问题汽车的比例，即*真阳性率*（true positive rate，TPR），也称*查全率*或*召回率*（recall）：

$$\mathrm{Rec} = \frac{\mathrm{TP}}{\mathrm{TP}+\mathrm{FN}}$$

此外，我们常常还希望假阳性尽可能少，即真实的正类占模型判为正类的样本比例尽可能高，这一指标称为*查准率*（precision），也称*精确率*：

$$\mathrm{Prec} = \frac{\mathrm{TP}}{\mathrm{TP}+\mathrm{FP}}$$

由于样本总数固定，混淆矩阵的 4 个元素并非相互独立。因此，我们常用查全率（召回率）和查准率（精确率）这两个指标作为代表，其他指标的变化也可以通过它们来间接反映。

| | | 模型预测 | |
|---|---|---|---|
| | | 正类 | 负类 |
| 真实标签 | 正类 | 真阳性 true positive，TP | 假阴性 false negative，FN |
| | 负类 | 假阳性 false positive，FP | 真阴性 true negative，TN |

图 6-3 混淆矩阵的组成

或许读者已经发现，混淆矩阵导出的数个统计指标是不可兼得的，它们都与预设的阈值有关。例如，如果我们将阈值设得很低，就会将大量样本判为正类，提高真阳性的数量，从而使召回率上升。然而，这种做法同时会使许多实际上为负类的样本被归为正类，造成大量假阳性，反而可能让精确率下降。因此，我们应当根据任务具体的特点，先确定不同指标的重要程度，再选取合适的阈值。为了同时反映各个指标的情况，达到平衡点，我们引入新的指标 F1 分数（F1 score），定义为精确率和召回率的调和平均值：

$$F_1 = \frac{2}{1/\text{Prec} + 1/\text{Rec}} = \frac{2 \times \text{Prec} \times \text{Rec}}{\text{Prec} + \text{Rec}}$$

可以看出，F1 分数最小为 0，在精确率或召回率有一方为 0 时取得；最大为 1，在精确率和召回率均为 1 时取得。因此，单方面增大或减小精确率和召回率中的一个无法使 F1 分数增高，必须要让两者平衡。如果在实际问题中，精确率和召回率的重要程度不同，我们还可以把 F1 分数扩展为 F-beta 分数，即

$$F_\beta = (1+\beta^2) \times \frac{\text{Prec} \times \text{Rec}}{\beta^2 \times \text{Prec} + \text{Rec}}$$

上式相当于给精确率添加了权重 $1/(1+\beta^2)$，给召回率添加了权重 $\beta^2/(1+\beta^2)$。$\beta$ 越大，召回率就越重要；反之，$\beta$ 越小，精确率就越重要。从数学角度来看，当上式中 $\beta=0$ 时，它就退化为精确率；当 $\beta \to \infty$ 时，它就退化为召回率。在实践中，$F_2$ 和 $F_{0.5}$ 都是较为常用的指标。

对于更普遍的情况，我们希望衡量模型在不同阈值下的整体表现，根据不同指标随阈值的变化来得出与阈值无关的模型本身的特性。因此，我们选择*假阳性率*（false positive rate，FPR）与*真阳性率*（召回率）这两个随阈值变化趋势相同的指标，把它们的值绘制成曲线。其中，FPR 定义为

$$\text{FPR} = \frac{\text{FP}}{\text{FP} + \text{TN}}$$

我们来具体分析一下 FPR 与 TPR 随阈值的变化趋势。当阈值为 0 时，模型会把所有样本归为正类。这时不存在假阴性和真阴性，FPR 和 TPR 都为 1。当阈值逐渐增大，模型将把越来越多的样本归为负类，所以真阳性和假阳性减少，假阴性和真阴性增多，从而 FPR 和 TPR 都减小。而阈值增大到 1 时，所有样本都被归为负类，情况与阈值为 0 时正好相反，不存在真阳性和假阳性，FPR 和 TPR 都减小到 0。因此，这两个统计指标都随阈值的增大而减小。

那么，它们的变化趋势为何能反映模型的好坏呢？为了方便读者理解，我们在图 6-4 中绘制了 TPR 随 FPR 的变化曲线，该曲线称为*受试者操作特征*（receiver operating characteristic，ROC）曲线。从右上角到左下角，阈值由 0 增大到 1。注意，这两个指标并非同步变化的。例如，某样本真实类别为负类，模型判断它是正类的概率为 0.305。并且在阈值从 0.3 增大到 0.31 的过程中，其他样本的类别预测没有变化，仅有这一个样本由正类变为负类。那么在这个过程中，真阳性和假阴性没有变化，假阳性减少，真阴性增加，从而 TPR 不变、FPR 减小。该过程反映在 ROC 曲线上是一条水平线。相反，如果上例中的样本真实类别是正类，那么真阳性减少，假阴性增加，假阳性和真阴性不变，从而 TPR 减小、FPR 不变，在 ROC 曲线上是一条竖直线。由于数据集是离散的，而模型预测的概率值连续，绝大多数情况下不会

有两个样本的预测值相同。因此，ROC 曲线一般是交替由水平线和竖直线组成，呈阶梯状，仅当不少于两个且类别不同的样本被模型赋予了完全相同预测值，ROC 曲线才会出现斜线的部分。

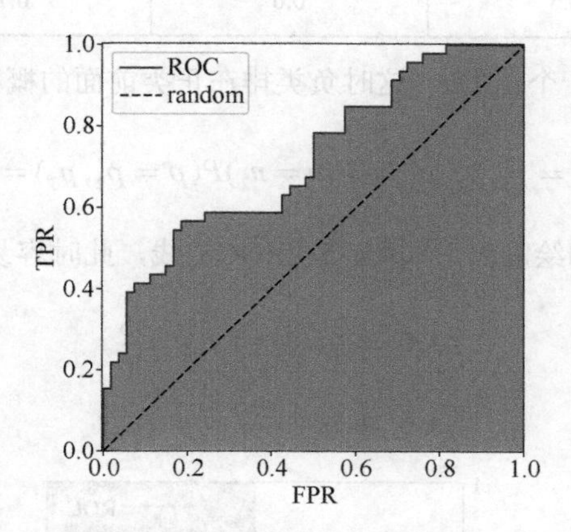


图 6-4 ROC 与 AUC 示意

对于模型，我们期望它能将尽可能多的样本分类正确，同时还要少出错，即 TPR 尽可能高、FPR 尽可能低。在最理想的情况下，当阈值合适的时候，所有的正样本都归为正类，所有的负样本都归为负类，这时 FPR = 0， TPR = 1，在图 6-4 中是左上角的顶点。由于 ROC 曲线的形状是固定的，该曲线必然只有 (0,0) − (0,1) − (1,1) 的两段折线。而一般来说，由于数据集中噪声和模型自身能力的限制，虽然不一定存在完美分割的阈值，但我们仍然希望 ROC 曲线能尽可能偏向左上方。图 6-4 中还有一条从左下到右上的黑色虚线，它表示模型完全随机预测时的 ROC。平均意义上，由于每个样本在任何阈值下被归为正类和负类的概率都是 0.5，FPR 和 TPR 将同步变化，因此形成了这条直线。

“曲线偏向左上方”是一个定性的描述，为了定量衡量 ROC 曲线表示的模型好坏，我们通常计算 ROC 曲线与 $x$ 轴和直线 $x=1$ 围成的面积，称为*曲线下面积*（area under the curve, AUC）。在最好情况下，ROC 经过左上角，AUC 为 1；随机情况下 AUC 是黑色虚线下的三角形面积，为 0.5；如果模型比随机预测还要差，AUC 会小于 0.5，但这种情况事实上不会发生，对于其原因的思考留作习题。

AUC 除了 ROC 下的面积，还有另一层含义。我们以一个包含 5 个样本的数据集为例来说明，这些样本依次记为 $n_1$、$n_2$、$p_1$、$p_2$、$p_3$，其中 $n_1$、$n_2$ 是负类，$p_1$、$p_2$、$p_3$ 是正类。我们将样本按模型预测的正类概率从小到大排序。在理想情况下，存在将正负类完美分割的阈值，即所有正类的概率大于所有负类的概率，如表 6-1 所示。

**表 6-1 可以完美分割的情况**

| $n_1$ | $n_2$ | $p_1$ | $p_2$ | $p_3$ |
|---|---|---|---|---|
| 0.1 | 0.2 | 0.6 | 0.7 | 0.8 |

显然，如果我们任取一个负类、任取一个正类，负类排在正类前面的概率是 1，此时 AUC 也是 1 。假如模型并不理想，给出的概率如表 6-2 所示。

表 6-2　无法完美分割的情况

| $n_1$ | $p_1$ | $n_2$ | $p_2$ | $p_3$ |
|---|---|---|---|---|
| 0.1 | 0.5 | 0.6 | 0.7 | 0.8 |

同样任取一个负类$n$、任取一个正类$p$，这时负类排在正类前面的概率为

$$P=P(n=n_1)P(p=p_1,p_2,p_3)+P(n=n_2)P(p=p_2,p_3)=\frac{1}{2}\times1+\frac{1}{2}\times\frac{2}{3}=\frac{5}{6}$$

再来计算此时的 AUC。我们绘制出形如图6-5的ROC曲线，此时容易算出AUC：

$$\text{AUC}=\frac{2}{3}\times\frac{1}{2}+1\times\frac{1}{2}=\frac{5}{6}$$

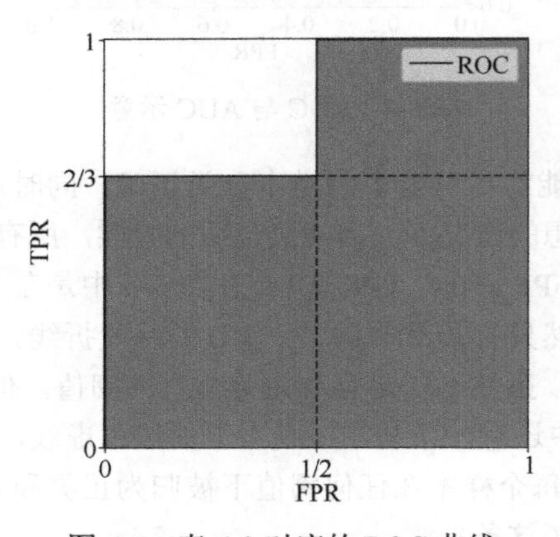


图 6-5　表 6-2 对应的 ROC 曲线

与上面得到的负类排在正类前面的概率相等！事实上，这一结论对于更多样本的情景也是成立的。我们将样本离散且没有相同概率的情况留作习题由读者证明。由此可以看出，模型将真实的正类和负类分得越清楚，就有越多的负类排在正类前面，AUC 就越大。如果模型分类完全随机，那么任取一个负类和一个正类，它们的位置也是随机的，负类排在正类前面的概率为 0.5，所以得到的 AUC 也是 0.5，同样与前面的结论相符。这一结论告诉我们，虽然我们是从阈值的变化中推导出 ROC 与 AUC，但是 AUC 的值事实上与阈值的选取无关，只与模型本身对正负类的预测结果有关。在 6.4 节的动手应用中，我们将使用本节讲述的各种模型评价指标。

此外需要提醒的是，本节介绍的分类模型评价指标大都是针对二分类问题的。对于多分类问题，准确率（Acc）仍然是一个最直接的分类模型评价指标，也就是样本预测类别和真实类别相同的概率。而召回率、精确率和 F1 分数皆为特定分类而计算的，如在二分类问题中它们是针对正类计算的。因此，在多分类任务中，我们可以针对关注的类别来计算召回率、精确率和 F1 分数。更进一步，我们可以对所有类别的 F1 分数求平均值，从而得到该多分类任务的一个总体的 F1 分数。具体来说，如果是对所有类别的 F1 分数求直接平均，那么得到的最终指标称为宏观 F1 分数（macro-F1 score）；如果是先计算所有类别总的 TP、FP 和 FN，再由此计算精确率、召回率和 F1 分数，那么得到的最终指标称为微观 F1 分数（micro-F1 score）。有兴趣的读者可以查阅多分类的相关文献进一步了解这些指标。

## 6.4 动手实现逻辑斯谛回归

下面，我们动手实现用梯度下降算法求解逻辑斯谛回归。本节所用的数据集 lr_dataset.csv 包含了二维平面上的一些点，这些点按位置的不同分为两类。表 6-3 展示了数据集中的几条样本，每条样本依次包含横坐标、纵坐标和类别标签。我们的任务是训练逻辑斯谛回归模型，使模型对点的类别预测尽可能准确。

表 6-3 逻辑斯谛回归数据集中的样本示例

| 横坐标 | 纵坐标 | 类别标签 |
| --- | --- | --- |
| 0.4304 | 0.2055 | 1 |
| 0.0898 | –0.1527 | 1 |
| –0.8257 | –0.9596 | 0 |

首先，我们读入并处理数据集，并将其在平面上的分布展示出来。图中的每个圆圈代表一个正类，每个叉号代表一个负类。

```
import numpy as np
import matplotlib.pyplot as plt
from matplotlib.ticker import MaxNLocator

# 从源文件中读入数据并处理
lines = np.loadtxt('lr_dataset.csv', delimiter=',', dtype=float)
x_total = lines[:, 0:2]
y_total = lines[:, 2]
print('数据集大小:', len(x_total))

# 将得到的数据在二维平面上制图,不同的类别设置不同的颜色和形状,以便于观察样本点的分布
pos_index = np.where(y_total == 1)
neg_index = np.where(y_total == 0)
plt.scatter(x_total[pos_index, 0], x_total[pos_index, 1], marker='o', color='coral', s=10)
plt.scatter(x_total[neg_index, 0], x_total[neg_index, 1], marker='x', color='blue', s=10)
plt.xlabel('X1 axis')
plt.ylabel('X2 axis')
plt.show()

# 划分训练集与测试集
np.random.seed(0)
ratio = 0.7
split = int(len(x_total) * ratio)
idx = np.random.permutation(len(x_total))
x_total = x_total[idx]
y_total = y_total[idx]
x_train, y_train = x_total[:split], y_total[:split]
x_test, y_test = x_total[split:], y_total[split:]
```

```
数据集大小:  1000
```

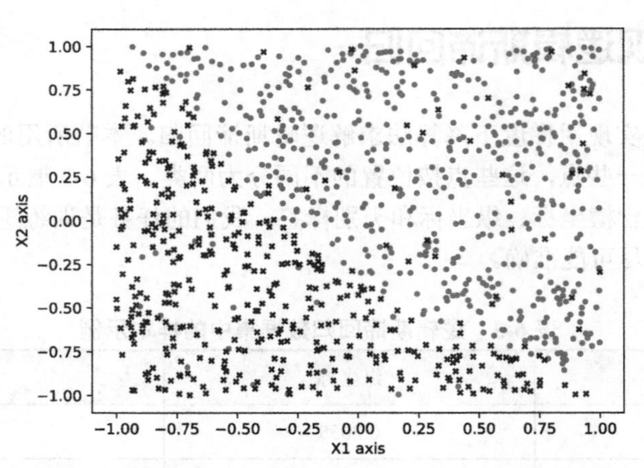


然后，我们实现 6.3 节中描述的几个评价指标。这里选用准确率和 AUC 两种，其他评价指标留给读者自行实现。对于 AUC 以外的指标，我们需要样本的真实类别标签以及某个阈值下模型的预测类别标签。而 AUC 中已经包含了阈值变化，所以需要的是模型原始的预测概率。

```
def acc(y_true, y_pred):
    return np.mean(y_true == y_pred)
def auc(y_true, y_pred):
    # 按预测值从大到小排序，越靠前的样本预测正类概率越大
    idx = np.argsort(y_pred)[::-1]
    y_true = y_true[idx]
    y_pred = y_pred[idx]
    # 把y_pred中不重复的值当作阈值，依次计算FP样本和TP样本数量
    # 由于两个数组已经排序且位置对应，直接从前向后累加即可
    tp = np.cumsum(y_true)
    fp = np.cumsum(1 - y_true)
    tpr = tp / tp[-1]
    fpr = fp / fp[-1]
    # 依次枚举FPR，计算曲线下的面积
    # 方便起见，给FPR和TPR最开始添加(0,0)
    s = 0.0
    tpr = np.concatenate([[0], tpr])
    fpr = np.concatenate([[0], fpr])
    for i in range(1, len(fpr)):
        s += (fpr[i] - fpr[i - 1]) * tpr[i]
    return s
```

由于本节所用的数据集大小较小，我们不再每次取小批量进行迭代，而是直接用完整的训练集计算梯度。接下来，我们按照之前推导的梯度下降公式定义训练函数，并设置学习率和迭代次数，查看训练结果。除了训练曲线，我们还将模型参数 $\boldsymbol{\theta}$ 表示的直线 $\boldsymbol{\theta}^{\mathrm{T}}\boldsymbol{x} = 0$ 在平面上展示出来。在直线同一侧的点被模型判断成同一类。

```
# 逻辑斯谛函数
def logistic(z):
    return 1 / (1 + np.exp(-z))

def GD(num_steps, learning_rate, l2_coef):
    # 初始化模型参数
    theta = np.random.normal(size=(X.shape[1],))
    train_losses = []
```

```
    test_losses = []
    train_acc = []
    test_acc = []
    train_auc = []
    test_auc = []
    for i in range(num_steps):
        pred = logistic(X @ theta)
        grad = -X.T @ (y_train - pred) + l2_coef * theta
        theta -= learning_rate * grad
        # 记录损失函数
        train_loss = - y_train.T @ np.log(pred) \
                     - (1 - y_train).T @ np.log(1 - pred) \
                     + l2_coef * np.linalg.norm(theta) ** 2 / 2
        train_losses.append(train_loss / len(X))
        test_pred = logistic(X_test @ theta)
        test_loss = - y_test.T @ np.log(test_pred) \
                    - (1 - y_test).T @ np.log(1 - test_pred)
        test_losses.append(test_loss / len(X_test))
        # 记录各个评价指标,阈值采用0.5
        train_acc.append(acc(y_train, pred >= 0.5))
        test_acc.append(acc(y_test, test_pred >= 0.5))
        train_auc.append(auc(y_train, pred))
        test_auc.append(auc(y_test, test_pred))

return theta, train_losses, test_losses, \
       train_acc, test_acc, train_auc, test_auc
```

最后，我们定义各个超参数，进行训练并绘制出训练损失和测试损失曲线、准确率曲线、AUC随训练轮数的变化曲线，以及模型学到的分割直线。

```
# 定义梯度下降迭代的次数,学习率,以及L2正则化约束强度
num_steps = 250
learning_rate = 0.002
l2_coef = 1.0
np.random.seed(0)

# 在x矩阵上拼接1
X = np.concatenate([x_train, np.ones((x_train.shape[0], 1))], axis=1)
X_test = np.concatenate([x_test, np.ones((x_test.shape[0], 1))], axis=1)

theta, train_losses, test_losses, train_acc, test_acc, \
    train_auc, test_auc = GD(num_steps, learning_rate, l2_coef)

# 计算测试集上的预测准确率
y_pred = np.where(logistic(X_test @ theta) >= 0.5, 1, 0)
final_acc = acc(y_test, y_pred)
print('预测准确率: ', final_acc)
print('回归系数: ', theta)

plt.figure(figsize=(13, 9))
xticks = np.arange(num_steps) + 1
# 绘制训练曲线
plt.subplot(221)
plt.plot(xticks, train_losses, color='blue', label='train loss')
plt.plot(xticks, test_losses, color='red', ls='--', label='test loss')
plt.gca().xaxis.set_major_locator(MaxNLocator(integer=True))
plt.xlabel('Epochs')
plt.ylabel('Loss')
```

```
plt.legend()

# 绘制准确率曲线
plt.subplot(222)
plt.plot(xticks, train_acc, color='blue', label='train accuracy')
plt.plot(xticks, test_acc, color='red', ls='--', label='test accuracy')
plt.gca().xaxis.set_major_locator(MaxNLocator(integer=True))
plt.xlabel('Epochs')
plt.ylabel('Accuracy')
plt.legend()

# 绘制AUC曲线
plt.subplot(223)
plt.plot(xticks, train_auc, color='blue', label='train AUC')
plt.plot(xticks, test_auc, color='red', ls='--', label='test AUC')
plt.gca().xaxis.set_major_locator(MaxNLocator(integer=True))
plt.xlabel('Epochs')
plt.ylabel('AUC')
plt.legend()

# 绘制模型学到的分割直线
plt.subplot(224)
plot_x = np.linspace(-1.1, 1.1, 100)
# 直线方程:theta_0 * x_1 + theta_1 * x_2 + theta_2 = 0
plot_y = -(theta[0] * plot_x + theta[2]) / theta[1]
pos_index = np.where(y_total == 1)
neg_index = np.where(y_total == 0)
plt.scatter(x_total[pos_index, 0], x_total[pos_index, 1],marker='o', color='coral', s=10)
plt.scatter(x_total[neg_index, 0], x_total[neg_index, 1],marker='x', color='blue', s=10)
plt.plot(plot_x, plot_y, ls='-.', color='green')
plt.xlim(-1.1, 1.1)
plt.ylim(-1.1, 1.1)
plt.xlabel('X1 axis')
plt.ylabel('X2 axis')
plt.show()
```

```
预测准确率: 0.8766666666666667
回归系数: [3.13501827 2.90998799 0.55095127]
```

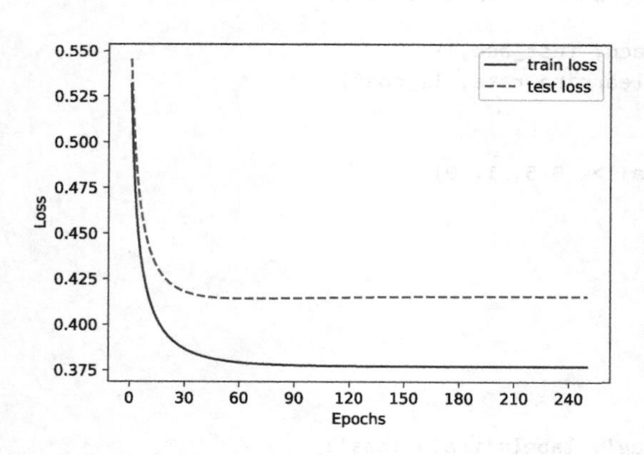


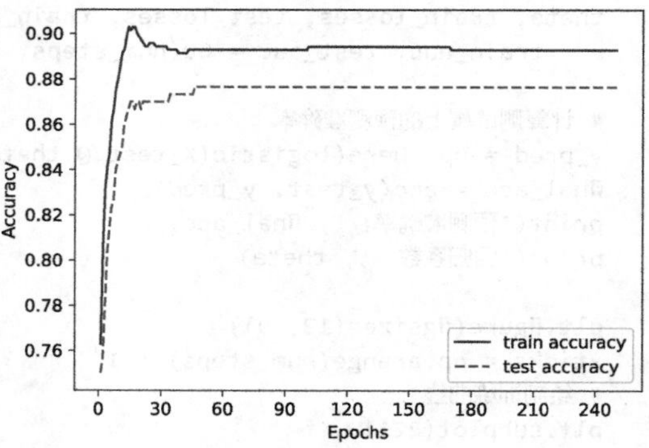

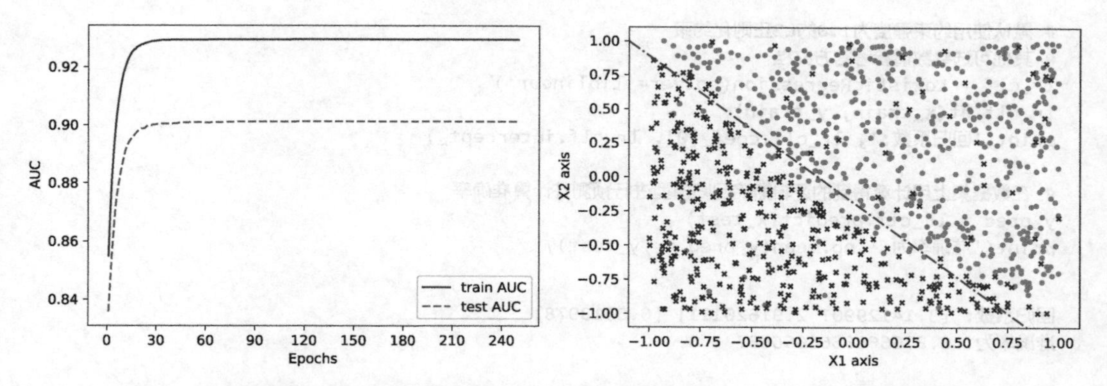


为了进一步展示模型学到的概率信息，我们把模型预测的每个数据点的概率展示在图 6-6（a）中（另见彩插图 9），其中，数据点的坐标为 $(x_1, x_2)$，纵轴是经过逻辑斯谛函数后模型预测的概率，平面是把分割直线从二维伸展到三维的结果。样本点越靠上，说明模型预测该样本点属于正类的概率越大。可以看出，这些点分布出的曲面很像空间中逻辑斯谛函数的图像。事实上，如果沿着分割平面的视角看过去，这些点恰好会组成逻辑斯谛函数的曲线，如图 6-6（b）所示（另见彩插图 9）。这是因为逻辑斯谛回归模型给出的分类结果本质上还是概率结果，对于在分割平面附近的点，模型很难判断它们是正类还是负类，给出的概率接近 0.5；对于远离分割平面的点，模型比较有信心，给出的概率接近 0 或者 1。由于逻辑斯谛回归中线性预测部分 $\boldsymbol{\theta}^{\mathrm{T}}\boldsymbol{x}$ 是由逻辑斯谛函数 $\sigma$ 映射为概率的，这些点的概率在空间中自然也就符合逻辑斯谛函数的曲线。

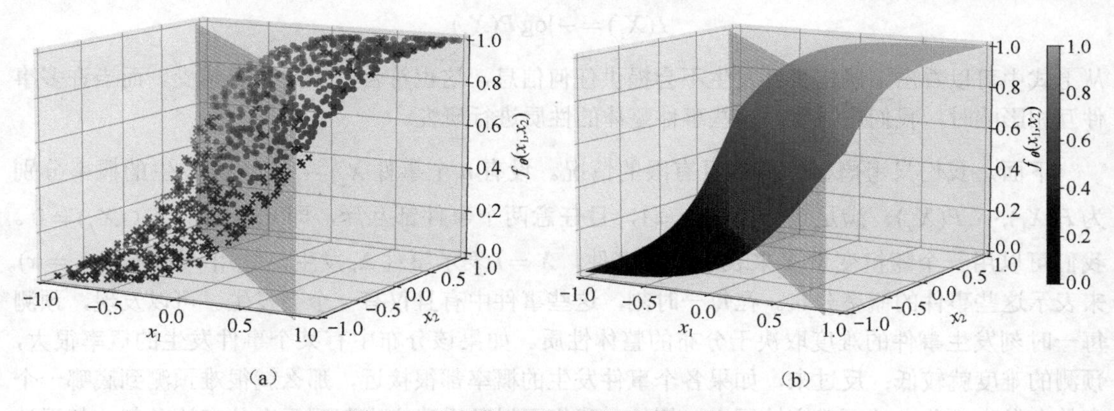


图 6-6 逻辑斯谛回归预测值的三维示意

## 6.5 使用sklearn中的逻辑斯谛回归模型

与线性回归相似，sklearn 同样提供了封装好的逻辑斯谛回归模型 `LogisticRegression`。我们直接使用该工具求解逻辑斯谛回归问题，并与自己实现的梯度下降方法进行比较。sklearn 中的方法默认添加了正则化约束强度 $\lambda = 1.0$ 的 $L_2$ 正则化约束，与我们的参数设置相同。最终得到的回归系数与我们动手实现得到的结果基本是一致的。

```
from sklearn.linear_model import LogisticRegression

# 使用线性模型中的逻辑斯谛回归模型在数据集上训练
# 其提供的liblinear优化算法适合在较小数据集上使用
```

```
# 默认使用约束强度为1.0的L2正则化约束
# 其他可选参数请参考官方文档
lr_clf = LogisticRegression(solver='liblinear')
lr_clf.fit(x_train, y_train)
print('回归系数:', lr_clf.coef_[0], lr_clf.intercept_)

# 在数据集上用计算得到的逻辑斯谛回归模型进行预测并计算准确率
y_pred = lr_clf.predict(x_test)
print('准确率为:',np.mean(y_pred == y_test))
```

```
回归系数: [3.14129907 2.91620111] [0.5518978]
准确率为: 0.8766666666666667
```

## 6.6 交叉熵与最大似然估计

在训练逻辑斯谛回归模型时，我们从概率分布出发，采用最大似然估计的思想得到了损失函数。而从信息论的角度，我们也能得到相同的结果。在信息论中，当一个随机事件发生时，它就会提供一定的信息。而事件发生概率越小，其发生时所提供的信息量也就越大。例如，连续抛一枚硬币 100 次，如果出现正面和反面的次数接近，那么这很正常；如果连续出现 100 次正面，那么我们就不免怀疑硬币上是否有什么机关。用数学语言描述，设事件 $X_i$ 发生的概率为 $P(X_i)$，那么 $X_i$ 发生所能提供的信息是

$$I(X_i) = -\log P(X_i)$$

从上式中可以看出，确定事件发生不会提供任何信息，这也符合我们的直观感受。而当许多事件互相影响时，我们还需要对这些事件整体的性质进行研究。

下面，我们只考虑事件离散且有限的情况。设有 $n$ 个事件 $X_1,\cdots,X_n$，其发生的概率分别为 $P(X_1),\cdots,P(X_n)$，满足 $\sum_{i=1}^n P(X_i)=1$，且任意两个事件都互斥，即 $\forall i \neq j, P(X_i \cap X_j)=0$。我们可以用一个随机变量 $X$ 来表示这些事件，$X=i$ 表示事件 $X_i$ 发生，并用 $p(x)=P(X=x)$ 来表示这些事件的概率分布。在每一时刻，这些事件中有且仅有一个会发生。可以发现，预测每一时刻发生事件的难度取决于分布的整体性质。如果该分布中有某个事件发生的概率很大，预测的难度就较低；反过来，如果各个事件发生的概率都很接近，那么就很难预测到底哪一个事件会发生，分布的不确定性更大。例如，我们可以几乎确定太阳明天会从东边升起，却无法预测抛一枚均质硬币会得到正面还是反面，因为两者出现的概率几乎都是 1/2。模仿物理学中衡量系统无序程度的熵（entropy）的概念，在信息论中，我们也用熵来衡量分布的不确定程度。上述分布的熵 $H(p)$ 定义为

$$H(p) = E_{X\sim p(x)}[I(X)] = \sum_{i=1}^{n} P(X_i)I(X_i) = -\sum_{i=1}^{n} P(X_i)\log P(X_i)$$

经过一些数学推导可以得到，当某个事件发生的概率为1、其他事件发生概率为0时，分布的熵最小，为 $H=0$；当所有事件发生的概率都相等，即 $P(X_i)=1/n$ 时，分布的熵最大，为 $H=\log n$。

更进一步，如果关于随机变量 $X$ 存在两个概率分布 $p(x)$ 和 $q(x)$，我们可以用相对熵（relative entropy）来衡量这两个分布的距离。相对熵又称为*库尔贝克-莱布勒散度*（Kullback-Leibler divergence），简称 *KL 散度*，其定义为

$$D_{KL}(p\|q)=E_{x\sim p(x)}\left(\log\frac{p(x)}{q(x)}\right)$$

KL 散度是一种比较特殊的距离度量。我们知道，判断两个数 $a$ 和 $b$ 的关系，既可以计算它们的差 $a-b$，也可以计算它们的比值 $a/b$。$a/b>1$，说明 $a$ 较大，反之同理；而比值越接近 1，则说明 $a$ 与 $b$ 越接近。我们观察它的定义式，其期望的内部是 $\log\frac{p(x)}{q(x)}$，是在衡量 $x$ 处两个分布之间的距离。同时，期望是以分布 $p(x)$ 为基准计算的。因此，KL 散度可以理解为以 $p$ 为权重的、分布 $p$ 与分布 $q$ 的加权平均距离。从定义就可以看出，它不满足一般距离要满足的对称性，即 $D_{KL}(p\|q)\neq D_{KL}(q\|p)$。但是，对任意两个分布，KL 散度始终是非负的。

我们以图 6-7 为例定性地说明这一点，图 6-7（a）展示了两个连续变量的概率密度函数 $p$ 和 $q$，图 6-7（b）的曲线是 $p\log(p/q)$，其下方的面积就是 KL 散度的值。观察曲线大于 0 和小于 0 的部分与图 6-7（a）中的 $p$、$q$ 之间大小的对应关系可以发现，在 $p>q$ 的地方，$\log(p/q)$ 总是正数，其曲线下的面积也是正数；当 $p<q$ 时，虽然 $\log(p/q)$ 是负数，但是其权重 $p$ 较小，加权后的总面积总是小于 $p>q$ 的部分。由于概率密度需要满足归一化性质，即其曲线下方的面积必须为 1，不可能出现 $q$ 始终在 $p$ 上方的情况。因此，KL 散度计算时，曲线下的正负面积抵消后总是非负，并且在 $p=q$ 时取到最小值 0。关于这一性质的严格证明我们留作习题，供有一定数学基础的读者练习。

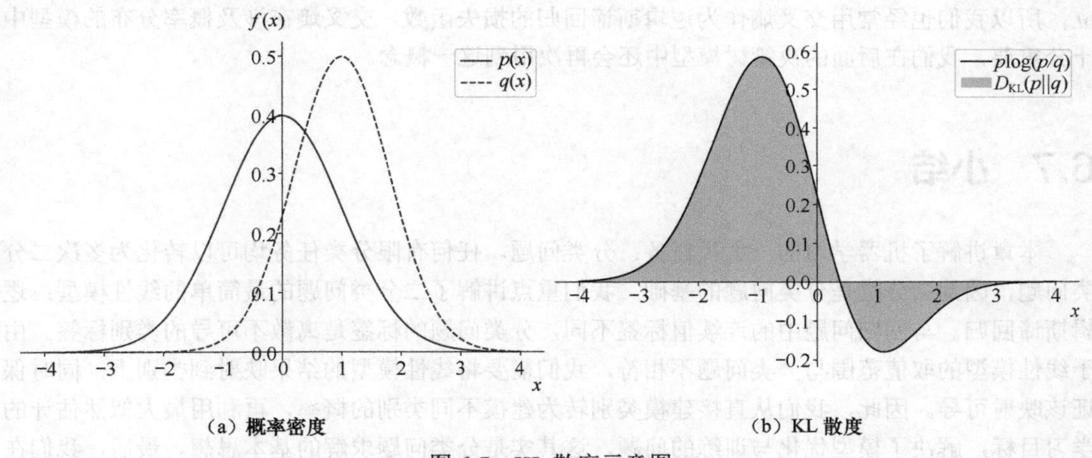


（a）概率密度　　（b）KL 散度

图 6-7　KL 散度示意图

对于离散随机变量，KL 散度可以进一步拆分为

$$\begin{aligned}D_{KL}(p\|q)&=E_{X\sim p(X)}\left(\log\frac{p(X)}{q(X)}\right)\\&=\sum_{i=1}^{n}\big(p(X_i)\log p(X_i)-p(X_i)\log q(X_i)\big)\\&=-H(p)-\sum_{i=1}^{n}p(X_i)\log q(X_i)\\&=-H(p)+H(p,q)\end{aligned}$$

其中，$H(p,q)=-\sum_{i=1}^{n}p(X_i)\log q(X_i)$ 就称为分布$p$与$q$的交叉熵（cross entropy）。在二分类问题中，随机变量$X$对应样本$\boldsymbol{x}$的类别$y$，只有0和1两种取值。令$p(X)$等于样本$\boldsymbol{x}$的类别是$X$的概率；$q(X)$等于模型预测的样本类别为$X$的概率，即 $q(X=1)=f_{\boldsymbol{\theta}}(\boldsymbol{x}),q(X=0)=1-f_{\boldsymbol{\theta}}(\boldsymbol{x})$。我们期望模型预测的概率尽可能接近真实类别，因此要最小化$p$与$q$之间的距离 $D_{\mathrm{KL}}(p\,\|\,q)$。而在离散化KL散度的定义中，$-H(p)$ 只与样本真实类别有关，无法通过模型优化。因此，我们只需要最小化交叉熵 $H(p,q)$。将$p$与$q$用上述定义代入，可得

$$\begin{aligned}H(p,q)&=-\sum_{i=1}^{n}p(X_i)\log q(X_i)\\&=-p(X=1)\log q(X=1)-p(X=0)\log q(X=0)\\&=-y\log f_{\boldsymbol{\theta}}(\boldsymbol{x})-(1-y)\log(1-f_{\boldsymbol{\theta}}(\boldsymbol{x}))\end{aligned}$$

如果再对所有样本的交叉熵求和，就得到总的交叉熵为

$$H(p,q)=-\sum_{i=1}^{N}y_i\log f_{\boldsymbol{\theta}}(\boldsymbol{x}_i)+(1-y_i)\log(1-f_{\boldsymbol{\theta}}(\boldsymbol{x}_i))$$

可以发现，总交叉熵恰好等于负的对数似然函数。因此，逻辑斯谛回归问题中，最大化对数似然函数与最小化交叉熵是等价的。事实上，无论是离散情况还是连续情况，这一结论都成立，所以我们也经常用交叉熵作为逻辑斯谛回归的损失函数。交叉熵在涉及概率分布的模型中十分重要，我们在后面的决策树模型中还会再次用到这一概念。

## 6.7　小结

本章讲解了机器学习的一大类任务：分类问题。任何有限分类任务均可以转化为多次二分类问题，因此二分类是分类问题的基础。我们重点讲解了二分类问题的最简单的线性模型：逻辑斯谛回归。与回归问题中的连续值标签不同，分类问题的标签是离散不可导的类别标签。由于线性模型的取值范围与分类问题不相符，我们需要将线性模型的结果映射到类别上，同时保证该映射可导。因此，我们从直接建模类别转为建模不同类别的概率，再利用最大似然估计的学习目标，解决了模型优化与训练的问题，这其实是分类问题求解的基本思想。最后，我们在简单的数据集上分别用梯度下降法和 sklearn 中的工具进行了实践。此外，我们还从信息论的角度推导了交叉熵的公式，得到了分类问题中交叉熵与最大似然估计的等价性。

逻辑斯谛回归，虽然其名字包含“回归”二字，但它是最具有代表性的机器学习分类模型，至今还在学术研究和工业落地场景中被广泛使用。逻辑斯谛回归具有较好的可解释性，其参数的绝对值大小和正负代表了对应的特征对于预测数据类别的重要性，在医学、营销学、金融学等领域广泛被用于目标归因。逻辑斯谛回归具有极好的可并行性，其优化目标相对参数是凸函数，具有全局唯一最优解，因此工业实践中也时常使用分布式并行训练的逻辑斯谛回归方法。可以说，掌握了线性回归和逻辑斯谛回归方法，日常大部分机器学习预测任务都可以有一个基本解决方案了。

## 习题

（1）以下关于最大似然估计的表述中正确的是（　　）。

A. 以概率为输出的模型常用最大似然估计得到损失函数

B. 由于最大似然估计优化的是对数似然而非似然，得到的结果只是最优解的近似

C. 最大似然估计与交叉熵的训练目标不等价

D. 最大似然估计中引入了概率分布，所以不能采用梯度下降法来优化最大似然估计导出的损失函数

（2）以下关于分类问题的说法中不正确的是（　　）。

A. 分类问题中，最后往往需要通过阈值来决定样本最后的类别标签。对于标签为 0 或 1 的二分类问题，当 $f_\theta(x)$ 的数值大于 0.5 时即可认为标签为 1，反之亦然

B. 如果使用确定性模型，将会导致模型对于参数无法求导，因此我们需要使用概率模型来建模问题

C. 对于多分类问题，在设计损失函数时仍然可以采用交叉熵损失。如果有 $k$ 个类别，损失函数就是每一类的损失相乘

D. softmax 函数可以看作逻辑斯谛函数在多分类情况下的延伸，因此也可以用 softmax 函数作为二分类问题的损失函数

（3）以下关于分类问题评价指标的说法，不正确的是（　　）。

A. 精确率是指分类正确的样本占全体样本的比例

B. 准确率是指分类为正类的样本中标签为正类的比例

C. 召回率是指标签为正类的样本中分类为正类的比例

D. AUC 是根据阈值从小到大增加过程中，模型分类的假阳性率以及真阳性率变化趋势进行绘制的

（4）逻辑斯谛回归虽然引入了非线性的逻辑斯谛函数，但通常仍然被视为线性模型，试从模型参数化假设的角度解释原因。

（5）如果某模型的 AUC 低于 0.5，是否有办法立即得到一个 AUC 高于 0.5 的模型？

（6）对于一个二分类问题，数据的类别标签和对于预测正类的概率如表 6-4 所示，试画出 ROC 曲线并计算模型的 AUC 值。

**表 6-4　习题（6）的概率表**

| $n_1$ | $n_2$ | $n_3$ | $n_4$ | $p_1$ | $p_2$ | $p_3$ | $p_4$ |
|---|---|---|---|---|---|---|---|
| 0.15 | 0.21 | 0.74 | 0.45 | 0.71 | 0.48 | 0.52 | 0.34 |

（7）设数据集中包含样本 $x_1,\cdots,x_N$，其中有 $M$ 个正样本，$N-M$ 个负样本。模型 $\hat{f}$ 预测任意两个不同样本 $x_i$ 和 $x_j$ 属于正类的概率 $\hat{f}(x_i)$ 与 $\hat{f}(x_j)$ 不同。证明，从数据集中均匀随机选取一个正样本 $p$ 和一个负样本 $n$，有

$$P(\hat{f}(n)<\hat{f}(p))=\mathrm{AUC}(\hat{f})$$

（提示：考虑ROC曲线上每一段横线和竖线的意义。对于选出的负样本$n$，预测值更大的正样本数量和TPR有什么关系？FPR呢？）

（8）对于 $K$ 分类 softmax 函数，试推导其中一个分类的逻辑斯谛值总可以设为 0，进而 $K$ 分类逻辑斯谛回归模型其实只需要使用 $K-1$ 个参数向量即可完成等价建模，而具体的二分类逻辑斯谛回归的形式则正是 softmax 函数在 $K=1$ 时由这样化简得到的。

（9）尝试从二分类到多分类做如下操作。

a. 推导 softmax 函数 $\sigma(z)$ 对 $z$ 的梯度。

b. 将 $\sigma(z)$ 作为模型预测的概率分布，分别用 MLE 和交叉熵计算 $K$ 分类问题的损失函数。两者的结果是否相同？

c. 利用 a. 和 b. 的结果实现多分类的梯度下降算法，并在 multiclass.csv 数据集上测试。该数据集每行包含 3 个数字，依次为样本的 $x$ 坐标、$y$ 坐标和类别标签。数据分布如图 6-8 所示。

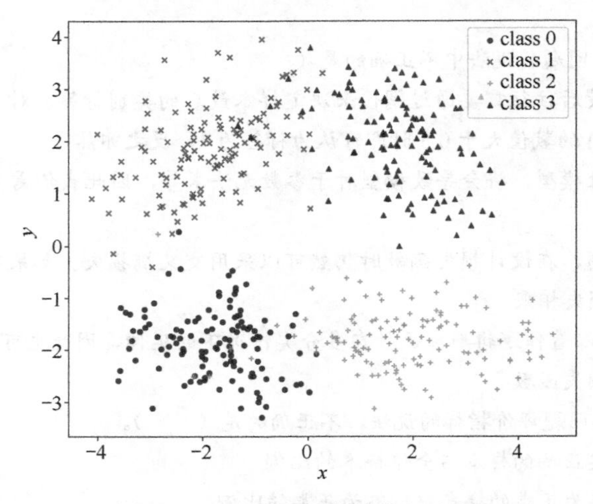


图 6-8　多分类数据集的数据分布

（10）关于随机变量 $X$，存在两个概率分布 $p(x)$ 和 $q(x)$，证明其 KL 散度总为非负，即 $D_{\mathrm{KL}}(p\|q)\geqslant 0$，并且 $D_{\mathrm{KL}}(p\|q)=0$ 当且仅当 $p(x)=q(x)$。

## 6.8　扩展阅读：广义线性模型

本章介绍的逻辑斯谛回归模型的参数化假设为 $f_{\boldsymbol{\theta}}(\boldsymbol{x})=\sigma(\boldsymbol{\theta}^{\mathrm{T}}\boldsymbol{x})$，并不是传统意义上的线性模型，而是对线性映射 $\boldsymbol{\theta}^{\mathrm{T}}\boldsymbol{x}$ 又做了某种变换。该变换的目的是使线性的 $\boldsymbol{\theta}^{\mathrm{T}}\boldsymbol{x}$ 符合问题要求的性质。事实上，除了分类问题，还有许多线性模型无法直接应用的场景。例如在研究某一货物的销量和价格的关系时，如果用线性模型去拟合，可能得到“货物价格每上升 1 元，销量减少 10 个”这样的结论。然而，如果该货物原本的售价是 10 元、销量是 100 个，我们用该模型就会得到“货物售价 30 元时，销量是 −100 个”这样不现实的结论。这是由于货物销量 $y$ 关于售价 $x$ 并不完全是线性关系。于是，为了拓展线性模型的适用范围，我们在其基础上引入了广义线性模型（generalized linear model，GLM）的概念。前面讲过的线性回归模型和逻辑斯谛回归模型，都属于 GLM 的范畴。

在逻辑斯谛回归中，我们假设 $y$ 服从伯努利分布，且 $P(y=1)$ 关于 $x$ 是线性关系。事实上，普通的线性回归中也隐含了 $y$ 服从正态分布的假设，并且其均值关于 $x$ 是线性关系，从而我们可以用最小二乘法去拟合回归直线。如果我们把 $y$ 服从的分布拓展到指数分布族，就得到了

GLM。指数分布族的定义如下：

$$P(\boldsymbol{y}\mid\boldsymbol{\eta})=b(\boldsymbol{y})\mathrm{e}^{\boldsymbol{\eta}^{\mathrm{T}}\boldsymbol{T}(\boldsymbol{y})-A(\boldsymbol{\eta})}$$

其中，$\boldsymbol{\eta}=\boldsymbol{X\theta}$ 称为线性预测因子，标量函数$b(\boldsymbol{y})$、向量函数$\boldsymbol{T}(\boldsymbol{y})$和标量函数$A(\boldsymbol{\eta})$都是已知的。为简单起见，以下我们采用其标量形式，并记$\eta=\boldsymbol{\theta}^{\mathrm{T}}\boldsymbol{x}$：

$$P(y\mid\eta)=b(y)\mathrm{e}^{\eta T(y)-A(\eta)}$$

通过选取不同的$b$、$T$和$A$函数就可以得到不同的概率分布。例如，令

$$b(y)=\frac{1}{\sqrt{2\pi\sigma^2}}\mathrm{e}^{-\frac{y^2}{2\sigma^2}},\quad T(y)=y,\quad A(\eta)=\frac{\eta^2}{2}$$

就得到高斯分布；令

$$b(y)=1,\quad T(y)=y,\quad A(\eta)=\ln(1+\mathrm{e}^{\eta})$$

就得到伯努利分布。读者可以自行代入验证。

在假设了$\boldsymbol{y}$服从的分布后，我们还希望计算$\boldsymbol{y}$的期望和方差，从而可以建立预测模型。指数分布族有非常好的性质，我们省略推导，直接给出其期望和方差：

$$E\left(\boldsymbol{y}\mid\boldsymbol{\eta}\right)=\nabla_{\boldsymbol{\eta}}A(\boldsymbol{\eta}),\quad \mathrm{Var}\left(\boldsymbol{y}\mid\boldsymbol{\eta}\right)=\nabla_{\boldsymbol{\eta}}^2A(\boldsymbol{\eta})$$

接下来，我们建立参数化模型预测$\boldsymbol{y}$的期望，即$f_{\boldsymbol{\theta}}(\boldsymbol{X})=\nabla_{\boldsymbol{\eta}}A(\boldsymbol{\eta})$，再通过真实的训练数据来优化参数$\boldsymbol{\theta}$。这里，我们分别将高斯分布和伯努利分布代入，来还原线性回归和逻辑斯谛回归的模型。对于高斯分布，有

$$f_{\boldsymbol{\theta}}(\boldsymbol{X})=\nabla_{\boldsymbol{\eta}}A(\boldsymbol{\eta})=\nabla_{\boldsymbol{\eta}}\left(\frac{\boldsymbol{\eta}^{\mathrm{T}}\boldsymbol{\eta}}{2}\right)=\boldsymbol{\eta}=\boldsymbol{X\theta}$$

得到的结果与线性回归模型相同。对于伯努利分布，有

$$f_{\boldsymbol{\theta}}(\boldsymbol{X})=\nabla_{\boldsymbol{\eta}}A(\boldsymbol{\eta})=\nabla_{\boldsymbol{\eta}}\ln(1+\mathrm{e}^{\eta})=\frac{\mathrm{e}^{\eta}}{1+\mathrm{e}^{\eta}}=\frac{1}{1+\mathrm{e}^{-\boldsymbol{X\theta}}}=\sigma(\boldsymbol{X\theta})$$

得到的结果与逻辑斯谛回归模型相同。可以发现，逻辑斯谛函数是由伯努利分布和GLM假设自然导出的。

由线性模型到广义线性模型是一个由具象到抽象的过程。普通的线性模型的应用场景非常有限，但将其中的内核抽象出来，得到广义线性模型后，就可以解决所有适用于指数分布族的问题。除了我们详细介绍的线性回归模型和逻辑斯谛回归模型，泊松分布、多项式分布、分类分布等都可以导出不同的模型，可以在不同的任务中发挥作用。

## 6.9 参考文献

[1] 周志华，机器学习 [M]. 北京：清华大学出版社，2016.

# 第7章 双线性模型

从本章开始，我们介绍参数化模型中的非线性模型。在前几章中，我们介绍了线性回归与逻辑斯谛回归模型。这两个模型都有一个共同的特征：包含线性预测因子 $\boldsymbol{\theta}^{\mathrm{T}}\boldsymbol{x}$。将该因子看作 $\boldsymbol{x}$ 的函数，如果输入 $\boldsymbol{x}$ 变为原来的 $\lambda$ 倍，那么输出为 $\boldsymbol{\theta}^{\mathrm{T}}(\lambda\boldsymbol{x})=\lambda\boldsymbol{\theta}^{\mathrm{T}}\boldsymbol{x}$，也变成原来的 $\lambda$ 倍。在第6章的扩展阅读中，我们将这类模型都归为广义线性模型。然而，此类模型所做的线性假设在许多任务上并不适用，我们需要其他参数假设来导出更合适的模型。本章讲解在推荐系统领域常用的**双线性模型**（bilinear model）。

双线性模型虽然名称中包含“线性模型”，但并不属于线性模型或广义线性模型，其正确的理解应当是“双线性”模型。在数学中，双线性的含义为，二元函数固定任意一个自变量时，函数关于另一个自变量是线性的。具体来说，二元函数 $\boldsymbol{f}:\mathbb{R}^n\times\mathbb{R}^m\to\mathbb{R}^l$ 是双线性函数，当且仅当对任意 $\boldsymbol{u},\boldsymbol{v}\in\mathbb{R}^n$，$\boldsymbol{s}$，$\boldsymbol{t}\in\mathbb{R}^m$，$\lambda\in\mathbb{R}$ 都有：

（1） $f(\boldsymbol{u},\boldsymbol{s}+\boldsymbol{t})=f(\boldsymbol{u},\boldsymbol{s})+f(\boldsymbol{u},\boldsymbol{t})$；

（2） $f(\boldsymbol{u},\lambda\boldsymbol{s})=\lambda f(\boldsymbol{u},\boldsymbol{s})$；

（3） $f(\boldsymbol{u}+\boldsymbol{v},\boldsymbol{s})=f(\boldsymbol{u},\boldsymbol{s})+f(\boldsymbol{v},\boldsymbol{s})$；

（4） $f(\lambda\boldsymbol{u},\boldsymbol{s})=\lambda f(\boldsymbol{u},\boldsymbol{s})$；

最简单的双线性函数的例子是向量内积 $\langle\cdot,\cdot\rangle$，我们按定义验证前两条性质：

- $\langle\boldsymbol{u},\boldsymbol{s}+\boldsymbol{t}\rangle=\sum_i u_i(s_i+t_i)=\sum_i(u_is_i+u_it_i)=\sum_i u_is_i+\sum_i u_it_i=\langle\boldsymbol{u},\boldsymbol{s}\rangle+\langle\boldsymbol{u},\boldsymbol{t}\rangle$；
- $\langle\boldsymbol{u},\lambda\boldsymbol{s}\rangle=\sum_i u_i(\lambda s_i)=\lambda\sum_i u_is_i=\lambda\langle\boldsymbol{u},\boldsymbol{s}\rangle$。

后两条性质由对称性，显然也是成立的。而向量的加法就不是双线性函数。虽然加法满足第1、3条性质，但对第2条，如果 $\boldsymbol{u}\neq\boldsymbol{0}$ 且 $\lambda\neq1$，则有

$$\boldsymbol{u}+\lambda\boldsymbol{s}\neq\lambda(\boldsymbol{u}+\boldsymbol{s})$$

与线性模型类似，双线性模型并非指模型整体具有双线性性质，而是指其包含双线性因子。该特性赋予模型拟合一些非线性数据模式的能力，从而得到更精准的预测性能。接下来，我们以推荐系统为例，介绍两个基础的双线性模型：矩阵分解模型和因子分解机。

## 7.1 矩阵分解

扫码观看视频课程

矩阵分解（matrix factorization，MF）[1] 是推荐系统中评分预测（rating prediction）的常用模型，其任务为根据用户和商品已有的评分来预测用户对其他商品的评分。为了更清晰地解释 MF 算法的任务，我们以用户对电影的评分为例进行详细说明。如图 7-1 所示，设想有 $N$ 个用户和 $M$ 部电影，每个用户对一些电影按自己的喜好给出了评分。现在，我们的目标是需要为用户从他没有看过的电影中推荐几部他最有可能喜欢看的电影。在理想情况下，如果这个用户对所有电影都给出了评分，那么这个任务就变为从已有评分的电影中进行推荐。但实际情况下，在浩如烟海的电影中，用户一般只对很小一部分电影给出了评分。因此，我们需要从用户已经给出的评分中推测用户对其他电影的评分，再将电影按推测的评分排序，从中选出评分最高的几部推荐给该用户。

| | 电影 | | | | | |
|---|---|---|---|---|---|---|
| 用户 | A | B | C | D | E | F |
| 甲 | 5 | — | — | — | 2 | — |
| 乙 | — | 3 | 4 | — | — | 1 |
| 丙 | — | 4 | — | 4 | — | — |

图 7-1 用户对电影的评分矩阵

我们继续从生活经验出发来思考这一问题。假设某用户为一部电影评了高分，那么可以合理猜测，该用户偏好这部电影的某些特征，如电影的类型是悬疑、爱情、战争或是其他种类，演员、导演和出品方分别是哪些，叙述的故事发生在什么年代，时长是多少，等等。假如我们有一个电影特征库，可以将每部电影用一个特征向量表示。向量的每一维代表一种特征，值代表电影具有这一特征的程度。同时，我们还可以构建一个用户画像库，包含每个用户更偏好哪些类型的特征，以及偏好的程度。假设特征的个数是 $d$，那么所有用户偏好构成的矩阵是 $\boldsymbol{P}\in\mathbb{R}^{N\times d}$，电影的特征构成的矩阵是 $\boldsymbol{Q}\in\mathbb{R}^{M\times d}$，图 7-2 给出了两个矩阵的示例。

| 电影 | 具有特征 | | | | | | | |
|---|---|---|---|---|---|---|---|---|
| | 悬疑 | 爱情 | …… | 战争 | 演员1 | …… | 时长>120 | …… |
| A | 0.2 | 0.6 | …… | 0.0 | 0.8 | …… | 0.0 | …… |
| B | 0.8 | 0.1 | …… | 0.0 | 0.1 | …… | 0.0 | …… |
| C | 0.0 | 0.1 | …… | 0.9 | 0.0 | …… | 1.0 | …… |

| 用户 | 偏好特征 | | | | | | | |
|---|---|---|---|---|---|---|---|---|
| | 悬疑 | 爱情 | …… | 战争 | 演员1 | …… | 时长>120 | …… |
| 甲 | 0.5 | 0.0 | …… | 0.0 | 0.1 | …… | 0.2 | …… |
| 乙 | 0.1 | 0.9 | …… | 0.0 | 0.3 | …… | 0.1 | …… |
| 丙 | 0.2 | 0.5 | …… | 0.7 | 0.6 | …… | 0.4 | …… |

图 7-2 电影和用户的隐变量矩阵

需要说明的是，我们实际上分解出的矩阵只是某种交互结果背后的隐变量，并不一定对应真实的特征。这样，我们就把一个用户与电影交互的矩阵拆分成了用户矩阵和电影矩阵，并且这两个矩阵中包含了更多的信息。最后，用这两个矩阵的乘积 $\boldsymbol{R}=\boldsymbol{P}^{\mathrm{T}}\boldsymbol{Q}$ 可以还原出用户对电影的评分。即使用户对某部电影并没有评分，我们也能通过矩阵乘积，根据用户偏好的特征和该电影具有的特征，预测出用户对电影的偏好程度。

**小故事**

矩阵分解和下面要介绍的因子分解机都属于推荐系统领域的算法。我们在日常使用软件、浏览网站的时候，软件或网站会记录我们感兴趣的内容，并在更多地为我们推送同类型的内容。例如，如果我们在购物网站上浏览过牙刷，它就可能再给我们推荐牙刷、毛巾、脸盆等相关性比较大的商品，这就是推荐系统的作用。推荐系统希望根据用户的特征、商品的特征以及用户和商品的交互历史，为用户做出更符合个人偏好的个性化推荐，提高用户的浏览体验，同时为公司带来更高的经济效益。

机器学习界开始大量关注推荐系统任务是源自美国奈飞公司（Netflix）于 2006 年举办的世界范围的推荐系统算法大赛。该比赛旨在探寻一种算法能更加精确地预测 48 万名用户对 1.7 万部电影的评分，如果某个参赛队伍给出的评分预测准确率超过了基线算法 10%，就可以获得 100 万美元的奖金。该竞赛在一年之内就吸引了来自全球 186 个国家和地区的超过 4 万支队伍的参加，经过 3 年的“马拉松”竞赛，最终由一支名为 BellKor’s Pragmatic Chaos 的联合团队摘得桂冠。而团队中时任雅虎研究员的耶胡达·科伦（Yehuda Koren）则在后来成为了推荐系统领域最为著名的科学家之一，他使用的基于矩阵分解的双线性模型 [1] 则成为了那个时代推荐系统的主流模型。

实际上，我们通常能获取到的并不是 $\boldsymbol{P}$ 和 $\boldsymbol{Q}$，而是评分的结果 $\boldsymbol{R}$。并且由于一个用户只会对极其有限的一部分电影评分，矩阵 $\boldsymbol{R}$ 是非常稀疏的，绝大多数元素都是空白。因此，我们需要从 $\boldsymbol{R}$ 的有限的元素中推测出用户的偏好 $\boldsymbol{P}$ 和电影的特征 $\boldsymbol{Q}$。MF 算法利用矩阵分解的技巧完成了这一任务。设第 $i$ 个用户的偏好向量是 $\boldsymbol{p}_i$，第 $j$ 部电影的特征向量是 $\boldsymbol{q}_j$，其维度都是特征数 $d$。MF 算法假设用户 $i$ 对电影 $j$ 的评分 $r_{ij}$ 是用户偏好与电影特征的内积，即 $r_{ij}=\boldsymbol{p}_i^{\mathrm{T}}\boldsymbol{q}_j$。在本章开始已经讲过，向量内积是双线性函数，这也是 MF 模型属于双线性模型的原因。

既然 MF 算法的目标是通过特征还原评分矩阵 $\boldsymbol{R}$，我们就以还原结果和 $\boldsymbol{R}$ 中已知部分的差距作为损失函数。记 $I_{ij}=\mathbb{I}(r_{ij}\text{ 存在})$，即当用户为电影评过分（$r_{ij}$ 存在）时 $I_{ij}$ 为 1，否则为 0。那么损失函数可以写为

$$J(\boldsymbol{P},\boldsymbol{Q})=\sum_{i=1}^{N}\sum_{j=1}^{M}I_{ij}\mathcal{L}(\boldsymbol{p}_i^{\mathrm{T}}\boldsymbol{q}_j,r_{ij})$$

其中，$\mathcal{L}(\boldsymbol{p}_i^{\mathrm{T}}\boldsymbol{q}_j,r_{ij})$ 是模型预测和真实值之间的损失。一般情况下，我们就选用最简单的MSE作为损失，那么优化目标为

$$\min_{\boldsymbol{P},\boldsymbol{Q}}J(\boldsymbol{P},\boldsymbol{Q})=\min_{\boldsymbol{P},\boldsymbol{Q}}\frac{1}{2}\sum_{i=1}^{N}\sum_{j=1}^{M}I_{ij}(\boldsymbol{p}_i^{\mathrm{T}}\boldsymbol{q}_j-r_{ij})^2$$

再加入对$\boldsymbol{P}$和$\boldsymbol{Q}$的$L_2$正则化约束，就得到总的优化目标：

$$\min_{P,Q} J(\boldsymbol{P},\boldsymbol{Q}) = \min_{P,Q}\left(\frac{1}{2}\sum_{i=1}^{N}\sum_{j=1}^{M} I_{ij}\left((\boldsymbol{p}_i^{\mathrm{T}}\boldsymbol{q}_j - r_{ij})^2 + \lambda(\|\boldsymbol{p}_i\|^2 + \|\boldsymbol{q}_j\|^2)\right)\right)$$

注意，这里的$L_2$正则化约束并非对整个矩阵$\boldsymbol{P}$或者$\boldsymbol{Q}$而言。我们知道，正则化的目的是通过限制参数的规模来约束模型的复杂度，使模型的复杂度与数据中包含的信息相匹配。以用户为例，假设不同用户直接的评分是独立的。如果用户甲给10部电影评过分，用户乙给2部电影评过分，那么数据中关于甲的信息就比乙多。反映到正则化上，对甲的参数的约束强度也应当比乙大。因此，总损失函数中$\boldsymbol{p}_i$的正则化约束强度是$\frac{\lambda}{2}\sum_{j=1}^{M} I_{ij}$，即在$\frac{\lambda}{2}$的基础上又乘以用户$i$评分的数量。对电影向量$\boldsymbol{q}_j$也是同理。上式对$\boldsymbol{p}_{ik}$和$\boldsymbol{q}_{jk}$的梯度分别为

$$\nabla_{p_{ik}} J(\boldsymbol{P},\boldsymbol{Q}) = I_{ij}\left((\boldsymbol{p}_i^{\mathrm{T}}\boldsymbol{q}_j - r_{ij})\boldsymbol{q}_{jk} + \lambda \boldsymbol{p}_{ik}\right)$$
$$\nabla_{q_{jk}} J(\boldsymbol{P},\boldsymbol{Q}) = I_{ij}\left((\boldsymbol{p}_i^{\mathrm{T}}\boldsymbol{q}_j - r_{ij})\boldsymbol{p}_{ik} + \lambda \boldsymbol{q}_{jk}\right)$$

可以发现，$\boldsymbol{p}_{ik}$的梯度中含有$\boldsymbol{q}_{ik}$，而$\boldsymbol{q}_{ik}$的梯度中含有$\boldsymbol{p}_{ik}$，两者互相包含，这是由双线性函数的性质决定的，也是双线性模型的一个重要特点。

## 7.2 动手实现矩阵分解模型

下面，我们来动手实现矩阵分解模型。我们选用的数据集是推荐系统中的常用数据集 MovieLens，其包含从电影评价网站 MovieLens 中收集的真实用户对电影的打分信息。为简单起见，我们采用包含来自 943 个用户对 1682 部电影的 10 万条评分样本的版本 MovieLens-100k。我们对原始的数据进行了一些处理，现在数据集的每一行有 3 个数，依次表示用户编号 $i$、电影编号 $j$、用户对电影的评分 $r_{ij}$，其中 $1 \leqslant r_{ij} \leqslant 5$ 且三者都是整数。表 7-1 展示了 MovieLens-100k 数据集中的 3 个样本，读者也可以从网站上下载更大的数据集，测试算法的预测效果。

表 7-1 MovieLens-100k 数据集示例

| 用户编号 | 电影编号 | 评分 |
|---|---|---|
| 196 | 242 | 3 |
| 186 | 302 | 3 |
| 22 | 377 | 1 |

```
import numpy as np
import matplotlib.pyplot as plt
from tqdm import tqdm # 进度条工具

data = np.loadtxt('movielens_100k.csv', delimiter=',', dtype=int)
print('数据集大小:', len(data))
# 用户和电影都是从1开始编号的，我们将其转化为从0开始
data[:, :2] = data[:, :2] - 1

# 计算用户和电影数量
```

```
users = set()
items = set()
for i, j, k in data:
    users.add(i)
    items.add(j)
user_num = len(users)
item_num = len(items)
print(f'用户数:{user_num}, 电影数: {item_num}')

# 设置随机种子，划分训练集与测试集
np.random.seed(0)

ratio = 0.8
split = int(len(data) * ratio)
np.random.shuffle(data)
train = data[:split]
test = data[split:]

# 统计训练集中每个用户和电影出现的数量，作为正则化的约束强度
user_cnt = np.bincount(train[:, 0], minlength=user_num)
item_cnt = np.bincount(train[:, 1], minlength=item_num)
print(user_cnt[:10])
print(item_cnt[:10])

# 用户和电影的编号要作为下标，必须保存为整数
user_train, user_test = train[:, 0], test[:, 0]
item_train, item_test = train[:, 1], test[:, 1]
y_train, y_test = train[:, 2], test[:, 2]
```

```
数据集大小： 100000
用户数：943, 电影数：1682
[215 47 42 19 139 170 320 47 18 156]
[371 109 70 172 70 21 308 158 240 68]
```

然后，我们将 MF 模型定义成类，在其中实现梯度计算方法。根据 7.1 节的推导，模型的参数是用户偏好 $\boldsymbol{P} \in \mathbb{R}^{N\times d}$ 和电影特征 $\boldsymbol{Q} \in \mathbb{R}^{M\times d}$，其中特征数 $d$ 是我们自己指定的超参数。在参数初始化部分，考虑到最终电影的得分都是正数，我们将参数都初始化为 1。

```
class MF:

    def __init__(self, N, M, d):
        # N是用户数量，M是电影数量，d是特征维度
        # 定义模型参数
        self.user_params = np.ones((N, d))
        self.item_params = np.ones((M, d))

    def pred(self, user_id, item_id):
        # 预测用户user_id对电影item_id的评分
        # 获得用户偏好和电影特征
        user_param = self.user_params[user_id]
        item_param = self.item_params[item_id]
        # 返回预测的评分
        rating_pred = np.sum(user_param * item_param, axis=1)
        return rating_pred

    def update(self, user_grad, item_grad, lr):
        # 根据参数的梯度更新参数
        self.user_params -= lr * user_grad
```

```
        self.item_params -= lr * item_grad
```

接下来，我们定义训练函数，用 SGD 算法对 MF 模型的参数进行优化。对于回归任务，我们仍然以 MSE 作为损失函数，RMSE 作为的评价指标。在训练的同时，我们将其记录下来，供最终绘制训练曲线使用。

```
def train(model, learning_rate, lbd, max_training_step, batch_size):
    train_losses = []
    test_losses = []
    batch_num = int(np.ceil(len(user_train) / batch_size))
    with tqdm(range(max_training_step * batch_num)) as pbar:
        for epoch in range(max_training_step):
            # 随机梯度下降
            train_rmse = 0
            for i in range(batch_num):
                # 获取当前批量
                st = i * batch_size
                ed = min(len(user_train), st + batch_size)
                user_batch = user_train[st: ed]
                item_batch = item_train[st: ed]
                y_batch = y_train[st: ed]
                # 计算模型预测
                y_pred = model.pred(user_batch, item_batch)
                # 计算梯度
                P = model.user_params
                Q = model.item_params
                errs = y_batch - y_pred
                P_grad = np.zeros_like(P)
                Q_grad = np.zeros_like(Q)
                for user, item, err in zip(user_batch, item_batch, errs):
                    P_grad[user] = P_grad[user] - err * Q[item] + lbd * P[user]
                    Q_grad[item] = Q_grad[item] - err * P[user] + lbd * Q[item]
                model.update(P_grad / len(user_batch), Q_grad /len(user_batch), learning_rate)

                train_rmse += np.mean(errs ** 2)
                # 更新进度条
                pbar.set_postfix({
                    'Epoch': epoch,
                    'Train RMSE': f'{np.sqrt(train_rmse / (i + 1)):.4f}',
                    'Test RMSE': f'{test_losses[-1]:.4f}' if test_losses else None
                })
                pbar.update(1)

            # 计算测试集上的RMSE损失
            train_rmse = np.sqrt(train_rmse / len(user_train))
            train_losses.append(train_rmse)
            y_test_pred = model.pred(user_test, item_test)
            test_rmse = np.sqrt(np.mean((y_test - y_test_pred) ** 2))
            test_losses.append(test_rmse)

    return train_losses, test_losses
```

最后，我们定义超参数，实现 MF 模型的训练部分，并将损失随训练的变化曲线绘制出来。

```
# 超参数
feature_num = 16 # 特征数
```

```
learning_rate = 0.1 # 学习率
lbd = 1e-4 # 正则化约束强度
max_training_step = 30
batch_size = 64 # 批量大小

# 建立模型
model = MF(user_num, item_num, feature_num)
# 训练部分
train_losses, test_losses = train(model, learning_rate, lbd,
   max_training_step, batch_size)

plt.figure()
x = np.arange(max_training_step) + 1
plt.plot(x, train_losses, color='blue', label='train loss')
plt.plot(x, test_losses, color='red', ls='--', label='test loss')
plt.xlabel('Epoch')
plt.ylabel('RMSE')
plt.legend()
plt.show()
```

```
100%|██████████████████████████████| 37500/37500 [01:10<00:00,530.68it/s, Epoch=29,
Train RMSE=0.9673, Test RMSE=1.0048]
```

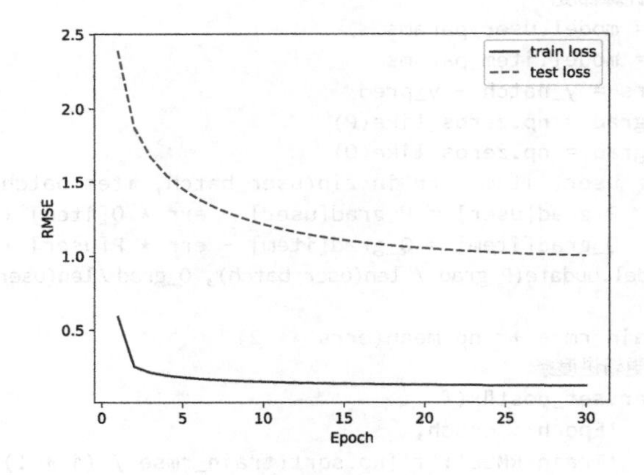


为了直观地展示模型效果，我们输出一些模型在测试集中的预测结果与真实结果进行对比。前面我们训练得到的模型在测试集上的 RMSE 大约是 1，所以可以看到，此处模型预测的评分与真实评分大致也相差 1。

```
y_test_pred = model.pred(user_test, item_test)
print(y_test_pred[:10]) # 把张量转换为numpy数组
print(y_test[:10])
```

```
[2.57712395 3.48622005 3.76150216 3.58604004 4.8058418 3.47284112 3.37246031 4.0917956
3.02605747 3.45742155]
[2 4 4 4 5 2 3 1 4 4]
```

## 7.3 因子分解机

本节我们介绍推荐系统中用户行为预估的另一个常用模型：因子分解机（factorization

machine，FM）[2]。FM的应用场景与MF有一些区别，MF的目标是从交互的结果中计算出用户和物品的特征；而FM则正好相反，希望通过物品的特征和某个用户点击这些物品的历史记录，预测该用户点击其他物品的概率，即点击率（click-through rate，CTR）。由于被点击和未被点击是一个二分类问题，CTR预估可以用逻辑斯谛回归模型来解决。在逻辑斯谛回归中，线性预测因子 $\boldsymbol{\theta}^{\mathrm{T}}x$ 为数据中的每一个特征 $x_i$ 赋予权重 $\theta_i$，由此来判断数据的分类。然而，在这样的线性参数化假设中，输入的不同特征 $x_i$ 与 $x_j$ 之间并没有运算，相当于假设不同特征之间是独立的。而在现实中，输入数据的不同特征之间有可能存在关联。例如，假设我们将一张照片中包含的物品作为其特征，那么“红灯笼”与“对联”这两个特征就很可能不是独立的，因为它们都是与春节相关联的意象。因此，作为对线性的逻辑斯谛回归模型的改进，我们进一步引入双线性部分，将输入的不同特征之间的关系也考虑进来。改进后的预测函数为

$$\hat{y}(\boldsymbol{x})=\theta_0+\sum_{i=1}^{d}\theta_i x_i+\sum_{i=1}^{d-1}\sum_{j=i+1}^{d}w_{ij}x_i x_j$$

其中，$\theta_0$是常数项，$w_{ij}$是权重。上式的第三项将所有不同特征$x_i$与$x_j$相乘，从而可以通过权重$w_{ij}$调整特征组合$(i,j)$对预测结果的影响。将上式改写为向量形式：

$$\hat{y}(\boldsymbol{x})=\theta_0+\boldsymbol{\theta}^{\mathrm{T}}\boldsymbol{x}+\frac{1}{2}\boldsymbol{x}^{\mathrm{T}}\boldsymbol{W}\boldsymbol{x}$$

其中，矩阵$\boldsymbol{W}$是对称的，即$w_{ij}=w_{ji}$。此外，由于我们已经考虑了单独特征的影响，所以不需要将特征与其自身进行交叉，引入$x_i^2$项，从而$\boldsymbol{W}$的对角线上元素都为0。读者可以自行验证，形如$f(\boldsymbol{x},\boldsymbol{y})=\boldsymbol{x}^{\mathrm{T}}\boldsymbol{A}\boldsymbol{y}$的函数是双线性函数。双线性模型由于考虑了不同特征之间的关系，理论上比线性模型要更准确。然而，在实际应用中，该方法面临着稀疏特征的挑战。

在用向量表示某一事物的离散特征时，一种常用的方法是独热编码（one-hot encoding）。在这一方法中，向量的每一维都对应特征的一种取值，样本所具有的特征所在的维度值为1，其他维度值为0。如图7-3深色部分所示，某物品的产地是北京、上海、广州和深圳其中之一，为了表示该物品的产地，我们将其编码为四维向量，4个维度依次对应产地北京、上海、广州和深圳。当物品产地为北京时，其特征向量就是(1, 0, 0, 0)；物品产地为上海时，其特征向量就是(0, 1, 0, 0)。如果物品有多个特征，就把每个特征编码成的向量依次拼接起来，形成多域独热编码（multi-field one-hot encoding）。例如某种食品产地是上海、生产日期是2月份、食品种类是乳制品，那么它的编码就如图7-3所示。

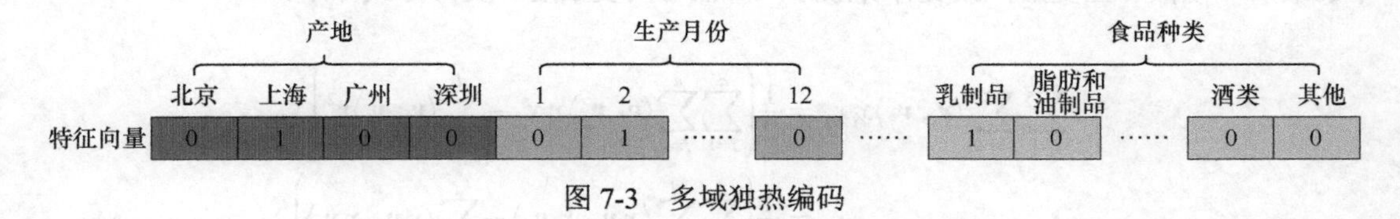


图7-3 多域独热编码

像这样的独热特征向量往往维度非常高，但只有少数几个维度是1，其他维度都是0，稀疏程度很高。当我们训练上述双线性模型时，需要对参数 $w_{ij}$ 求导，结果为 $\dfrac{\partial\hat{y}}{\partial w_{ij}}=x_i x_j$。由于特征向量的稀疏性，大多数情况下都有 $x_i x_j=0$，无法对参数 $w_{ij}$ 进行更新。为了解决这一问题，斯蒂芬·伦德尔（Steffen Rendle）提出了因子分解机算法。该方法将权重矩阵 $\boldsymbol{W}$ 分解成

$\boldsymbol{W}=\boldsymbol{V}\boldsymbol{V}^{\mathrm{T}}$，其中 $\boldsymbol{V}\in\mathbb{R}^{d\times k}$。根据矩阵分解的相关理论，当 $\boldsymbol{W}$ 满足某些性质且 $k$ 足够大时，我们总可以找到分解矩阵 $\boldsymbol{V}$。即使条件不满足，我们也可以用近似分解 $\boldsymbol{W}\approx\boldsymbol{V}\boldsymbol{V}^{\mathrm{T}}$ 来代替。设 $\boldsymbol{V}$ 的行向量是 $\boldsymbol{v}_1,\cdots,\boldsymbol{v}_d$，即对每个特征 $x_i$ 配一个 $k$ 维实数向量 $\boldsymbol{v}_i$，用矩阵乘法直接计算可以得到 $\boldsymbol{w}_{ij}=\langle\boldsymbol{v}_i,\boldsymbol{v}_j\rangle$，此时，模型的预测函数可以写为

$$\hat{y}(\boldsymbol{x})=\theta_0+\boldsymbol{\theta}^{\mathrm{T}}\boldsymbol{x}+\sum_{i=1}^{d-1}\sum_{j=i+1}^{d}\langle\boldsymbol{v}_i,\boldsymbol{v}_j\rangle x_i x_j$$

此时，对参数$\boldsymbol{v}_s$求梯度的结果为

$$\begin{aligned}\nabla_{\boldsymbol{v}_s}\hat{y}&=\nabla_{\boldsymbol{v}_s}\left(\sum_{i=1}^{d-1}\sum_{j=i+1}^{d}\langle\boldsymbol{v}_i,\boldsymbol{v}_j\rangle x_i x_j\right)\\&=\nabla_{\boldsymbol{v}_s}\left(\sum_{j=s+1}^{d}\langle\boldsymbol{v}_s,\boldsymbol{v}_j\rangle x_s x_j+\sum_{i=1}^{s-1}\langle\boldsymbol{v}_i,\boldsymbol{v}_s\rangle x_i x_s\right)\\&=x_s\sum_{j=s+1}^{d}x_j\boldsymbol{v}_j+x_s\sum_{i=1}^{s-1}x_i\boldsymbol{v}_i\\&=x_s\sum_{i=1}^{d}x_i\boldsymbol{v}_i-x_s^2\boldsymbol{v}_s\end{aligned}$$

在上面的计算过程中，为了简洁，我们采用了不太严谨的写法，当 $s=1$ 或 $s=d$ 时会出现求和下界大于上界的情况，我们规定此时求和的结果为零。如果要完全展开，只需要做类似于 $\sum_{j=s+1}^{d}\langle\boldsymbol{v}_s,\boldsymbol{v}_j\rangle x_s x_j$ 变为 $\sum_{j=s}^{d}\langle\boldsymbol{v}_s,\boldsymbol{v}_j\rangle x_s x_j-\langle\boldsymbol{v}_s,\boldsymbol{v}_s\rangle x_s^2$ 的裂项操作即可。从该结果中可以看出，只要 $x_s\neq 0$，参数 $\boldsymbol{v}_s$ 的梯度就不为零，可以用与梯度相关的算法对其更新。因此，即使特征向量 $\boldsymbol{x}$ 非常稀疏，FM 模型也可以正常进行训练。

至此，我们的模型还存在一个问题。双线性模型考虑不同特征之间乘积的做法，虽然提升了模型的能力，但也引入了额外的计算开销。对一个样本来说，线性模型需要计算 $\boldsymbol{\theta}^{\mathrm{T}}\boldsymbol{x}$，时间复杂度为 $O(d)$；而我们的模型需要计算每一对特征 $(x_i,x_j)$ 的乘积，以及参数 $\boldsymbol{v}_i$ 与 $\boldsymbol{v}_j$ 的内积，时间复杂度为 $O(kd^2)$。前面已经讲过，多域独热编码的特征向量维度常常特别高，因此这一时间开销是相当巨大的。但是，我们可以对改进后的预测函数 $\hat{y}(\boldsymbol{x})=\theta_0+\sum_{i=1}^{d}\theta_i x_i+\sum_{i=1}^{d-1}\sum_{j=i+1}^{d}w_{ij}x_i x_j$ 中的最后一项做一些变形，改变计算顺序来降低时间复杂度。变形方式如下：

$$\begin{aligned}\sum_{i=1}^{d-1}\sum_{j=i+1}^{d}\langle\boldsymbol{v}_i,\boldsymbol{v}_j\rangle x_i x_j&=\frac{1}{2}\left(\sum_{i=1}^{d}\sum_{j=1}^{d}\langle\boldsymbol{v}_i,\boldsymbol{v}_j\rangle x_i x_j-\sum_{i=1}^{d}\langle\boldsymbol{v}_i,\boldsymbol{v}_i\rangle x_i^2\right)\\&=\frac{1}{2}\left(\sum_{i=1}^{d}\sum_{j=1}^{d}\langle x_i\boldsymbol{v}_i,x_j\boldsymbol{v}_j\rangle-\sum_{i=1}^{d}\langle x_i\boldsymbol{v}_i,x_i\boldsymbol{v}_i\rangle\right)\\&=\frac{1}{2}\left\langle\sum_{i=1}^{d}x_i\boldsymbol{v}_i,\sum_{j=1}^{d}x_j\boldsymbol{v}_j\right\rangle-\frac{1}{2}\sum_{i=1}^{d}\langle x_i\boldsymbol{v}_i,x_i\boldsymbol{v}_i\rangle\\&=\frac{1}{2}\sum_{l=1}^{k}\left(\sum_{i=1}^{d}v_{il}x_i\right)^2-\frac{1}{2}\sum_{l=1}^{k}\sum_{i=1}^{d}v_{il}^2x_i^2\end{aligned}$$

在变形的第二步和第三步，我们利用了向量内积的双线性性质，将标量 $x_i$ 和 $x_j$ 以及求和都移到内积中去。最后的结果中只含有两重求和，外层为 $k$ 次，内层为 $d$ 次，因此整体的时间复杂度为 $O(kd)$。这样，FM 的时间复杂度关于特征规模 $d$ 的增长从平方量级变为线性，得到了大幅优化。此时，FM 的预测公式为

$$\hat{y}(\boldsymbol{x})=\theta_0+\sum_{i=1}^{d}\theta_i x_i+\frac{1}{2}\sum_{l=1}^{k}\left(\left(\sum_{i=1}^{d}v_{il}x_i\right)^2-\sum_{i=1}^{d}v_{il}^2x_i^2\right)$$

如果要做分类任务，只需加上softmax函数即可。

在上面的模型中，我们只考虑了两个特征之间的组合，因此该 FM 也被称为二阶 FM。如果进一步考虑多个特征的组合，如 $x_i x_j x_k$，就可以得到高阶的 FM 模型。由于高阶 FM 较为复杂，并且也不再是双线性模型，本书在此略去，感兴趣的读者可以自行查阅相关资料。

## 7.4 动手实现因子分解机模型

下面，我们来动手实现二阶 FM 模型。本节采用的数据集是为 FM 制作的示例数据集 fm_dataset.csv，包含了某个用户浏览过的物品的特征，以及用户是否点击过这个物品。数据集的每一行包含一个物品，前 24 列是其特征，最后一列是 0 或 1，分别表示用户没点击过或点击过该物品。我们的目标是根据输入特征预测用户在测试集上的行为，这是一个二分类问题。我们先导入必要的模块和数据集并处理数据，将其划分为训练集和测试集。

```
import numpy as np
import matplotlib.pyplot as plt
from sklearn import metrics # sklearn中的评价指标函数库
from tqdm import tqdm

# 导入数据集
data = np.loadtxt('fm_dataset.csv', delimiter=',')

# 划分数据集
np.random.seed(0)
ratio = 0.8
split = int(ratio * len(data))
x_train = data[:split, :-1]
y_train = data[:split, -1]
x_test = data[split:, :-1]
y_test = data[split:, -1]
# 特征数
feature_num = x_train.shape[1]
print('训练集大小:', len(x_train))
print('测试集大小:', len(x_test))
print('特征数:', feature_num)
```

```
训练集大小: 800
测试集大小: 200
特征数: 24
```

然后，我们将FM模型定义成类。与MF模型相同，我们在类中实现预测和梯度更新方法。

```
class FM:

    def __init__(self, feature_num, vector_dim):
        # vector_dim代表公式中的k,为向量v的维度
        self.theta0 = 0.0 # 常数项
        self.theta = np.zeros(feature_num) # 线性参数
        self.v = np.random.normal(size=(feature_num, vector_dim)) #双线性参数
        self.eps = 1e-6 # 精度参数

    def _logistic(self, x):
        # 工具函数,用于将预测转化为概率
        return 1 / (1 + np.exp(-x))

    def pred(self, x):
        # 线性部分
        linear_term = self.theta0 + x @ self.theta
        # 双线性部分
        square_of_sum = np.square(x @ self.v)
        sum_of_square = np.square(x) @ np.square(self.v)
        # 最终预测
        y_pred = self._logistic(linear_term \
            + 0.5 * np.sum(square_of_sum - sum_of_square, axis=1))
        # 为了防止后续梯度过大,对预测值进行裁剪,将其限制在某一范围内
        y_pred = np.clip(y_pred, self.eps, 1 - self.eps)
        return y_pred

    def update(self, grad0, grad_theta, grad_v, lr):
        self.theta0 -= lr * grad0
        self.theta -= lr * grad_theta
        self.v -= lr * grad_v
```

对于分类任务，我们仍用MLE作为训练时的损失函数。在测试集上，我们采用AUC作为评价指标。由于我们在第6章中已经动手实现过AUC，为简单起见，在这里我们就直接使用sklearn中的函数计算AUC。我们用SGD进行参数更新，训练完成后，我们把训练过程中的准确率和AUC绘制出来。

```
# 超参数设置,包括学习率、训练轮数等
vector_dim = 16
learning_rate = 0.01
lbd = 0.05
max_training_step = 200
batch_size = 32

# 初始化模型
np.random.seed(0)
model = FM(feature_num, vector_dim)

train_acc = []
test_acc = []
train_auc = []
test_auc = []

with tqdm(range(max_training_step)) as pbar:
    for epoch in pbar:
        st = 0
```

```
        while st < len(x_train):
            ed = min(st + batch_size, len(x_train))
            X = x_train[st: ed]
            Y = y_train[st: ed]
            st += batch_size
            # 计算模型预测
            y_pred = model.pred(X)
            # 计算交叉熵损失
            cross_entropy = -Y * np.log(y_pred) \
                - (1 - Y) * np.log(1 - y_pred)
            loss = np.sum(cross_entropy)
            # 计算损失函数对y的梯度,再根据链式法则得到总梯度
            grad_y = (y_pred - Y).reshape(-1, 1)
            # 计算y对参数的梯度
            # 常数项
            grad0 = np.sum(grad_y * (1 / len(X) + lbd))
            # 线性项
            grad_theta = np.sum(grad_y * (X / len(X) \
                + lbd * model.theta), axis=0)
            # 双线性项
            grad_v = np.zeros((feature_num, vector_dim))
            for i, x in enumerate(X):
                # 先计算sum(x_i * v_i)
                xv = x @ model.v
                grad_vi = np.zeros((feature_num, vector_dim))
                for s in range(feature_num):
                    grad_vi[s] += x[s] * xv - (x[s] ** 2) * model.v[s]
                grad_v += grad_y[i] * grad_vi
            grad_v = grad_v / len(X) + lbd * model.v
            model.update(grad0, grad_theta, grad_v, learning_rate)

            pbar.set_postfix({
                '训练轮数': epoch,
                '训练损失': f'{loss:.4f}',
                '训练集准确率': train_acc[-1] if train_acc else None,
                '测试集准确率': test_acc[-1] if test_acc else None
            })
        # 计算模型预测的准确率和AUC
        # 预测准确率,阈值设置为0.5
        y_train_pred = (model.pred(x_train) >= 0.5)
        acc = np.mean(y_train_pred == y_train)
        train_acc.append(acc)
        auc = metrics.roc_auc_score(y_train, y_train_pred) # sklearn中的AUC函数
        train_auc.append(auc)

        y_test_pred = (model.pred(x_test) >= 0.5)
        acc = np.mean(y_test_pred == y_test)
        test_acc.append(acc)
        auc = metrics.roc_auc_score(y_test, y_test_pred)
        test_auc.append(auc)

print(f'测试集准确率:{test_acc[-1]},\t测试集AUC: {test_auc[-1]}')
```

```
100%|██████████| 200/200 [00:41<00:00, 4.77it/s, 训练轮数=199, 训练损失=11.3006, 训练集
准确率=0.816, 测试集准确率=0.785]200 [00:00<?, ?it/s]

测试集准确率:0.79, 测试集AUC:0.7201320910484726
```

最后，我们把训练过程中在训练集和测试集上的准确率和 AUC 绘制出来，观察训练效果。

```
# 绘制训练曲线
plt.figure(figsize=(13, 5))
x_plot = np.arange(len(train_acc)) + 1

plt.subplot(121)
plt.plot(x_plot, train_acc, color='blue', label='train acc')
plt.plot(x_plot, test_acc, color='red', ls='--', label='test acc')
plt.xlabel('Epoch')
plt.ylabel('Accuracy')
plt.legend()

plt.subplot(122)
plt.plot(x_plot, train_auc, color='blue', label='train AUC')
plt.plot(x_plot, test_auc, color='red', ls='--', label='test AUC')
plt.xlabel('Epoch')
plt.ylabel('AUC')
plt.legend()
plt.show()
```

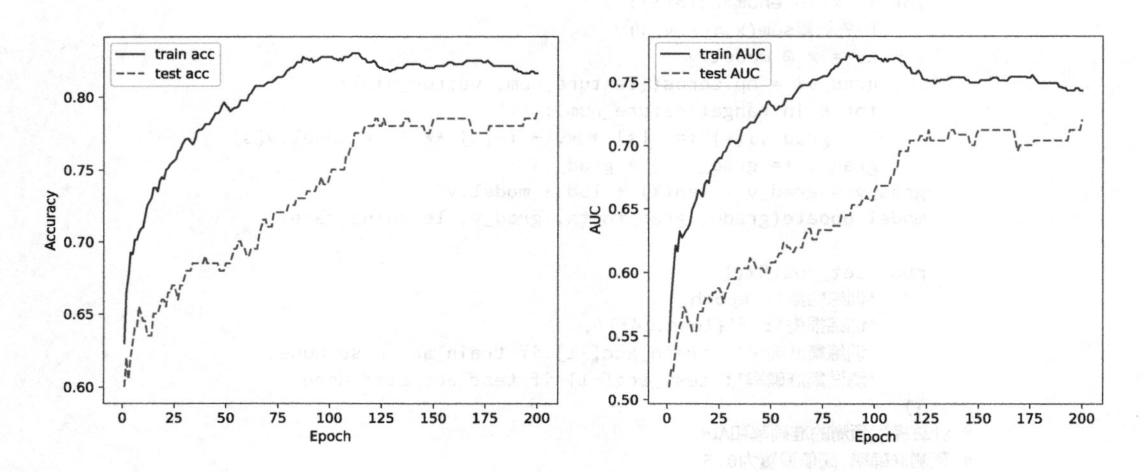


## 7.5 小结

本章介绍了双线性模型的来源和特点，以及与线性模型的区别。双线性模型通过引入满足双线性性质的函数，相比于线性模型提升了对特征间关系建模的能力，从而达到更好的预测效果。本章以矩阵分解和因子分解机两个推荐系统中的常用模型为例，具体讲解了双线性模型的应用，并动手实现了两个模型。MF 模型和 FM 模型的应用场景不同。在 FM 中，用户的特征已知，我们希望挖掘特征与输出、特征与特征之间的关系；而在 MF 中，用户和物品的特征都是未知的，需要从模型训练得到。这两个模型都是目前推荐系统所用模型的基础，从它们改进和衍生的模型仍然有广泛应用。

**习题**

（1）以下关于双线性模型的说法，不正确的是（　　）。

A. 双线性模型考虑了特征之间的关联，比线性模型建模能力更强

B. 在因子分解机模型中，因为引入了特征的乘积，只有特征 $x_i$ 与 $x_j$ 都不为 0 时才能更新参数 $w_{ij}$

C. 可以通过重新设置参数，把因子分解机中的常数项和一次项都合并到二次项里，得到更一般的表达式

D. 在矩阵分解模型中，最优的特征数量 $d$ 是超参数，不能通过公式推导出来

（2）以下哪个模型不是双线性模型？

A. $f(\theta_1,\theta_2)=\theta_1\theta_2$

B. $f(\boldsymbol{\theta}_1,\boldsymbol{\theta}_2)=\langle\boldsymbol{\theta}_1,\boldsymbol{\theta}_2\rangle$

C. $f(\theta_1,\theta_2)=0$

D. $f(\theta_1,\theta_2)=\mathrm{e}^{\theta_1}\mathrm{e}^{\theta_2}$

（3）关于多域独热编码，思考其相比于如下编码方式的优势：针对每一个域，依次把其中的离散取值以自然数（以 0 开始）作为编码，在编码后每个域就对应一个自然数。例如图 7-3 中产地上海对应为 1，深圳对应为 3；生产月份 2 月对应为 1，12 月对应 11；食品种类乳制品对应为 0，图中的整个编码向量为 (1,1,⋯,0)。

（4）试修改 MF 模型的 `pred(self, user_id, item_id)` 函数，在模型预测中加入全局评分偏置、用户评分偏置和物品评分偏置，类似 FM 模型中的常数项部分，观察模型拟合性能指标的变化。

（5）试基于本章的 MF 代码，调试不同的超参数，包括 $k$ 和 $\lambda$，关注训练集和测试集的性能指标的改变，根据训练和测试的性能曲线，判定哪些超参数导致过拟合。

（6）试通过代码实验来验证用双线性模型 FM 做回归或分类任务时，其优化目标相对参数是非凸的，即设置不同的参数初始值，使用同样的 SGD 学习算法，最后参数会收敛到不同的位置。

## 7.6　扩展阅读：概率矩阵分解

概率矩阵分解（probabilistic matrix factorization，PMF）[3] 是另一种常用的双线性模型。与矩阵分解模型不同，它对用户给电影的评分 $r_{ij}$ 的分布进行了先验假设，认为其满足正态分布：

$$r_{ij}\sim\mathcal{N}(\boldsymbol{p}_i^{\mathrm{T}}\boldsymbol{q}_j,\sigma^2)$$

其中，$\sigma^2$是正态分布的方差，与用户和电影无关。注意，$\boldsymbol{p}_i$与$\boldsymbol{q}_j$都是未知的。记 $I_{ij}=\mathbb{I}(r_{ij}\text{存在})$，即当用户$i$对电影$j$评过分时 $I_{ij}=1$，否则 $I_{ij}=0$。再假设不同的评分采样之间互相独立，那么，我们观测到的$\boldsymbol{R}$出现的概率是

$$P(\boldsymbol{R}\mid\boldsymbol{P},\boldsymbol{Q},\sigma)=\prod_{i=1}^{N}\prod_{j=1}^{M}p_{\mathcal{N}}(r_{ij}\mid\boldsymbol{p}_i^{\mathrm{T}}\boldsymbol{q}_j,\sigma^2)^{I_{ij}}$$

这里，我们用 $p_{\mathcal{N}}(x\mid\mu,\sigma^2)$ 表示正态分布 $\mathcal{N}(\mu,\sigma^2)$ 的概率密度函数，其完整表达式为

$$p_{\mathcal{N}}(x\mid\mu,\sigma^2)=\frac{1}{\sqrt{2\pi\sigma^2}}\mathrm{e}^{-\frac{(x-\mu)^2}{2\sigma^2}}$$

对于那些空缺的$r_{ij}$，由于$I_{ij}=0$，因此 $p_{\mathcal{N}}(r_{ij} \mid \boldsymbol{p}_i^{\mathrm{T}}\boldsymbol{q}_j,\sigma^2)^{I_{ij}}=1$，对连乘没有贡献，最终的概率只由已知部分计算得出。接下来，我们进一步假设用户的偏好$\boldsymbol{p}_i$和电影的特征 $\boldsymbol{q}_j$都满足均值为$\boldsymbol{0}$ 的正态分布，协方差矩阵分别为$\sigma_{\boldsymbol{P}}^2\boldsymbol{I}$和$\sigma_{\boldsymbol{Q}}^2\boldsymbol{I}$，即

$$P(\boldsymbol{P} \mid \sigma_{\boldsymbol{P}})=\prod_{i=1}^{N} p_{\mathcal{N}}(\boldsymbol{p}_i \mid \boldsymbol{0},\sigma_{\boldsymbol{P}}^2\boldsymbol{I}),\quad P(\boldsymbol{Q} \mid \sigma_{\boldsymbol{Q}})=\prod_{j=1}^{M} p_{\mathcal{N}}(\boldsymbol{q}_j \mid \boldsymbol{0},\sigma_{\boldsymbol{Q}}^2\boldsymbol{I})$$

根据全概率公式$P(X,Y)=P(X \mid Y)P(Y)$，并注意到$\boldsymbol{R}$与$\sigma_{\boldsymbol{P}}$和$\sigma_{\boldsymbol{Q}}$无关，我们可以计算出$\boldsymbol{P}$与$\boldsymbol{Q}$的后验概率为

$$\begin{aligned}
P(\boldsymbol{P},\boldsymbol{Q} \mid \boldsymbol{R},\sigma,\sigma_{\boldsymbol{P}},\sigma_{\boldsymbol{Q}}) &= \frac{P(\boldsymbol{P},\boldsymbol{Q},\boldsymbol{R},\sigma,\sigma_{\boldsymbol{P}},\sigma_{\boldsymbol{Q}})}{P(\boldsymbol{R},\sigma,\sigma_{\boldsymbol{P}},\sigma_{\boldsymbol{Q}})} \\
&= \frac{P(\boldsymbol{R} \mid \boldsymbol{P},\boldsymbol{Q},\sigma)P(\boldsymbol{P},\boldsymbol{Q} \mid \sigma_{\boldsymbol{P}},\sigma_{\boldsymbol{Q}})P(\sigma,\sigma_{\boldsymbol{P}},\sigma_{\boldsymbol{Q}})}{P(\boldsymbol{R},\sigma,\sigma_{\boldsymbol{P}},\sigma_{\boldsymbol{Q}})} \\
&= C\cdot P(\boldsymbol{R} \mid \boldsymbol{P},\boldsymbol{Q},\sigma)P(\boldsymbol{P} \mid \sigma_{\boldsymbol{P}})P(\boldsymbol{Q} \mid \sigma_{\boldsymbol{Q}}) \\
&= C\prod_{i=1}^{N}\prod_{j=1}^{M} p_{\mathcal{N}}(r_{ij} \mid \boldsymbol{p}_i^{\mathrm{T}}\boldsymbol{q}_j,\sigma^2)^{I_{ij}} \cdot \prod_{i=1}^{N} p_{\mathcal{N}}(\boldsymbol{p}_i \mid \boldsymbol{0},\sigma_{\boldsymbol{P}}^2\boldsymbol{I}) \cdot \prod_{j=1}^{M} p_{\mathcal{N}}(\boldsymbol{q}_j \mid \boldsymbol{0},\sigma_{\boldsymbol{Q}}^2\boldsymbol{I})
\end{aligned}$$

其中，$C$是常数。为了简化这一表达式，我们利用与MLE中相同的技巧，将上式取对数，从而把连乘变为求和：

$$\begin{aligned}
\log P(\boldsymbol{P},\boldsymbol{Q} \mid \boldsymbol{R},\sigma,\sigma_{\boldsymbol{P}},\sigma_{\boldsymbol{Q}}) &= \sum_{i=1}^{N}\sum_{j=1}^{M} I_{ij}\log p_{\mathcal{N}}(r_{ij} \mid \boldsymbol{p}_i^{\mathrm{T}}\boldsymbol{q}_j,\sigma^2)+\sum_{i=1}^{N}\log p_{\mathcal{N}}(\boldsymbol{p}_i \mid \boldsymbol{0},\sigma_{\boldsymbol{P}}^2\boldsymbol{I}) \\
&\quad +\sum_{j=1}^{M}\log p_{\mathcal{N}}(\boldsymbol{q}_j \mid \boldsymbol{0},\sigma_{\boldsymbol{Q}}^2\boldsymbol{I})+\log C
\end{aligned}$$

再代入 $p_{\mathcal{N}}$ 取对数后的表达式

$$\log p_{\mathcal{N}}(x \mid \mu,\sigma^2)=-\frac{1}{2}\log(2\pi\sigma^2)-\frac{(x-\mu)^2}{2\sigma^2}$$

计算得到

$$\begin{aligned}
\log P(\boldsymbol{P},\boldsymbol{Q} \mid \boldsymbol{R},\sigma,\sigma_{\boldsymbol{P}},\sigma_{\boldsymbol{Q}}) &= -\frac{1}{2}\log(2\pi\sigma^2)\sum_{i=1}^{N}\sum_{j=1}^{M} I_{ij}-\frac{1}{2\sigma^2}\sum_{i=1}^{N}\sum_{j=1}^{M} I_{ij}(r_{ij}-\boldsymbol{p}_i^{\mathrm{T}}\boldsymbol{q}_j)^2 \\
&\quad -\frac{Nd}{2}\log(2\pi\sigma_{\boldsymbol{P}}^2)-\frac{1}{2\sigma_{\boldsymbol{P}}^2}\sum_{i=1}^{N}\boldsymbol{p}_i^{\mathrm{T}}\boldsymbol{p}_i \\
&\quad -\frac{Md}{2}\log(2\pi\sigma_{\boldsymbol{Q}}^2)-\frac{1}{2\sigma_{\boldsymbol{Q}}^2}\sum_{j=1}^{M}\boldsymbol{q}_j^{\mathrm{T}}\boldsymbol{q}_j+\log C \\
&= -\frac{1}{\sigma^2}\left(\frac{1}{2}\sum_{i=1}^{N}\sum_{j=1}^{M} I_{ij}(r_{ij}-\boldsymbol{p}_i^{\mathrm{T}}\boldsymbol{q}_j)^2+\frac{\lambda_{\boldsymbol{P}}}{2}\|\boldsymbol{P}\|_F^2+\frac{\lambda_{\boldsymbol{Q}}}{2}\|\boldsymbol{Q}\|_F^2\right)+C_1
\end{aligned}$$

其中，$\lambda_{\boldsymbol{P}}=\sigma^2/\sigma_{\boldsymbol{P}}^2$，$\lambda_{\boldsymbol{Q}}=\sigma^2/\sigma_{\boldsymbol{Q}}^2$，$C_1$是与参数$\boldsymbol{P}$和$\boldsymbol{Q}$无关的常数。根据最大似然的思想，我们应当最大化上面计算出的对数概率。因此，定义损失函数为

$$J(\boldsymbol{P},\boldsymbol{Q})=\frac{1}{2}\sum_{i=1}^{N}\sum_{j=1}^{M}I_{ij}(r_{ij}-\boldsymbol{p}_i^{\mathrm{T}}\boldsymbol{q}_j)^2+\frac{\lambda_P}{2}\|\boldsymbol{P}\|_F^2+\frac{\lambda_Q}{2}\|\boldsymbol{Q}\|_F^2$$

于是，最大化对数概率就等价于最小化损失函数$J(\boldsymbol{P},\boldsymbol{Q})$，并且，这一损失函数恰好为目标值$r_{ij}$与参数内积$\boldsymbol{p}_i^{\mathrm{T}}\boldsymbol{q}_i$之间的平方误差再加上$L_2$正则化的形式。由于向量内积是双线性函数，PMF模型也属于双线性模型的一种。

将损失函数对$\boldsymbol{p}_i$求导，得到

$$\nabla_{\boldsymbol{p}_i}J(\boldsymbol{P},\boldsymbol{Q})=\sum_{j=1}^{M}I_{ij}(r_{ij}-\boldsymbol{p}_i^{\mathrm{T}}\boldsymbol{q}_j)\boldsymbol{q}_j-\lambda_P\boldsymbol{p}_i$$

令梯度为零，解得

$$\boldsymbol{p}_i=\left(\sum_{j=1}^{M}I_{ij}\boldsymbol{q}_j\boldsymbol{q}_j^{\mathrm{T}}+\lambda_P\boldsymbol{I}\right)^{-1}\left(\sum_{j=1}^{M}I_{ij}r_{ij}\boldsymbol{q}_j\right)$$

5.2 节讲过，根据矩阵相关的理论，只要$\lambda_P$足够大，上式的第一项逆矩阵就总是存在。同理，对$\boldsymbol{q}_j$也有类似的结果。因此，我们可以通过上述形式的损失函数$J(\boldsymbol{P},\boldsymbol{Q})$来求解参数$\boldsymbol{P}$与$\boldsymbol{Q}$。在参数的高斯分布假设下，我们自然导出了带有$L_2$正则化的 MF 模型，这并不是偶然。我们会在第 16 章中进一步阐释其中的原理。

## 7.7 参考文献

[1] KOREN Y, BELL R, VOLINSKY C. Matrix factorization techniques for recommender systems[J]. Computer, 2009, 42(8):30-37.

[2] RENDLE S. Factorization machines[C]// International conference on data mining, 2010:995-1000.

[3] MNIH A, SALAKHUTDINOV R R. Probabilistic matrix factorization[J]. Advances in neural information processing systems, 2008:1257-1264.

# 第8章

# 神经网络与多层感知机

本章将介绍机器学习中最重要的内容之一——神经网络（neural network，NN），它是深度学习的基础。神经网络的名称来源于生物中的神经元。自有计算机以来，人们就希望能让计算机具有和人类一样的智能，因此，许多研究者将目光放到了人类的大脑结构上。作为生物神经系统的基本单元，神经元在形成智能的过程中起到了关键作用。神经元的结构并不复杂，简单来说，神经元由树突、轴突和细胞体构成。图8-1是神经元的结构示意图。由其他神经元传来的神经脉冲在细胞间通过神经递质传输。神经递质被树突接收后，相应的神经信号传给细胞体，由细胞体进行处理并积累。当积累的神经递质是兴奋性的并超过了某个阈值，就会触发一个动作电位，将新的信号传至轴突末梢的突触，释放神经递质给下一个神经元。生物的智能、运动等几乎所有生命活动的控制信号都由这些看似简单的神经元进行传输。

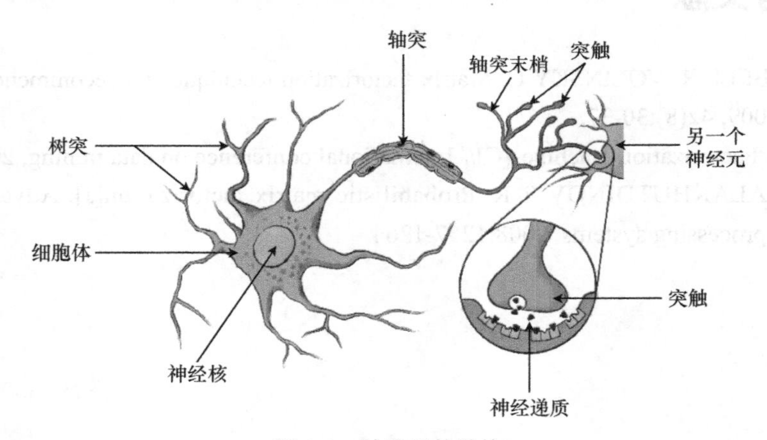


图8-1　神经元的结构

## 8.1　人工神经网络

既然生物能够通过神经元建立智能，我们自然会想，能不能通过模拟神经元的结构和行为方式，建立起人工智能呢？于是，从1943年的沃伦·麦卡洛克（Warren McCulloch）和沃尔特·皮茨（Walter Pitts）开始，研究者们设计了人工神经网络（artificial neural network，ANN），现在通常简称为

神经网络（NN）。在 NN 中，最基本的单元也是神经元。在最开始的设计中，人工神经元完全仿照生物神经元的结构和行为方式，而大量的神经元互相连接，构成一张有向图，每个神经元是一个节点，神经元之间的连接就作为有向边。设神经元$i=1,\cdots,N_j$向神经元$j$发送了信号$o_i$，那么在神经元$j$中，这些神经元发送的信号通过连接权重$w_{ji}$加权求和，得到内部信号总和$z_j$，即

$$z_j = \sum_{i=1}^{N_j} w_{ji} o_i$$

此外，每个神经元$j$还有提前设置好的阈值$T_j$，当处理结果$z_j < T_j$时，神经元$j$的输出$o_j = 0$，反之输出$o_j = 1$。这一设计是为了模拟生物神经元的激励信号与抑制信号。这样，当某个神经元收到外部输入时，就会对输入进行处理，再按上面的计算方式给其指向的其他神经元输出新的信号。这样的行为方式与生物神经元非常相似，然而，其表达能力十分有限，能解决的问题也很少。此外，每个神经元上的参数还需要人为指定。因此，这时的神经网络还只是雏形。

## 8.2 感知机

在 8.1 节中提到的神经网络的最大问题在于，每条边的权重都需要人为指定。当神经网络的规模较大、结构较为复杂时，我们很难先验地通过数学方法计算出合适的权重，从而这样的网络也很难用来解决实际问题。为了简化复杂的神经网络，1958 年，弗兰克·罗森布拉特（Frank Rosenblatt）提出了*感知机*（perceptron）的概念。他从生物接受刺激、产生感知的过程出发，用神经网络抽象出了这一模型，如图 8-2 所示。与原始的神经网络类似，输入经过神经元后被乘以权重并求和。但是，感知机还额外引入了*偏置*（bias）$b$ 项，把它一起加到求和的结果上。最后，该结果再通过模型的*激活函数*（activation function），得到最终的输出。

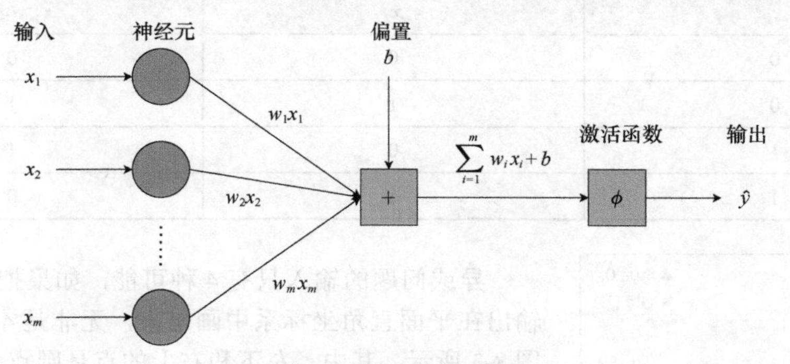


图 8-2 感知机的结构

感知机中有两个新引入的结构。第一个是偏置，它相当于给线性变换加入了常数项。我们知道，对于一维的线性函数$f(x)=kx$，无论我们如何调整参数$k$，它都一定经过原点。而加入常数项变为$f(x)=kx+b$后，它就可以表示平面上的任意一条直线，模型的表达能力大大提高了。第二个是激活函数，它可以模拟神经元的兴奋和抑制状态。在感知机中，激活函数通常是示性函数$\mathbb{I}(z \geqslant 0)$。当输入$z$非负时，函数输出 1，对应兴奋状态；当输入为负数时，函数输出 0，对应抑制状态。整个感知机模拟了一组神经元受到输入刺激后给出反应的过程，可以用

来解决二分类问题。

感知机最重要的进步在于，它的参数可以自动调整，无须再由人工烦琐地一个一个调试。假设二分类问题中，样本的特征为$x_1,\cdots,x_m$，标签$y\in\{0,1\}$。那么感知机对该样本的预测输出为

$$\hat{y}=\mathbb{I}\left(\sum_{i=1}^{m}w_i x_i+b\geqslant 0\right)$$

罗森布拉特利用生物中的负反馈调节机制来调整感知机的参数。对于该样本，感知机收到的反馈为$\hat{y}-y$，其参数根据反馈进行更新：

$$w_i\leftarrow w_i-\eta(\hat{y}-y)x_i$$

$$b_i\leftarrow b_i-\eta(\hat{y}-y)$$

其中，$\eta$是学习率。如果感知机的预测正确，即$\hat{y}=y$，其收到的反馈为0，参数不更新。如果感知机预测为0，但样本的真实标签为1，感知机收到的反馈为–1，说明其预测结果整体偏大，需要将权重和偏置下调；如果感知机预测为1，真实标签为0，则需要将权重和偏置上调。可以看出，这一思想已经具有了梯度下降法的影子。凭借着参数自动训练的优点，感知机成为了第一个可以解决简单实际问题的神经网络。罗森布拉特曾在计算机中构建出感知机模型，并用打孔卡片进行训练，卡片上的孔位于左侧或右侧。在50次试验后，模型学会了判断卡片上的孔位于哪一侧。

然而，感知机模型存在致命的缺陷，那就是它只能处理线性问题。1969 年，马文 · 明斯基（Marvin Minsky）提出了异或问题。对输入$x_1,x_2\in\{0,1\}$，当其相同时输出 0，不同时输出 1。作为一个简单的逻辑运算，异或的真值表如表 8-1 所示。

**表 8-1　异或运算的真值表**

| $x_1$ | $x_2$ | $x_1$ xor $x_2$ |
|---|---|---|
| 0 | 0 | 0 |
| 0 | 1 | 1 |
| 1 | 0 | 1 |
| 1 | 1 | 0 |

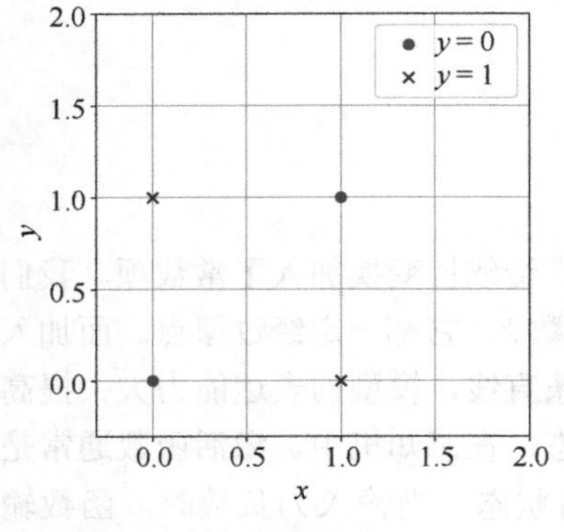

图 8-3　异或问题的几何表示

异或问题的输入只有 4 种可能，如果把所有输入和其输出在平面直角坐标系中画出来，无非是 4 个点而已，如图 8-3 所示。其中，左下和右上的点是圆点•，左上和右下的点是叉号×。要解决异或问题，模型只需要将两种点区分开。然而，读者可以自行验证，这两种点无法只通过一条直线分割开，因此感知机无法解决异或问题。这一事实被提出后，感知机的表达能力和应用场景遭到广泛质疑，神经网络的研究也陷入了寒冬。

## 8.3 隐含层与多层感知机

为了进一步增强网络的表达能力，突破只能解决线性问题的困境，有研究者提出增加网络的层数，即将一个感知机的输出作为输入，连接到下一个感知机上。如果一个感知机对应平面上的一条直线，那么多个感知机就可以将平面分割成多边形区域，达到超越线性的效果。图 8-4 给出了一个形象的示例。

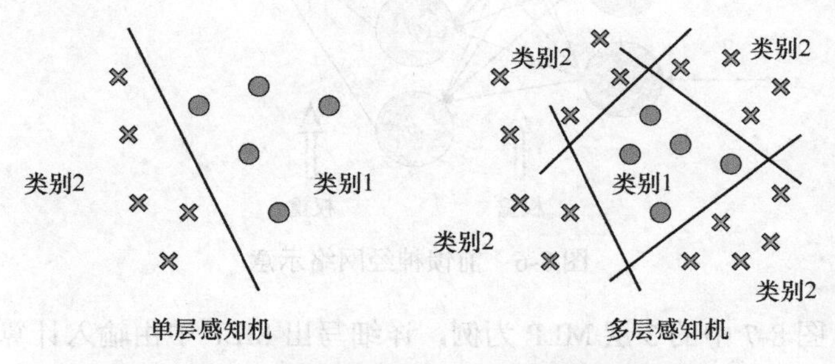


图 8-4 单层感知机与多层感知机的分割边界

然而，如果不同层之间的神经元可以随意连接，往往会有多种结构可以解决同一个问题，从而大大增加结构设计的难度。例如，图 8-5 中的两种结构都可以解决异或问题，其中，边上的数字代表权重 $w$。偏置和激活函数都直接标注在了神经元上，神经元将所有输入相加后经过激活函数，再向后输出。读者可以自行验证这两种结构的正确性。

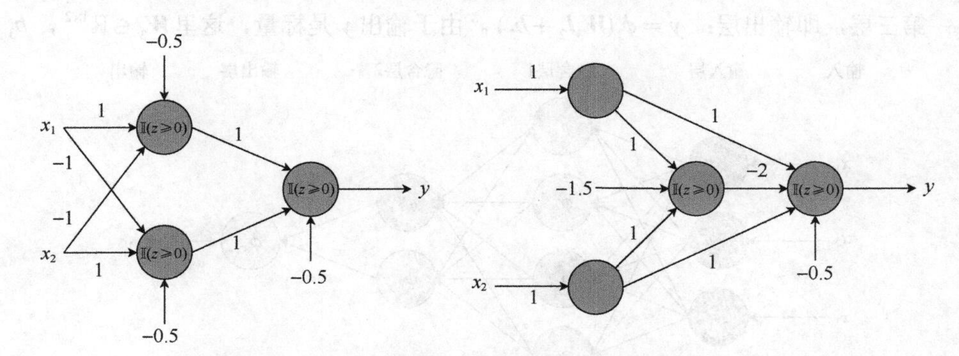


图 8-5 解决异或问题的两种不同结构的多层感知机

因此，当我们组合多个单层的感知机时，通常采用前馈（feedforward）结构，即将神经元分为不同的层，每一层只与其前后相邻层的神经元连接，层内以及间隔一层以上的神经元之间没有连接。这样，我们可以将网络的结构分为直接接收输入的输入层（input layer）、中间进行处理的隐含层（hidden layer）以及最终给出结果的输出层（output layer）。图 8-6 是一个两层的前馈网络示意图。注意，前馈网络的层数是指权重的层数，即边的层数，而神经元上不携带权重。

将多个单层感知机按前馈结构组合起来，就形成了*多层感知机*（multi-layer perceptron，MLP）。事实上，图 8-6 已经是一个两层的多层感知机，隐含层神经元内部的 $\phi$ 和输出层神经元内部的 $\phi_{\text{out}}$ 分别代表隐含层和输出层的激活函数。偏置项可以与权重合并，因此图中将其略去。

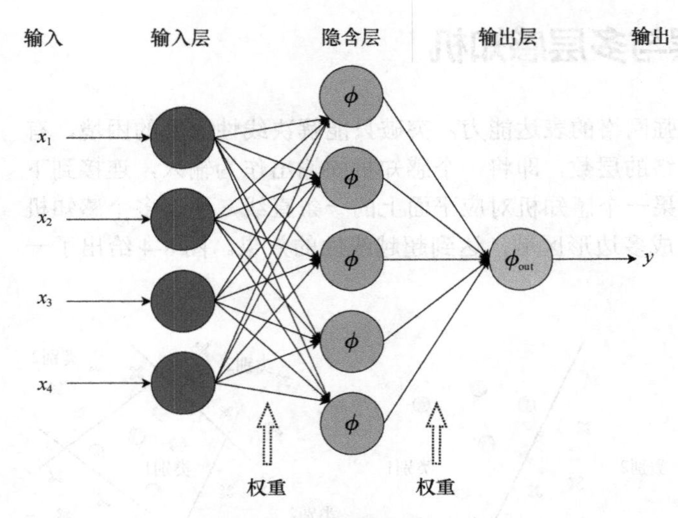


图 8-6　前馈神经网络示意

下面，我们以图 8-7 中的 3 层 MLP 为例，详细写出 MLP 中由输入计算得到输出的过程。设第 $i$ 层的权重、偏置和激活函数分别为 $\boldsymbol{W}_i$、$\boldsymbol{b}_i$ 和 $\phi_i$。那么对于输入 $\boldsymbol{x} \in \mathbb{R}^3$，该 MLP 在各层进行的运算如下。

- 第一层：$\boldsymbol{l}_1 = \phi_1(\boldsymbol{W}_1\boldsymbol{x} + \boldsymbol{b}_1)$。由于隐含层 1 的维度是 4，因此 $\boldsymbol{W}_1 \in \mathbb{R}^{4\times 3}$，$\boldsymbol{b}_1 \in \mathbb{R}^4$，输出 $\boldsymbol{l}_1 \in \mathbb{R}^4$。
- 第二层：$\boldsymbol{l}_2 = \phi_2(\boldsymbol{W}_2\boldsymbol{l}_1 + \boldsymbol{b}_2)$。同理，$\boldsymbol{W}_2 \in \mathbb{R}^{2\times 4}$，$\boldsymbol{b}_2 = \mathbb{R}^2$，输出 $\boldsymbol{l}_2 \in \mathbb{R}^2$。
- 第三层，即输出层：$y = \phi_3(\boldsymbol{W}_3\boldsymbol{l}_2 + b_3)$。由于输出 $y$ 是标量，这里 $\boldsymbol{W}_3 \in \mathbb{R}^{1\times 2}$，$b_3 \in \mathbb{R}$。

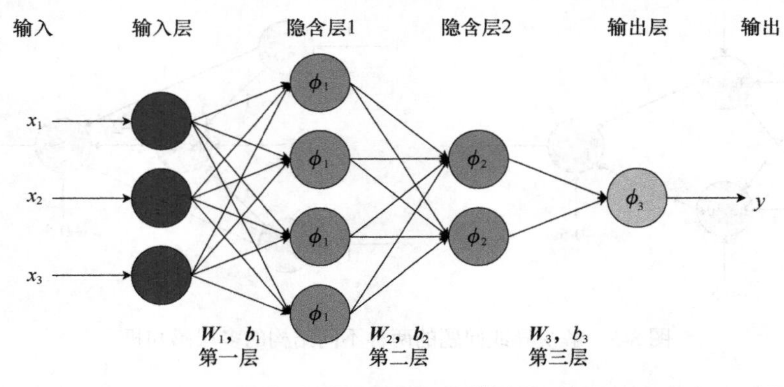


图 8-7　3 层 MLP 运算过程

如果把上面 3 层所做的运算连起来，就得到

$$y = \phi_3(\boldsymbol{W}_3\phi_2(\boldsymbol{W}_2\phi_1(\boldsymbol{W}_1 x + \boldsymbol{b}_1) + \boldsymbol{b}_2) + b_3)$$

那么这些激活函数能否就用线性函数来实现，还是说一定得是非线性函数呢？我们可以做以下简单推导。假如所有的激活函数 $\phi$ 都是线性函数，即 $\phi(\boldsymbol{W}\boldsymbol{x} + \boldsymbol{b}) = \boldsymbol{W}\phi(\boldsymbol{x}) + \boldsymbol{b}$，那么上式就变为

$$y = \boldsymbol{W}_3\boldsymbol{W}_2\boldsymbol{W}_1\phi_3(\phi_2(\phi_1(\boldsymbol{x}))) + \boldsymbol{W}_3\boldsymbol{W}_2\boldsymbol{b}_1 + \boldsymbol{W}_3\boldsymbol{b}_2 + b_3$$

这与一个权重 $\boldsymbol{W}=\boldsymbol{W}_3\boldsymbol{W}_2\boldsymbol{W}_1$，偏置 $\boldsymbol{b}=\boldsymbol{W}_3\boldsymbol{W}_2\boldsymbol{b}_1+\boldsymbol{W}_3\boldsymbol{b}_2+\boldsymbol{b}_3$，激活函数为 $\phi_3(\phi_2(\phi_1(x)))$ 的单层感知机完全一致。这样的多层感知机仅在线性意义上提高了网络的表达能力，但仍然是用多个超平面对样本进行分割。因此，激活函数一定得是非线性的，才能使网络模型有更广的拟合能力。目前，常用的激活函数有以下几种。

- *逻辑斯谛函数*：$\sigma(x)=1/(1+\mathrm{e}^{-x})$。该函数是一种常见的 sigmoid 函数，我们在第 6 章中已经介绍过。它将 $x$ 映射到 $(0, 1)$。直观上，可以将 0 对应生物神经元的静息状态，1 对应兴奋状态。相比于示性函数 $\mathbb{I}(x\geqslant 0)$，逻辑斯谛函数更加平滑，并且易于求导。逻辑斯谛函数的推广形式是 softmax 函数，两者没有本质不同。
- *双曲正切（tanh）函数*：$\tanh(x)=(\mathrm{e}^x-\mathrm{e}^{-x})/(\mathrm{e}^x+\mathrm{e}^{-x})$。该函数将 $x$ 映射到 $(-1, 1)$，图像如图 8-8 所示，与逻辑斯谛函数均为 S 型曲线，同样常用于分类任务。

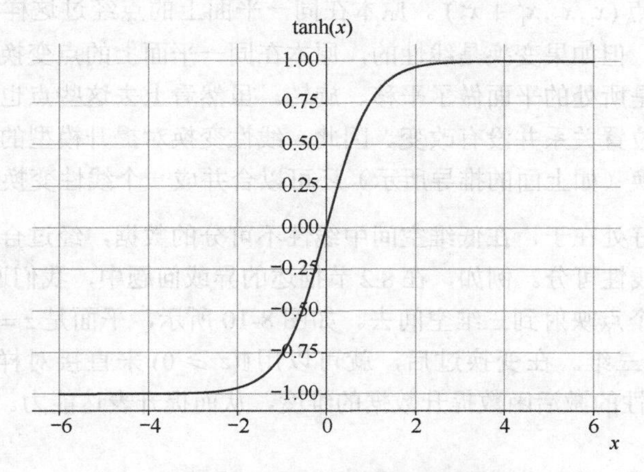


图 8-8　双曲正切函数的图像

- *线性整流单元（rectified linear unit，ReLU）*：$\mathrm{ReLU}(x)=\max(x,0)$。该函数将小于 0 的输入都变成 0，而将大于 0 的输入保持原样，图像如图 8-9 所示。虽然函数的两部分都是线性的，但在大于 0 的部分并不像示性函数 $\mathbb{I}(x\geqslant 0)$ 一样是常数，因此存在梯度，并且保持了原始的输入信息。一些研究表明，ReLU 函数将大约一半的神经元输出设置为 0，即静息状态的做法，与生物神经元有相似之处。

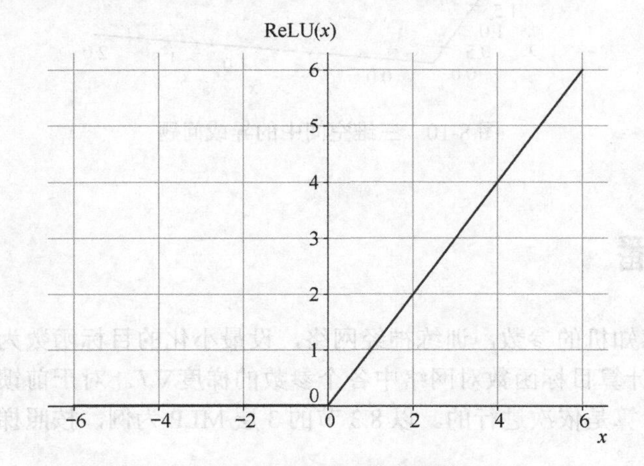


图 8-9　ReLU 函数的图像

在实践中，考虑到不同隐含层之间的对称性，我们一般让所有隐含层的激活函数相同。而 ReLU 函数作为计算简单又易于求导的选择，在绝大多数情况下都被用作隐含层的激活函数。输出层的激活函数与任务对输出的要求直接相关，需要根据不同的任务而具体选择。例如，二分类问题可以选用逻辑斯谛函数，多分类问题可以选用 softmax 函数，要求输出在 $(m, n)$ 区间内的问题可以选用 $\frac{m-n}{2}\tanh(x)+\frac{m+n}{2}$。MLP 相比于单层感知机的表达能力提升，关键就在于非线性激活函数的复合。理论上可以证明，任意一个 $\mathbb{R}^n$ 上的连续函数，都可以由大小合适的 MLP 来拟合，而对其非线性激活函数的形式要求很少。该定理称为普适逼近定理 [1]，这为神经网络的有效性给出了最基础的理论保证。

从上面的分析可以看出，非线性部分对提升模型的表达能力十分重要。事实上，非线性变换相当于提升了数据的维度。例如二维平面上的点 $(x_1, x_2)$，经过变换 $f(x_1,x_2)=x_1^2+x_2^2$，就可以看作三维空间中的点 $(x_1,x_2,x_1^2+x_2^2)$。原本在同一平面上的点经过这样的非线性变换，就分布到三维空间中去了。但如果变换是线性的，原本在同一平面上的点变换后在空间中仍然位于同一平面上，只不过是所处的平面做了平移、旋转。虽然看上去这些点也在三维空间，但本质上说，数据间的相对位置关系并没有改变。因此，线性变换对提升模型的表达能力没有太大帮助，而连续的线性变换（如上面的推导所示）还可以合并成一个线性变换。

数据维度提升的好处在于，在低维空间中线性不可分的数据，经过合适的非线性变换，在高维空间中可能变得线性可分。例如，在 8.2 节描述的异或问题中，我们通过某种非线性变换，将原本在平面上的 4 个点映射到三维空间去。如图 8-10 所示，平面是 $z=0$ 平面，箭头表示将原本二维的点变换到三维。在变换过后，就可以用 $\mathbb{I}(z \geqslant 0)$ 来直接对样本进行分类。因此，MLP 要不断通过非线性的激活函数提升数据的维度，从而提升表达能力。

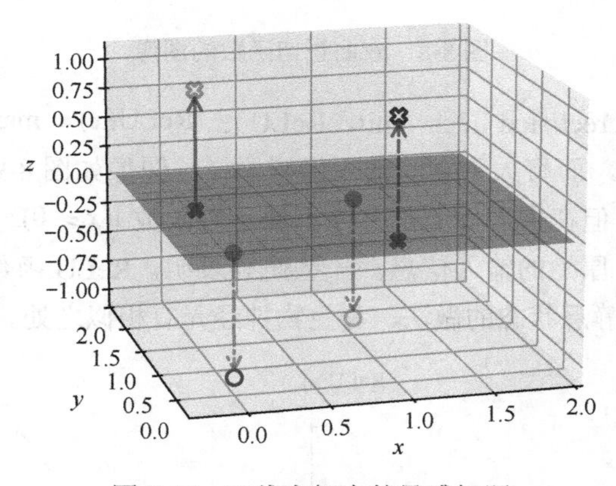


图 8-10　三维空间中的异或问题

## 8.4　反向传播

为了调整多层感知机的参数，训练神经网络，设最小化的目标函数为 $J(x)$，我们依然需要计算目标函数对网络中各个参数的梯度 $\nabla J$。对于前馈网络，其每一层的计算是依次进行的。以 8.3 节的 3 层 MLP 为例，按照梯

度计算的链式法则，可以得到

$$\frac{\partial J}{\partial \boldsymbol{W}_i}=\frac{\partial J}{\partial y}\frac{\partial y}{\partial \boldsymbol{W}_i},\quad \frac{\partial J}{\partial \boldsymbol{b}_i}=\frac{\partial J}{\partial y}\frac{\partial y}{\partial \boldsymbol{b}_i}$$

对照图8-11，$y$对参数$\boldsymbol{W}_i$和$\boldsymbol{b}_i$的梯度可以从后向前依次计算得到

$$\begin{cases}\dfrac{\partial y}{\partial \boldsymbol{W}_3}=\phi_3'(\boldsymbol{W}_3\boldsymbol{l}_2+b_3)\boldsymbol{l}_2\\[2mm]\dfrac{\partial y}{\partial b_3}=\phi_3'(\boldsymbol{W}_3\boldsymbol{l}_2+b_3)\\[2mm]\dfrac{\partial y}{\partial \boldsymbol{l}_2}=\boldsymbol{W}_3\phi_3'(\boldsymbol{W}_3\boldsymbol{l}_2+b_3)\end{cases}$$

$$\begin{cases}\dfrac{\partial y}{\partial \boldsymbol{W}_2}=\dfrac{\partial y}{\partial \boldsymbol{l}_2}\dfrac{\partial \boldsymbol{l}_2}{\partial \boldsymbol{W}_2}=\dfrac{\partial y}{\partial \boldsymbol{l}_2}\phi_2'(\boldsymbol{W}_2\boldsymbol{l}_1+\boldsymbol{b}_2)\boldsymbol{l}_1\\[2mm]\dfrac{\partial y}{\partial \boldsymbol{b}_2}=\dfrac{\partial y}{\partial \boldsymbol{l}_2}\dfrac{\partial \boldsymbol{l}_2}{\partial \boldsymbol{b}_2}=\dfrac{\partial y}{\partial \boldsymbol{l}_2}\phi_2'(\boldsymbol{W}_2\boldsymbol{l}_1+\boldsymbol{b}_2)\\[2mm]\dfrac{\partial y}{\partial \boldsymbol{l}_1}=\dfrac{\partial y}{\partial \boldsymbol{l}_2}\dfrac{\partial \boldsymbol{l}_2}{\partial \boldsymbol{l}_1}=\dfrac{\partial y}{\partial \boldsymbol{l}_2}\boldsymbol{W}_2\phi_2'(\boldsymbol{W}_2\boldsymbol{l}_1+\boldsymbol{b}_2)\end{cases}$$

$$\begin{cases}\dfrac{\partial y}{\partial \boldsymbol{W}_1}=\dfrac{\partial y}{\partial \boldsymbol{l}_1}\dfrac{\partial \boldsymbol{l}_1}{\partial \boldsymbol{W}_1}=\dfrac{\partial y}{\partial \boldsymbol{l}_1}\phi_1'(\boldsymbol{W}_1\boldsymbol{x}+\boldsymbol{b}_1)\boldsymbol{x}\\[2mm]\dfrac{\partial y}{\partial \boldsymbol{b}_1}=\dfrac{\partial y}{\partial \boldsymbol{l}_1}\dfrac{\partial \boldsymbol{l}_1}{\partial \boldsymbol{b}_1}=\dfrac{\partial y}{\partial \boldsymbol{l}_1}\phi_1'(\boldsymbol{W}_1\boldsymbol{x}+\boldsymbol{b}_1)\\[2mm]\dfrac{\partial y}{\partial \boldsymbol{x}}=\dfrac{\partial y}{\partial \boldsymbol{l}_1}\dfrac{\partial \boldsymbol{l}_1}{\partial \boldsymbol{x}}=\dfrac{\partial y}{\partial \boldsymbol{l}_1}\boldsymbol{W}_1\phi_1'(\boldsymbol{W}_1\boldsymbol{x}+\boldsymbol{b}_1)\end{cases}$$

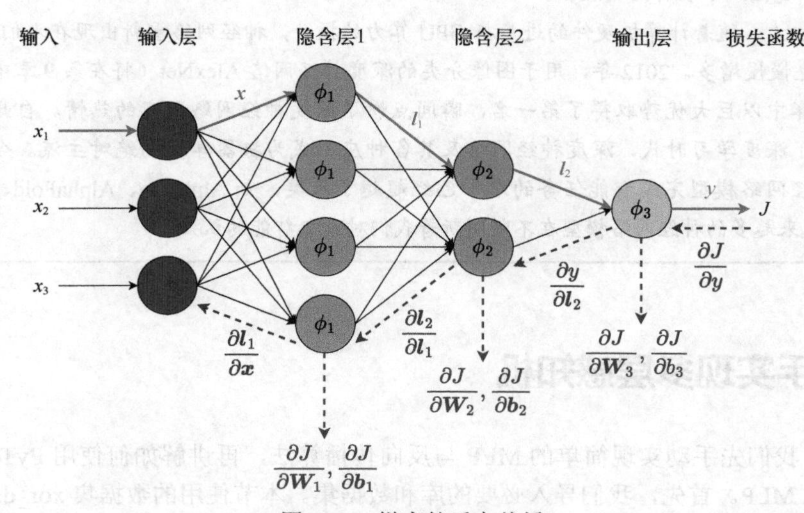


图 8-11　梯度的反向传播

可以发现，在计算过程中，$\dfrac{\partial y}{\partial \boldsymbol{l}_2}$和$\dfrac{\partial y}{\partial \boldsymbol{l}_1}$分别是重复计算的部分。注意，某些时候输入$\boldsymbol{x}$也会变成可以优化的参数，因此，在上式的最后我们也写出了对输入$\boldsymbol{x}$求导的结果。按照这样的

顺序，我们在最后一层计算出的 $\frac{\partial y}{\partial \boldsymbol{l}_2}$，可以直接用在倒数第二层的梯度计算上，以此类推。因此，每一层的梯度由两部分组成。一部分是当前的激活函数计算出的梯度，另一部分是后一层回传的梯度。像这样，梯度由后向前传播的算法，就称为反向传播（backpropagation，BP）算法，该算法是现代神经网络训练的核心之一。从图 8-11 中也可以看出，网络计算输出时的数据流向（⟶）和损失函数求导时的梯度流向（◂------）恰好相反。从数学的角度来讲，反向传播算法成立的根本原因是链式求导法则，从而靠后的层计算得到的结果可以在靠前的层中反复使用，无须在每一层都从头计算，大大提高了梯度计算的效率。

最后，设学习率为 $\eta$，我们可以根据梯度下降算法更新网络的参数：

$$\boldsymbol{W}_i \leftarrow \boldsymbol{W}_i - \eta\frac{\partial J}{\partial \boldsymbol{W}_i},\quad \boldsymbol{b}_i \leftarrow \boldsymbol{b}_i - \eta\frac{\partial J}{\partial \boldsymbol{b}_i},\quad i=1,2,3$$

**小故事**

神经网络的雏形出现于 1943 年，它最初是由神经生理学家麦卡洛克和数学家皮茨为建立人类神经元活动的数学模型而提出的。接下来，罗森布拉特在 1957 年提出了感知机，这时的感知机只有一层，结构较为简单，本质上仍然是线性模型，无法解决包括异或问题在内的非线性问题。到了 1965 年，阿列克谢 · 伊瓦赫年科（Alexey Ivakhnenko）和瓦连京 · 拉帕（Valentin Lapa）提出了多层感知机的概念。大大提升了神经网络的表达能力。1975 年，保罗 · 韦伯斯（Paul Werbos）将反向传播算法应用到多层感知机上，解决了异或问题和网络训练的问题。此时的 MLP 已经具有了现代神经网络的一些特点，如反向传播和梯度下降优化等。然而，相比于同时代的支持向量机（将在第 11 章中介绍），MLP 的数学解释模糊，很难通过数学方法保证其性能，另外神经网络模型的训练需要消耗大量计算资源。而支持向量机数学表达优美、逻辑严谨、计算简单，深受研究者的喜爱。因此，神经网络方面的研究陷入了长时间的沉寂。

2010 年左右，随着计算机硬件的进步与 GPU 算力的提升，神经网络重新出现在人们的视野中，对它的研究也慢慢增多。2012 年，用于图像分类的深度神经网络 AlexNet（将在第 9 章中介绍）在 ImageNet 比赛中以巨大优势取得了第一名，瞬间点燃了深度神经网络研究的热情。自此以后，机器学习进入了深度学习时代，深度神经网络及其各种应用成为机器学习的绝对主流。今天，在许多领域，神经网络模型完成智能任务的水平已经超越了人类，如 AlphaGo、AlphaFold、DALL-E、ChatGPT，越来越多的神经网络模型在不断刷新着我们对人工智能的认知。

## 8.5　动手实现多层感知机

接下来，我们先手动实现简单的 MLP 与反向传播算法，再讲解如何使用 PyTorch 库中的工具直接构造 MLP。首先，我们导入必要的库和数据集。本节使用的数据集 xor_dataset.csv 是异或数据集，与 8.2 节描述的离散异或问题稍有不同，该数据集包含了平面上连续的点。坐标为 $(x_1, x_2)$ 的点的标签是 $\mathbb{I}(x_1 \geqslant 0)\,\mathrm{xor}\,\mathbb{I}(x_2 \geqslant 0)$。因此，当样本在第一、三象限时，其标签为 0；在第二、四象限时，标签为 1。数据分布和标签如图 8-12 所示。每一行数据包含 3 个值，依次为样本的 $x_1$、$x_2$ 和标签 $y$。

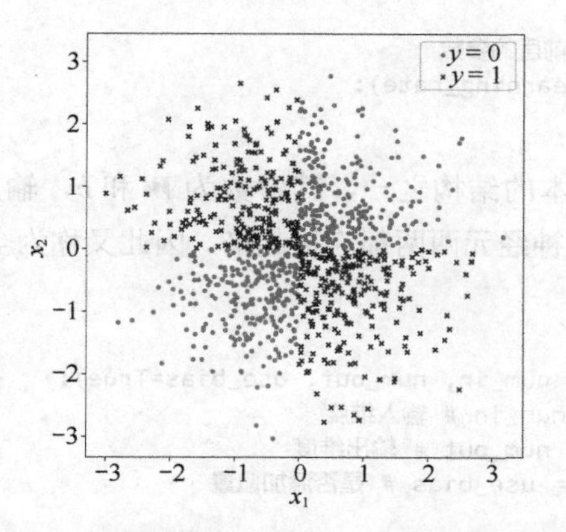


图 8-12 异或数据集 xor_dataset.csv 中的样本分布

```
import numpy as np
import matplotlib.pyplot as plt

# 导入数据集
data = np.loadtxt('xor_dataset.csv', delimiter=',')
print('数据集大小:', len(data))
print(data[:5])

# 划分训练集与测试集
ratio = 0.8
split = int(ratio * len(data))

np.random.seed(0)
data = np.random.permutation(data)
x_train, y_train = data[:split, :2], data[:split, -1].reshape(-1,1)
x_test, y_test = data[split:, :2], data[split:, -1].reshape(-1,1)
```

```
数据集大小: 1000
[[ 1.7641  0.4002 0. ]
 [ 0.9787  2.2409 0. ]
 [ 1.8676 -0.9773 1. ]
 [ 0.9501 -0.1514 1. ]
 [-0.1032  0.4106 1. ]]
```

然后，我们开始实现 MLP 中的具体内容。由于 MLP 的前馈结构，我们可以将其拆分成许多层。每一层都应当具备 3 个基本的功能：根据输入计算输出，计算参数的梯度，更新层参数。激活函数可以抽象为单独的一层，不具有参数。为了形式统一，我们先定义基类，再让不同的层都继承基类。

```
# 基类
class Layer:

    # 前向传播函数,根据输入x计算该层的输出y
    def forward(self, x):
        raise NotImplementedError

    # 反向传播函数,输入上一层回传的梯度grad,输出当前层的梯度
    def backward(self, grad):
        raise NotImplementedError
```

```
    # 更新函数,用于更新当前层的参数
    def update(self, learning_rate):
        pass
```

线性层是 MLP 中最基本的结构之一，其参数为 $\boldsymbol{W}$ 和 $\boldsymbol{b}$，输入与输出关系为 $\boldsymbol{y}=\boldsymbol{W}\boldsymbol{x}+\boldsymbol{b}$。由于其结构相当于将前后的神经元两两都连接起来，因此又称为全连接层。

```
class Linear(Layer):

    def __init__(self, num_in, num_out, use_bias=True):
        self.num_in = num_in # 输入维度
        self.num_out = num_out # 输出维度
        self.use_bias = use_bias # 是否添加偏置

        # 参数的初始化非常重要
        # 如果把参数默认设置为0,会导致Wx=0,后续计算失去意义
        # 我们直接用正态分布来初始化参数
        self.W = np.random.normal(loc=0, scale=1.0, size=(num_out, num_in))
        if use_bias: # 初始化偏置
            self.b = np.zeros((1, num_out))

    def forward(self, x):
        # 前向传播y = Wx + b
        # x的维度为(batch_size, num_in)
        self.x = x
        self.y = x @ self.W # y的维度为(batch_size, num_out)
        if self.use_bias:
            self.y += self.b
        return self.y

    def backward(self, grad):
        # 反向传播,按照链式法则计算
        # grad的维度为(batch_size, num_out)
        # 梯度要对batch_size取平均值
        # grad_W的维度与W相同，为(num_in, num_out)
        self.grad_W = self.x.T @ grad/grad.shape[0]
        if self.use_bias:
            # grad_b的维度与b相同，为(1, num_out)
            self.grad_b = np.mean(grad, axis=0, keepdims=True)
        # 前向传播的grad的维度为(batch_size, num_in)
        grad = grad  @ self.W.T
        return grad

    def update(self, learning_rate):
        # 更新参数以完成梯度下降
        self.W -= learning_rate * self.grad_W
        if self.use_bias:
            self.b -= learning_rate * self.grad_b
```

除了线性部分，MLP 中还有非线性激活函数。这里我们只实现在 8.3 节中讲到的逻辑斯谛函数、tanh 函数和 ReLU 函数 3 种激活函数。为了将其应用到 MLP 中，除了其表达式，我们还需要知道激活函数的梯度，以计算反向传播。

- 逻辑斯谛函数的梯度在第 6 章中已经介绍过，这里直接给出结果：

$$\frac{\partial \sigma(x)}{\partial x}=\sigma(x)(1-\sigma(x))$$

- tanh 函数的梯度为

$$\begin{aligned}\frac{\partial \tanh(x)}{\partial x}&=\frac{\partial}{\partial x}\left(\frac{e^x-e^{-x}}{e^x+e^{-x}}\right)\\&=\frac{(e^x+e^{-x})^2-(e^x-e^{-x})^2}{(e^x+e^{-x})^2}\\&=1-\left(\frac{e^x-e^{-x}}{e^x+e^{-x}}\right)^2\\&=1-\tanh(x)^2\end{aligned}$$

- ReLU 函数是一个分段函数，因此其梯度也是分段的，为

$$\frac{\partial \mathrm{ReLU}(x)}{\partial x}=\begin{cases}1, & x\geqslant 0\\0, & x<0\end{cases}$$

  事实上，$\mathrm{ReLU}(x)$ 在 $x=0$ 处的梯度并不存在。但为了计算方便，我们人为定义其梯度与右方连续，值为 1。

除此之外，我们有时希望激活函数不改变层的输出，因此我们再额外实现恒等函数（identity function）$\phi(x)=x$。这些激活函数都没有具体的参数，因此可以不实现 update 方法，只需要完成前向传播和反向传播即可。

```
class Identity(Layer):
    # 单位函数

    def forward(self, x):
        return x

    def backward(self, grad):
        return grad

class Sigmoid(Layer):
    # 逻辑斯谛函数

    def forward(self, x):
        self.x = x
        self.y = 1 / (1 + np.exp(-x))
        return self.y

    def backward(self, grad):
        return grad * self.y * (1 - self.y)

class Tanh(Layer):
    # tanh函数

    def forward(self, x):
        self.x = x
        self.y = np.tanh(x)
        return self.y

    def backward(self, grad):
```

```
        return grad * (1 - self.y ** 2)

class ReLU(Layer):
    # ReLU函数

    def forward(self, x):
        self.x = x
        self.y = np.maximum(x, 0)
        return self.y

    def backward(self, grad):
        return grad * (self.x >= 0)

# 存储所有激活函数和对应名称,方便索引
activation_dict = {
    'identity': Identity,
    'sigmoid': Sigmoid,
    'tanh': Tanh,
    'relu': ReLU
}
```

接下来，将全连接层和激活函数层依次拼起来，就可以得到一个简单的 MLP 了。

```
class MLP:
    def __init__(
        self,
        layer_sizes, # 包含每层大小的list
        use_bias=True,
        activation='relu',
        out_activation='identity'
    ):
        self.layers = []
        num_in = layer_sizes[0]
        for num_out in layer_sizes[1: -1]:
            # 添加全连接层
            self.layers.append(Linear(num_in, num_out, use_bias))
            # 添加激活函数
            self.layers.append(activation_dict[activation]())
            num_in = num_out
    # 由于输出需要满足任务的一些要求,例如二分类任务需要输出值范围为[0,1]的概率值
    # 因此最后一层通常做特殊处理
    self.layers.append(Linear(num_in, layer_sizes[-1], use_bias))
    self.layers.append(activation_dict[out_activation]())

def forward(self, x):
        # 前向传播,将输入依次通过每一层
        for layer in self.layers:
            x = layer.forward(x)
        return x

    def backward(self, grad):
        # 反向传播,grad为损失函数对输出的梯度,将该梯度依次回传,得到每一层参数的梯度
        for layer in reversed(self.layers):
            grad = layer.backward(grad)

    def update(self, learning_rate):
        # 更新每一层的参数
```

```
        for layer in self.layers:
            layer.update(learning_rate)
```

最后，我们可以直接将封装好的MLP当作一个黑盒子使用，并用梯度下降法进行训练。在本例中，异或数据集属于二分类问题，因此我们采用交叉熵损失，具体的训练过程如下。

```
# 设置超参数
num_epochs = 1000
learning_rate = 0.1
batch_size = 128
eps=1e-7 # 用于防止除以0、log(0)等数学问题

# 创建一个层大小依次为[2, 4, 1]的多层感知机
# 对于二分类问题,我们用sigmoid作为输出层的激活函数,使其输出值范围为[0,1]
mlp = MLP(layer_sizes=[2, 4, 1], use_bias=True, out_activation='sigmoid')

# 训练过程
losses = []
test_losses = []
test_accs = []
for epoch in range(num_epochs):
    # 我们实现的MLP支持批量输入,因此采用SGD算法
    st = 0
    loss = 0.0
    while True:
        ed = min(st + batch_size, len(x_train))
        if st >= ed:
            break
        # 取出batch
        x = x_train[st: ed]
        y = y_train[st: ed]
        # 计算MLP的预测
        y_pred = mlp.forward(x)
        # 计算梯度∂J/∂y
        grad = (y_pred - y) / (y_pred * (1 - y_pred) + eps)
        # 反向传播
        mlp.backward(grad)
        # 更新参数
        mlp.update(learning_rate)
        # 计算交叉熵损失
        train_loss = np.sum(-y * np.log(y_pred + eps) \
            - (1 - y) * np.log(1 - y_pred + eps))
        loss += train_loss
        st += batch_size

    losses.append(loss / len(x_train))
    # 计算测试集上的交叉熵和准确率
    y_pred = mlp.forward(x_test)
    test_loss = np.sum(-y_test * np.log(y_pred + eps) \
        - (1 - y_test) * np.log(1 - y_pred + eps)) / len(x_test)
    test_acc = np.sum(np.round(y_pred) == y_test) / len(x_test)
    test_losses.append(test_loss)
    test_accs.append(test_acc)

print('测试准确率:', test_accs[-1])
# 将损失变化进行可视化
plt.figure(figsize=(16, 6))
plt.subplot(121)
```

```
plt.plot(losses, color='blue', label='train loss')
plt.plot(test_losses, color='red', ls='--', label='test loss')
plt.xlabel('Step')
plt.ylabel('Loss')
plt.title('Cross-Entropy Loss')
plt.legend()

plt.subplot(122)
plt.plot(test_accs, color='red')
plt.ylim(top=1.0)
plt.xlabel('Step')
plt.ylabel('Accuracy')
plt.title('Test Accuracy')
plt.show()
```

测试准确率：0.97

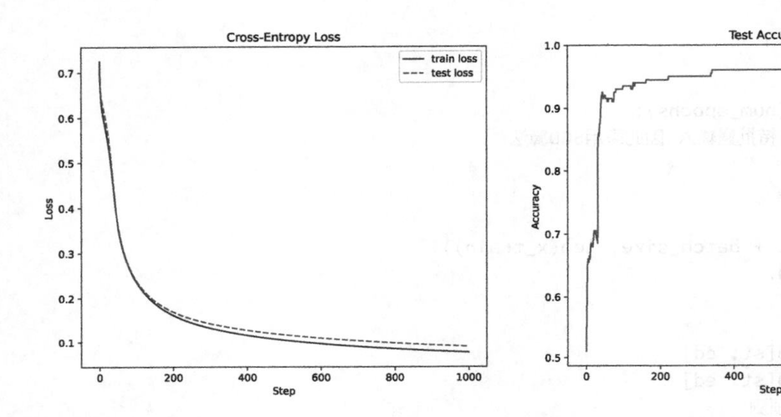


## 8.6 用PyTorch库实现多层感知机

在本节中，我们用另一个常见的机器学习库 PyTorch 来实现 MLP 模型。PyTorch 是一个功能强大的机器学习框架，包含完整的机器学习训练模块和机器自动求梯度功能。因此，我们只需要实现模型从输入到输出、再计算损失函数的过程，就可以用 PyTorch 内的工具自动计算损失函数的梯度，再用梯度下降法更新参数，省去了烦琐的手动计算过程。PyTorch 由于其功能强大、结构简单，是目前最常用的机器学习框架之一。在 PyTorch 中，MLP 需要用到的层和激活函数都已提供好，我们只需按照 8.5 节中类似的方法将其组合在一起就可以了。

```
import torch # PyTorch库
import torch.nn as nn # PyTorch中与神经网络相关的工具
from torch.nn.init import normal_ # 正态分布初始化

torch_activation_dict = {
    'identity': lambda x: x,
    'sigmoid': torch.sigmoid,
    'tanh': torch.tanh,
    'relu': torch.relu
}

# 定义MLP类,基于PyTorch的自定义模块通常都继承nn.Module
```

```
# 继承后,只需要实现forward函数,进行前向传播
# 反向传播与梯度计算均由PyTorch自动完成
class MLP_torch(nn.Module):

    def __init__(
        self,
        layer_sizes, # 包含每层大小的list
        use_bias=True,
        activation='relu',
        out_activation='identity'
    ):
        super().__init__() # 初始化父类
        self.activation = torch_activation_dict[activation]
        self.out_activation = torch_activation_dict[out_activation]
        self.layers = nn.ModuleList() # ModuleList以列表方式存储PyTorch模块
        num_in = layer_sizes[0]
        for num_out in layer_sizes[1:]:
            # 创建全连接层
            self.layers.append(nn.Linear(num_in, num_out, bias=use_bias))
            # 正态分布初始化,采用与前面手动实现时相同的方式
            normal_(self.layers[-1].weight, std=1.0)
            # 偏置项为全0
            self.layers[-1].bias.data.fill_(0.0)
            num_in = num_out

    def forward(self, x):
        # 前向传播
        # PyTorch可以自行处理batch_size等维度问题,我们只需要让输入依次通过每一层即可
        for i in range(len(self.layers) - 1):
            x = self.layers[i](x)
            x = self.activation(x)
        # 输出层
        x = self.layers[-1](x)
        x = self.out_activation(x)
        return x
```

接下来，定义超参数，用相同的方式训练 PyTorch 模型，最终得到的结果与手动实现的相近。

```
# 设置超参数
num_epochs = 1000
learning_rate = 0.1
batch_size = 128
eps = 1e-7
torch.manual_seed(0)

# 初始化MLP模型
mlp = MLP_torch(layer_sizes=[2, 4, 1], use_bias=True,
    out_activation='sigmoid')

# 定义SGD优化器
opt = torch.optim.SGD(mlp.parameters(), lr=learning_rate)

# 训练过程
losses = []
test_losses = []
test_accs = []
for epoch in range(num_epochs):
    st = 0
    loss = []
```

```
    while True:
        ed = min(st + batch_size, len(x_train))
        if st >= ed:
            break
        # 取出batch，转为张量
        x = torch.tensor(x_train[st: ed],
            dtype=torch.float32)
        y = torch.tensor(y_train[st: ed],
            dtype=torch.float32).reshape(-1, 1)
        # 计算MLP的预测
        # 调用模型时，PyTorch会自动调用模型的forward方法
        # y_pred的维度为(batch_size, layer_sizes[-1])
        y_pred = mlp(x)
        # 计算交叉熵损失
        train_loss = torch.mean(-y * torch.log(y_pred + eps) \
            - (1 - y) * torch.log(1 - y_pred + eps))
        # 清空梯度
        opt.zero_grad()
        # 反向传播
        train_loss.backward()
        # 更新参数
        opt.step()

        # 记录累加损失，需要先将损失从张量转为numpy格式
        loss.append(train_loss.detach().numpy())
        st += batch_size

    losses.append(np.mean(loss))
    # 计算测试集上的交叉熵
    # 在不需要梯度的部分，可以用torch.inference_mode()加速计算
    with torch.inference_mode():
        x = torch.tensor(x_test, dtype=torch.float32)
        y = torch.tensor(y_test, dtype=torch.float32).reshape(-1, 1)
        y_pred = mlp(x)
        test_loss = torch.sum(-y * torch.log(y_pred + eps) \
            - (1 - y) * torch.log(1 - y_pred + eps)) / len(x_test)
        test_acc = torch.sum(torch.round(y_pred) == y) / len(x_test)
        test_losses.append(test_loss.detach().numpy())
        test_accs.append(test_acc.detach().numpy())

print('测试准确率:', test_accs[-1])
# 将损失变化进行可视化
plt.figure(figsize=(16, 6))
plt.subplot(121)
plt.plot(losses,color='blue', label='train loss')
plt.plot(test_losses, color='red', ls='--', label='test loss')
plt.xlabel('Step')
plt.ylabel('Loss')
plt.title('Cross-Entropy Loss')
plt.legend()

plt.subplot(122)
plt.plot(test_accs, color='red')
plt.ylim(top=1.0)
plt.xlabel('Step')
plt.ylabel('Accuracy')
plt.title('Test Accuracy')
plt.show()
```

测试准确率: 0.965

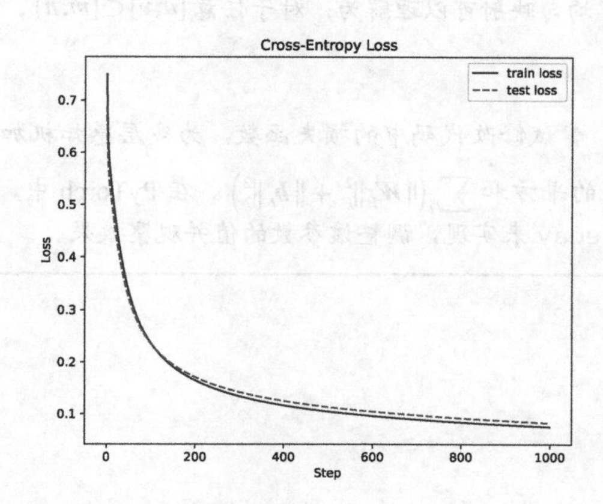


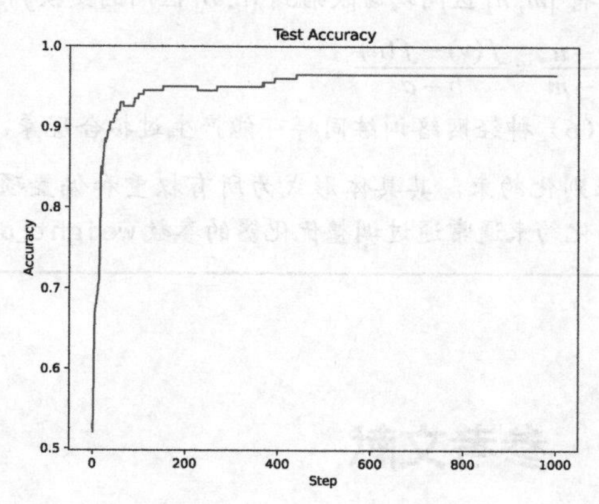


## 8.7 小结

人工神经网络是深度学习的基础，而现代人工智能的大部分应用都涉及深度学习。可以说，现在一切实用的人工智能模型都包含了不同结构的神经网络。本章讲解了神经网络的发展历程，以及一个曾经得到大规模应用的重要神经网络模型——多层感知机。其中包含的前馈结构、反向传播等思想，深刻地影响了后续神经网络的发展。在接下来的章节中，我们还会遇到更复杂的神经网络模型，但其基本思想都是一致的。希望读者能仔细理解本章讲述的内容，完成习题，并动手实现、调整超参数，观察训练结果的变化，对神经网络的特点有更深入的理解。关于深度学习的系统性讲解和练习，推荐读者参阅《动手学深度学习》[2]。

**习题**

（1）20 世纪 60 年代，马文·明斯基（Marvin Minsky）和西摩·佩珀特（Seymour Papert）利用（　　）证明了感知机的局限性，导致神经网络的研究陷入寒冬。

A. 梯度消失问题

B. 异或问题

C. 线性分类问题

（2）下列关于神经网络的说法正确的是（　　）。

A. 神经网络的设计仿照生物的神经元，已经可以完成和生物神经一样的功能

B. 神经元只能通过前馈方式连接，否则无法进行反向传播

C. 多层感知机相比于单层感知机有很大提升，其核心在于非线性激活函数

D. 多层感知机没有考虑不同特征之间的关联，因此建模能力不如双线性模型

（3）为什么（结构固定的）神经网络是参数化模型？它对输入的参数化假设是什么？

（4）试计算逻辑斯谛函数和 tanh 函数的梯度的取值区间，并根据反向传播的公式思考：当 MLP 的层数比较大时，其梯度计算会有什么影响？

（5）在 8.3 节中提到，将值域为 $(-1, 1)$ 的 $\tanh(x)$ 变形可以使值域拓展到 $(a, b)$。对于更一般的情况，推导将 $[m, n]$ 区间均匀映射到 $[a, b]$ 区间的变换 $f$。均匀映射可以理解为，对于任意 $[u,v]\subset[m,n]$，都有 $\dfrac{v-u}{n-m}=\dfrac{f(v)-f(u)}{b-a}$。

（6）神经网络训练同样可能产生过拟合现象。尝试修改代码中的损失函数，为多层感知机加入 $L_2$ 正则化约束，其具体形式为所有权重和偏置项的平方和 $\sum_i\left(\|\boldsymbol{W}_i\|_F^2+\|\boldsymbol{b}_i\|_2^2\right)$。在 PyTorch 中，$L_2$ 正则化约束通常通过调整优化器的参数 `weight_decay` 来实现，调整该参数的值并观察效果。

## 8.8 参考文献

[1] CYBENKO G. Approximation by superpositions of a sigmoidal function[J]. Mathematics of control, signals and systems, 1989, 2(4):303-314.

[2] 阿斯顿 · 张，李沐，扎卡里 · C. 立顿，亚历山大 · J. 斯莫拉 . 动手学深度学习 [M]. 北京：人民邮电出版社 , 2019.

# 第 9 章

# 卷积神经网络

本章继续讲解基于神经网络的模型。在 MLP 中，层与层的神经元之间两两连接，模拟了线性变换 $\boldsymbol{W}\boldsymbol{x}+\boldsymbol{b}$ 。在此基础上，我们可以通过调整神经元间的连接结构，进一步扩展对输入变换的方式，而不局限于线性变换，从而解决不同类型的任务。在第 3 章中，我们已经完成了色彩风格迁移这样一个简单的图像任务。在此过程中，我们依照 KNN 的思想，提取了图像的局部特征进行匹配。对于 MLP，如果我们要完成类似的图像处理任务，将图像作为输入时，如果仅仅对其进行线性变换，就相当于把二维的图像拉成一维的长条，忽视了其另一个维度上的特征。虽然如果 MLP 的层数足够多，理论上我们仍然可以用其提取出二维特征，但这无疑会大大增加模型的复杂度和训练难度。因此，我们需要更适合提取高维特征的运算和网络结构。卷积神经网络（convolutional neural network，CNN）就是基于这一思路而设计的。本章将会讲解卷积运算的特点和作用，以及如何搭建 CNN 来完成基于图像的任务。

扫码观看视频课程

## 9.1 卷积

卷积（convolution）是一种数学运算。对于两个函数 $f(t)$ 和 $g(t)$，其卷积的结果 $(f*g)(t)$ 也是一个关于 $t$ 的函数，定义为

$$(f*g)(t)=\int_{-\infty}^{+\infty}f(\tau)g(t-\tau)\mathrm{d}\tau$$

如果函数是离散的，假设其定义在整数集合 $\mathbb{Z}$ 上，用 $f(n)$ 表示 $f$ 在整数 $n$ 处的取值，那么 $f(n)$ 和 $g(n)$ 的离散卷积为

$$(f*g)(n)=\sum_{m=-\infty}^{+\infty}f(m)g(n-m)$$

这两个式子理解起来可能有些困难，毕竟涉及函数相乘的积分或求和，因此我们尽量从其应用场景来理解卷积的含义。卷积运算在信号处理中有广泛的应用，常常用于计算输入信号经过某个系统处理后得到的输出信号。假设输入信号是 $g(\tau)$，系统的函数是 $f(\tau)$，如图 9-1 所示。

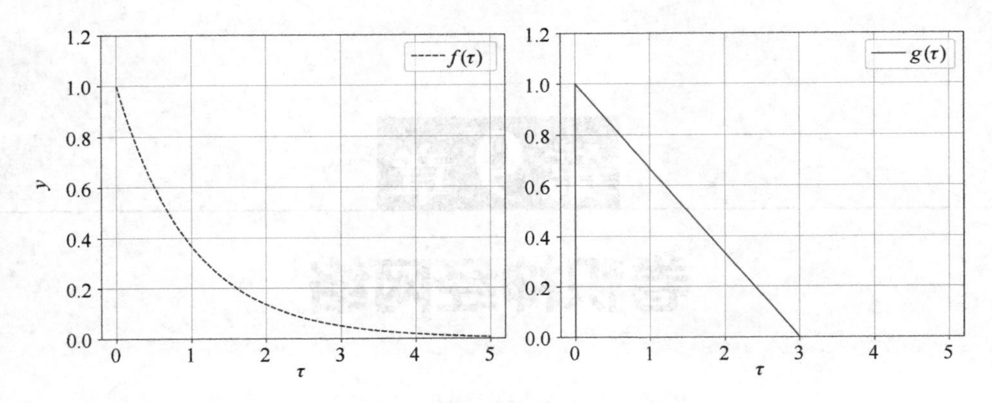

图 9-1　系统的函数与输入信号

如果将 $t$ 理解为时间，那么当信号 $g(t)$ 输入系统时，应当是 $t$ 较小的一方先被收到，因此在图像上应当将 $g(\tau)$ 水平翻转，变为 $g(t-\tau)$，如图 9-2 所示。

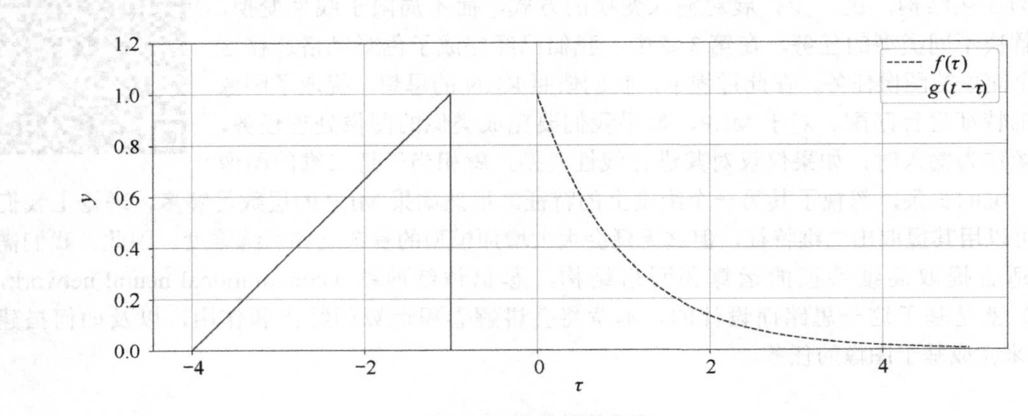

图 9-2　准备接收信号

接下来，随着 $t$ 不断增加，$g(t-\tau)$ 的图像向右移动，直到开始与系统 $f(\tau)$ 的图像出现重合，代表系统收到了信号。这时，系统 $f$ 对信号 $g$ 的响应为两者重叠部分相乘后图像的面积。如图 9-3 所示，灰色曲线为 $f(\tau)g(t-\tau)$，其下方的浅灰色区域的面积就是该时刻卷积的值。

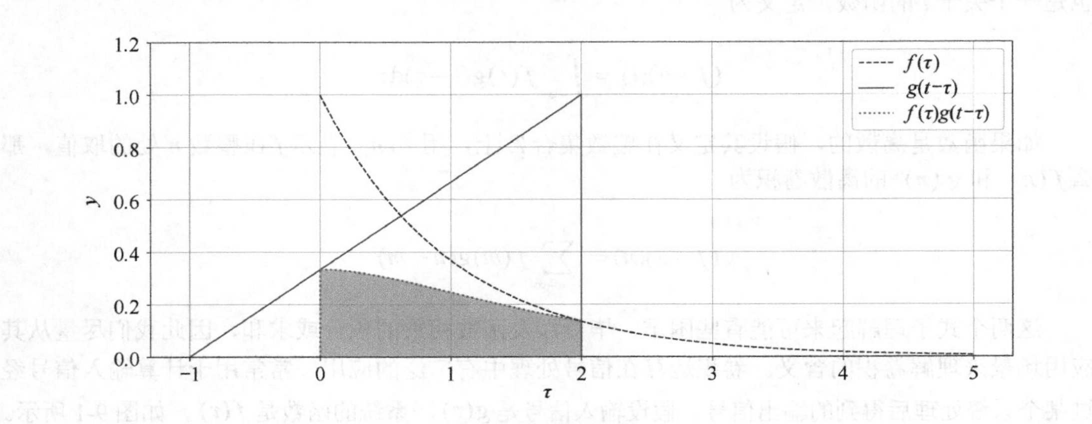

图 9-3　卷积的实际意义

我们知道，函数曲线下方的面积可以用积分来计算，则该面积为

$$(f*g)(t)=\int_{-\infty}^{+\infty} f(\tau)\,g(t-\tau)\mathrm{d}\tau$$

上式即为卷积的定义式。如果信号是离散的点，只需要将积分改为求和即可。从这个过程我们可以看出，卷积的含义是系统$f$对输入信号$g$产生的响应。如果将式中的$f(\tau)$看作权重，卷积就是在求$t$时刻$g(t-\tau)$按$f(\tau)$加权的平均值。因此我们可以认为，卷积的本质是计算某种特殊的加权平均。

## 9.2 神经网络中的卷积

在前面的章节中，我们面对图像输入的任务时，常常会想到从图像中提取对任务有帮助的特征，如图像中不同物体的边界、物体间的相对位置等。如果将图像看作由像素点组成的二维离散信号，自然可以借用信号处理中卷积的滤波特性，对图像也做卷积，从而把其中我们想要的特征过滤出来。事实上，用卷积进行图像处理的技术在神经网络提出之前就已经出现了，而神经网络将其威力进一步增强。

为了在图像上应用卷积，我们先把一维的卷积扩展到二维。由于图像都是离散的，每一个像素有具体的索引，这里我们只给出二维离散卷积的公式：

$$(f*g)(m,n)=\sum_{k=-\infty}^{+\infty}\sum_{l=-\infty}^{+\infty} f(k,l)\,g(m-k,n-l)$$

仔细观察可以发现，该公式还是在计算以$f(m,n)$为权重的$g(m-k,n-l)$在空间上的加权平均。如果将$g$看作图像，不同位置的权重就代表了图像上不同像素的重要程度。通过适当的权重$f$，我们就可以将组成某一特征的像素全部提取出来。在神经网络中，我们可以将$f$设置为可以训练的参数，通过梯度反向传播的方式进行训练，自动调整其值。与MLP主要由线性变换构成不同，主要由卷积运算构成的神经网络就称为卷积神经网络（CNN），在CNN中进行卷积运算的层称为卷积层，层中的权重$f$称为*卷积核*（convolutional kernel）。

在CNN中进行的卷积与实际的卷积有些差异。注意，卷积运算关于$f$和$g$是对称的，因此，还可以写成

$$(f*g)(m,n)=\sum_{k=-\infty}^{+\infty}\sum_{l=-\infty}^{+\infty} f(m-k,n-l)\,g(k,l)$$

对于神经网络，卷积核$f$的参数由梯度下降算法自动调整。如果将$f$在计算时先翻转，把$m-k$改成$k-m$，那么最后得到的参数也仅仅在位置上是翻转的，对具体的参数值没有影响。因此，在CNN中，我们通常省略翻转操作，而是直接计算

$$(f*g)(m,n)=\sum_{k=-\infty}^{+\infty}\sum_{l=-\infty}^{+\infty} f(k-m,l-n)\,g(k,l)$$

该运算称为*互相关*（cross-correlation），但是在机器学习中，习惯上我们依然称其为卷积。对于图像这样的空间信号，我们并不需要像时间信号那样，只有到了特定的时刻才能知道输入信

号值。相反，我们可以从图像的任意位置开始处理图像。因此，上式中将求和的下标分别向后推移$m$和$n$个单位不会对现实中的计算产生影响，所以上式还可以写成

$$(f*g)(m,n)=\sum_{k=-\infty}^{+\infty}\sum_{l=-\infty}^{+\infty}f(k,l)\,g(k+m,l+n)$$

至此，我们把卷积的公式做了一些不影响实际结果的变形。可以看出，现在在计算$(f*g)(m,n)$时，卷积核$f$从$g(0,0)$开始滑动，并在每一个位置与$g$相乘再求和。对于$g$的下标$m$和$n$超出图像尺寸的情况，我们直接假设$g$在该处的值为零。因此，上面的求和在实际计算时无须真的遍历$(-\infty,+\infty)$范围。

图 9-4 给出了一个 2×2 的卷积核作用到 3 像素 ×3 像素的图像上的结果。我们假设横向为$x$轴，纵向为$y$轴，正方向分别为向右和向下；图像左上角的坐标是 (0, 0)，右下角的坐标是 (2, 2)；卷积核左上角的坐标是 (0, 0)，右下角的坐标是 (1, 1)。那么按照上面给出的计算公式，整个计算过程为

$$(f*g)(0,0)=\sum_{k=0}^{1}\sum_{l=0}^{1}f(k,l)\,g(k,l)=3\times0+1\times4+7\times1+2\times3=17$$

$$(f*g)(0,1)=\sum_{k=0}^{1}\sum_{l=0}^{1}f(k,l)\,g(k,l+1)=1\times0+5\times4+2\times1+3\times3=31$$

$$(f*g)(1,0)=\sum_{k=0}^{1}\sum_{l=0}^{1}f(k,l)\,g(k+1,l)=7\times0+2\times4+0\times1+4\times3=20$$

$$(f*g)(1,1)=\sum_{k=0}^{1}\sum_{l=0}^{1}f(k,l)\,g(k+1,l+1)=2\times0+3\times4+4\times1+0\times3=16$$

| 3 | 7 | 0 |
| --- | --- | --- |
| 1 | 2 | 4 |
| 5 | 3 | 0 |

*

| 0 | 1 |
| --- | --- |
| 4 | 3 |

=

| 17 | 20 |
| --- | --- |
| 31 | 16 |

图 9-4　卷积计算示例

在上面的计算过程中，由于图像边界的存在，卷积得到的结果会比原来的图像更小。设原图宽为$W$像素，高为$H$像素，卷积核的宽和高分别为$W_{\rm k}$和$H_{\rm k}$，易知输出图像的大小为

$$W_{\rm out}=W-W_{\rm k}+1,\quad H_{\rm out}=H-H_{\rm k}+1$$

有时候，我们希望输出图像能保持和输入图像同样的尺寸，因此会对输入图像的周围进行填充（padding），以此抵消卷积运算对图像尺寸的影响。填充操作会在输入图像四周补上数层额外的像素。在很多情况下，我们会设置填充总层数为

$$W_{\rm pad}=W_{\rm k}-1,\quad H_{\rm pad}=H_{\rm k}-1$$

填充常用的方式有全零填充、常数填充、边界扩展填充等。其中，全零填充和常数填充即用 0 或某指定的常数进行填充，边界扩展填充则是将边界处的值向外复制。通常来说，如果$W_{\rm pad}$或$H_{\rm pad}$是偶数，那么在宽和高的两侧各填充总层数的一半以保持对称；当然也可以根据需要，自行调整不同方向填充的具体层数。以上面展示的卷积运算为例，如果我们希望输出图像

尺寸与输入图像尺寸相同，还是 3 像素 ×3 像素，就需要对输入图像的宽和高分别填充一层。如果我们在左方和上方进行全零填充，得到的结果如图 9-5 所示。其中输入图像左方和上方浅灰色的部分是填充的 0，得到了 4 像素 ×4 像素的图像，与 2×2 的卷积核进行卷积后，输出的图像与原图像尺寸相同。我们用浅灰色标出了输出中有填充 0 参与运算的部分，其余部分和原本的输出相同。通过适当的填充操作，我们可以自由调整输出图像的尺寸。

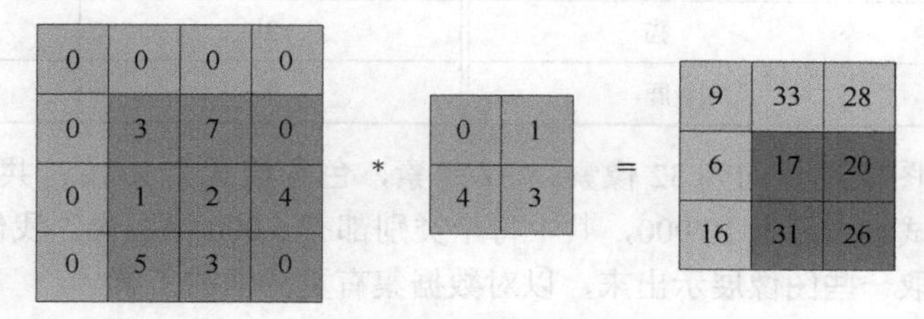


图 9-5　卷积的边缘填充

卷积运算可以对一定范围内的图像进行特征提取，其提取范围就是卷积核的尺寸 $W_k$ 和 $H_k$，因此，卷积核的尺寸又称为卷积核的感受野（receptive field）。这一概念同样来源于神经科学，本义是指一个感觉神经元所支配的感受器在视网膜、皮肤等位置能感受到外界刺激的范围。较小的卷积核可以提取局部特征，但是难以发现全局的物体之间的位置关系；而较大的卷积核可以发现整体的结构特征，但对细节的捕捉能力较差。例如，假如我们需要识别图像中的人脸，小卷积核可以提取出五官特征，而大卷积核可以提取出脸的整体轮廓。因此，在一个 CNN 中，我们常常会使用多种尺寸的卷积核，以有效提取不同尺度上的特征信息，并且会使用多个相同尺寸的卷积核，以学出同一尺度下不同的局部信息提取模式。

除此之外，考虑到图像中通常会有大量相邻的相似像素，在这些区域上进行卷积得到的结果基本是相近的，从而包含大量冗余信息；另一方面，小卷积核对局部的信息可能过于敏感。因此，在卷积之外，我们通常还会对图像进行池化（pooling）操作。池化是一种下采样（downsampling）操作，即用一个像素来代表一片区域内的所有像素，从而降低整体的复杂度。常用的池化有平均池化和最大池化两种。顾名思义，平均池化（average pooling）是用区域内所有像素的平均值来代表区域，最大池化（max pooling）是用区域内所有像素的最大值来代表区域。图 9-6 展示了对 4 像素 ×4 像素的图像做最大池化的过程。池化与卷积操作类似，都可以看作将一个固定尺寸的窗口在图像上滑动。但通常来说，池化运算的窗口在滑动时不会重复，因此得到的输出图像会比输入图像显著缩小。

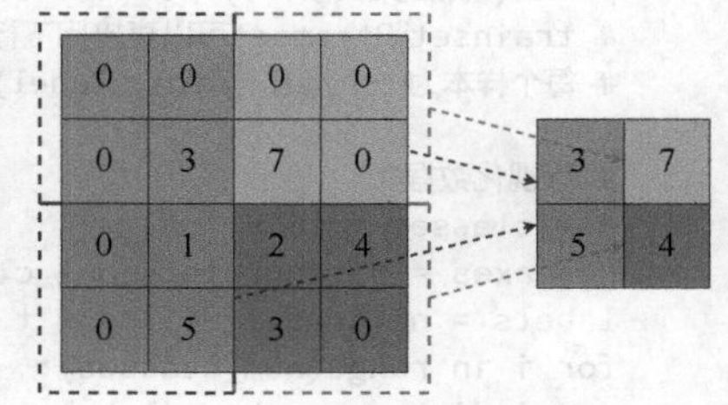


图 9-6　最大池化

## 9.3　用卷积神经网络完成图像分类任务

在本节中，我们讲解如何用 PyTorch 实现一个卷积神经网络，并用它完成图像分类任务。该任务要求模型能识别输入图像中的主要物体的类别。在本节中我们采用的 CIFAR-10 数据集 [1] 包含了 10 个种类的图像，类别与标签如表 9-1 所示。

表 9-1　CIFAR-10 数据集中的图像类别

| 图像标签 | 图像类别 | 图像标签 | 图像类别 |
|---|---|---|---|
| 0 | 飞机 | 5 | 狗 |
| 1 | 汽车 | 6 | 青蛙 |
| 2 | 鸟 | 7 | 马 |
| 3 | 猫 | 8 | 船 |
| 4 | 鹿 | 9 | 卡车 |

数据集中所有图像尺寸均为 32 像素 ×32 像素，色彩模式为 RGB，共 3 个通道。训练集大小为 50 000，测试集大小为 10 000，其中每个类别都有 6 000 幅图像。我们首先导入数据集，并从每一类别中抽取一些图像展示出来，以对数据集有更清晰的了解。

```
import os
import numpy as np
import matplotlib.pyplot as plt
from tqdm import tqdm # 进度条工具

import torch
import torch.nn as nn
import torch.nn.functional as F
# transforms提供了数据处理工具
import torchvision.transforms as transforms
# 由于数据集较大，我们通过工具在线下载数据集
from torchvision.datasets import CIFAR10
from torch.utils.data import DataLoader


# 下载训练集和测试集
data_path = './cifar10'
trainset = CIFAR10(root=data_path, train=True,download=True, transform=transforms.ToTensor())
testset = CIFAR10(root=data_path, train=False,download=True, transform=transforms.ToTensor())
print('训练集大小: ', len(trainset))
print('测试集大小: ', len(testset))
# trainset和testset可以直接用下标访问
# 每个样本为一个元组 (data, label)，data是3*32*32的张量，表示图像；label是0—9的整数，代表图像的类别

# 可视化数据集
num_classes = 10
fig, axes = plt.subplots(num_classes, 10, figsize=(15, 15))
labels = np.array([t[1] for t in trainset]) # 取出所有样本的标签
for i in range(num_classes):
    indice = np.where(labels == i)[0] # 类别为i的图像的下标
    for j in range(10): # 展示前10幅图像
        # matplotlib绘制RGB图像时，图像矩阵依次是宽、高、颜色，与数据集中有差别
        # 因此需要用permute重排数据的坐标轴
        axes[i][j].imshow(trainset[indice[j]][0].permute(1, 2, 0).numpy())
        # 去除坐标刻度
        axes[i][j].set_xticks([])
        axes[i][j].set_yticks([])
plt.show()
```

```
Files already downloaded and verified
Files already downloaded and verified
训练集大小:  50000
```

```
测试集大小: 10000
```

根据 9.2 节的讲解，一个基础的 CNN 主要由卷积和池化两部分构成，如图 9-7 所示。我们依次用卷积和池化提取图像中不同尺度的特征，最终将最后的类别特征经过全连接层，输出一个 10 维向量，其每一维分别代表图像属于对应类别的概率。其中，全连接层与我们在 MLP 中讲过的相同，是前后两层神经元全部互相连接的层，相当于线性变换 $\boldsymbol{W}\boldsymbol{x}+\boldsymbol{b}$，因此又称为线性层。图 9-7 展示的是 1998 年由杨立昆（Yann Lecun）和约书亚 · 本吉奥（Yoshua Bengio）提出的 LeNet-5[2] 结构示意图，这是最早的可以实用的 CNN 之一，最初被应用在手写数字识别任务上，是 CNN 领域的奠基性工作。

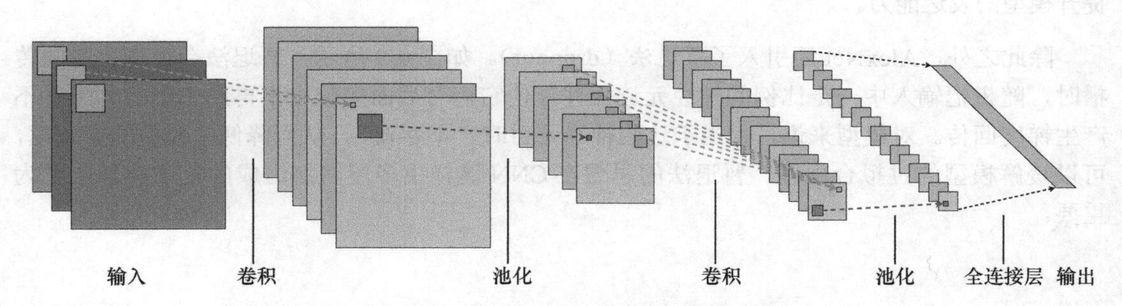


图 9-7 卷积神经网络 LeNet-5 结构示意

在多分类问题中，为了使输出的所有分类概率总和为 1，我们常常在输出层使用 softmax 激活函数。通过 softmax 得到每一类的概率后，我们再应用最大似然估计的思想。将 MLE 与

softmax 结合，得到多分类的交叉熵损失：

$$\mathcal{L}_{\mathrm{CE}}(\boldsymbol{\theta}) = -\frac{1}{d}\sum_{i=1}^{d} y_i \log \frac{\mathrm{e}^{\hat{y}_i}}{\sum_{j=1}^{d}\mathrm{e}^{\hat{y}_j}}$$

其中，$\hat{\boldsymbol{y}} = f_\theta(\boldsymbol{X})$ 是模型的原始输出，$\boldsymbol{y}$是用独热向量表示的输入$\boldsymbol{X}$的真实类别。假设$\boldsymbol{X}$的类别是$c$，那么向量$\boldsymbol{y}$只有第$c$维为1，其他维全部为0。这一形式我们曾在第6章中推导过。

在 CNN 的发展历程中诞生了许多非常有效的网络结构。其中，2012 年由亚历克斯 · 克里泽夫斯基（Alex Krizhevsky）提出的 AlexNet[3] 可以说是 CNN 中划时代的设计。考虑到算力限制，我们使用其简化版本，其结构如图 9-8 所示。该网络共有 8 层，其中前 6 层由两组卷积、卷积、池化的网络构成，最后两层为全连接层。因为单个卷积核只能提取图像中的某一个特征，而即使是同一尺度下，图像也可能包含多个有用的特征。为了同时提取它们，我们可以在同一层中使用多个不同的卷积核分别进行卷积运算。这样，每个卷积核之间相互独立，可以各自发现不同的特征。由于不同的卷积核表示的是图像上同一位置的不同特征，与图像的色彩通道含义类似，因此我们将卷积核的数量也称为通道（channel）。对于多个通道的输入，我们可以同样使用多通道卷积核来进行计算，得到多通道的输出。在图 9-8 中标注的每一层的图像尺寸中，@ 符号之前的数字就表示图像的通道。

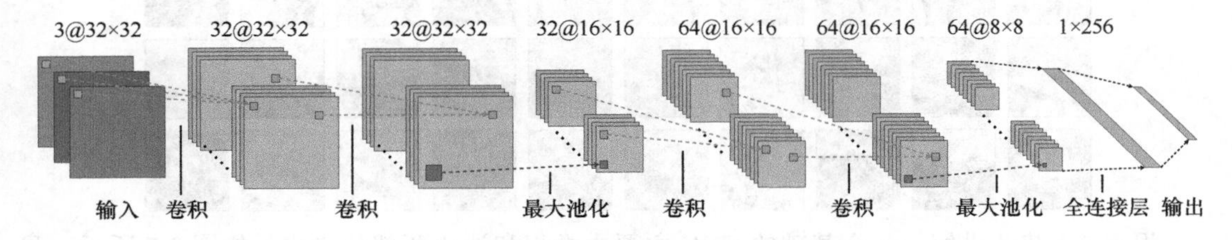


图 9-8　简化版本的 AlexNet 结构示意

可以看出，初始时图像有 RGB 3 种色彩，其通道为 3。接下来在卷积和池化的过程中，每次我们都用逐渐变小的卷积核提取图像不同尺度的特征，这也是 AlexNet 的重要特点之一。同时，图像的尺寸逐渐变小，但通道逐渐变多，每个通道都代表一个不同的特征。到全连接层之前，我们已经提取出了 64 种特征，最后再由全连接层对特征进行分类。与 MLP 类似，在适当的位置我们会插入非线性激活函数。在第 8 章我们已经讲过，非线性变换可以增加数据维度，提升模型的表达能力。

除此之外，AlexNet 还引入了*暂退法*（dropout）。如图 9-9 所示，暂退法会在每次前向传播时，随机把输入中一定比例的神经元遮盖住，使它们对后面的输出不再产生影响，也就不产生梯度回传。对模型来说，相当于这些神经元暂时“不存在”，从而降低了模型的复杂度，可以缓解模型的过拟合问题。暂退法的思想在 CNN 这样由多层网络组成的复杂模型中尤为重要。

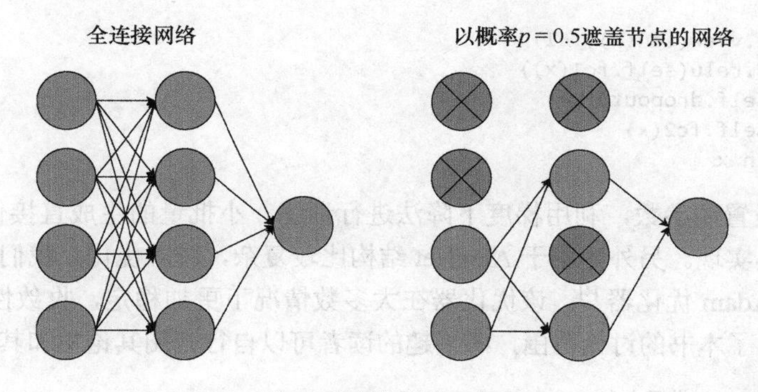


图 9-9 暂退操作示意

接下来，我们利用 PyTorch 中的工具来实现图 9-8 中展示的网络结构。

```
class CNN(nn.Module):

    def __init__(self, num_classes=10):
        super().__init__()
        # 类别数目
        self.num_classes = num_classes
        # Conv2D为二维卷积层，参数依次为
        # in_channels：输入通道
        # out_channels：输出通道，即卷积核个数
        # kernel_size：卷积核大小，默认为正方形
        # padding：填充层数，padding=1表示对输入四周各填充一层，默认填充0
        self.conv1 = nn.Conv2d(in_channels=3, out_channels=32,kernel_size=3, padding=1)
        # 第二层卷积，输入通道与上一层的输出通道保持一致
        self.conv2 = nn.Conv2d(32, 32, 3, padding=1)
        # 最大池化，kernel_size表示窗口大小，默认为正方形
        self.pooling1 = nn.MaxPool2d(kernel_size=2)
        # 暂退，p表示每个位置被置为0的概率
        # 随机暂退只在训练时开启，在测试时应当关闭
        self.dropout1 = nn.Dropout(p=0.25)
        self.conv3 = nn.Conv2d(32, 64, 3, padding=1)
        self.conv4 = nn.Conv2d(64, 64, 3, padding=1)
        self.pooling2 = nn.MaxPool2d(2)
        self.dropout2 = nn.Dropout(0.25)

        # 全连接层，输入维度4096=64*8*8，与上一层的输出一致
        self.fc1 = nn.Linear(4096, 512)
        self.dropout3 = nn.Dropout(0.5)
        self.fc2 = nn.Linear(512, num_classes)

    # 前向传播，将输入按顺序依次通过设置好的层
    def forward(self, x):
        x = F.relu(self.conv1(x))
        x = F.relu(self.conv2(x))
        x = self.pooling1(x)
        x = self.dropout1(x)

        x = F.relu(self.conv3(x))
        x = F.relu(self.conv4(x))
        x = self.pooling2(x)
        x = self.dropout2(x)

        # 在全连接层之前，将x的形状转为 (batch_size, n)
```

```python
        x = x.view(len(x), -1)
        x = F.relu(self.fc1(x))
        x = self.dropout3(x)
        x = self.fc2(x)
        return x
```

最后，我们设置超参数，利用梯度下降法进行训练。小批量的生成直接使用 PyTorch 中的 `DataLoader` 工具实现。另外，由于 AlexNet 结构比较复杂，较难优化，我们使用 SGD 优化器的一个改进版本 Adam 优化器 [4]。该优化器在大多数情况下更加稳定，收敛性能更好，但其原理较为复杂，超出了本书的讨论范围，感兴趣的读者可以自行查阅其论文和其他相关资料。

```python
batch_size = 64 # 批量大小
learning_rate = 1e-3 # 学习率
epochs = 5 # 训练轮数
np.random.seed(0)
torch.manual_seed(0)

# 批量生成器
trainloader = DataLoader(trainset, batch_size=batch_size, shuffle=True)
testloader = DataLoader(testset, batch_size=batch_size, shuffle=False)
model = CNN()
# 使用Adam优化器
optimizer = torch.optim.Adam(model.parameters(), lr=learning_rate)
# 使用交叉熵损失
criterion = F.cross_entropy

# 开始训练
for epoch in range(epochs):
    losses = 0
    accs = 0
    num = 0
    model.train() # 将模型设置为训练模式，开启dropout
    with tqdm(trainloader) as pbar:
        for data in pbar:
            images, labels = data
            outputs = model(images) # 获取输出
            loss = criterion(outputs, labels) # 计算损失
            # 优化
            optimizer.zero_grad()
            loss.backward()
            optimizer.step()
            # 累积损失
            num += len(labels)
            losses += loss.detach().numpy() * len(labels)
            # 准确率
            accs += (torch.argmax(outputs, dim=-1) \
                == labels).sum().detach().numpy()
            pbar.set_postfix({
                'Epoch': epoch,
                'Train loss': f'{losses / num:.3f}',
                'Train acc': f'{accs / num:.3f}'
            })

# 计算模型在测试集上的表现
losses = 0
accs = 0
num = 0
model.eval() # 将模型设置为评估模式，关闭dropout
```

```
    with tqdm(testloader) as pbar:
        for data in pbar:
            images, labels = data
            outputs = model(images)
            loss = criterion(outputs, labels)
            num += len(labels)
            losses += loss.detach().numpy() * len(labels)
            accs += (torch.argmax(outputs, dim=-1) \
                == labels).sum().detach().numpy()
            pbar.set_postfix({
                'Epoch': epoch,
                'Test loss': f'{losses / num:.3f}',
                'Test acc': f'{accs / num:.3f}'
            })
```

```
100%|████████████████████████████████████████| 782/782 [02:21<00:00,
5.53it/s, Epoch=0, Train loss=1.596, Train acc=0.414]
100%|████████████████████████████████████████| 157/157 [00:09<00:00,
15.85it/s, Epoch=0, Test loss=1.247, Test acc=0.546]
100%|████████████████████████████████████████| 782/782 [02:31<00:00,
5.17it/s, Epoch=1, Train loss=1.244, Train acc=0.554]
100%|████████████████████████████████████████| 157/157 [00:09<00:00,
16.03it/s, Epoch=1, Test loss=1.061, Test acc=0.631]
100%|████████████████████████████████████████| 782/782 [02:35<00:00,
5.04it/s, Epoch=2, Train loss=1.086, Train acc=0.613]
100%|████████████████████████████████████████| 157/157 [00:10<00:00,
14.68it/s, Epoch=2, Test loss=1.011, Test acc=0.640]
100%|████████████████████████████████████████| 782/782 [02:28<00:00,
5.28it/s, Epoch=3, Train loss=0.987, Train acc=0.652]
100%|████████████████████████████████████████| 157/157 [00:09<00:00,
16.15it/s, Epoch=3, Test loss=0.882, Test acc=0.696]
100%|████████████████████████████████████████| 782/782 [02:32<00:00,
5.14it/s, Epoch=4, Train loss=0.910, Train acc=0.678]
100%|████████████████████████████████████████| 157/157 [00:09<00:00,
15.92it/s, Epoch=4, Test loss=0.842, Test acc=0.708]
```

**小故事**

卷积神经网络来源于神经科学中对生物的视觉系统的研究。1959 年，神经科学家达维德·胡贝尔（David Hubel）和托尔斯滕·维泽尔（Torsten Wiesel）提出了感受野的概念，并在 1962 年通过在猫脑中的实验确定了感受野等功能的存在。1979 年，福岛邦彦（Kunihiko Fukushima）受到他们工作的启发，通过神经网络模拟了生物视觉中的感受野，并用不同的层分别提取特征和进行抽象，这就是如今的 CNN 的雏形。CNN 第一次大规模应用是在 1998 年，杨立昆和本吉奥等人设计的 LeNet-5 在识别手写数字上取得了巨大成功，并被广泛应用于美国的邮政系统和银行，用来自动识别邮件和支票上的数字。但是，受到当时的硬件条件和技术手段制约，深度神经网络整体在解决复杂问题上遇到困难，CNN 研究也沉寂许久。2012 年，克里泽夫斯基设计的 AlexNet 在 ImageNet 图像分类比赛中以巨大优势取得第一名，确立了 CNN 在计算机视觉领域的统治地位。到 2015 年，CNN 在该比赛中的错误率已低于人类。

CNN 并非只能应用在图像任务上，只要是具有空间关联的输入，都可以通过 CNN 来提取特征。2016 年，由 DeepMind 公司研制的 AlphaGo 击败了人类围棋世界冠军李世石九段，让人工智能彻底出圈，成为了家喻户晓的名词。AlphaGo 及其后来的改进版本 AlphaGo Zero、AlphaZero 等模型都是以 CNN 为基础进行棋盘特征提取的。此外，CNN 还在语音、文本、时间序列等具有一维空间关联的任务上有出色表现。

## 9.4　用预训练的卷积神经网络完成色彩风格迁移

从 CNN 的原理上来说，当我们训练完成一个 CNN 后，其中间的卷积层可以提取图像中不同类型的特征。进一步分析 CNN 的结构可以发现，网络前几层的大量卷积和池化层负责将图像特征提取出来，而最后的全连接层与 MLP 一样，接受提取的特征作为输入，再根据具体的任务目标给出相应的输出。这一发现提醒我们，CNN 中的特征提取结构的参数很可能并不依赖于具体任务。在一个任务上训练完成的卷积核完全可以直接迁移到新的任务上去。在本节中我们就按照这一思路，从预训练好的网络出发，通过微调完成图像的色彩风格迁移任务。值得注意的是，与传统的“对参数求导”的方式不同，本节采用“对数据求导”的方式来完成图像色彩风格的迁移，这是机器学习中一个重要的思维方式。在梯度反向传播的过程中，可以发现梯度最终可以传到输入数据处。在通常情况下，输入数据是固定的，不受我们控制，因此，对输入的梯度也就被舍弃了。但在此任务中，情况正好相反，网络的参数是已训练好的，而网络输入需要我们不断调整。因此，我们不妨把输入数据视为特殊的模型参数，对数据来求导。

### 9.4.1　VGG 网络

本节采用的预训练网络是另一个广泛应用的 CNN 结构——VGG 网络[5]。VGG 网络给出了一种 CNN 的结构设计范式，即通过反复堆叠基础的模块来构建网络，而无须像 AlexNet 一样为每一层都调整卷积核和池化窗口的尺寸。图 9-10 展示了 VGG16 网络的结构，其中 16 表示网络中卷积层和全连接层的数目。网络中的基本模块称为 VGG 块，由数个尺寸为 3×3、边缘填充层数为 1 的卷积层和一个窗口尺寸为 2×2 的最大池化层组成。在一个 VGG 块中，由于卷积层引入了边缘填充，卷积前后图像的尺寸不变，而池化层会使图像的长和宽变为原来的一半。同时，每个 VGG 块的输出通道都是输入通道的两倍。这样，随着输入尺寸的减小，网络提取的特征不断增多。最后，网络再将所有特征输入 3 层全连接层，得到最后的结果。VGG16 的第一个 VGG 块输出通道数目为 64，之后每次翻倍，直到 512 为止，共包含 5 个 VGG 块。我们也可以堆叠更多的 VGG 块来得到更庞大的网络，但是相应的模型复杂度和训练时间也会增加，同时也容易出现过拟合等现象。对于完成本节的简单任务，VGG16 网络已经足够。

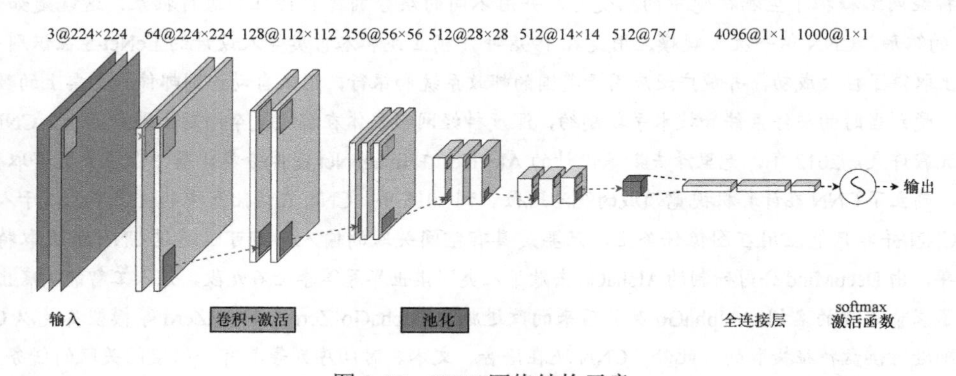


图 9-10　VGG 网络结构示意

### 9.4.2　内容表示与风格表示

与第 3 章中自行提取特征的方法不同，现在我们已经可以直接利用训练好的 VGG 网络提取图像在不同尺度下的各个特征。因此，我们应当考虑的是如何利用这些特征提取结构来完成风格迁移。利用梯度下降的思想，我们可以从一幅空白图像或者随机图像出发，通过 VGG 网络提取其内容特征和风格特征，与目标的内容图像或者风格图像的相应特征进行比较来计算损失，再通过梯度的反向传播更新输入图像的内容。这样，我们就可以得到在内容上与内容图像相近，且在风格上与风格图像相近的结果。

那么，我们该如何使用训练好的 VGG 网络来提取特征呢？对 CNN 来说，从最初的卷积层开始，随着层数加深，网络提取的特征会越来越侧重于图像整体的风格以及有关图像中物体相对位置的信息。这是因为图像经过了池化，不同位置的像素被合并在了一起，其精细的信息已经损失了，留下的大多是整体性的信息。图 9-11 中的内容表示部分是利用 VGG16 中的 5 个不同的 VGG 块对内容图像的一个局部进行处理的结果。可以看出，浅层的卷积核基本只输出原图的像素信息，而深层的卷积核可以输出图像整体的一些抽象结构特征。因此，我们使用 VGG16 中第五个 VGG 块的第三个卷积层来提取图像的内容特征。

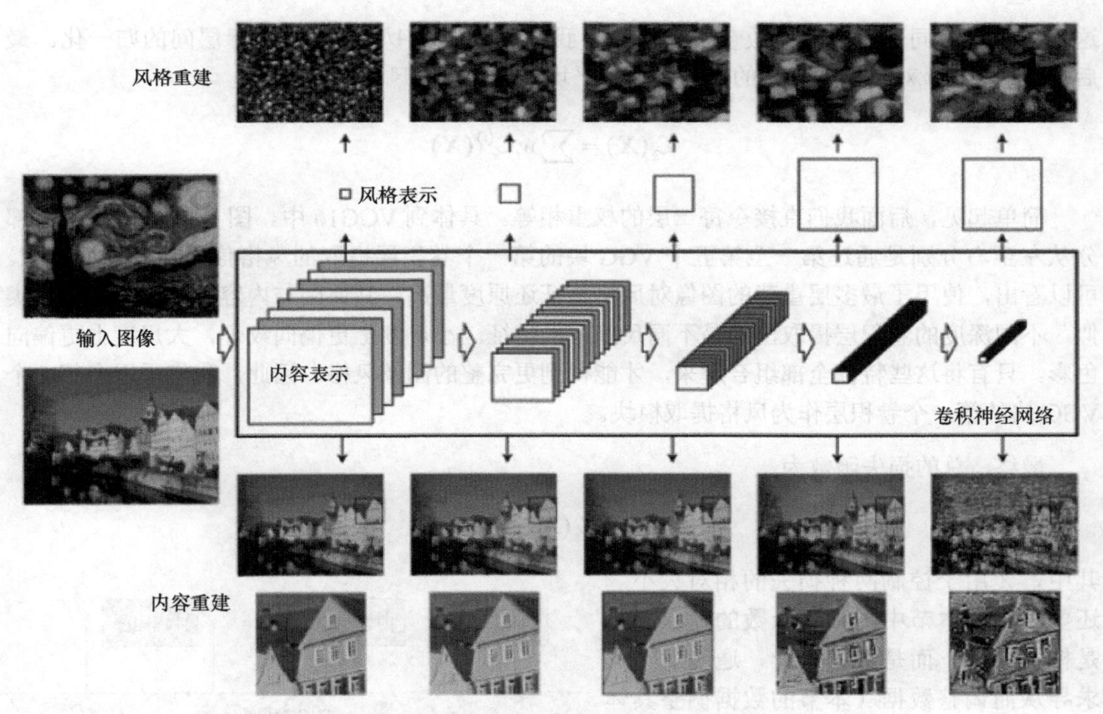


图 9-11　不同深度的卷积层提取的特征差异（图像来自论文 [6]）

设提取内容的模型为 $f_c$，输入图像的矩阵为 $\boldsymbol{X}$，内容图像的矩阵为 $\boldsymbol{C}$，我们直接用平方误差作为内容上的损失：

$$\mathcal{L}_c(\boldsymbol{X})=\frac{1}{2}\|f_c(\boldsymbol{X})-f_c(\boldsymbol{C})\|_F^2$$

相比于内容，图像的风格更难描述，也更不容易直接得到。直观上说，一幅图像的风格指的是图像的色彩、纹理等要素，这些要素在每个尺度上都有体现。因此，我们考虑同一个卷积层中由不同的卷积核提取的特征。由于这些特征属于同一层，因此基本属于原图中的相同尺度。那么，它们之间的相关性可以一定程度上反映图像在该尺度上的风格特点。设某一层中卷积核的数量为 $N$，每个卷积核与输入运算得到的输出大小为 $M$，其中 $M$ 表示输出矩阵中元素的总数量。那么，该卷积层输出的总特征矩阵为 $\boldsymbol{F}\in\mathbb{R}^{N\times M}$，每个行向量都表示一个卷积核输出的特征。为了表示不同特征之间的关系，我们使用与因子分解机类似的思想，将特征之间做内积，得到

$$\boldsymbol{G}=\boldsymbol{F}\boldsymbol{F}^{\mathrm{T}}$$

该矩阵称为**格拉姆矩阵**（Gram matrix）。矩阵 $\boldsymbol{G}\in\mathbb{R}^{N\times N}$ 在计算乘积的过程中，把与特征在图像中的位置有关的维度消掉了，只留下与卷积核有关的维度。直观上说，这体现了图像的风格特征与其相对位置无关，是图像的全局属性。设由第 $i$ 个卷积层提取的输入图像的风格矩阵为$\boldsymbol{G}_X^{(i)}$，风格图像的风格矩阵为$\boldsymbol{G}_s^{(i)}$，我们同样用平方误差作为损失函数：

$$\mathcal{L}_s^{(i)}(\boldsymbol{X})=\frac{1}{4N_{(i)}^2M_{(i)}^2}\|\boldsymbol{G}_X^{(i)}-\boldsymbol{G}_s^{(i)}\|_F^2$$

这里，由于不同卷积层的参数量可能不同，我们额外除以 $4N_{(i)}^2M_{(i)}^2$ 来进行层间的归一化。最后，再用权重$w_i$对不同卷积层的损失做加权平均，得到总的风格损失为

$$\mathcal{L}_s(\boldsymbol{X})=\sum_i w_i\mathcal{L}_s^{(i)}(\boldsymbol{X})$$

简单起见，后面我们直接令每一层的权重相等。具体到 VGG16 中，图 9-11 的风格表示部分从左至右分别是通过第一至第五个 VGG 块的第一个卷积层提取的风格信息重建出的图像。可以看出，使用了最多层重建的图像对风格特征还原度最高，其原因与内容重建中所介绍的类似，不同深度的卷积层提取出的是不同尺度下的特征。小尺度上更偏向纹理，大尺度上更偏向色彩。只有将这些特征全部组合起来，才能得到更完整的图像风格。因此，我们采用全部 5 个 VGG 块的第一个卷积层作为风格提取模块。

最终，总的损失函数为

$$\mathcal{L}(\boldsymbol{X})=\mathcal{L}_c(\boldsymbol{X})+\lambda\mathcal{L}_s(\boldsymbol{X})$$

其中，$\lambda$ 用于控制两种损失的相对大小。还要注意，本节中的损失函数的输入不再是模型参数，而是数据本身，通过对数据求导从而调整数据（本节的数据调整具体而言是图像的色彩风格），进而最小化损失函数值。这样的方法自然也要求数据本身是连续可导的，包括图像和语音等，而离散的文本、类别数据则无法如此处理。总的训练流程可以用图9-12表示，其中VGG16网络在此过程中完全固定，梯度回传并不经过网络。

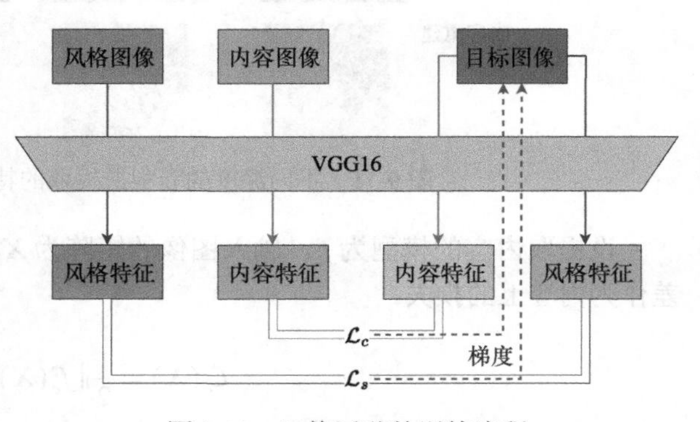


图 9-12 风格迁移的训练流程

下面，我们用 PyTorch 来完成风格迁移任务。首先导入必要的库，并读取数据集（加载图像另见彩插图 10）。

```
# 该工具包中有AlexNet、VGG等多种训练好的CNN网络
from torchvision import models
import copy

# 定义图像处理方法
transform = transforms.Resize([512, 512]) # 规整图像形状

def loadimg(path):
    # 加载路径为path的图像，形状为H*W*C
    img = plt.imread(path)
    # 处理图像，注意重排维度使通道维在最前
    img = transform(torch.tensor(img).permute(2, 0, 1))
    # 展示图像
    plt.imshow(img.permute(1, 2, 0).numpy())
    plt.show()
    # 添加batch size维度
    img = img.unsqueeze(0).to(dtype=torch.float32)
    img /= 255 # 将其值从0-255的整数转换为0-1的浮点数
    return img

content_image_path = os.path.join('style_transfer', 'content','04.jpg')
style_image_path = os.path.join('style_transfer', 'style.jpg')

# 加载内容图像
print('内容图像')
content_img = loadimg(content_image_path)
# 加载风格图像
print('风格图像')
style_img = loadimg(style_image_path)
```

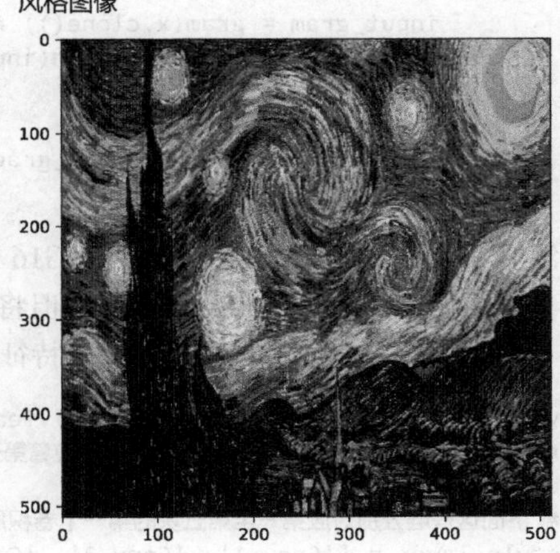


接下来，我们按照前面讲解的方式，定义内容损失和风格损失模块。由于我们后续要在 VGG 网络上做改动，这里把两种损失都按 nn.Module 的方式定义。

```
# 内容损失
class ContentLoss(nn.Module):
```

```
    def __init__(self, target):
        # target为从目标图像中提取的内容特征
        super().__init__()
        # 我们不对target求梯度，因此将target从梯度的计算图中分离出来
        self.target = target.detach()
        self.criterion = nn.MSELoss()

    def forward(self, x):
        # 利用MSE计算输入图像与目标内容图像之间的损失
        self.loss = self.criterion(x.clone(), self.target)
        return x # 只计算损失，不改变输入

    def backward(self):
        # 由于本模块只包含损失计算，不改变输入，因此要单独定义反向传播
        self.loss.backward(retain_graph=True)
        return self.loss

def gram(x):
    # 计算G矩阵
    batch_size, n, w, h = x.shape # n为卷积核数目，w和h为输出的宽和高
    f = x.view(batch_size * n, w * h) # 变换为二维
    g = f @ f.T / (batch_size * n * w * h) # 除以参数数目，进行归一化
    return g

# 风格损失
class StyleLoss(nn.Module):

    def __init__(self, target):
        # target为从目标图像中提取的风格特征
        # weight为设置的强度系数lambda
    super().__init__()
    self.target_gram = gram(target.detach()) # 目标的格拉姆矩阵
    self.criterion = nn.MSELoss()

    def forward(self, x):
        input_gram = gram(x.clone()) # 输入的格拉姆矩阵
        self.loss = self.criterion(input_gram, self.target_gram)
        return x
    def backward(self):
        self.loss.backward(retain_graph=True)
        return self.loss
```

然后，我们下载已经训练好的 VGG16 网络，并按照其结构抽取我们需要的卷积层，舍弃最后与原始任务高度相关的全连接层，但将激活函数和池化层保持原样。我们将抽出的层依次加入一个新创建的模型中，供后续提取特征使用。

```
vgg16 = models.vgg16(weights=True).features # 导入预训练的VGG16网络
# 选定用于提取特征的卷积层，Conv_13对应着第五块的第三个卷积层
content_layer = ['Conv_13']
# 下面这些层分别对应第一至第五块的第一个卷积层
style_layer = ['Conv_1', 'Conv_3', 'Conv_5', 'Conv_8', 'Conv_11']

content_losses = [] # 内容损失
style_losses = [] # 风格损失

model = nn.Sequential() # 存储新模型的层
vgg16 = copy.deepcopy(vgg16)
index = 1 # 计数卷积层
```

```
# 遍历 VGG16 的网络结构，选取需要的层
for layer in list(vgg16):
    if isinstance(layer, nn.Conv2d): # 如果是卷积层
        name = "Conv_" + str(index)
        model.append(layer)
        if name in content_layer:
            # 如果当前层用于抽取内容特征，则添加内容损失
            target = model(content_img).clone() # 计算内容图像的特征
            content_loss = ContentLoss(target) # 内容损失模块
            model.append(content_loss)
            content_losses.append(content_loss)

        if name in style_layer:
            # 如果当前层用于抽取风格特征，则添加风格损失
            target = model(style_img).clone()
            style_loss = StyleLoss(target) # 风格损失模块
            model.append(style_loss)
            style_losses.append(style_loss)

if isinstance(layer, nn.ReLU): # 如果是激活函数层
    model.append(layer)
    index += 1

if isinstance(layer, nn.MaxPool2d): # 如果是池化层
    model.append(layer)
# 输出模型结构
print(model)

Sequential(
    (0): Conv2d(3, 64, kernel_size=(3, 3), stride=(1, 1), padding=(1,1))
    (1): StyleLoss(
      (criterion): MSELoss()
    )
    (2): ReLU(inplace=True)
    (3): Conv2d(64, 64, kernel_size=(3, 3), stride=(1, 1), padding=(1,1))
    (4): ReLU(inplace=True)
    (5): MaxPool2d(kernel_size=2, stride=2, padding=0, dilation=1,ceil_mode=False)
    (6): Conv2d(64, 128, kernel_size=(3, 3), stride=(1, 1), padding=(1,1))
    (7): StyleLoss(
      (criterion): MSELoss()
    )
    (8): ReLU(inplace=True)
    (9): Conv2d(128, 128, kernel_size=(3, 3), stride=(1, 1), padding=(1, 1))
    (10): ReLU(inplace=True)
    (11): MaxPool2d(kernel_size=2, stride=2, padding=0, dilation=1,ceil_mode=False)
    (12): Conv2d(128, 256, kernel_size=(3, 3), stride=(1, 1), padding=(1, 1))
    (13): StyleLoss(
      (criterion): MSELoss()
    )
    (14): ReLU(inplace=True)
    (15): Conv2d(256, 256, kernel_size=(3, 3), stride=(1, 1), padding=(1, 1))
    (16): ReLU(inplace=True)
    (17): Conv2d(256, 256, kernel_size=(3, 3), stride=(1, 1), padding=(1, 1))
    (18): ReLU(inplace=True)
    (19): MaxPool2d(kernel_size=2, stride=2, padding=0, dilation=1,ceil_mode=False)
    (20): Conv2d(256, 512, kernel_size=(3, 3), stride=(1, 1), padding=(1, 1))
    (21): StyleLoss(
```

```
      (criterion): MSELoss()
    )
    (22): ReLU(inplace=True)
    (23): Conv2d(512, 512, kernel_size=(3, 3), stride=(1, 1), padding=(1, 1))
    (24): ReLU(inplace=True)
    (25): Conv2d(512, 512, kernel_size=(3, 3), stride=(1, 1), padding=(1, 1))
    (26): ReLU(inplace=True)
    (27): MaxPool2d(kernel_size=2, stride=2, padding=0, dilation=1,ceil_mode=False)
    (28): Conv2d(512, 512, kernel_size=(3, 3), stride=(1, 1), padding=(1, 1))
    (29): StyleLoss(
      (criterion): MSELoss()
    )
    (30): ReLU(inplace=True)
    (31): Conv2d(512, 512, kernel_size=(3, 3), stride=(1, 1), padding=(1, 1))
    (32): ReLU(inplace=True)
    (33): Conv2d(512, 512, kernel_size=(3, 3), stride=(1, 1), padding=(1, 1))
    (34): ContentLoss(
      (criterion): MSELoss()
    )
    (35): ReLU(inplace=True)
    (36): MaxPool2d(kernel_size=2, stride=2, padding=0, dilation=1,ceil_mode=False)
)
```

现在我们已经以 VGG16 为基础定义了自己的新模型。应当始终注意，我们并不关心模型的输出，也不会对输出计算任何损失函数。我们关心的部分只是模型中计算内容损失和风格损失的模块，所有的梯度也是从这些层中产生的。最后，我们设置超参数，并训练模型，查看生成图像的效果（另见彩插图 11）。

```
epochs = 200
learning_rate = 0.1
lbd = 1e6 # 强度系数

input_img = content_img.clone() # 从内容图像开始迁移
param = nn.Parameter(input_img.data) # 将图像内容设置为可训练的参数
optimizer = torch.optim.Adam([param], lr=learning_rate) # 使用Adam优化器

for i in range(epochs):
    style_score = 0 # 本轮的风格损失
    content_score = 0 # 本轮的内容损失
    model(param) # 将输入通过模型，得到损失
    for cl in content_losses:
        content_score += cl.backward()
    for sl in style_losses:
        style_score += sl.backward()
style_score *= lbd
loss = content_score + style_score
# 更新输入图像
optimizer.zero_grad()
loss.backward()
optimizer.step()
# 每次对输入图像进行更新后，图像中部分像素点会超出0—1的范围，因此要对其进行剪切
param.data.clamp_(0, 1)

if i % 50 == 0 or i == epochs - 1:
    print(f'训练轮数：{i},\t风格损失：{style_score.item():.4f},\t' \
        f'内容损失：{content_score.item():.4f}')
    plt.imshow(input_img[0].permute(1, 2, 0).numpy())
    plt.show()
```

训练轮数：0，风格损失：11691.9434，
内容损失：0.0000

训练轮数：50，风格损失：88.7717，
内容损失：3.3852

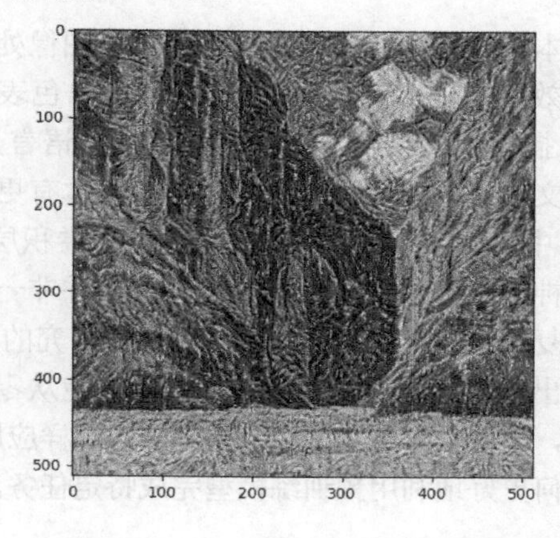


训练轮数：100，风格损失：21.4749，
内容损失：2.5494

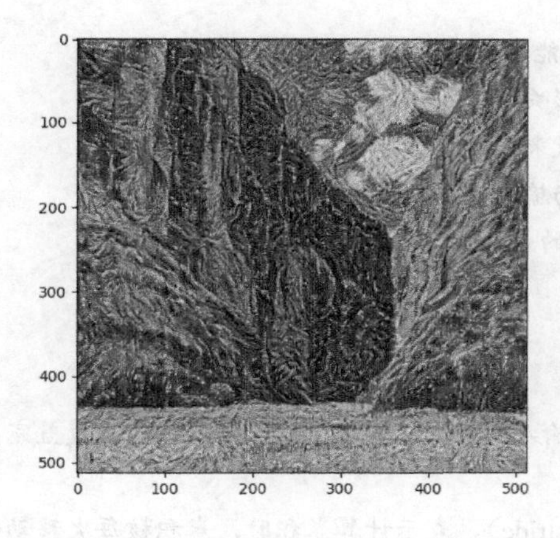


训练轮数：150，风格损失：13.0989，
内容损失：2.2862

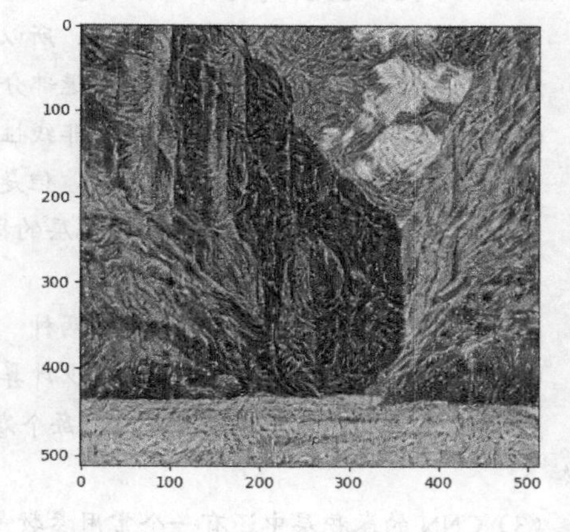


训练轮数：199，风格损失：7.4475，
内容损失：2.0521

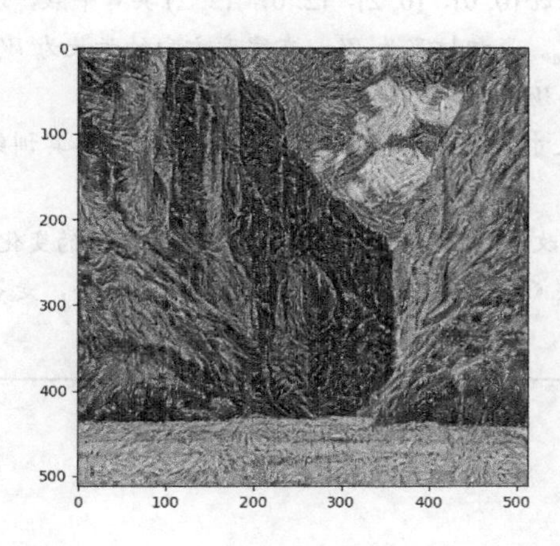

## 9.5　小结

本章介绍了卷积神经网络和其在图像处理任务中的应用。作为人工智能划时代的一页，能够有效应用的 CNN 在图像任务上的出色表现逐渐让人工智能走进了大众视野。除图像之外，CNN 捕捉不同尺度特征的能力在自然语言处理中也有广泛应用，我们可以用它来提取文本中上下文的背景内容，从而让模型对文本有更准确的理解。在本章的第二个任务中，我们展示了 CNN 中各层网络的作用，不同深度的卷积层可以提取不同尺度和类型的图像特征。这也启发我们，神经网络训练中得到的网络参数并非一些杂乱无章的数字，而有其具体含义。因此，对于更加复杂的网络，其可解释性仍然是研究的重要一环。另外，将训练好的 CNN 中我们需要的层提取出来用于新任务的做法，可以避免从零训练网络产生的大量时间和资源开销。在深度学习时代，随着模型复杂度不断增大，像这样应用预训练模型（pre-trained model）的做法越来越广泛。而如何更好地利用预训练模型完成特定任务，已经成为深度学习领域重要的研究课题之一。

**习题**

（1）以下关于 CNN 的说法正确的是（　　）。

A. 卷积运算考虑了二维的空间信息，所以 CNN 只能用来完成图像相关的任务

B. 池化操作进行了下采样，将会暂退部分信息，影响模型效果

C. 由卷积层得到的特征也需要经过非线性激活函数来提升模型的表达能力

D. 填充操作虽然保持了输出的尺寸，但是引入了与输入无关的信息，干扰特征提取

（2）以下关于 CNN 中卷积层和池化层的描述正确的是（　　）。

A. 卷积层和池化层必须交替出现

B. 池化层只有最大池化和平均池化两种

C. 池化层的主要目的之一是为了减少计算复杂度

D. 卷积层中有许多不同的卷积核，每个卷积核在输入的一部分区域上做运算，合起来覆盖完整的输入

（3）CNN 的卷积层中还有一个常用参数是步长（stride），表示计算卷积时，卷积核每次移动的距离。在图 9-5 的示例中，卷积核每次移动一格，步长为 1，它的左上角经过 (0, 0) 至 (2, 2) 共 9 个点。如果将步长改为 2，卷积核每次移动两格，左上角只经过 (0, 0)，(0, 2)，(2, 0)，(2, 2) 共 4 个点，以此类推。假设输入宽为 $W$，在宽度方向填充层数为 $W_{\text{pad}}$。卷积核宽为 $W_{\text{k}}$，在宽度方向的步长为 $W_{\text{s}}$。假设所有除法都可以整除，推导卷积后输出矩阵的宽度 $W_{\text{out}}$。

（4）试调整上述 AlexNet 网络的层数、卷积核的尺寸和数量、暂退遮盖率等设置，观察其训练性能的改变。

（5）试调整图像色彩风格迁移中的权重 $\lambda$，也即修改代码中 `lbd` 的取值，观察输出图像的变化。

（6）针对图像色彩风格迁移任务，思考除了用上述 $\boldsymbol{G}=\boldsymbol{F}\boldsymbol{F}^{\mathrm{T}}$ 的方式来刻画图像色彩风格，是否还有其他刻画方式？试实现一种新的图像风格损失函数，并观察其效果。

## 9.6　扩展阅读：数据增强

在第 5 章中我们讲过，模型的复杂度应当和数据的复杂度相匹配，否则就很容易出现欠拟

合或过拟合的情况。对于深度神经网络，其参数量非常庞大。然而，高质量的训练样本又非常稀缺，许多时候要依赖人工标注，费时费力，这使得神经网络的复杂度往往会超过数据的复杂度，从而发生过拟合的情况。因此，防止神经网络的过拟合是现代机器学习算法研究中的一个重要课题。我们已经知道，通过引入正则化和暂退法等方式可以限制模型的复杂度。另外，我们也可以从数据的角度出发，通过适当地扩充数据集来增加数据的复杂度：引入许多原本在数据集中不存在但又同样合理的数据，提升模型的泛化性能，降低过拟合的程度，这就是数据增强（data augmentation）技术。

我们以图像任务为例进行简单介绍。在第 3 章中，我们使用 KNN 完成了手写数字识别任务。当然，CNN 可以做得更好。但是假设图像中的背景不再是黑色，而是对每种数字都有一个独特的颜色，例如 1 的背景是蓝色、2 的背景是红色、3 的背景是绿色等，再让 CNN 在这样的数据集上训练，它会学到数据中的什么关联呢？接下来，如果把红色背景的 1 输入模型进行测试，模型会把它识别成 1 还是 2 呢？实验表明，CNN 更多地依赖图像的纹理和颜色来识别图像，而非依赖图像的轮廓 [7]。因此，模型大概率会把红色背景的 1 识别为 2。感兴趣的读者可以自行验证这一猜想。该现象表明，模型没有学习到数字轮廓和标签之间的关联，反而过拟合到了数字的颜色上。

为了解决类似的问题，我们常常会在训练时对图像进行数据增强，做一定的变换，从而生成一系列相似但又不相同的图像，如图 9-13 所示。

- 旋转与翻转：把图像旋转一定的角度或进行水平、竖直翻转。
- 随机裁剪：在保留图像核心内容的前提下，随机裁掉一定的边缘部分，再放大至原始尺寸。
- 缩放：将图像放大或缩小。放大后超出原始尺寸的部分裁剪掉，缩小后不足的部分用常数或其他方式填充。
- 改变颜色：通过算法调整图像的色调、亮度、对比度等颜色信息。
- 添加噪声：在图像中随机添加噪声，例如高斯噪声。

图 9-13　图像的数据增强示例

注意，并非所有的图像数据增强方法都适用于所有任务。例如在本章用到的 CIFAR-10 数据集中，飞机的图像旋转 90° 还是飞机，汽车的图像水平翻转后还是汽车；但在 MNIST 数据集中，数字 1 旋转 90° 后就不再是数字 1 了，数字 6 旋转 180° 更是变成了数字 9。因此，旋转与翻转方法在后者上就不适用。在实际应用中，我们需要根据任务的具体要求和图像特点，选择合适的数据增强方法。在 9.3 节中，我们用简化的 AlexNet 在 CIFAR-10 上达到了 70% 左右的分类准确率。感兴趣的读者可以尝试用合适的方法进行数据增强，从而大幅提升模型表现，预计在测试集上可以达到 75% 以上的准确率。

并非只有图像数据可以进行数据增强。在文本任务中，我们可以通过对词语做同义词替换、选择性遮盖句子的部分成分或将句子翻译成其他语言再翻译回来等方式，得到新的训练文本。事实上，数据增强在各种类型的机器学习任务中都有广泛应用，更有许多算法将数据增强的部分与模型合为一体。数据增强已经成为了现代机器学习中提升数据利用率和提升模型泛化性能的关键技术。

## 9.7　参考文献


[1] KRIZHEVSKY A, HINTON G. Learning multiple layers of features from tiny images[R]. Technical report, University of Toronto, 2009.

[2] LECUN Y, BOTTOU L, BENGIO Y, et al. Gradient-based learning applied to document recognition[J]. Proceedings of the IEEE, 1998, 86(11): 2278-2324.

[3] KRIZHEVSKY A, SUTSKEVER I, HINTON G E. Imagenet classification with deep convolutional neural networks[C]//Advances in Neural Information Processing Systems, 2012:1097-1105.

[4] KINGMA D P, BA J. Adam: A method for stochastic optimization[C]//International Conference on Learning Representations, 2015.

[5] SIMONYAN K, ZISSERMAN A. Very deep convolutional networks for large-scale image recognition[C]//International Conference on Learning Representations, 2015.

[6] GATYS L A, ECKER A S, BETHGE M. Image style transfer using convolutional neural networks[C]//IEEE Conference on Computer Vision and Pattern Recognition, 2016: 2414-2423.

[7] GEIRHOS R, RUBISCH P, MICHAELIS C, et al. ImageNet-trained CNNs are biased towards texture; increasing shape bias improves accuracy and robustness[C]//International Conference on Learning Representations, 2019.

# 第10章

# 循环神经网络

在第 8 章和第 9 章中，我们分别介绍了神经网络的基础概念和最简单的 MLP，以及适用于图像处理的 CNN。可以看到，不同结构的神经网络具有不同的特点，在不同任务上具有自己的优势。例如 MLP 复杂度低、训练简单、适用范围广，适合解决普通任务或作为大型网络的小模块；CNN 可以捕捉到输入中不同尺度的关联信息，适合从图像中提取特征。而对于具有序列特征的数据，如一年内随时间变化的温度、一篇文章中的文字等，它们具有明显的前后关联。然而这些关联的数据在序列中出现的位置可能间隔非常远，如文章在开头和结尾描写了同一个事物，如果用 CNN 来提取这些关联的话，其卷积核的大小需要和序列的长度相匹配。当数据序列较长时，这种做法会大大增加网络复杂度和训练难度。因此，我们需要引入一种新的网络结构，使其能够充分利用数据的序列性质，从前到后分析数据、提取关联。这就是本章要介绍的循环神经网络（recurrent neural network，RNN）。

## 10.1 循环神经网络的基本原理

我们先从最简单的模型入手。对于不存在序列关系的数据，我们采用一个两层的 MLP 来拟合它，如图 10-1（a）所示，输入样本为 $\boldsymbol{x}$，经过第一个权重为 $\boldsymbol{W}_i$ 和 $\boldsymbol{b}_i$ 的隐含层得到中间变量 $\boldsymbol{h}=f_h(\boldsymbol{W}_i\boldsymbol{x}+\boldsymbol{b}_i)$，再经过权重为 $\boldsymbol{W}_o$ 和 $\boldsymbol{b}_o$ 的隐含层得到输出 $\boldsymbol{y}=f_o(\boldsymbol{W}_o\boldsymbol{h}+\boldsymbol{b}_o)$，其中 $f_h$ 和 $f_o$ 为激活函数。这是一个标准的 MLP 的预测流程。

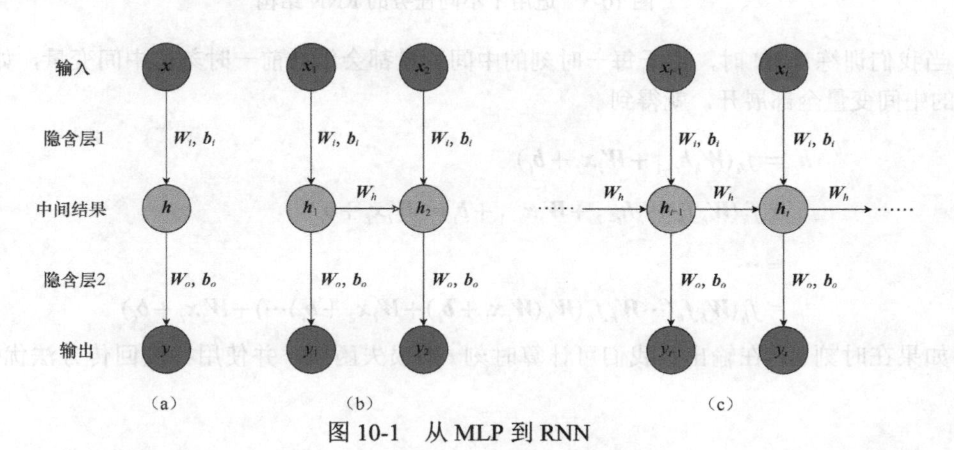


图 10-1　从 MLP 到 RNN

假设数据集中的数据分别是在时刻 1 和时刻 2 采集到的，并且我们知道，时刻 2 的结果与时刻 1 有关。此时，两个时刻的数据产生了依赖关系，如果我们用相同的模型权重来进行预测而忽略其关联，预测的准确率就会降低。为了在模型中利用额外的关联信息，我们拓展了 MLP 的结构，如图 10-1（b）所示，第二个 MLP 的中间变量与一般的 MLP 不同。在计算时刻 2 的中间变量 $\boldsymbol{h}_2$ 时，我们将时刻 1 的中间变量 $\boldsymbol{h}_1$ 也纳入进来，得到 $\boldsymbol{h}_2 = f_h(\boldsymbol{W}_h\boldsymbol{h}_1 + \boldsymbol{W}_i\boldsymbol{x}_2 + \boldsymbol{b}_i)$，再将 $\boldsymbol{h}_2$ 传给第二个隐含层，计算出输出 $y_2 = f_o(\boldsymbol{W}_o\boldsymbol{h}_2 + \boldsymbol{b}_o)$。这样，我们就在时刻 2 的预测中用到了时刻 1 的信息。如果将这种思想进一步扩展，如图 10-1（c）所示，我们可以将 MLP 沿着序列不断扩展下去，中间的每个 MLP 都将前一时刻的中间变量 $\boldsymbol{h}_{t-1}$ 与当前的输入 $\boldsymbol{x}_t$ 组合得到中间变量，再进行后续处理。同时，由于序列中每一位置之间又存在对称性，为了减小网络的复杂度，每一 MLP 前后的权重与中间组合的权重可以共用，不随序列位置变化。因此，这样重复的网络结构可以用图 10-2 中的循环来表示，故称为循环神经网络。

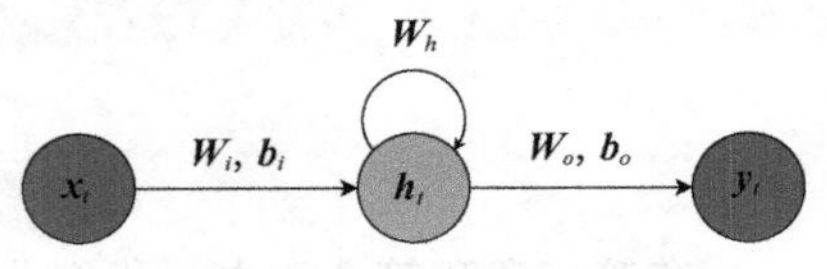


图 10-2　RNN 的循环表示

RNN 的输入与输出并不一定要像上面展示的一样，在每一时刻都有一个输入样本和一个预测输出。根据任务的不同，RNN 的输入输出对应可以有多种形式。图 10-3 展示了一些不同对应形式的 RNN 结构，从左到右依次是一对多、多对一、同步多对多和异步多对多，它们都有各自适用的任务场景。例如，如果我们要根据一个关键词生成一句话，以词作为最小单元，那么 RNN 的输入只有一个，而生成的句子需要有连贯的含义和语义，因此可以利用 RNN 在每一时刻输出一个词，从前到后连成完整的句子。这样的任务就更适合采用一对多的结构。再如，常见的时间序列预测任务需要我们根据一段时间中收集的数据，预测接下来一定时间内数据的情况。这时，我们就可以用异步多对多的结构，先分析样本的规律和特征，再生成紧接着样本所在时间之后的结果。

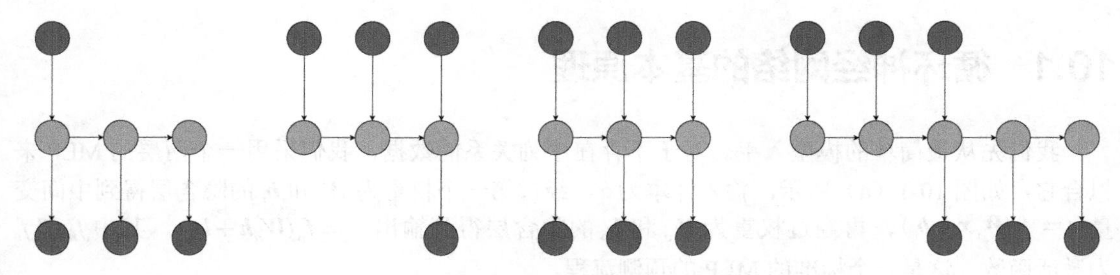

图 10-3　适用于不同任务的 RNN 结构

当我们训练 RNN 时，由于每一时刻的中间变量都会组合前一时刻的中间变量，如果把时刻 $t$ 的中间变量全部展开，就得到

$$
\begin{aligned}
\boldsymbol{h}_t &= f_h(\boldsymbol{W}_h\boldsymbol{h}_{t-1} + \boldsymbol{W}_i\boldsymbol{x}_t + \boldsymbol{b}_i) \\
&= f_h(\boldsymbol{W}_h f_h(\boldsymbol{W}_h\boldsymbol{h}_{t-2} + \boldsymbol{W}_i\boldsymbol{x}_{t-1} + \boldsymbol{b}_i) + \boldsymbol{W}_i\boldsymbol{x}_t + \boldsymbol{b}_i) \\
&= \cdots \\
&= f_h(\boldsymbol{W}_h f_h(\cdots \boldsymbol{W}_h f_h(\boldsymbol{W}_h(\boldsymbol{W}_i\boldsymbol{x}_1 + \boldsymbol{b}_i) + \boldsymbol{W}_i\boldsymbol{x}_2 + \boldsymbol{b}_i)\cdots) + \boldsymbol{W}_i\boldsymbol{x}_t + \boldsymbol{b}_i)
\end{aligned}
$$

如果在时刻 $t$ 存在输出，我们可计算时刻 $t$ 的损失函数，并使用梯度回传方法优化参数。

然而，随着反向传播的步数增加，RNN 有可能会出现梯度消失或梯度爆炸的现象。为了详细解释这一现象，我们考虑时刻 $t$ 的损失 $\mathcal{L}_t$ 关于参数 $\boldsymbol{W}_i$ 的导数。根据求导的链式法则，我们可以计算如下：

$$
\begin{aligned}
\frac{\partial \mathcal{L}_t}{\partial \boldsymbol{W}_i} &= \frac{\partial \mathcal{L}_t}{\partial y_t}\frac{\partial y_t}{\partial \boldsymbol{W}_i} \\
&= \frac{\partial \mathcal{L}_t}{\partial y_t}\frac{\partial y_t}{\partial \boldsymbol{h}_t}\frac{\mathrm{d}\boldsymbol{h}_t}{\mathrm{d}\boldsymbol{W}_i} \\
&= \frac{\partial \mathcal{L}_t}{\partial y_t}\frac{\partial y_t}{\partial \boldsymbol{h}_t}\left(\frac{\partial \boldsymbol{h}_t}{\partial \boldsymbol{W}_i}+\frac{\partial \boldsymbol{h}_t}{\partial \boldsymbol{h}_{t-1}}\frac{\mathrm{d}\boldsymbol{h}_{t-1}}{\mathrm{d}\boldsymbol{W}_i}\right) \\
&= \cdots \\
&= \frac{\partial \mathcal{L}_t}{\partial y_t}\frac{\partial y_t}{\partial \boldsymbol{h}_t}\left(\frac{\partial \boldsymbol{h}_t}{\partial \boldsymbol{W}_i}+\frac{\partial \boldsymbol{h}_t}{\partial \boldsymbol{h}_{t-1}}\frac{\partial \boldsymbol{h}_{t-1}}{\partial \boldsymbol{W}_i}+\cdots+\frac{\partial \boldsymbol{h}_t}{\partial \boldsymbol{h}_{t-1}}\frac{\partial \boldsymbol{h}_{t-1}}{\partial \boldsymbol{h}_{t-2}}\cdots\frac{\partial \boldsymbol{h}_2}{\partial \boldsymbol{h}_1}\frac{\partial \boldsymbol{h}_1}{\partial \boldsymbol{W}_i}\right) \\
&= \frac{\partial \mathcal{L}_t}{\partial y_t}\frac{\partial y_t}{\partial \boldsymbol{h}_t}\left(\frac{\partial \boldsymbol{h}_t}{\partial \boldsymbol{W}_i}+\sum_{j=1}^{t-1}\left(\prod_{k=j+1}^{t}\frac{\partial \boldsymbol{h}_k}{\partial \boldsymbol{h}_{k-1}}\right)\frac{\partial \boldsymbol{h}_j}{\partial \boldsymbol{W}_i}\right)
\end{aligned}
$$

将 $\frac{\partial \boldsymbol{h}_k}{\partial \boldsymbol{h}_{k-1}}=f_h'\boldsymbol{W}_h$ 和 $\frac{\partial \boldsymbol{h}_k}{\partial \boldsymbol{W}_i}=\boldsymbol{x}_k$ 代入，就得到

$$
\frac{\partial \mathcal{L}_t}{\partial \boldsymbol{W}_i} = \frac{\partial \mathcal{L}_t}{\partial y_t}\frac{\partial y_t}{\partial \boldsymbol{h}_t}\left(\boldsymbol{x}_t+\sum_{j=1}^{t-1}\left(\prod_{k=j+1}^{t}f_h'\boldsymbol{W}_h\right)\boldsymbol{x}_j\right)
$$

观察上式可以发现，梯度中会出现一些 $f_h'\boldsymbol{W}_h$ 的连乘项。如果 $f_h'\boldsymbol{W}_h < 1$，当时刻 $t$ 与时刻 $j$ 距离较远时，该连乘的值就会趋近于 0，因此由时刻 $t$ 的损失函数计算出的梯度在回传时会逐渐消失；反之，如果 $f_h'\boldsymbol{W}_h > 1$，该连乘会趋于无穷大，梯度在回传时会出现发散的现象。我们将这两种情况分别称为*梯度消失*和*梯度爆炸*。无论出现哪种情况，网络的参数都无法正常更新，模型的性能也会大打折扣。当出现梯度消失时，时刻 $t$ 的梯度只能影响时刻 $t$ 之前的少数几步，而无法影响到较远的位置，导致模型收敛速度缓慢。换句话说，距离时刻 $t$ 较远的信息已经丢失，模型很难捕捉到序列中的长期关联。而当出现梯度爆炸时，网络的梯度会迅速发散，从而用梯度下降算法更新参数时，参数的变化幅度过大，导致模型训练非常不稳定，甚至不收敛。

为了防止上述现象发生，最简单的做法是对梯度进行裁剪，为梯度设置上限和下限，当梯度过大或过小时，直接用上下限来代替梯度的值。但是，这种做法在复杂情况下仍然会导致信息丢失，通常只作为一种辅助手段。我们还可以选用合适的激活函数 $f_h$ 并调整网络参数 $\boldsymbol{W}_h$ 的初始值，使得乘积 $f_h'\boldsymbol{W}_h$ 始终稳定在 1 附近。但是，随着网络参数不断更新，$\boldsymbol{W}_h$ 总会变化，要始终控制它们的乘积比较困难。因此，我们可以将网络中关联起相邻两步的 $f_h$ 和 $\boldsymbol{W}_h$ 扩展成一个小的网络，通过设计其结构来达到稳定梯度的目的。

## 10.2 门控循环单元

在本节中，我们介绍一种较为简单的设计——*门控循环单元*（gated recurrent unit，GRU）[1]。为了解决梯度消失与梯度爆炸的问题，GRU 对普通 RNN 的设计进行改进，通过门控单元来

调整 $\boldsymbol{h}_t$ 和 $\boldsymbol{h}_{t-1}$ 的关系。我们不妨将输入 $\boldsymbol{x}_t$ 理解为外部输入的信息，$\boldsymbol{h}_t$ 理解为网络记住的信息，它从时刻 1 的 $\boldsymbol{h}_1$ 开始向后传递。然而，由于模型本身复杂度的限制，模型并不需要也无法将所有时刻的信息都保留下来。因此，在由前一时刻的信息 $\boldsymbol{h}_{t-1}$ 计算 $\boldsymbol{h}_t$ 时，必须有选择地进行遗忘。同时，在时刻 $t$ 有新的信息 $\boldsymbol{x}_t$ 输入进网络，我们需要在过去的信息 $\boldsymbol{h}_{t-1}$ 与新信息 $\boldsymbol{x}_t$ 之间做到平衡。

图 10-4 展示了 GRU 单元的内部结构，GRU 设置的门控单元共有两个，分别为更新门和重置门。每个门控单元输出一个数值或向量，由前一时刻的信息 $\boldsymbol{h}_{t-1}$ 和当前时刻的输入 $\boldsymbol{x}_t$ 组合计算得到

$$\boldsymbol{z}_t = \sigma(\boldsymbol{W}_z\boldsymbol{x}_t + \boldsymbol{U}_z\boldsymbol{h}_{t-1} + \boldsymbol{b}_z)$$

$$\boldsymbol{r}_t = \sigma(\boldsymbol{W}_r\boldsymbol{x}_t + \boldsymbol{U}_r\boldsymbol{h}_{t-1} + \boldsymbol{b}_r)$$

其中，$\boldsymbol{z}_t$是更新单元，$\boldsymbol{r}_t$是重置单元，$\boldsymbol{W}_z$、$\boldsymbol{W}_r$、$\boldsymbol{U}_x$、$\boldsymbol{U}_r$、$\boldsymbol{b}_z$和$\boldsymbol{b}_r$都是网络的参数，$\sigma$是逻辑斯谛函数，从而门控单元的值都在(0,1)区间内。

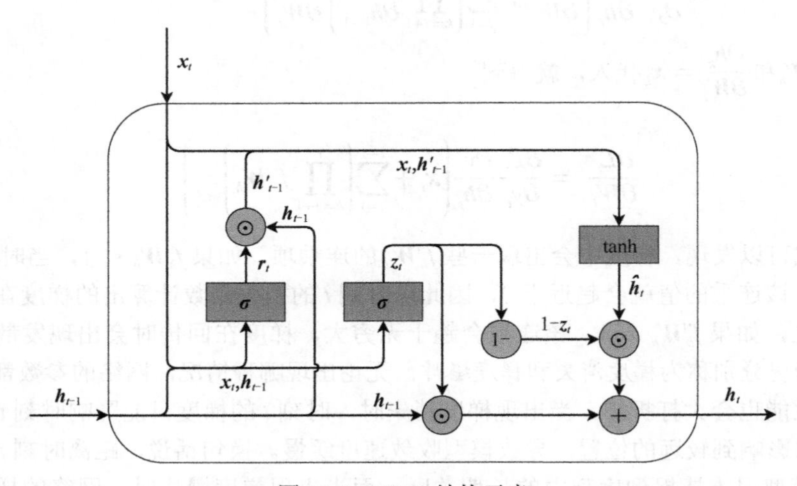


图 10-4　GRU 结构示意

虽然这两个单元的计算方式完全相同，但是接下来它们会发挥不同的作用。利用重置单元 $\boldsymbol{r}_t$，我们对过去的信息 $\boldsymbol{h}_{t-1}$ 进行选择性遗忘：

$$\boldsymbol{h}'_{t-1} = \boldsymbol{r}_t \odot \boldsymbol{h}_{t-1}$$

其中，$\odot$称为阿达马积（Hadamard product），表示向量或矩阵的逐元素相乘。例如，形状均为$m\times n$的矩阵$\boldsymbol{A}$和$\boldsymbol{B}$的阿达马积为

$$\boldsymbol{A}\odot\boldsymbol{B} = \begin{pmatrix} a_{11}b_{11} & a_{12}b_{12} & \cdots & a_{1n}b_{1n} \\ a_{21}b_{21} & a_{22}b_{22} & \cdots & a_{2n}b_{2n} \\ \vdots & \vdots & & \vdots \\ a_{m1}b_{m1} & a_{m2}b_{m2} & \cdots & a_{mn}b_{mn} \end{pmatrix}$$

当$\boldsymbol{r}_t$某一维度的值接近0时，网络就更倾向于遗忘$\boldsymbol{h}_{t-1}$的相应维度；反之，当$\boldsymbol{r}_t$某一维度的值接近1时，网络更倾向于保留$\boldsymbol{h}_{t-1}$的相应维度。之后，我们再将重置过的$\boldsymbol{h}'_{t-1}$与$\boldsymbol{x}_t$组合，得到$\hat{\boldsymbol{h}}_t$：

$$\hat{\boldsymbol{h}}_t = \tanh(\boldsymbol{W}_h\boldsymbol{x}_t + \boldsymbol{U}_h\boldsymbol{h}'_{t-1} + \boldsymbol{b}_h)$$

这里得到的 $\hat{\boldsymbol{h}}_t$ 混合了当前的$\boldsymbol{x}_t$与部分过去的信息$\boldsymbol{h}_{t-1}'$，并由tanh函数映射到(-1, 1)范围内。观察上式与普通RNN的更新方式 $\boldsymbol{h}_t = f_h(\boldsymbol{W}_i\boldsymbol{x}_i + \boldsymbol{W}_h\boldsymbol{h}_{t-1} + \boldsymbol{b}_t)$ ，可以看出，普通的RNN相当于令重置单元$\boldsymbol{r}_t$的所有维度都为1，从而保留了所有过去的信息；而$\boldsymbol{r}_t = \boldsymbol{0}$会消除所有过去的信息，使得RNN退化为与过去无关的单个MLP。读者可以通过这样的对比体会重置单元的意义。

最后，我们要决定 $\boldsymbol{h}_t$ 是倾向于旧的信息 $\boldsymbol{h}_{t-1}$，还是倾向于旧信息与新输入 $\boldsymbol{x}_t$ 的混合 $\hat{\boldsymbol{h}}_t$ 。利用更新单元 $z_t$，我们令

$$\boldsymbol{h}_t = z_t \odot \boldsymbol{h}_{t-1} + (\boldsymbol{1} - z_t) \odot \hat{\boldsymbol{h}}_t$$

在上式中，如果更新单元 $z_t$ 接近 $\boldsymbol{1}$，我们将保留更多的旧信息 $\boldsymbol{h}_{t-1}$，而忽略 $\boldsymbol{x}_t$ 的影响；反之，如果 $z_t$ 接近 $\boldsymbol{0}$，我们将让旧信息与新信息混合，保留$\hat{\boldsymbol{h}}_{t-1}$。注意，重置单元和更新单元的作用并不相同，两者不能合为一个单元。简单来说，重置单元控制旧信息保留的比例，而更新单元同时控制旧信息和新输入的比例。虽然理论上我们可以写出类似 $\boldsymbol{h}_t = z_t \odot f_h(\boldsymbol{U}_h\boldsymbol{h}_{t-1} + \boldsymbol{b}_h) + (\boldsymbol{1} - z_t) \odot f_x(\boldsymbol{W}_x\boldsymbol{x}_t + \boldsymbol{b}_x)$ 这样的式子，仅用一个更新单元来计算 $\boldsymbol{h}_t$，但是其灵活性将大打折扣。

为什么 GRU 的设计可以缓解梯度爆炸与梯度消失问题呢？在 10.1 节中我们已经提到，导致梯度问题的最大因素是 $\dfrac{\partial \boldsymbol{h}_t}{\partial \boldsymbol{h}_{t-1}}$ 的连乘。在 GRU 中，我们可以通过调整门控单元 $\boldsymbol{r}_t$ 与 $z_t$ 的值，使该梯度始终保持稳定。以文本分析为例，假如某一事物在一段话的开头和结尾出现，为了让模型保留它们之间的关联，我们只需要将重置单元 $\boldsymbol{r}_t$ 的值减小、更新单元 $z_t$ 的值增大，就可以使网络在间隔很多时间步之后，仍然保留最初的记忆信息。最极端的情况下，如果令 $z_2, \cdots, z_{t-1} = \boldsymbol{1}$ ，那么从时刻2到时刻$t-1$的所有输入都将被忽略，可以直接得到$\boldsymbol{h}_t = \boldsymbol{h}_1$。这样，梯度的连乘为

$$\prod_{k=2}^{t} \frac{\partial \boldsymbol{h}_k}{\partial \boldsymbol{h}_{k-1}} = \frac{\partial \boldsymbol{h}_t}{\partial \boldsymbol{h}_1} = \boldsymbol{I}$$

虽然门控单元的值也是由网络训练得到的，但是门控单元的引入使得 GRU 可以自我调节梯度。也就是说，如果 $\boldsymbol{h}_1$ 非常重要，那么门控单元会让 $\boldsymbol{h}_1$ 保留下来，其梯度较大；如果 $\boldsymbol{h}_1$ 重要性不高，随着时间推移被遗忘，那么其梯度即使消失也不会产生什么问题。因此，GRU 几乎不会发生普通 RNN 的梯度爆炸或梯度消失现象。

## 10.3 动手实现GRU

本节我们使用 PyTorch 库中的工具来实现 GRU 模型，完成简单的时间序列预测任务。时间序列预测任务是指根据一段连续时间内采集的数据，分析其变化规律，预测接下来数据走向的任务。如果当前数据与历史数据存在依赖关系，或者随时间有一定的规律性，该任务就很适合用 RNN 求解。在本节中，我们生成了一条经过一定处理的正弦曲线作为数据集，存储在 sindata_1000.csv 中。该曲线包含 1000 个数据点。其中前 800 个点作为训练集，后 200 个点作为测试集。由于本任务是时序预测任务，我们在划分训练集和测试集时无须将数据打乱。我们先导入必要的库和数据集，并将数据集的图像绘制出来。

```
import numpy as np
import matplotlib.pyplot as plt
```

```
from tqdm import tqdm
import torch
import torch.nn as nn

# 导入数据集
data = np.loadtxt('sindata_1000.csv', delimiter=',')
num_data = len(data)
split = int(0.8 * num_data)
print(f'数据集大小: {num_data}')
# 数据集可视化
plt.figure()
plt.scatter(np.arange(split), data[:split],
    color='blue', s=10, label='training set')
plt.scatter(np.arange(split, num_data), data[split:],
    color='none', edgecolor='orange', s=10, label='test set')
plt.xlabel('X axis')
plt.ylabel('Y axis')
plt.legend()
plt.show()
# 分割数据集
train_data = np.array(data[:split])
test_data = np.array(data[split:])
```

```
数据集大小:1000
```

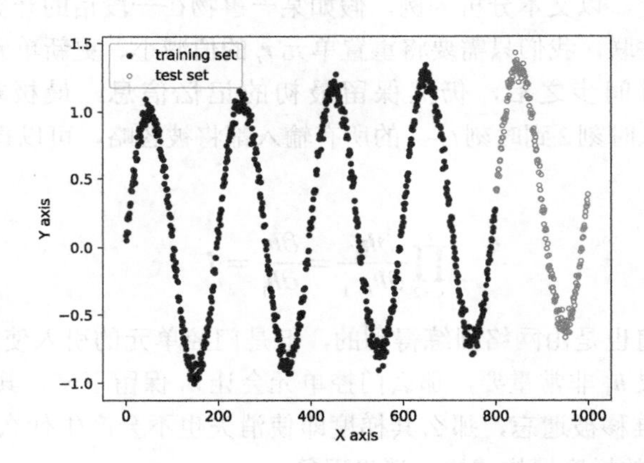


在训练 RNN 模型时，虽然我们可以把每个时间步 $t$ 单独输入，得到模型的预测值 $\hat{y}_t$，但是这样无法体现数据的序列相关性质。因此，我们通常会把一段时间序列 $\boldsymbol{x}_t,\cdots,\boldsymbol{x}_{t+k}$ 整体作为输入，PyTorch 中的 GRU 模块输出这段序列对应的中间变量 $\boldsymbol{h}_t,\cdots,\boldsymbol{h}_{t+k}$ 。在下面的实现中，我们每次输入 $\boldsymbol{x}_t,\cdots,\boldsymbol{x}_{t+k}$ 的时间序列，预测输入向后一步 $\boldsymbol{x}_{t+1},\cdots,\boldsymbol{x}_{t+k+1}$ 的数据。参照图 10-4 的结构可以发现，GRU 模型只输出中间变量。如果要得到我们最后的输出，还需要将这些中间变量经过自定义的其他网络。这一点和 CNN 里卷积层负责提取特征、MLP 负责根据特征完成特定任务的做法非常相似。因此，我们在 GRU 之后拼接一个全连接层，通过中间变量序列 $\boldsymbol{h}_{t+1},\cdots,\boldsymbol{h}_{t+k+1}$ 来预测未来的数据分布。

```
# 输入序列长度
seq_len = 20
# 处理训练数据，把切分序列后多余的部分去掉
train_num = len(train_data) // (seq_len + 1) * (seq_len + 1)
train_data = np.array(train_data[:train_num]).reshape(-1, seq_len + 1, 1)
np.random.seed(0)
```

```
torch.manual_seed(0)

x_train = train_data[:, :seq_len] # 形状为(num_data, seq_len,input_size)
y_train = train_data[:, 1: seq_len + 1]
print(f'训练序列数：{len(x_train)}')
# 转为PyTorch张量
x_train = torch.from_numpy(x_train).to(torch.float32)
y_train = torch.from_numpy(y_train).to(torch.float32)
x_test = torch.from_numpy(test_data[:-1]).to(torch.float32)
y_test = torch.from_numpy(test_data[1:]).to(torch.float32)
```

```
训练序列数: 38
```

考虑到 GRU 的模型结构较为复杂，我们直接使用 PyTorch 库中封装好的 GRU 模型。我们只需要为该模型提供两个参数，第一个参数 input_size 表示输入 $\boldsymbol{x}$ 的维度，第二个参数 hidden_size 表示中间变量 $\boldsymbol{h}$ 的维度，其余参数我们保持缺省值。在前向传播时，GRU 接受序列 $\boldsymbol{x}$ 和初始的中间变量 $\boldsymbol{h}$。如果最开始我们不知道中间变量的值，GRU 会自动将其初始化为全零。前向传播的输出是 out 和 hidden，前者是整个时间序列上中间变量的值，而后者只包含最后一步。out[-1] 和 hidden 在 GRU 内部的层数不同时会有区别，但本节只使用单层网络，因此不详细展开。感兴趣的读者可以参考 PyTorch 的官方文档。我们将 out 作为最后全连接层的输入，得到预测值，再把预测值和 hidden 返回。hidden 将作为下一次前向传播的初始中间变量。

```
class GRU(nn.Module):
    # 包含PyTorch的GRU和拼接的MLP
    def __init__(self, input_size, output_size, hidden_size):
        super().__init__()
        # GRU模块
        self.gru = nn.GRU(input_size=input_size, hidden_size=hidden_size)
        # 将中间变量映射到预测输出的MLP
        self.linear = nn.Linear(hidden_size, output_size)
        self.hidden_size = hidden_size

    def forward(self, x, hidden):
        # 前向传播
        # x的维度为(batch_size, seq_len, input_size)
        # GRU模块接受的输入为(seq_len, batch_size, input_size)
        # 因此需要对x进行变换
        # transpose函数可以交换x的坐标轴
        # out的维度是(seq_len, batch_size, hidden_size)
        out, hidden = self.gru(torch.transpose(x, 0, 1), hidden)
        # 取序列最后的中间变量输入给全连接层
        out = self.linear(out.view(-1, self.hidden_size))
        return out, hidden
```

接下来，我们设置超参数并实例化 GRU。在训练之前，我们还要强调时序模型在测试时与普通模型的区别。GRU 在测试时，我们将输入的时间序列长度降为 1，即只输入 $\boldsymbol{x}_t$，让 GRU 预测 $t+1$ 时刻的值。之后，不像普通的任务那样把所有测试数据都给模型，而是让 GRU 将自己预测的 $\hat{\boldsymbol{x}}_{t+1}$ 作为输入，再预测 $t+2$ 时刻的值，循环往复。这样的测试方式对模型在时序上的建模能力有相当高的要求，否则就会很快因为预测值的误差累积，与真实值偏差很大。

```
# 超参数
input_size = 1 # 输入维度
output_size = 1 # 输出维度
```

```
hidden_size = 16 # 中间变量维度
learning_rate = 5e-4

# 初始化网络
gru = GRU(input_size, output_size, hidden_size)
gru_optim = torch.optim.Adam(gru.parameters(), lr=learning_rate)

# GRU测试函数，x和hidden分别是初始的输入和中间变量
def test_gru(gru, x, hidden, pred_steps):
    pred = []
    inp = x.view(-1, input_size)
    for i in range(pred_steps):
        gru_pred, hidden = gru(inp, hidden)
        pred.append(gru_pred.detach())
        inp = gru_pred
    return torch.concat(pred).reshape(-1)
```

作为对比，我们用相同的数据同步训练一个 3 层的 MLP 模型。该 MLP 将同样将 $\boldsymbol{x}_t,\cdots,\boldsymbol{x}_{t+k}$ 的数据拼接在一起作为输入，此时 $k$ 被理解为输入的批量大小，并输出 $\boldsymbol{x}_{t+1},\cdots,\boldsymbol{x}_{t+k+1}$ 的预测值，与 GRU 保持一致。在测试时，MLP 同样只接受测试集第一个时间步的数据，以与 GRU 相同的方式进行自循环预测。

```
# MLP的超参数
hidden_1 = 32
hidden_2 = 16
mlp = nn.Sequential(
    nn.Linear(input_size, hidden_1),
    nn.ReLU(),
    nn.Linear(hidden_1, hidden_2),
    nn.ReLU(),
    nn.Linear(hidden_2, output_size)
)
mlp_optim = torch.optim.Adam(mlp.parameters(), lr=learning_rate)

# MLP测试函数，相比于GRU少了中间变量
def test_mlp(mlp, x, pred_steps):
    pred = []
    inp = x.view(-1, input_size)
    for i in range(pred_steps):
        mlp_pred = mlp(inp)
        pred.append(mlp_pred.detach())
        inp = mlp_pred
return torch.concat(pred).reshape(-1)
```

我们用完全相同的数据训练 GRU 和 MLP。由于已经有了序列长度，我们不再设置 SGD 的批量大小，直接将每个训练样本单独输入模型进行优化。

```
max_epoch = 150
criterion = nn.functional.mse_loss
hidden = None # GRU的中间变量

# 训练损失
gru_losses = []
mlp_losses = []
gru_test_losses = []
mlp_test_losses = []
# 开始训练
```

```
with tqdm(range(max_epoch)) as pbar:
    for epoch in pbar:
        st = 0
        gru_loss = 0.0
        mlp_loss = 0.0
        # 随机梯度下降
        for X, y in zip(x_train, y_train):
            # 更新GRU模型
            # 我们不需要通过梯度回传更新中间变量
            # 因此将其从有梯度的部分分离出来
            if hidden is not None:
                hidden.detach_()
            gru_pred, hidden = gru(X[None, ...], hidden)
            gru_train_loss = criterion(gru_pred.view(y.shape), y)
            gru_optim.zero_grad()
            gru_train_loss.backward()
            gru_optim.step()
            gru_loss += gru_train_loss.item()
            # 更新MLP模型
            # 需要对输入的维度进行调整，变成(seq_len, input_size)的形式
            mlp_pred = mlp(X.view(-1, input_size))
            mlp_train_loss = criterion(mlp_pred.view(y.shape), y)
            mlp_optim.zero_grad()
            mlp_train_loss.backward()
            mlp_optim.step()
            mlp_loss += mlp_train_loss.item()
        gru_loss /= len(x_train)
        mlp_loss /= len(x_train)
        gru_losses.append(gru_loss)
        mlp_losses.append(mlp_loss)

        # 训练和测试时的中间变量序列长度不同，训练时为seq_len，测试时为1
        gru_pred = test_gru(gru, x_test[0], hidden[:, -1],len(y_test))
        mlp_pred = test_mlp(mlp, x_test[0], len(y_test))
        gru_test_loss = criterion(gru_pred, y_test).item()
        mlp_test_loss = criterion(mlp_pred, y_test).item()
        gru_test_losses.append(gru_test_loss)
        mlp_test_losses.append(mlp_test_loss)

        pbar.set_postfix({
            'Epoch': epoch,
            'GRU loss': f'{gru_loss:.4f}',
            'MLP loss': f'{mlp_loss:.4f}',
            'GRU test loss': f'{gru_test_loss:.4f}',
            'MLP test loss': f'{mlp_test_loss:.4f}'
        })
```

```
100%|██████████| 150/150 [00:42<00:00, 3.52it/s, Epoch=149, GRUloss=0.0034,
MLP loss=0.0056, GRU test loss=0.0392, MLP testloss=1.1252]
```

最后，我们在测试集上对比 GRU 和 MLP 模型的效果并绘制出来。图中包含了原始数据的训练集和测试集的曲线，可以看出，GRU 的预测基本符合测试集的变化规律，而 MLP 很快就因为缺乏足够的时序信息偏离了测试集。

```
# 最终测试结果
gru_preds = test_gru(gru, x_test[0], hidden[:, -1],
len(y_test)).numpy()
mlp_preds = test_mlp(mlp, x_test[0], len(y_test)).numpy()
```

```
plt.figure(figsize=(13, 5))

# 绘制训练曲线
plt.subplot(121)
x_plot = np.arange(len(gru_losses)) + 1
plt.plot(x_plot, gru_losses, color='blue', label='GRU training loss')
plt.plot(x_plot, mlp_losses, color='red', ls='-.', label='MLP training loss')
plt.plot(x_plot, gru_test_losses, color='blue', ls='--', label='GRU test loss')
plt.plot(x_plot, mlp_test_losses, color='red', ls=':', label='MLP test loss')
plt.xlabel('Training step')
plt.ylabel('Loss')
plt.legend(loc='lower left')

# 绘制真实数据与模型预测值的图像
plt.subplot(122)
plt.scatter(np.arange(split), data[:split], color='blue', s=10, label='training set')
plt.scatter(np.arange(split, num_data), data[split:],
    color='none', edgecolor='orange', s=10, label='test set')
plt.scatter(np.arange(split, num_data - 1), mlp_preds,
    color='violet', marker='x', alpha=0.4, s=20, label='MLP preds')
plt.scatter(np.arange(split, num_data - 1), gru_preds,
    color='green', marker='*', alpha=0.4, s=20, label='GRU preds')
plt.legend(loc='lower left')
plt.show()
```

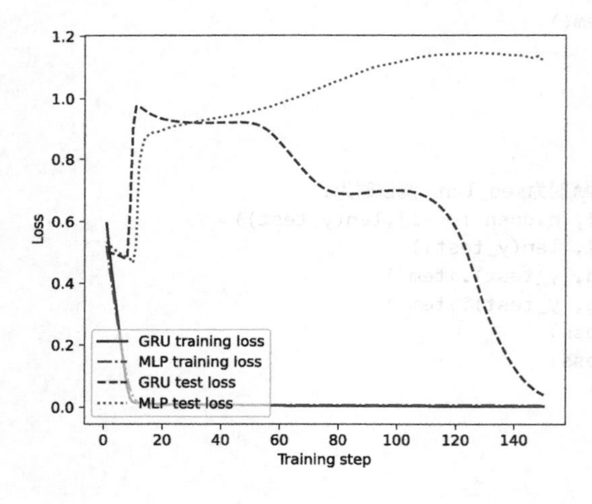


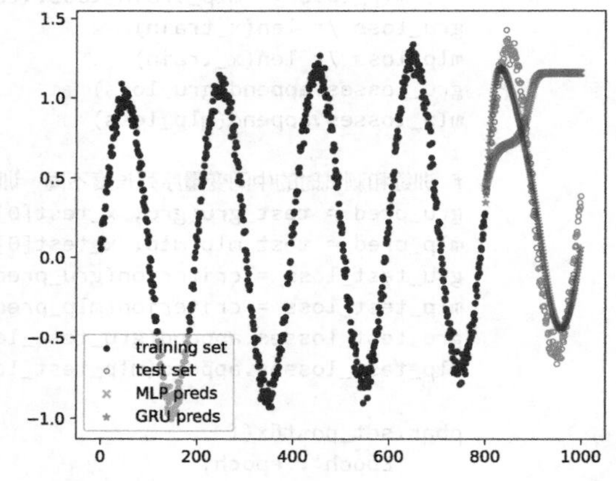


## 10.4　小结

本章主要介绍了循环神经网络及其变体——门控循环单元，并在简单的数据集上实现了 GRU 模型。与其他的神经网络结构相比，RNN 充分利用了数据中的序列特性，将中间变量按时间步不断向后传播，从而具有捕捉序列型关联的能力。然而在实际应用中，由于 RNN 的结构导致其梯度回传的表达式中出现参数的连乘，其较容易出现梯度消失和梯度爆炸等问题。许多 RNN 的改进算法通过设计中间变量传播中的函数 $f_h$ 的结构解决了这一问题，其中长短期记忆（long short-term memory，LSTM）网络 [2] 是最著名的改进之一。在此之后，许多研究者以 LSTM 为基础进行了简化和进一步改进，本章介绍的 GRU 网络就是由 LSTM 简化而来的。在现代深度学习中，RNN 凭借其直观的思想和强大的序列数据建模能力，始终占有一席之地。如今的深度学习大模型在 RNN 的基础上又做了许多改进，与本章中介绍的最普通的 RNN 模型已有很大差别，但用传递中间层来使信息在不同位置之间流动的基本思想依然被保留了下来。

**习题**

（1）以下关于 RNN 的说法不正确的是（　　）。

A. RNN 的权值更新通过与 MLP 相同的传统反向传播算法进行计算

B. RNN 的中间结果不仅取决于当前的输入，还取决于前一时间步的中间结果

C. RNN 结构灵活，可以控制输入输出的数量，以针对不同的任务

D. RNN 中容易出现梯度消失或梯度爆炸问题，因此很难应用在序列较长的任务上

（2）以下关于 GRU 的说法正确的是（　　）。

A. GRU 主要改进了 RNN 从中间结果到输出之间的结构，可以提升 RNN 的表达能力

B. GRU 相较于一般的 RNN 更为复杂，但训练反而更加简单

C. 没有一种网络结构可以完整保留过去的所有信息，GRU 只是合适的取舍方式

D. 重置门和更新门的输入完全相同，因此可以合并为一个门

（3）在 10.3 节中，根据任务特点，我们用到的 RNN 的输入输出对应关系是什么？

（4）GRU 的重置门和更新门，哪个可以维护长期记忆？哪个可以捕捉短期信息？

（5）基于本章的代码，调整 RNN 和 GRU 的输入序列长度并做同样的训练和测试，观察其模型性能随序列长度的变化情况。

（6）PyTorch 中还提供了封装好的 LSTM 工具 `torch.nn.LSTM`，使用方法与 GRU 类似。将本节代码中的 GRU 改为 LSTM，对比两者的表现。

## 10.5 参考文献

[1] CHO K, VAN MERRIËNBOER B, BAHDANAU D, et al. On the properties of neural machine translation: Encoder-decoder approaches[C]//Workshop on Syntax, Semantics and Structure in Statistical Translation, 2014:103-111.

[2] HOCHREITER S, SCHMIDHUBER J. Long short-term memory[J]. Neural computation, 1997, 9(8): 1735-1780.

# 第三部分

# 非参数化模型

# 第11章 支持向量机

从本章开始，我们介绍非参数化模型。与参数化模型不同，非参数化模型对数据分布不做先验的假设，从而能够更灵活地适配到不同的数据分布上。但另一方面，灵活性也使其对数据更为敏感，容易出现过拟合现象。本章主要介绍一个经典的非参数化模型——支持向量机(support vector machine，SVM)，以及其求解算法——序列最小优化(sequential minimal optimization，SMO)算法，并利用SMO算法解决平面点集的二分类问题。

非参数化模型与数据集大小有关，我们假设数据集 $\mathcal{D}=\{(\boldsymbol{x}_1,y_1),(\boldsymbol{x}_2,y_2),\cdots,(\boldsymbol{x}_m,y_m)\}$，其中 $\boldsymbol{x}_i\in\mathbb{R}^n$ 是输入向量，$y_i\in\{-1,1\}$ 是输入数据的分类。为了下面理论推导方便，这里我们用 $-1$ 代替 0 作为类别标签。线性的SVM假设数据集中的点是线性可分的。注意，该假设与SVM是非参数化模型并不矛盾，因为SVM仍然需要与数据集大小相匹配的参数量来求解分割平面，具体的求解流程我们会在下文详细说明。与之相反，逻辑斯谛回归作为参数化模型，其参数 $\boldsymbol{\theta}$ 的维度只与输入向量的维度 $n$ 有关。

通常来说，即使数据集 $\mathcal{D}$ 是线性可分的，可以将其分开的超平面也有无数种选择。如图11-1所示，任意一条实线或虚线都可以将平面上的×和●分开。然而，如果我们考虑到现实场景中可能的噪声和扰动，这些分割线就会产生区别。假如图11-1中的数据点实际所处的位置在它们旁边标出的虚线圆圈内的任意一处，那么图中的两条虚线就有可能给出错误的分类结果。因此，为了使分割直线对数据点的扰动或噪声的健壮性更强，我们希望从这无数个可以分割两个点集的超平面中挑选出一个平面，使其与任意一点间隔（margin）的最小值最大。

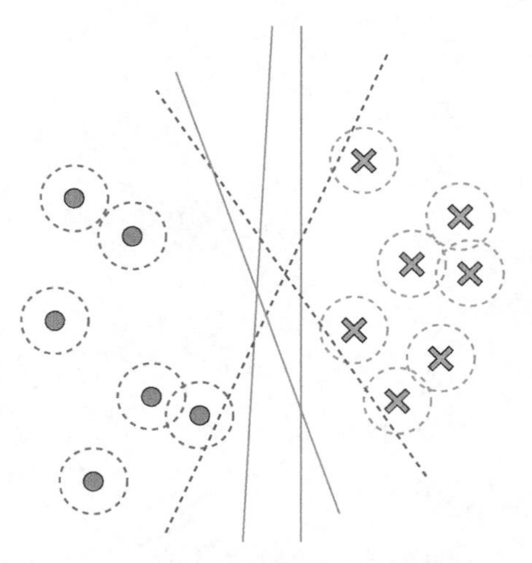


图11-1　用直线分割带噪声的点集

## 11.1　支持向量机的数学描述

我们首先来考虑如何计算样本点与平面的间隔。如图11-2所示，设决策边界给出的超平

面方程为 $\boldsymbol{w}^{\mathrm{T}}\boldsymbol{x}+b=0$，其中 $\boldsymbol{w}\in\mathbb{R}^n$ 和 $b\in\mathbb{R}$ 为支持向量机的参数，$\boldsymbol{w}$ 方向就是该平面的法线方向。设样本 $\boldsymbol{x}_i$ 到平面的距离是 $\gamma_i$，那么从 $\boldsymbol{x}_i$ 出发，沿着法线方向经过长度 $\gamma_i$，应当正好到达平面上。因此，$\gamma_i$ 满足

$$\boldsymbol{w}^{\mathrm{T}}\left(\boldsymbol{x}_i-\gamma_i\frac{\boldsymbol{w}}{\|\boldsymbol{w}\|}\right)+b=0$$

或

$$\boldsymbol{w}^{\mathrm{T}}\left(\boldsymbol{x}_i+\gamma_i\frac{\boldsymbol{w}}{\|\boldsymbol{w}\|}\right)+b=0$$

出现两个不同的方程是因为我们还没有确定$\boldsymbol{x}_i$是在法线的方向还是法线的反方向。如果$\boldsymbol{x}_i$在法线方向，那么有$\boldsymbol{w}^{\mathrm{T}}\boldsymbol{x}_i+b>0$，反之则是$\boldsymbol{w}^{\mathrm{T}}\boldsymbol{x}_i+b<0$。因此，不妨规定使$\boldsymbol{w}^{\mathrm{T}}\boldsymbol{x}_i+b>0$的样本点的类别标签$y_i=1$，使$\boldsymbol{w}^{\mathrm{T}}\boldsymbol{x}_i+b<0$的样本点的类别标签$y_i=-1$。对于分类问题，标签的具体值我们可以任意替换，只要最终能对应回原始类别即可。另外，我们设使$\boldsymbol{w}^{\mathrm{T}}\boldsymbol{x}_i+b=0$的点的类别标签$y_i=0$，因为这些点正好处于该超平面上，从而$y_i=0$表示超平面无法对其进行分类。这样，我们就可以把上面两个方程统一起来，写成

$$\boldsymbol{w}^{\mathrm{T}}\left(\boldsymbol{x}_i-\gamma_i y_i\frac{\boldsymbol{w}}{\|\boldsymbol{w}\|}\right)+b=0$$

或者等价变形为

$$\gamma_i=\frac{y_i(\boldsymbol{w}^{\mathrm{T}}\boldsymbol{x}_i+b)}{\|\boldsymbol{w}\|}=y_i\left(\frac{\boldsymbol{w}^{\mathrm{T}}}{\|\boldsymbol{w}\|}\boldsymbol{x}+\frac{b}{\|\boldsymbol{w}\|}\right)$$

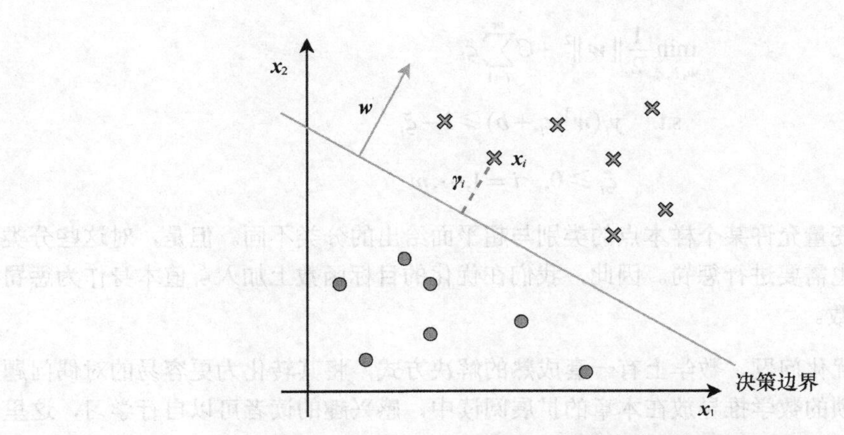


图 11-2　二维空间下的分类决策边界和几何间隔

对上式来说，当 $\boldsymbol{w}$ 和 $b$ 的大小同时变为 $\lambda$ 倍时，式中的分母 $\|\boldsymbol{w}\|$ 也变为 $\lambda$ 倍，这时分割超平面完全不变。因此，我们不妨设 $\hat{\gamma}_i=y_i(\boldsymbol{w}^{\mathrm{T}}\boldsymbol{x}_i+b)$，称为函数间隔（functional margin），而将几何间隔（geometric margin）$\gamma_i=\hat{\gamma}_i/\|\boldsymbol{w}\|$ 看作函数间隔对 $\boldsymbol{w}$ 的长度归一化的结果。

我们希望所有样本到平面的几何间隔 $\gamma_i$ 的最小值最大。设 $\gamma=\min_i\gamma_i$，$\hat{\gamma}=\min_i\hat{\gamma}_i$，那么 $\gamma=\hat{\gamma}/\|\boldsymbol{w}\|$。于是，支持向量机的优化目标可以写为

$$\max_{\hat{\gamma}, w, b} \frac{\hat{\gamma}}{\| \boldsymbol{w} \|}$$

$$\text{s.t.} \quad y_i(\boldsymbol{w}^{\mathrm{T}} \boldsymbol{x}_i + b) \geqslant \hat{\gamma}, \quad i = 1, \cdots, m$$

上面已经提到，函数间隔 $\hat{\gamma}$ 关于 $\boldsymbol{w}$ 和 $b$ 的大小并不影响实际的几何间隔 $\gamma$，因为其变化总会被 $\| \boldsymbol{w} \|$ 所抵消。因此，不妨令 $\hat{\gamma} = 1$。这样上面的优化目标就变为

$$\max_{w, b} \frac{1}{\| \boldsymbol{w} \|}$$

$$\text{s.t.} \quad y_i(\boldsymbol{w}^{\mathrm{T}} \boldsymbol{x}_i + b) \geqslant 1, \quad i = 1, \cdots, m$$

然而，优化目标 $\frac{1}{\| \boldsymbol{w} \|}$ 是非凸的，求解较为困难。考虑到函数 $\frac{1}{t}$ 关于 $t$ 单调递减，最大化 $\frac{1}{t}$ 与最小化 $t$ 的任意一个单调递增函数都等价。为了求解方便，我们选择一个凸的单调递增函数，进一步将优化目标等价地写为

$$\min_{w, b} \frac{1}{2} \| \boldsymbol{w} \|^2$$

$$\text{s.t.} \quad y_i(\boldsymbol{w}^{\mathrm{T}} \boldsymbol{x}_i + b) \geqslant 1, \quad i = 1, \cdots, m$$

由于 $\| \boldsymbol{w} \| \geqslant 0$，其二次函数在定义域内是单调递增的，并且为凸函数。其中，系数选择 $\frac{1}{2}$ 是为了后续求导简洁。

至此，我们讨论了数据线性可分的情况。如果数据线性不可分，我们可以适当放宽上式的约束要求，引入松弛变量 $\xi_i$，将约束问题改写为

$$\min_{w, b, \xi_i} \frac{1}{2} \| \boldsymbol{w} \|^2 + C \sum_{i=1}^{m} \xi_i$$

$$\text{s.t.} \quad y_i(\boldsymbol{w}^{\mathrm{T}} \boldsymbol{x}_i + b) \geqslant 1 - \xi_i$$

$$\xi_i \geqslant 0, \quad i = 1, \cdots, m$$

可以看出，松弛变量允许某个样本点的类别与超平面给出的分类不同。但是，对这些分类错误的样本点，我们也需要进行惩罚。因此，我们在优化的目标函数上加入 $\xi_i$ 值本身作为惩罚项，其中 $C$ 是惩罚系数。

对于带约束的凸优化问题，数学上有一套成熟的解决方式，将其转化为更容易的对偶问题求解。我们将较为烦琐的数学推导放在本章的扩展阅读中，感兴趣的读者可以自行学习，这里我们直接给出结论。求解上式的优化问题等价于求解下面的二次规划：

$$\max_{\boldsymbol{\alpha}} W(\boldsymbol{\alpha}) = \max_{\boldsymbol{\alpha}} \left( \sum_{i=1}^{m} \alpha_i - \frac{1}{2} \sum_{i=1}^{m} \sum_{j=1}^{m} \alpha_i \alpha_j y_i y_j \boldsymbol{x}_i^{\mathrm{T}} \boldsymbol{x}_j \right)$$

$$\text{s.t.} \quad 0 \leqslant \alpha_i \leqslant C, \quad i = 1, \cdots, m$$

$$\sum_{i=1}^{m} \alpha_i y_i = 0$$

其中，$\boldsymbol{\alpha}$是待求解的参数。可以看出，SVM问题的参数量是与数据集的规模 $m$ 相当的。当数据集规模增大时，其参数量也相应变多，表现出非参数化模型的特性。

当解出最优的 $\boldsymbol{\alpha}^*$ 后，SVM 的参数 $\boldsymbol{w}^*$ 和 $b^*$ 可以由下式计算得到

$$\boldsymbol{w}^* = \sum_{i=1}^{m} \alpha_i^* y_i \boldsymbol{x}_i$$

$$b^* = -\frac{1}{2}(\max_{i,y_i=-1} \boldsymbol{w}^{*\mathrm{T}} \boldsymbol{x}_i + \min_{i,y_i=1} \boldsymbol{w}^{*\mathrm{T}} \boldsymbol{x}_i)$$

并且，这组最优参数$(\boldsymbol{w}^*, b^*, \boldsymbol{\alpha}^*)$满足 $\alpha_i^*(1-y_i(\boldsymbol{w}^{*\mathrm{T}}\boldsymbol{x}_i + b^*)) = 0$。因此，对于数据集中的任意一个样本$\boldsymbol{x}_i$，要么其对应的参数 $\alpha_i^* = 0$，要么其与支持向量机对应的超平面 $\boldsymbol{w}^{*\mathrm{T}}\boldsymbol{x} + b^* = 0$ 的函数间隔 $y_i(\boldsymbol{w}^{*\mathrm{T}}\boldsymbol{x}_i + b) = 1 = \hat{\gamma}$，从而$\boldsymbol{x}_i$是所有样本中与该超平面间隔最小的。我们将这些与超平面间隔最小的向量$\boldsymbol{x}_i$称为支持向量（support vector）。引入松弛变量后，对于那些类别与SVM的超平面相反的向量，由于其 $\alpha_i^* \neq 0$，也会影响SVM的参数，因此这些向量也属于支持向量。

设支持向量的集合为 $\mathcal{S} = \{\boldsymbol{x}_i | (\boldsymbol{x}_i, y_i) \in \mathcal{D}, y_i(\boldsymbol{w}^{*\mathrm{T}}\boldsymbol{x}_i + b^*) = 1\}$，那么上面所有关于 $\alpha_i^*$ 的求和只需要在集合 $\mathcal{S}$ 中进行，因为其余非支持向量对应的 $\alpha_i^*$ 都为零，对求和没有贡献。进一步，当我们需要用支持向量机预测某个新样本 $x$ 的类别时，需要计算 $\boldsymbol{w}^{*\mathrm{T}}\boldsymbol{x} + b^*$ 的正负性，即计算

$$\boldsymbol{w}^{*\mathrm{T}}\boldsymbol{x} + b^* = \left(\sum_{i=1}^{m} \alpha_i^* y_i \boldsymbol{x}_i\right)^{\mathrm{T}} \boldsymbol{x} + b^* = \sum_{i=1,\, \boldsymbol{x}_i \in \mathcal{S}}^{m} \alpha_i^* y_i \boldsymbol{x}_i^{\mathrm{T}} \boldsymbol{x} + b^*$$

这样，用 SVM 进行预测的时间复杂度从 $O(m)$ 变为了 $O(|\mathcal{S}|)$。通常情况下，支持向量只占数据集的很小一部分，因此，利用支持向量的特性，SVM 模型建立完成后，再进行预测的时间复杂度就大大减小了。这一优势在线性 SVM 中并不明显，因为我们可以直接计算出 $\boldsymbol{w}^*$ 的值，但是对于后面将介绍的带有非线性核函数的 SVM，其优势是相当可观的。

现在，我们只需要从上述二次规划问题中解出 $\boldsymbol{\alpha}^*$。然而，传统的求解二次规划问题的算法时间开销都非常大，因此，我们通常使用专门针对 SVM 的问题形式所设计的序列最小优化（SMO）算法来求解 SVM 的优化问题。

## 11.2 序列最小优化

扫码观看视频课程

序列最小优化的核心思想是，同时优化所有的参数 $\alpha_i$ 较为困难，因此每次可以选择部分参数来优化。由于优化问题中有等式约束 $\sum_{i=1}^{m} \alpha_i y_i = 0$，我们每次选取两个不同的参数 $\alpha_i$ 和 $\alpha_j$，而固定其他参数，只优化这两个参数，从而保证等式约束一直成立。完成后，再选取另两个参数，固定其他 $m-2$ 个参数，进行优化。如此反复迭代，直到目标函数的值收敛为止。无论目标是需要被最大化还是最小化，SMO 算法都可以工作。下面，我们以固定 $\alpha_1$ 和 $\alpha_2$ 为例，演示 SMO 算法的流程。

固定 $\alpha_1$ 与 $\alpha_2$ 后，优化问题的目标为

$$\max_{\alpha_1,\alpha_2} W(\alpha_1,\alpha_2) = \max_{\alpha_1,\alpha_2}\left(\alpha_1+\alpha_2-\frac{1}{2}\|\alpha_1 y_1 \boldsymbol{x}_1+\alpha_2 y_2 \boldsymbol{x}_2\|^2 - (\alpha_1 y_1 \boldsymbol{x}_1+\alpha_2 y_2 \boldsymbol{x}_2)^{\mathrm{T}}\left(\sum_{i=3}^{m}\alpha_i y_i \boldsymbol{x}_i\right)+A_0\right)$$

$$\text{s.t.}\quad 0\leqslant \alpha_1,\alpha_2\leqslant C$$

$$\alpha_1 y_1+\alpha_2 y_2 = -\sum_{i=3}^{m}\alpha_i y_i$$

其中，$A_0$是与$\alpha_1$和$\alpha_2$无关的常数。注意，上式中样本向量不会单独出现，都以两个样本的内积形式出现。回忆线性回归中的核技巧，我们将样本向量之间的内积记为矩阵$\boldsymbol{K}=\boldsymbol{X}\boldsymbol{X}^{\mathrm{T}}$，其中$\boldsymbol{X}$的行向量$\boldsymbol{x}_i$是数据集中的样本，根据矩阵乘法的规则和向量内积的对称性可知 $K_{ij}=K_{ji}=\boldsymbol{x}_i^{\mathrm{T}}\boldsymbol{x}_j$。注意，$y_i\in\{-1,1\}\Rightarrow y_i^2=1$，目标函数$W(\alpha_1,\alpha_2)$可以用$\boldsymbol{K}$改写为

$$W(\alpha_1,\alpha_2) = \alpha_1+\alpha_2-\frac{1}{2}(K_{11}\alpha_1^2+K_{22}\alpha_2^2)-y_1 y_2 K_{12}\alpha_1\alpha_2 - y_1\alpha_1\sum_{i=3}^{m}\alpha_i y_i K_{1i} - y_2\alpha_2\sum_{i=3}^{m}\alpha_i y_i K_{2i}+A_0$$

上述第二个约束条件表明，$\alpha_1$ 与 $\alpha_2$ 不是独立的，我们可以将 $\alpha_2$ 用 $\alpha_1$ 表示。记$\zeta=-\sum_{i=3}^{m}\alpha_i y_i$，则有

$$\alpha_1 y_1+\alpha_2 y_2=\zeta$$

$$\Rightarrow\quad \alpha_2=-\alpha_1\frac{y_1}{y_2}+\frac{\zeta}{y_2}$$

$$\Rightarrow\quad \alpha_2=(-y_1\alpha_1+\zeta)y_2$$

将上式代入优化目标，消去 $\alpha_2$，可得

$$\begin{aligned}
W(\alpha_1,\alpha_2) &= W(\alpha_1)\\
&=(1-y_1y_2)\alpha_1-\frac{1}{2}K_{11}\alpha_1^2-\frac{1}{2}K_{22}(\zeta-y_1\alpha_1)^2-y_1K_{12}(\zeta-y_1\alpha_1)\alpha_1\\
&\quad -y_1\alpha_1\sum_{i=3}^{m}y_i\alpha_iK_{1i}+y_1\alpha_1\sum_{i=3}^{m}y_i\alpha_iK_{2i}+A_1\\
&=-\frac{1}{2}(K_{11}+K_{22}-2K_{12})\alpha_1^2+\left[y_1-y_2+(K_{22}-K_{12})\zeta+\sum_{i=3}^{m}y_i\alpha_i(K_{2i}-K_{1i})\right]y_1\alpha_1+A_1\\
&=p\alpha_1^2+q\alpha_1+A_1
\end{aligned}$$

其中，$p$、$q$和$A_1$是与$\alpha_1$无关的常数，且

$$p=-\frac{1}{2}(K_{11}+K_{22}-2K_{12})=-\frac{1}{2}(\boldsymbol{x}_1^{\mathrm{T}}\boldsymbol{x}_1+\boldsymbol{x}_2^{\mathrm{T}}\boldsymbol{x}_2-2\boldsymbol{x}_1^{\mathrm{T}}\boldsymbol{x}_2)=-\frac{1}{2}\|\boldsymbol{x}_1-\boldsymbol{x}_2\|^2\leqslant 0$$

如果数据集中没有相同的样本，那么严格有 $p<0$。因此，该优化问题本质上是寻找参数 $\alpha_1$ 的二次函数的最大值点，非常容易计算。注意，参数 $\alpha_1$ 的取值范围是 $[0,C]$，使其二次函数

取最大值的 $\alpha_1$ 有 3 种情况：

$$\arg\max_{\alpha_1} W(\alpha_1)=\begin{cases}0, & -\dfrac{q}{2p}<0\\ -\dfrac{q}{2p}, & 0\leqslant -\dfrac{q}{2p}\leqslant C\\ C, & -\dfrac{q}{2p}>C\end{cases}$$

其对应的大致图像如图11-3所示。

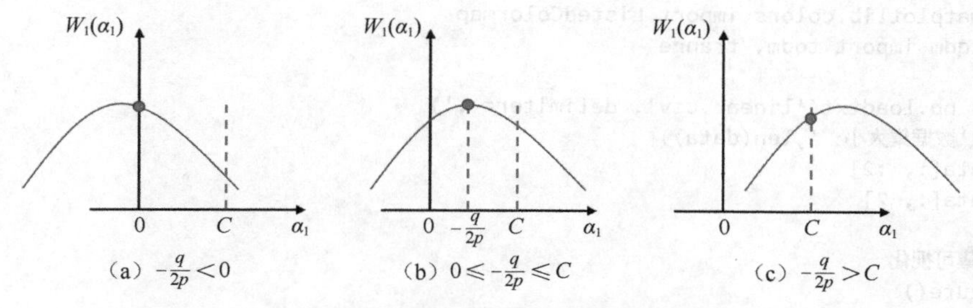

（a）$-\frac{q}{2p}<0$ （b）$0\leqslant-\frac{q}{2p}\leqslant C$ （c）$-\frac{q}{2p}>C$

图 11-3 SMO 最优解示意图

解出 $\alpha_1$ 的最优值 $\alpha_1'$ 后，就得到 $\alpha_2$ 的最优值 $\alpha_2'=-y_1y_2\alpha_1'+\zeta y_2$。我们还需要保证 $\alpha_2'$ 也在 $[0, C]$ 范围内。将其代回原目标函数，得到 $W(\boldsymbol{\alpha})=W(\alpha_1', \alpha_2', \alpha_3, \cdots, \alpha_m)$。接下来，我们再随机选取一对参数，例如 $\alpha_3$ 和 $\alpha_4$，固定其他参数，用相同的方式求解新的目标函数 $W(\alpha_3, \alpha_4)$。注意，此时参数 $\alpha_1$ 和 $\alpha_2$ 的值已经更新为刚刚解出的最优值 $\alpha_1'$ 和 $\alpha_2'$。这样反复迭代下去，直到更新参数时，$W(\boldsymbol{\alpha})$ 的变化量小于某个预设的精度常数 $\delta$，或迭代次数达到预设的最大轮数为止。由于计算 $W(\boldsymbol{\alpha})$ 的时间复杂度较高，实践中通常采用迭代次数终止条件。

为了代码实现方便，我们进一步化简 $-\dfrac{q}{2p}$。设 $g(\boldsymbol{x})=\sum_{i=1}^m y_i\alpha_i\boldsymbol{x}_i^{\mathrm{T}}\boldsymbol{x}+b$，则

$$g(\boldsymbol{x}_1)=\sum_{i=1}^m y_i\alpha_iK_{1i}+b,\quad g(\boldsymbol{x}_2)=\sum_{i=1}^m y_i\alpha_iK_{2i}+b$$

将 $g(\boldsymbol{x}_1)$、$g(\boldsymbol{x}_2)$ 与 $\zeta=y_1\alpha_1+y_2\alpha_2$ 代入 $q$ 的表达式，得到

$$\begin{aligned}q &=(y_1-y_2+(K_{22}-K_{12})\zeta+\sum_{i=3}^m y_i\alpha_i(K_{2i}-K_{1i}))y_1\\ &=(y_1-y_2+(K_{22}-K_{12})(y_1\alpha_1+y_2\alpha_2)+(g(\boldsymbol{x}_2)-y_1\alpha_1K_{12}-y_2\alpha_2K_{22}-b)\\ &\quad-(g(\boldsymbol{x}_1)-y_1\alpha_1K_{11}-y_2\alpha_2K_{12}-b))y_1\\ &=(K_{11}+K_{22}-2K_{12})\alpha_1+(g(\boldsymbol{x}_2)-y_2-g(\boldsymbol{x}_1)+y_1)y_1\end{aligned}$$

于是可得

$$\arg\max_{\alpha_1}W(\alpha_1)=-\frac{q}{2p}=\alpha_1+\frac{(g(\boldsymbol{x}_2)-y_2)-(g(\boldsymbol{x}_1)-y_1)}{K_{11}+K_{22}-2K_{12}}y_1$$

这一形式更加简洁和对称。

## 11.3 动手实现SMO求解SVM

下面，我们按照 11.2 节讲述的步骤来动手实现 SMO 算法求解 SVM。我们先考虑最简单的线性可分的情况，本节的数据集 linear.csv 包含了一些平面上的点及其分类。数据文件的每一行有 3 个数值，依次是点的横坐标 $\boldsymbol{x}_1$、纵坐标 $\boldsymbol{x}_2$ 和类别 $y \in \{-1, 1\}$。由于数据集非常简单，明显线性可分，SVM 应当能达到 100% 的准确率，因此我们不再划分训练集和测试集，只以此为例讲解代码实现。

```
import numpy as np
import matplotlib.pyplot as plt
from matplotlib.colors import ListedColormap
from tqdm import tqdm, trange

data = np.loadtxt('linear.csv', delimiter=',')
print('数据集大小：',len(data))
x = data[:, :2]
y = data[:, 2]

# 数据集可视化
plt.figure()
plt.scatter(x[y == -1, 0], x[y == -1, 1], color='red', label='y=-1')
plt.scatter(x[y == 1, 0], x[y == 1, 1], color='blue', marker='x', label='y=1')
plt.xlabel(r'$x_1$')
plt.ylabel(r'$x_2$')
plt.legend()
plt.show()
```

```
数据集大小：200
```

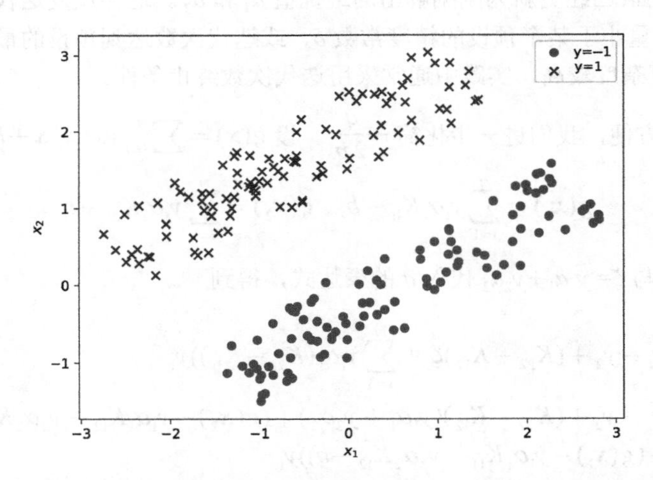


下面我们来实现 SVM 的主要部分 SMO 算法，具体的讲解放在代码注释中。

```
def SMO(x, y, ker, C, max_iter):
    '''
    SMO算法
    x, y：样本的值和类别
    ker：核函数，与线性回归中核函数的含义相同
    C：惩罚系数
    max_iter：最大迭代次数
    '''
```

```
    # 初始化参数
    m = x.shape[0]
    alpha = np.zeros(m)

    # 预先计算所有向量的两两内积，减少重复计算
    K = np.zeros((m, m))
    for i in range(m):
        for j in range(m):
            K[i, j] = ker(x[i], x[j])
    for l in trange(max_iter):
        # 开始迭代
        for i in range(m):
            # 有m个参数，每一轮迭代中依次更新
            # 固定参数alpha_i与另一个随机参数alpha_j，并且保证i与j不相等
            j = np.random.choice([l for l in range(m) if l != i])

            # 用-q/2p更新alpha_i的值
            eta = K[j, j] + K[i, i] - 2 * K[i, j] # 分母
            e_i = np.sum(y * alpha * K[:, i]) - y[i] # 分子
            e_j = np.sum(y * alpha * K[:, j]) - y[j]
            alpha_i = alpha[i] + y[i] * (e_j - e_i) / (eta + 1e-5) #防止除以0
            zeta = alpha[i] * y[i] + alpha[j] * y[j]

            # 将alpha_i和对应的alpha_j保持在[0,C]区间
            # 0 <= (zeta - y_j * alpha_j) / y_i <= C
            if y[i] == y[j]:
                lower = max(0, zeta / y[i] - C)
                upper = min(C, zeta / y[i])
            else:
                lower = max(0, zeta / y[i])
                upper = min(C, zeta / y[i] + C)
            alpha_i = np.clip(alpha_i, lower, upper)
            alpha_j = (zeta - y[i] * alpha_i) / y[j]

            # 更新参数
            alpha[i], alpha[j] = alpha_i, alpha_j

    return alpha
```

利用 SMO 算法解出 $\alpha$ 后，我们可以得到 SVM 的参数 $w$ 和 $b$。我们把该算法应用在导入的线性数据集上，绘制出 SVM 给出的分割直线，并标记出支持向量。

```
# 设置超参数
C = 1e8 # 由于数据集完全线性可分，我们不引入松弛变量
max_iter = 1000
np.random.seed(0)

alpha = SMO(x, y, ker=np.inner, C=C, max_iter=max_iter)

100%|██████████| 1000/1000 [00:23<00:00, 42.93it/s]

# 用alpha计算w，b和支持向量
sup_idx = alpha > 1e-5 # 支持向量的系数不为零
print('支持向量个数：', np.sum(sup_idx))
w = np.sum((alpha[sup_idx] * y[sup_idx]).reshape(-1, 1) * x[sup_idx], axis=0)
wx = x @ w.reshape(-1, 1)
b = -0.5 * (np.max(wx[y == -1]) + np.min(wx[y == 1]))
print('参数：', w, b)
```

```
# 绘图
X = np.linspace(np.min(x[:, 0]), np.max(x[:, 0]), 100)
Y = -(w[0] * X + b) / (w[1] + 1e-5)
plt.figure()
plt.scatter(x[y == -1, 0], x[y == -1, 1], color='red', label='y=-1')
plt.scatter(x[y == 1, 0], x[y == 1, 1], marker='x', color='blue', label='y=1')
plt.plot(X, Y, color='black')
# 用圆圈标记出支持向量
plt.scatter(x[sup_idx, 0], x[sup_idx, 1], marker='o', color='none',
    edgecolor='purple', s=150, label='support vectors')
plt.xlabel(r'$x_1$')
plt.ylabel(r'$x_2$')
plt.legend()
plt.show()
```

```
支持向量个数:  6
参数:  [-1.0211867 1.66445549] -1.3127020970395464
```

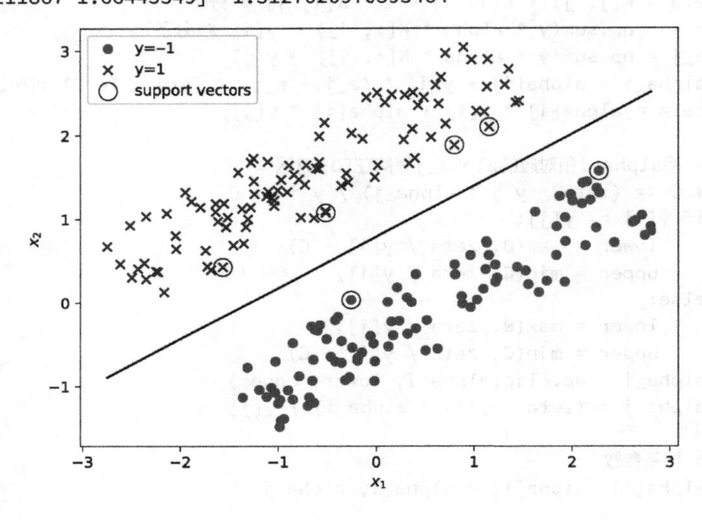


## 11.4 核函数

对于略微有些线性不可分的数据，我们采用松弛变量的方法，仍然可以导出 SVM 的分割超平面。然而，当数据的分布更加偏离线性时，可能完全无法用线性的超平面进行有效分类，松弛变量也就失效了。为了更清晰地展示非线性的情况，我们读入双螺旋数据集 spiral.csv 并绘制数据分布。该数据集包含了在平面上呈螺旋分布的两组点，同类的点处在同一条旋臂上。

```
data = np.loadtxt('spiral.csv', delimiter=',')
print('数据集大小: ', len(data))
x = data[:, :2]
y = data[:, 2]

# 数据集可视化
plt.figure()
plt.scatter(x[y == -1, 0], x[y == -1, 1], color='red', label='y=-1')
```

```
plt.scatter(x[y == 1, 0], x[y == 1, 1], marker='x', color='blue', label='y=1')
plt.xlabel(r'$x_1$')
plt.ylabel(r'$x_2$')
plt.legend()
plt.axis('square')
plt.show()
```

```
数据集大小:  194
```

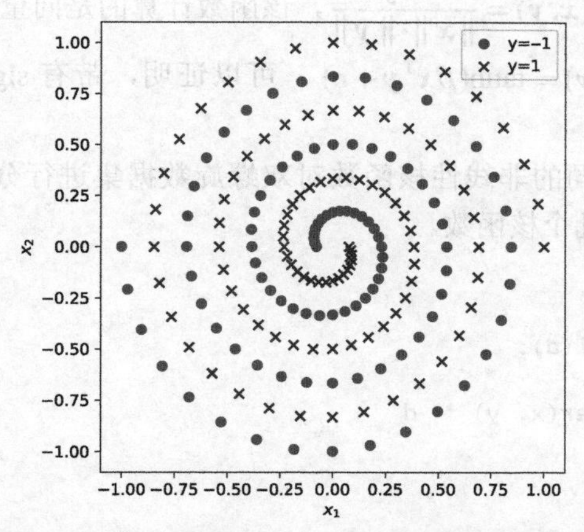


显然，平面上任意一条直线都无法为上图的双螺旋数据集给出分类。因此，我们需要引入非线性的特征映射。在第 8 章中我们已经提到，非线性函数可以使数据升维，将在低维中线性不可分的数据映射到高维空间，使其变得线性可分。设映射函数为$\phi(\boldsymbol{x}):\mathbb{R}^n \to \mathbb{R}^N$，将线性 SVM 中的$\boldsymbol{x}_i$全部替换为$\phi(\boldsymbol{x}_i)$，并进行相同的数学推导，可以得到对偶问题的优化目标函数为

$$W(\boldsymbol{\alpha})=\sum_{i=1}^{m}\alpha_i-\frac{1}{2}\sum_{i=1}^{m}\sum_{j=1}^{m}y_iy_j\alpha_i\alpha_j\phi(\boldsymbol{x}_i)^{\mathrm{T}}\phi(\boldsymbol{x}_j)$$

为了简化上式，我们利用核技巧，定义核函数$K(\boldsymbol{x},\boldsymbol{y})=\phi(\boldsymbol{x})^{\mathrm{T}}\phi(\boldsymbol{y})$。在第 5 章中我们曾介绍过，引入核函数后，计算特征映射的时间复杂度被大大降低了。与不带特征映射时类似，SVM 对新样本$\boldsymbol{x}$的预测为

$$\hat{y}=\boldsymbol{w}^{*\mathrm{T}}\phi(\boldsymbol{x})+b^*$$

虽然我们不知道$\phi(\boldsymbol{x})$，无法按照原来的方法由$\boldsymbol{\alpha}^*$计算$\boldsymbol{w}^*=\sum\alpha_i^*y_i\phi(\boldsymbol{x}_i)$。但是，我们可以直接利用核函数计算$\boldsymbol{w}^{*\mathrm{T}}\phi(\boldsymbol{x})$：

$$\boldsymbol{w}^{*\mathrm{T}}\phi(\boldsymbol{x})=\sum_{i=1,\,\boldsymbol{x}_i\in\mathcal{S}}^{m}\alpha_i^*y_i\phi(\boldsymbol{x}_i)^{\mathrm{T}}\phi(\boldsymbol{x})=\sum_{i=1,\,\boldsymbol{x}_i\in\mathcal{S}}^{m}\alpha_i^*y_iK(\boldsymbol{x}_i,\boldsymbol{x})$$

而$b^*$可以按原方法计算得出：

$$b^*=-\frac{1}{2}(\max_{i,y_i=-1}\boldsymbol{w}^{*\mathrm{T}}\phi(\boldsymbol{x}_i)+\max_{i,y_i=1}\boldsymbol{w}^{*\mathrm{T}}\phi(\boldsymbol{x}_i))$$

这时，SVM 在计算时只需要用到支持向量的优势就很明显了。在数据集上建立好 SVM 模型后，我们可以只保留支持向量，而将剩余的数据都舍弃，这可以减小存储模型的空间占用。

现在，我们的任务就变成寻找合适的核函数，使原本线性不可分的数据线性可分。通常来

说，核函数应当衡量向量之间的相似度。常用的核函数有以下几种。

- 内积核：$K(\boldsymbol{x},\boldsymbol{y})=\boldsymbol{x}^{\mathrm{T}}\boldsymbol{y}$，该函数即为线性 SVM 所用的核函数。
- 简单多项式核：$K(\boldsymbol{x},\boldsymbol{y})=(\boldsymbol{x}^{\mathrm{T}}\boldsymbol{y})^d$。
- 高斯核：$K(\boldsymbol{x},\boldsymbol{y})=\mathrm{e}^{-\frac{\|\boldsymbol{x}-\boldsymbol{y}\|^2}{2\sigma^2}}$，又称径向基函数（radial basis function，RBF）核。
- 余弦相似度核：$K(\boldsymbol{x},\boldsymbol{y})=\dfrac{\boldsymbol{x}^{\mathrm{T}}\boldsymbol{y}}{\|\boldsymbol{x}\|\cdot\|\boldsymbol{y}\|}$，该函数计算的是向量 $\boldsymbol{x}$ 与 $\boldsymbol{y}$ 之间夹角的余弦值。
- sigmoid 核：$K(\boldsymbol{x},\boldsymbol{y})=\tanh(\beta\boldsymbol{x}^{\mathrm{T}}\boldsymbol{y}+c)$。可以证明，带有 sigmoid 核的 SVM 等价于两层的多层感知机。

下面，我们尝试用不同的非线性核函数对双螺旋数据集进行分类，并观察分类效果。首先，我们实现上文介绍的几个核函数。

```
# 简单多项式核
def simple_poly_kernel(d):
    def k(x, y):
        return np.inner(x, y) ** d
    return k

# RBF核
def rbf_kernel(sigma):
    def k(x, y):
        return np.exp(-np.inner(x - y, x - y) / (2.0 * sigma ** 2))
    return k

# 余弦相似度核
def cos_kernel(x, y):
    return np.inner(x, y) / np.linalg.norm(x, 2) / np.linalg.norm(y,2)

# sigmoid核
def sigmoid_kernel(beta, c):
    def k(x, y):
        return np.tanh(beta * np.inner(x, y) + c)
    return k
```

然后，我们依次用这 4 种核函数计算 SVM 在双螺旋数据集上的分类结果。其中，简单多项式核取 $d=3$，RBF 核取标准差 $\sigma=0.1$，sigmoid 核取 $\beta=1$、$c=-1$。为了更清晰地展示结果，我们在 $[-1.5,1.5]\times[-1.5,1.5]$ 的平面上以网格状均匀选点，用构建好的 SVM 判断这些点的类别，并将其所在小网格涂成对应的颜色。

```
kernels = [
    simple_poly_kernel(3),
    rbf_kernel(0.1),
    cos_kernel,
    sigmoid_kernel(1, -1)
]
ker_names = ['Poly(3)', 'RBF(0.1)', 'Cos', 'Sigmoid(1,-1)']
C = 1e8
max_iter = 500

# 绘图准备，构造网格
plt.figure()
```

```
fig, axs = plt.subplots(2, 2, figsize=(10, 10))
axs = axs.flatten()
cmap = ListedColormap(['coral','royalblue'])

# 开始求解 SVM
for i in range(len(kernels)):
    print('核函数: ', ker_names[i])
    alpha = SMO(x, y, kernels[i], C=C, max_iter=max_iter)
    sup_idx = alpha > 1e-5 # 支持向量的系数不为零
    sup_x = x[sup_idx] # 支持向量
    sup_y = y[sup_idx]
    sup_alpha = alpha[sup_idx]

    # 用支持向量计算 w^T*x
    def wx(x_new):
        s = 0
        for xi, yi, ai in zip(sup_x, sup_y, sup_alpha):
            s += yi * ai * kernels[i](xi, x_new)
        return s

    # 计算b*
    neg = [wx(xi) for xi in sup_x[sup_y == -1]]
    pos = [wx(xi) for xi in sup_x[sup_y == 1]]
    b = -0.5 * (np.max(neg) + np.min(pos))

    # 构造网格并用 SVM 预测分类
    G = np.linspace(-1.5, 1.5, 100)
    G = np.meshgrid(G, G)
    X = np.array([G[0].flatten(), G[1].flatten()]).T # 转换为每行一个向量的形式
    Y = np.array([wx(xi) + b for xi in X])
    Y[Y < 0] = -1
    Y[Y >= 0] = 1
    Y = Y.reshape(G[0].shape)
    axs[i].contourf(G[0], G[1], Y, cmap=cmap, alpha=0.5)
    # 绘制原数据集的点
    axs[i].scatter(x[y == -1, 0], x[y == -1, 1], color='red',label='y=-1')
    axs[i].scatter(x[y == 1, 0], x[y == 1, 1], marker='x', color='blue',label='y=1')
    axs[i].set_title(ker_names[i])
    axs[i].set_xlabel(r'$x_1$')
    axs[i].set_ylabel(r'$x_2$')
    axs[i].legend()

plt.show()
```

```
核函数:  Poly(3)
100%|██████████| 500/500 [00:11<00:00, 43.34it/s]
核函数:  RBF(0.1)
100%|██████████| 500/500 [00:11<00:00, 43.80it/s]
核函数:  Cos
100%|██████████| 500/500 [00:11<00:00, 45.40it/s]
核函数:  Sigmoid(1,-1)
100%|██████████| 500/500 [00:11<00:00, 43.39it/s]
```

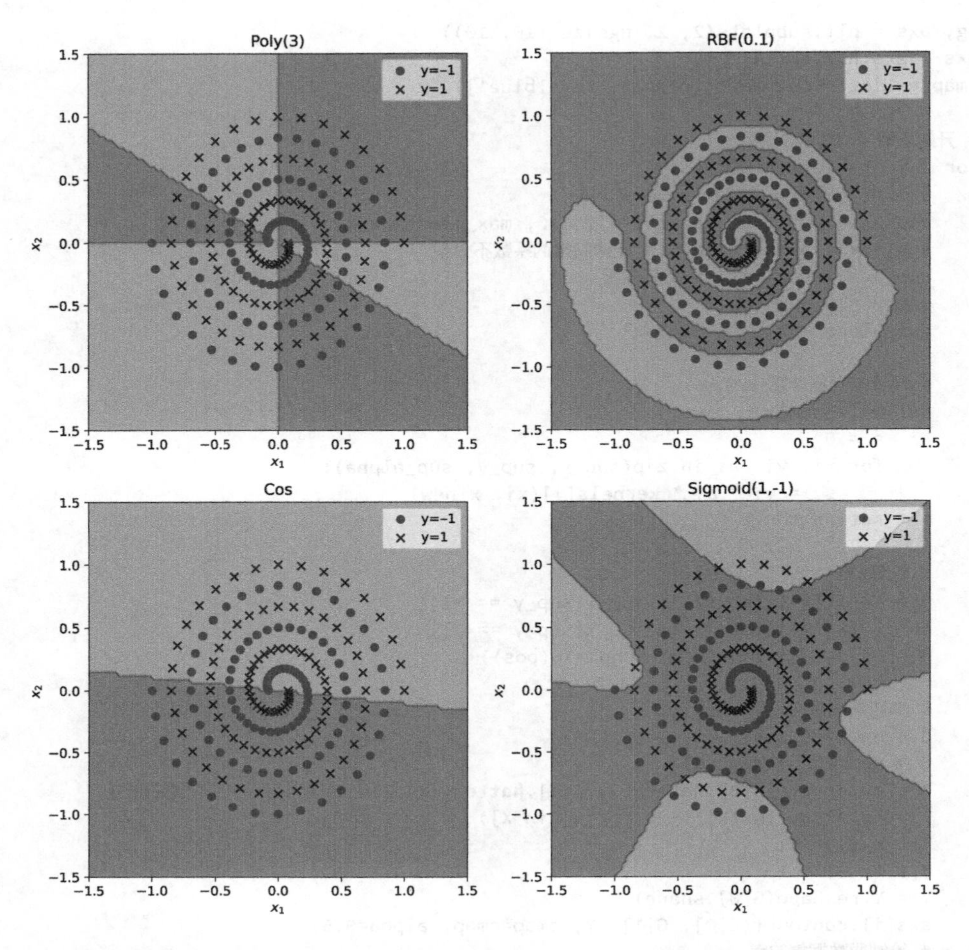


从实验结果图中我们可以看出，不同的核函数对 SVM 模型的分类效果是截然不同的。对于双螺旋数据的二分类任务，高斯核函数（RBF）带给 SVM 的性能要明显好于其他核函数。根据高斯核函数的公式，我们可以看到高斯核本质是在衡量样本和样本之间基于欧氏距离的相似度，这样使得欧氏距离近的样本更好地聚在一起，在高维空间中达到线性可分。

## 11.5　sklearn中的SVM工具

机器学习工具库 sklearn 提供了封装好的 SVM 工具，且支持多种内置核函数。我们以 RBF 核函数为例，复现上面在双螺旋数据集上的分类结果。在 `sklearn.SVM` 中，`SVC` 表示用 SVM 完成分类任务，`SVR` 表示用 SVM 完成回归任务，这里我们选用 `SVC`。此外，它的参数与 11.4 节中核函数的公式在表达上有细微的区别。对于 RBF 核函数，其参数为 $\gamma = 1/(2\sigma^2)$。在 11.4 节中，我们设置 $\sigma = 0.1$，因此这里对应的参数为 $\gamma = 50$。我们同样在平面上采样，绘制出该 SVM 给出的分类边界。可以看出，其结果与我们自己实现的 SVM 基本一致。

```
# 从sklearn.svm中导入SVM分类器
from sklearn.svm import SVC
# 定义SVM模型，包括定义使用的核函数与参数信息
```

```
model = SVC(kernel='rbf', gamma=50, tol=1e-6)
model.fit(x, y)
# 绘制结果
fig = plt.figure(figsize=(6,6))
G = np.linspace(-1.5, 1.5, 100)
G = np.meshgrid(G, G)
X = np.array([G[0].flatten(), G[1].flatten()]).T # 转换为每行一个向量的形式
Y = model.predict(X)
Y = Y.reshape(G[0].shape)
plt.contourf(G[0], G[1], Y, cmap=cmap, alpha=0.5)
# 绘制原数据集的点
plt.scatter(x[y == -1, 0], x[y ==-1, 1], color='red', label='y=-1')
plt.scatter(x[y == 1, 0], x[y == 1, 1], marker='x', color='blue', label='y=1')
plt.xlabel(r'$x_1$')
plt.ylabel(r'$x_2$')
plt.legend()
plt.show()
```

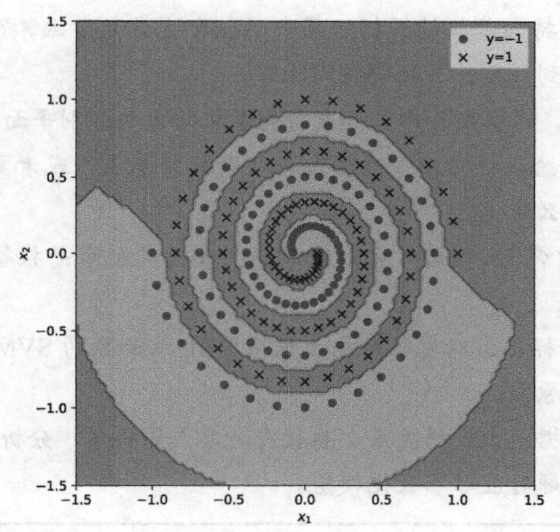


## 11.6 小结

本章介绍了支持向量机的原理及其求解算法 SMO。由于 SVM 属于非参数化模型，其模型中的参数与数据集的规模相同，求解较为复杂，但 SMO 算法大大降低了求解的难度。并且在求解完成后，我们只需要保留支持向量，就可以继续利用模型完成后续的预测任务，其时间复杂度和空间复杂度都下降很多。对于非线性分布的数据，我们可以通过引入非线性的核函数使 SVM 完成分类任务，达到与神经网络中激活函数类似的效果。

不同的核函数适用的场景有所不同，其中最常用的是 RBF 核函数。但是它对参数 $\sigma$ 非常敏感，读者可以尝试调整 11.4 节实现例子中的 $\sigma$，观察分类边界的变化。一般来说，$\sigma$ 越大，分类边界就越光滑，其曲折越少；$\sigma$ 越小，分类边界的曲折越多，也越容易出现过拟合现象。因此，虽然在上例中没有调整防止过拟合的参数 $C$，但在实际使用中仍然需要在适当的时候调节 $C$ 来缓解过拟合。sigmoid 核函数虽然使 SVM 和两层的 MLP 等价，但是其参数调节非常困难，$\beta$ 和 $c$ 两个参数都没有较为直观的理解方式。此外，如果参数设置不合适，sigmoid 核函数可能无法分解成 $\phi(\boldsymbol{x})^{\mathrm{T}}\phi(\boldsymbol{y})$ 的形式，成为无效的核函数。因此在实践中，sigmoid 核函数和简单多项式、余弦相似度等其他核函数一样，只在数据分布较为特殊的情况下使用。

**习题**

（1）以下关于 SVM 的说法不正确的是（　　）。

A. SVM 的目标是寻找一个使最小几何间隔达到最大值的分割超平面

B. 分割超平面不会随 $(w, b)$ 的幅值改变而改变，但是函数间隔却会随之改变

C. 为训练完成的 SVM 中添加新的不重复的样本点，模型给出的分割平面可能不会改变

D. 样本函数间隔的数值越大，分类结果的准确率越大

（2）以下关于核函数的说法不正确的是（　　）。

A. 核函数的数值大小反映了两个变量之间的相似度高低

B. SVM 只着眼于内积计算，因此训练时可以使用核函数来代替特征映射 $\phi$

C. SVM 在训练过程中不需要进行显式的特征映射，不过在预测时需要计算样本进行特征映射

D. 核函数将特征映射和内积并为了一步进行计算，所以大大降低了时间复杂度

（3）在逻辑斯谛回归中，我们也用解析方式求出了模型参数，但是其中涉及复杂度很高的矩阵相乘和矩阵求逆。为什么支持向量机的解析结果中不包含这类复杂运算？（提示：逻辑斯谛回归和支持向量机分别考虑了样本到分割平面的哪种间隔？）

（4）对于同一个数据集，逻辑斯谛回归和支持向量机给出的分割平面一样吗？用本章的 linear.csv 数据集验证你的想法。试着给数据集中手动添加一些新的样本点，或者更改已有样本点的分类。两种算法给出的分割平面有什么变化？

（5）RBF 核函数对应的 $\phi(\cdot)$ 函数是什么？建议查阅相关文献来寻找答案。进一步思考输出为无穷维的特征映射 $\phi(\cdot)$ 的意义。

（6）试基于本章代码，标记出双螺旋数据上使用 RBF 核函数的 SVM 模型的支持向量，并讨论这些数据点成为支持向量的原因。

（7）试通过参数量与数据集大小的关系、参数更新方式等视角，分析和体会 SVM 模型的原问题对应参数化模型，而对偶问题对应非参数化模型。

## 11.7 扩展阅读：SVM对偶问题的推导

对一般形式的带约束的凸优化问题

$$\begin{aligned}\min_{w}\ & f(w)\\ \text{s.t.}\ & g_i(w)\leqslant 0,\quad i=1,\cdots,k\\ & h_j(w)=0,\quad j=1,\cdots,l\end{aligned}$$

定义其拉格朗日函数（Lagrangian function）为

$$\mathcal{L}(w,\boldsymbol{\alpha},\boldsymbol{\beta})=f(w)+\sum_{i=1}^{k}\alpha_i g_i(w)+\sum_{i=1}^{l}\beta_i h_i(w),\quad \alpha_i\geqslant 0$$

其中，$\boldsymbol{\alpha}$与$\boldsymbol{\beta}$称为拉格朗日乘子。拉格朗日函数$\mathcal{L}$的值不仅与原问题的参数$w$有关，还与乘子$\boldsymbol{\alpha}$和$\boldsymbol{\beta}$有关，因此，可以利用乘子的值来表达原问题的约束条件。记原问题为

$$\theta_{\mathcal{P}}(w)=\max_{\boldsymbol{\alpha},\boldsymbol{\beta};\alpha_i\geqslant 0}\mathcal{L}(w,\boldsymbol{\alpha},\boldsymbol{\beta})$$

并且定义参数$w$使得原问题的约束条件被违反，即$g_i(w)>0$或$h_i(w)\neq 0$时，原问题$\theta_{\mathcal{P}}=+\infty$。反

过来说，如果原问题的约束条件都被满足，那么$h_i(w)=0$，从而拉格朗日函数的第三项全部为零。并且由$g_i(w)\leqslant 0$且$\alpha_i\geqslant 0$，知$\alpha_i g_i(w)\leqslant 0$。如果要让$\mathcal{L}$最大，那么所有拉格朗日乘子$\alpha_i$都应当使$\alpha_i g_i(w)=0$，否则$\mathcal{L}$的值会减小。因此，当约束条件满足时，拉格朗日函数的最大值恰好就等于原问题的目标函数$f(w)$，从而原问题可以写为

$$\theta_{\mathcal{P}}=\begin{cases}f(w)\text{，}w\text{满足约束条件}\\+\infty\text{，其他情况}\end{cases}$$

于是，最开始带约束的优化问题等价于对原问题的无约束优化：

$$\min_w \theta_{\mathcal{P}}(w)=\min_w \max_{\boldsymbol{\alpha},\boldsymbol{\beta};\alpha_i\geqslant 0}\mathcal{L}(w,\boldsymbol{\alpha},\boldsymbol{\beta})$$

记该问题的最优值为$p^*=\min_w \theta_{\mathcal{P}}(w)$。

至此，我们只是通过拉格朗日函数对原问题进行了等价变形，并没有降低问题求解的难度。为了真正解决该优化问题，我们考虑另一个稍微有些区别的函数$\theta_{\mathcal{D}}$，定义为

$$\theta_{\mathcal{D}}(\boldsymbol{\alpha},\boldsymbol{\beta})=\min_w \mathcal{L}(w,\boldsymbol{\alpha},\boldsymbol{\beta})$$

将上面优化问题中计算 min 和 max 的顺序交换，定义其对偶问题为

$$\max_{\boldsymbol{\alpha},\boldsymbol{\beta};\alpha_i\geqslant 0}\theta_{\mathcal{D}}(\boldsymbol{\alpha},\boldsymbol{\beta})=\max_{\boldsymbol{\alpha},\boldsymbol{\beta};\alpha_i\geqslant 0}\min_w \mathcal{L}(w,\boldsymbol{\alpha},\boldsymbol{\beta})$$

记其最优值为$d^*=\max_{\boldsymbol{\alpha},\boldsymbol{\beta};\alpha_i\geqslant 0}\theta_{\mathcal{D}}(\boldsymbol{\alpha},\boldsymbol{\beta})$。可以证明，先取min后取max的对偶问题最优值$d^*$要小于等于先取max后取min的原问题最优值$p^*$。然而，在满足某些特殊条件的情况下，两者的最优值是相等的，即$d^*=p^*$。对于一个凸优化问题，如果其约束条件可以被严格满足，即存在$w$使得$g_i(w)<0$且$h_i(w)=0$，那么必然存在$w^*$、$\boldsymbol{\alpha}^*$和$\boldsymbol{\beta}^*$，满足：

- $w^*$ 是原问题 $\min_w\theta_{\mathcal{P}}(w)$ 的解；
- $\boldsymbol{\alpha}^*$ 和 $\boldsymbol{\beta}^*$ 是对偶问题 $\max_{\boldsymbol{\alpha},\boldsymbol{\beta};\alpha_i\geqslant 0}\theta_{\mathcal{D}}(\boldsymbol{\alpha},\boldsymbol{\beta})$ 的解；
- 最优值 $d^*=p^*=\mathcal{L}(w^*,\boldsymbol{\alpha}^*,\boldsymbol{\beta}^*)$，

以及卡罗需–库恩–塔克条件（Karush-Kuhn-Tucker conditions），简称KKT条件。

- 稳定性：$\nabla_w\mathcal{L}(w^*,\boldsymbol{\alpha}^*,\boldsymbol{\beta}^*)=0$；
- 原问题满足性：$g_i(w^*)\leqslant 0,\ h_i(w^*)=0$；
- 对偶问题满足性：$\alpha_i^*\geqslant 0$；
- 互补松弛性：$\alpha_i^* g_i(w^*)=0$。

反过来，如果某一组$(w,\boldsymbol{\alpha},\boldsymbol{\beta})$满足 KKT 条件，那么它们也是原问题和对偶问题的解。KKT 条件中的前 3 个条件比较好理解，都是优化问题本身的约束；最后一个互补松弛性我们在推导$\theta_{\mathcal{P}}=f(w)$时也提到过，否则$\alpha_i^* g_i(w^*)<0$会使目标拉格朗日函数的值减小，与$\alpha_i^*$和$w^*$是最优解矛盾。

根据上面的讨论，如果一个凸优化问题满足KKT条件，且其对偶问题比原问题更容易解决，那么我们可以通过求对偶问题的解来得到原问题的解。对于线性版本的支持向量机的优化问题

$$\min_{\boldsymbol{w},b}\frac{1}{2}\|\boldsymbol{w}\|^2$$
$$\text{s.t.}\quad y_i(\boldsymbol{w}^{\mathrm{T}}\boldsymbol{x}_i+b)\geqslant 1,\quad i=1,\cdots,m$$

$\boldsymbol{w}$和$b$都是问题的参数。我们将约束条件重写为$g_i(\boldsymbol{w},b)=-y_i(\boldsymbol{w}^{\mathrm{T}}\boldsymbol{x}_i+b)+1\leqslant 0$，得到其拉格朗日函数为

$$\mathcal{L}(\boldsymbol{w},b,\boldsymbol{\alpha})=\frac{1}{2}\|\boldsymbol{w}\|^2-\sum_{i=1}^{m}\alpha_i(y_i(\boldsymbol{w}^{\mathrm{T}}\boldsymbol{x}_i+b)-1)$$

为了求其最小值$\min\limits_{\boldsymbol{w},b}\mathcal{L}$，令其对 $\boldsymbol{w}$ 和 $b$ 的梯度等于零，得

$$\boldsymbol{0}=\nabla_{\boldsymbol{w}}\mathcal{L}(\boldsymbol{w},b,\boldsymbol{\alpha})=\boldsymbol{w}-\sum_{i=1}^{m}\alpha_i y_i\boldsymbol{x}_i$$

$$\Rightarrow\ \boldsymbol{w}=\sum_{i=1}^{m}\alpha_i y_i\boldsymbol{x}_i$$

$$0=\nabla_b\mathcal{L}(\boldsymbol{w},b,\boldsymbol{\alpha})=\sum_{i=1}^{m}\alpha_i y_i$$

我们把 $\boldsymbol{w}$ 与 $b$ 代入拉格朗日函数的表达式，得到对偶函数$\theta_{\mathcal{D}}(\boldsymbol{\alpha})$的表达式为

$$\begin{aligned}\theta_{\mathcal{D}}(\boldsymbol{\alpha})&=\min_{\boldsymbol{w},b}\mathcal{L}(\boldsymbol{w},b,\boldsymbol{\alpha})\\&=\frac{1}{2}\left\|\sum_{i=1}^{m}\alpha_i y_i\boldsymbol{x}_i\right\|^2-\sum_{i=1}^{m}\left(\alpha_i y_i\sum_{j=1}^{m}\alpha_j y_j\boldsymbol{x}_j^{\mathrm{T}}\boldsymbol{x}_i\right)-\left(\sum_{i=1}^{m}\alpha_i y_i\right)^2+\sum_{i=1}^{m}\alpha_i\\&=\sum_{i=1}^{m}\alpha_i-\frac{1}{2}\sum_{i=1}^{m}\sum_{j=1}^{m}\alpha_i\alpha_j y_i y_j\boldsymbol{x}_i^{\mathrm{T}}\boldsymbol{x}_j\end{aligned}$$

于是，对偶优化问题的形式为

$$\max_{\boldsymbol{\alpha}}\ \theta_{\mathcal{D}}(\boldsymbol{\alpha})$$

$$\text{s.t.}\quad \alpha_i\geqslant 0,\quad i=1,\cdots,m$$

$$\sum_{i=1}^{m}\alpha_i y_i=0$$

而引入松弛变量$\xi_i$后，我们用类似的方式也可以求出其对偶问题。具体的推导过程与上面基本一致，我们在此略去，感兴趣的读者可以自行尝试推导。最后的结果为

$$\max_{\boldsymbol{\alpha}}\theta_{\mathcal{D}}(\boldsymbol{\alpha})$$

$$\text{s.t.}\quad 0\leqslant\alpha_i\leqslant C,\quad i=1,\cdots,m$$

$$\sum_{i=1}^{m}\alpha_i y_i=0$$

其中，$\theta_D(\boldsymbol{\alpha})$的形式与不带松弛变量的版本相同。该对偶问题是关于$\boldsymbol{\alpha}$的二次规划问题，相比于原问题，其求解难度大大降低了。可以验证，这一问题的形式满足KKT条件，从而我们可以通过求解对偶问题得到原问题的解。并且根据KKT条件中的互补松弛性，最优的$(\boldsymbol{w},b,\boldsymbol{\alpha}^*)$满足$\alpha_i^*(1-y_i(\boldsymbol{w}^{\mathrm{T}}\boldsymbol{x}_i+b^*))=0$。

# 第12章

# 决策树

从本章开始，我们将介绍机器学习中与神经网络并行的另一大类非参数化模型——**决策树**（decision tree）模型及其变种。顾名思义，决策树模型采用了与树类似的结构。图12-1展示了现实中的树与决策树的异同。现实中的树是根在下、从下向上生长的，决策树却是根在上、从上向下生长的。但是，两者都有根、枝干的分叉与叶子。在决策树中，最上面的节点称为根节点，最下面没有分叉的节点称为叶节点。其中，根节点和内部节点都有一些边指向其他节点，这些被指向的节点就称为它的子节点。叶节点是树的最末端，没有指向其他节点的边。而除根节点之外，每个内部节点和叶节点都有唯一的节点指向它，该节点称为其父节点。

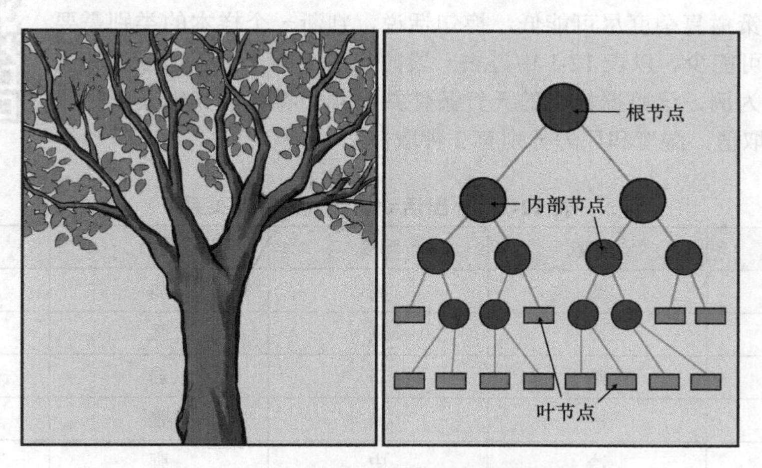


图12-1　对比现实中的树和决策树的结构

我们可以简单地将一棵决策树看作一张流程图。在决策树中，根节点和内部节点的作用是相同的，后面我们将其统称为内部节点。设输入样本为$x$，树中的每个内部节点都包含一个关于$x$的表达式$u(x)$，其每个分支对应表达式的一种取值。例如某个节点的表达式为$x>0$，它有两个分支，分别对应$x>0$的情况和$x\leqslant 0$的情况。叶节点不包含判断条件，而是包含该决策树对样本的预测。比如在二分类问题中，叶节点的取值就可以是1或$-1$。这样，样本$x$从根节点出发，按照每个遇到的内部节点上的表达式和分支的判断条件，走到相应的子节点上。反复执行这个过程，直到样本到达叶节点为止。这时，叶节点的值就是决策树的输出。

决策树由于其分支离散的特性，通常用来完成分类任务。在直角坐标系中，其分类的边界是与坐标轴平行的直线。图12-2展示了一棵简单的二分类决策树和其对应的分类边界，其输

入是平面上的点 $(x_1, x_2)$，图 12-2（a）给出了决策树的结构，图 12-2（b）中的虚线是决策树对应的分类边界。可以看出，决策树通过对数据空间多次进行平行于坐标轴的线性分割，最终可以组合出非线性分类的效果。

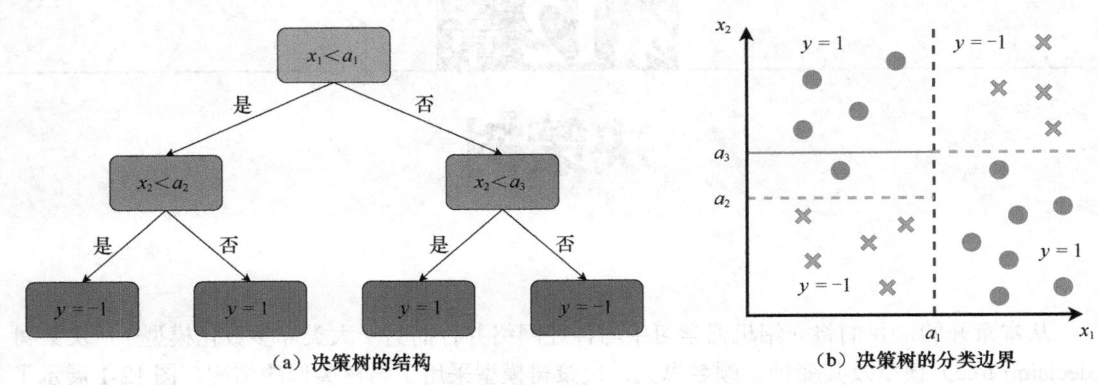

（a）决策树的结构　　（b）决策树的分类边界

图 12-2　用决策树分类的示例

## 12.1　决策树的构造

那么，该如何为每个内部节点选择合适的表达式呢？我们的目标是使最终构造的决策树复杂度尽可能低，换句话说，判断一个样本的类别需要的期望次数尽可能少。以表 12-1 中过去一段时间内小明是否外出活动和天气条件的关系为例，该数据集中的天气条件共有 4 个特征，其中天气和温度分别有 3 种取值，湿度和风力分别有 2 种取值。

表 12-1　外出活动与天气条件的关系

| 天气 | 温度 | 湿度 | 风力 | 外出活动 |
| --- | --- | --- | --- | --- |
| 晴 | 热 | 高 | 弱 | 否 |
| 晴 | 冷 | 高 | 强 | 否 |
| 阴 | 热 | 高 | 弱 | 是 |
| 雨 | 冷 | 高 | 强 | 否 |
| 雨 | 冷 | 中 | 强 | 否 |
| 雨 | 中 | 高 | 强 | 否 |
| 阴 | 热 | 中 | 弱 | 是 |
| 晴 | 冷 | 高 | 弱 | 否 |
| 晴 | 中 | 中 | 强 | 是 |
| 雨 | 中 | 中 | 弱 | 是 |
| 晴 | 冷 | 中 | 强 | 是 |
| 阴 | 冷 | 中 | 强 | 是 |
| 阴 | 中 | 高 | 弱 | 是 |
| 雨 | 热 | 高 | 强 | 否 |

根据表 12-1 中的数据构造决策树时，应如何选择根节点上用来分类的特征呢？直观上，为了使整体复杂度最低，我们希望每一次分类都可以把不同类的样本尽可能分开，因此应当先将有 3 种取值的特征放在根节点上。我们尝试用天气或温度作为根节点对数据进行一次分类，得到的两种决策树如图 12-3 所示。图中的每个圆点对应表格中的一个样本，深色圆点表示没有外出活动，浅色圆点表示外出活动。

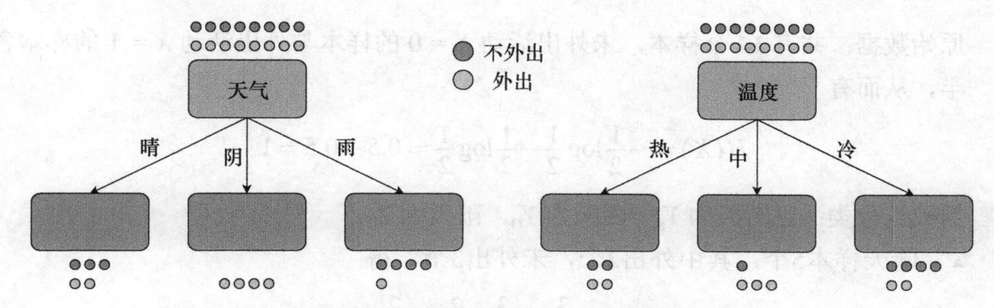


图 12-3 用天气和温度进行一次分类的结果

两种分类方式得到的一次分类结果并不相同。可以看出，以天气作为特征，一次就可以将所有阴天的情况分好，接下来再分别考虑晴天和雨天；而以温度为特征，3 种取值都需要进一步选择其他特征进行分类。换句话说，当我们知道了样本中的天气时，所获得的信息增益（information gain）比知道样本中的温度所获得的信息增益要大。而一个数据集总体的信息量是恒定的，因此，我们在每一步都应当选择能获得更大信息增益的特征作为分类特征。

在第 6 章中，我们已经介绍了信息与信息熵的概念，这里再直接从随机变量的角度回顾一下。设离散随机变量 $X$ 和 $Y$ 的取值范围都是 $1,\cdots,n$，那么 $X$ 的熵为

$$H(X)=-\sum_{i=1}^{n}P(X=i)\log P(X=i)$$

如果将随机变量 $X$ 取值为 $i$ 看作事件 $X_i$ 的话，那么其分布就是 $p(X_i)=P(X=i)$，这样上式与第 6 章中给出的公式是相同的。因此，下面直接将 $X$ 取值为 $i$ 简写为 $X_i$，$Y$ 的取值与 $X$ 相同，简写为 $Y_i$。随机变量 $X$ 与 $Y$ 的交叉熵为

$$H(X,Y)=-\sum_{i=1}^{n}P(X_i)\log P(Y_i)$$

我们通常用概率分布的熵的变化来作为信息的度量。当我们为一个分布引入额外信息时，其不确定度会减小，所以熵会降低。为此，我们引入条件熵的概念。在给定 $Y=j$ 的条件下，随机变量 $X$ 的熵为

$$H(X\,|\,Y_j)=-\sum_{i=1}^{n}P(X_i\,|\,Y_j)\log P(X_i\,|\,Y_j)$$

如果随机变量 $X$ 与 $Y$ 独立，那么对于任意 $i$，有条件概率 $P(X_i\,|\,Y_j)=P(X_i)$，对于任意 $j$，有条件熵 $H(X\,|\,Y_j)=H(X)$，说明 $Y$ 的取值对 $X$ 的分布没有影响。如果随机变量 $X$ 与 $Y$ 始终相同，那么 $P(X_i\,|\,Y_j)=\mathbb{I}(i=j)$，条件熵 $H(X\,|\,Y_j)=0$，说明 $Y$ 的取值确定后 $X$ 的取值也唯一确定，其随机性消失，分布的熵变为 0。进一步，如果给出的条件是 $Y$ 的分布，那么条件熵 $H(X\,|\,Y)$ 为

$$H(X|Y_j)=E_Y\left[H(X|Y_j)\right]=-\sum_{j=1}^{n}P(Y_j)H(X|Y_j)=-\sum_{i=1}^{n}\sum_{j=1}^{n}P(X_i,Y_j)\log P(X_i|Y_j)$$

在决策树中，记数据集中样本的类别是 $X$，引入的分类特征是 $Y$。由于数据集已知，$X$ 的分布和熵也是已知的，我们需要考虑的是加入特征 $Y$ 后的信息增益。我们以表 12-1 中的天气和温度两个特征为例，用推导出的公式分别计算用该特征分类获得的信息增益。

- 原始数据：共有 14 个样本，未外出活动 $X=0$ 的样本与外出活动 $X=1$ 的样本各占一半，从而有

$$H(X)=-\frac{1}{2}\log\frac{1}{2}-\frac{1}{2}\log\frac{1}{2}=0.5+0.5=1$$

- 用天气分类：记晴天为 $Y_{\mathrm{S}}$，阴天为 $Y_{\mathrm{O}}$，雨天为 $Y_{\mathrm{R}}$。

▲ 晴天样本5个，其中外出2个，未外出3个，得

$$H(X|Y_{\mathrm{S}})=-\frac{3}{5}\log\frac{3}{5}-\frac{2}{5}\log\frac{2}{5}\approx 0.9710$$

▲ 阴天样本4个，其中外出4个，未外出0个，得

$$H(X|Y_{\mathrm{O}})=-\frac{4}{4}\log\frac{4}{4}=0$$

▲ 雨天样本5个，其中外出1个，未外出4个，得

$$H(X|Y_{\mathrm{R}})=-\frac{4}{5}\log\frac{4}{5}-\frac{1}{5}\log\frac{1}{5}\approx 0.7219$$

▲ 条件熵

$$H(X|Y)\approx\frac{5}{14}\times 0.9710+\frac{4}{14}\times 0+\frac{5}{14}\times 0.7219\approx 0.6046$$

▲ 信息增益

$$I(X|Y)=H(X)-H(X|Y)\approx 1-0.6046\approx 0.3954$$

- 用温度分类：记热为 $Y_{\mathrm{H}}$，适中为 $Y_{\mathrm{M}}$，冷为 $Y_{\mathrm{C}}$。类似可得

$$H(X|Y_{\mathrm{H}})=-\frac{2}{4}\log\frac{2}{4}-\frac{2}{4}\log\frac{2}{4}=1$$

$$H(X|Y_{\mathrm{M}})=-\frac{1}{4}\log\frac{1}{4}-\frac{3}{4}\log\frac{3}{4}\approx 0.8113$$

$$H(X|Y_{\mathrm{C}})=-\frac{4}{6}\log\frac{4}{6}-\frac{2}{6}\log\frac{2}{6}\approx 0.9183$$

$$H(X|Y)\approx\frac{4}{14}\times 1+\frac{4}{14}\times 0.8113+\frac{6}{14}\times 0.9183\approx 0.9111$$

$$I(X,Y)=H(X)-H(X|Y)\approx 1-0.9111\approx 0.0889$$

通过计算可以直观地看出，用天气进行分类所获得的信息增益大于用温度分类所获得的信息增益。但是，引入某个特征 $Y$ 所获得的信息增益较大可能只是因为 $Y$ 本身包含的信息就很多。例如，假设数据集中包含“样本编号”这一特征，每个样本的编号都是唯一的。那么，虽然用样本编号可以直接将所有数据都分类好，但是我们得到的是一棵只有一层但有 14 个分支

的决策树，这无非是将进一步分类的复杂度转移到了判断该走哪个分支上。从直觉上说，这样的分类方式也是没有意义的。因此，我们引入信息增益率（information gain rate）$I_R(X,Y)$。信息增益率定义为获得的信息增益与 $Y$ 关于 $X$ 复杂度的比值：

$$I_R(X,Y)=\frac{I(X,Y)}{H_Y(X)}=\frac{H(X)-H(X\mid Y)}{H_Y(X)}$$

其中，$H_Y(X)$表示用特征$Y$对$X$做分类得到分布的熵。设$\mathcal{Y}$是$Y$可能的取值集合，$H_Y(X)$定义为

$$H_Y(X)=-\sum_{y\in\mathcal{Y}}\frac{|X_{Y=y}|}{|X|}\log\frac{|X_{Y=y}|}{|X|}$$

式中，$|X|$表示数据集中样本的总数量，$|X_{Y=y}|$表示数据集中特征$Y=y$的样本数量。注意，该式和条件熵 $H(X\mid Y)$ 含义的区别。在决策树中，$H_Y(X)$可以用来衡量为节点进行更精细分类（划分）的价值。我们再以同样的例子计算用天气、温度或所有特征一起分类的信息增益率。

- 用天气分类：统计数量得$|X_{Y=\mathrm{S}}|=5,|X_{Y=\mathrm{O}}|=4,|X_{Y=\mathrm{R}}|=5$，于是有

$$H_Y(X)=-\frac{5}{14}\log\frac{5}{14}-\frac{4}{14}\log\frac{4}{14}-\frac{5}{14}\log\frac{4}{14}\approx 1.5774$$

$$I_R(X,Y)=\frac{I(X,Y)}{H_Y(X)}\approx\frac{0.3954}{1.5774}\approx 0.2507$$

- 用温度分类：统计数量得$|X_{Y=\mathrm{H}}|=4,|X_{Y=\mathrm{M}}|=4,|X_{Y=\mathrm{C}}|=6$，于是有

$$H_Y(X)=-\frac{4}{14}\log\frac{4}{14}-\frac{4}{14}\log\frac{4}{14}-\frac{6}{14}\log\frac{6}{14}\approx 1.5567$$

$$I_R(X,Y)=\frac{I(X,Y)}{H_Y(X)}\approx\frac{0.0889}{1.5567}\approx 0.0571$$

比较信息增益率的大小，我们发现用天气作为分类特征确实是最优的选择。读者可以自行验算，用湿度或风力作为分类特征的信息增益率都比用天气分类要小。综上所述，我们可以通过在每个节点上选取信息增益率最大的分类特征来构建决策树，从而使其整体复杂度较低。

## 12.2 ID3算法与C4.5算法

由罗斯·昆兰（Ross Quinlan）在1979年提出的ID3（iterative dichotomiser 3）算法[1,2]是最早的基于信息增益进行决策树构造的算法之一，同时也是后续大多数决策树算法的基础。ID3 算法的流程与我们上面所说的基本相同，从根节点开始，每次选取使信息增益 $I(X, Y)$ 最大的特征进行分类，并对产生的子节点递归进行特征选取和分类（进而分裂出新节点），直到所有节点上的数据都属于同一类别为止。

由于 ID3 算法倾向于无限精细划分，它存在两个较为严重的问题。第一个问题是，如果用于划分的特征本身就较为复杂，就会出现在 12.1 节中提到的复杂度转移现象。一方面，继续分类的复杂度只是转移到了分支选择上；另一方面，这样的精细划分极有可能只对当前的训练

集适用，容易出现过拟合现象。因此，我们可以将选取特征的标准由信息增益 $I(X, Y)$ 改为信息增益率 $I_R(X, Y)$ 来抑制这一现象，得到 ID3 算法的改进之一——C4.5 算法[3]。

第二个问题是，ID3 算法直到将所有数据分类完成才会停止，如果数据集中包含较多相似的数据，ID3 算法构造的决策树就会出现非常长的分支，大大增加算法的复杂度。我们需要在分类准确率和决策树的复杂度之间寻找平衡。例如服装厂生产的衣服尺寸，以身高来说，如果只生产尺寸为 170cm 的衣服显然无法满足需求；而如果为每个不同身高的人都生产相应身高的衣服，成本显然又太高。因此，服装厂可能会将身高以 5cm 分为一档，生产 160cm、165cm、170cm 等尺寸的衣服。为了解决这一问题，我们仿照正则化约束的思想，引入决策树 $T$ 的代价函数 $C(T)$。设决策树的叶节点数量为 $|T|$，我们给每个叶节点编号 $t=1,\cdots,|T|$。对于叶节点 $t$，记其上的样本数为 $N_t$，其中，类别为 $k$ 的样本数为 $N_{tk}$。那么，该叶节点上数据的熵为

$$H_t(T)=-\sum_k \frac{N_{tk}}{N_t}\log\frac{N_{tk}}{N_t}$$

此式可以用来衡量该叶节点分类的准确率。利用这一函数，我们将代价函数$C(T)$定义为

$$C(T)=\sum_{t=1}^{|T|} N_t H_t(T)+\lambda|T|$$

其中，$\lambda \geqslant 0$是正则化约束强度。上式的第一项表示所有叶节点的熵的总和，决策树分类越准确，这一项就越小。当决策树完全准确时，所有叶节点的熵都为0，该项就取到了最小值。上式的第二项用来约束决策树中叶节点的个数，当决策树为了追求准确率而产生更多的叶节点时，这一项就会增大。因此，上式在决策树的准确率和复杂度之间取得了平衡。我们在构造决策树时，可以以最小化$C(T)$为目标，对于每个待分裂的节点计算分裂前后的$C(T)$，只在分裂会使代价减小的情况下才执行分裂操作。

## 12.3 CART算法

在 12.2 节中，我们介绍的决策树算法 ID3 和其改进算法 C4.5 都只能解决分类问题。决策树中每个节点的分叉将整个空间不断划分，最后得到的每个叶节点对应空间中的一块区域，而模型就认为该区域中的样本都属于同一类别。对于回归问题，这一思路同样适用。我们可以将同一叶节点内样本标签值的平均值作为模型对该区域的预测。但是，ID3 和 C4.5 的节点划分是以离散随机变量的熵为基础的，并不能很好衡量回归问题中划分带来的收益。因此，分类和回归树（classification and regression tree，CART）[4] 采用了误差的平方和作为回归问题寻找最优特征的标准。下面，我们就来介绍用 CART 算法构建回归树和分类树模型的方法。

假设样本 $\boldsymbol{x}\in\mathbb{R}^d$，标签 $y\in\mathbb{R}$。模型有 $T$ 个叶节点，将空间分成了 $T$ 个区域 $\mathcal{R}_1,\cdots,\mathcal{R}_T$，区域 $\mathcal{R}_t$ 上模型的预测值是 $c_t$，那么整个模型 $f$ 表示的函数可以写为

$$f(x)=\sum_{t=1}^{T}c_t\mathbb{I}(\boldsymbol{x}\in\mathcal{R}_t)$$

对于回归问题，我们可以用最经典的 MSE 损失作为优化目标：

$$J(f)=\frac{1}{2N}\sum_{i=1}^{N}(y_i-f(x_i))^2$$

容易计算出，当模型在区域上的预测值 $\hat{c}_t$ 是该区域所有样本标签值的均值时，MSE 损失最小。记叶节点 $t$ 中的样本数量为 $N_t$，那么

$$\hat{c}_t=\frac{1}{N_t}\sum_{x_i\in\mathcal{R}_t}y_i$$

注意，CART 算法的回归树不仅需要处理离散特征，还需要处理连续取值的特征。因此，我们在节点划分时不仅需要找到最优特征，还需要判断最优的划分阈值。假设我们选择了特征 $j$ 和阈值 $s$，那么当前节点会被分成两个子节点，分别代表区域 $\mathcal{R}_1(j,s)=\{\boldsymbol{x}\mid x_j\leqslant s\}$ 和 $\mathcal{R}_2(j,s)=\{\boldsymbol{x}\mid x_j>s\}$。我们在每次划分时，需要选择使两个区域的误差平方和最小的特征 $j$ 和阈值 $s$：

$$\min_{j,s}\sum_{x_i\in\mathcal{R}_1(j,s)}(x_i-\hat{c}_1)^2+\sum_{x_i\in\mathcal{R}_2(j,s)}(x_i-\hat{c}_2)^2$$

其中，$\hat{c}$ 是区域内所有样本标签值的均值。求解这一优化问题中的特征$j$没有太好的办法，只能对每个特征依次枚举。而对阈值$s$来说，我们应当先把当前节点上的样本按该特征的值由小到大排序，记为$j_1,\cdots,j_r$，并让$s$对数据进行遍历，再不断计算两边的误差平方和，选择使两个区域误差平方和最小的点作为最优的$s$。我们以$r=6$个样本为例演示求解$s$的过程。如图12-4（a）所示，假设此时$s$在6个样本的最中间，即$j_3<s<j_4$。这时，两边的误差平方和为

$$\begin{aligned}l_{3,4}(s,j)&=\sum_{k=1}^{3}(j_k-\hat{c}_1)^2+\sum_{k=4}^{6}(j_k-\hat{c}_2)^2\\&=\sum_{k=1}^{3}j_k^2-2\hat{c}_1\sum_{k=1}^{3}j_k+\hat{c}_1^2+\sum_{k=4}^{6}j_k^2-2\hat{c}_2\sum_{k=4}^{6}j_k+\hat{c}_2^2\\&=\sum_{k=1}^{6}j_k^2-\frac{2}{3}\left(\sum_{k=1}^{3}j_k\right)^2-\frac{2}{3}\left(\sum_{k=4}^{6}j_k\right)^2+\frac{1}{9}\left(\sum_{k=1}^{3}j_k\right)^2+\frac{1}{9}\left(\sum_{k=4}^{6}j_k\right)^2\\&=-\frac{1}{3}\left(\sum_{k=1}^{3}j_k\right)^2-\frac{1}{3}\left(\sum_{k=4}^{6}j_k\right)^2+C\end{aligned}$$

其中，$C$是与$s$无关的常数。假如我们把$s$从$j_3$与$j_4$中间向右移动一个样本，到$j_4$与$j_5$之间，如图12-4（b）所示，那么误差平方和可以类似计算得

$$l_{4,5}(s,j)=-\frac{1}{4}\left(\sum_{k=1}^{4}j_k\right)^2-\frac{1}{2}\left(\sum_{k=5}^{6}j_k\right)^2+C$$

可以看出，为了快速计算 $s$ 在不同位置时的误差平方和，我们只需要提前计算出 $S_m=\sum_{k=1}^{m} j_k$，就可以将上式写成

$$l_{3,4}(s,j)=-\frac{1}{3}S_3^2-\frac{1}{3}(S_6-S_3)^2+C,\quad l_{4,5}(s,j)=-\frac{1}{4}S_4^2-\frac{1}{2}(S_6-S_4)^2+C$$

这样，无论$s$在哪个位置，我们都可以在$O(1)$的时间内算出$l(s,j)$，无须每次再分别求和。

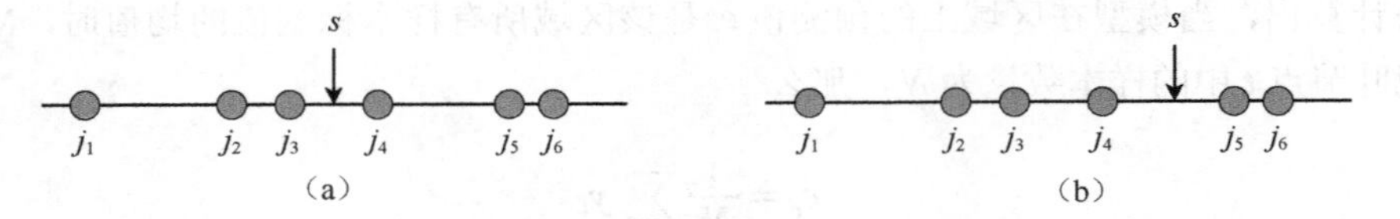


图 12-4　CART 算法的回归树的划分阈值求解

除了回归树，CART 算法同样可以用来构建分类树，只不过它使用的节点划分指标从信息增益率变为了计算更简单的基尼不纯度（Gini impurity）。设 $p(k)$ 是有 $K$ 种取值的离散随机变量 $X$ 的概率分布，$p(k)$ 表示 $X=k$ 的概率，那么 $p$ 的基尼不纯度定义为

$$\mathrm{Gini}(p)=\sum_{k=1}^{K}p(k)(1-p(k))=1-\sum_{k=1}^{K}p(k)^2$$

上式是关于 $X$ 的各个不同取值概率的二次函数，当所有概率的值相等时，该函数取得最大值$1-1/K$，当 $X$ 的值完全确定，即取某个值的概率为 1 时，该函数取得最小值 0。因此，分布 $p$ 越随机，基尼不纯度越大；$p$ 越确定，基尼不纯度越小，这一性质和 $p$ 的熵非常相似，因此在这里也可以用来当作划分节点的依据。

在实际应用时，我们假设数据是对同一随机变量做多次观测得到的，从而可以用数据集对该变量的概率分布进行估计。设分类问题共有 $K$ 个类别，集合 $\mathcal{D}$ 中样本总数是$|\mathcal{D}|$，属于类别 $k$ 的样本总数是$|\mathcal{D}^k|$，我们可以用不同类别的样本占总数的比例当作概率，得到集合 $\mathcal{D}$ 的基尼不纯度为

$$\mathrm{Gini}(\mathcal{D})=1-\sum_{k=1}^{K}\left(\frac{|\mathcal{D}^k|}{|\mathcal{D}|}\right)^2$$

与回归树类似，假设我们选择的特征 $j$ 和阈值 $s$ 把当前叶节点上的样本集合 $\mathcal{D}$ 划分成两个子集：

$$\mathcal{D}_1(j,s)=\left\{(\boldsymbol{x},y)\mid x_j\leqslant s\right\},\quad \mathcal{D}_2(j,s)=\left\{(\boldsymbol{x},y)\mid x_j>s\right\}$$

上式是对连续特征而言的。在实际问题中，常常还有离散有限取值的特征，如图 12-3 所示。这时，设选择的取值为$s$，我们以该特征等于$s$和不等于$s$划分出两个子集：

$$\mathcal{D}_1(j,s)=\left\{(\boldsymbol{x},y)\mid x_j=s\right\},\quad \mathcal{D}_2(j,s)=\left\{(\boldsymbol{x},y)\mid x_j\neq s\right\}$$

最后，我们把两个子集的基尼不纯度按子集大小的比例相加，作为以特征 $j$ 和阈值或取值 $s$ 划分的总基尼不纯度：

$$\mathrm{Gini}(\mathcal{D},j,s)=\frac{|\mathcal{D}_1(j,s)|}{|\mathcal{D}|}\mathrm{Gini}(\mathcal{D}_1(j,s))+\frac{|\mathcal{D}_2(j,s)|}{|\mathcal{D}|}\mathrm{Gini}(\mathcal{D}_2(j,s))$$

在每次划分时，我们选择使总基尼不纯度最小的 $j$ 和 $s$，这使得划分出的两个集合内的样本类别尽可能统一，以达到最佳划分效果。

## 12.4 动手实现C4.5算法的决策树

在本节中，我们来动手实现 ID3 算法的改进版本 C4.5 算法的决策树。虽然 C4.5 算法只能解决离散的分类问题，但是在实践中，我们仍然可能在分类问题中遇到连续取值的特征。在下面的数据处理过程中，我们会介绍一种在决策树中常用的把连续特征离散化的方法，该方法在 C4.5 和 CART 算法的决策树中都可以使用。由于 CART 算法的分类树与 C4.5 的整体结构没有太大差别，只是划分标准不同，我们在这里只实现 C4.5 算法的决策树，把 CART 算法的分类树的实现留作习题供读者练习。

### 12.4.1 数据集处理

本节用到的数据集是泰坦尼克号的生存预测数据集，它包含了许多泰坦尼克号上乘客的特征信息，以及该乘客最后是否生还。表 12-2 按数据集中的列顺序列出了每个特征包含的信息及其格式。其中，部分乘客的信息中部分字段有可能缺失。对这些特征进行一些初步的分析可以发现，乘客的编号、姓名、船票编号都是唯一的，对建立模型帮助较小。因此，我们在预处理时直接将这 3 个字段删去。原始的数据集中包含训练集和测试集，但测试集中不包含乘客是否生还的标签，我们无法验证决策树的分类准确率。所以在本节中将原本的训练集按 8∶2 的比例划分为训练集和测试集，以此来代替原本的测试集。

表 12-2 泰坦尼克生存数据集中的样本特征

| 列编号 | 特征名称 | 含义 | 取值 |
|---|---|---|---|
| 0 | PassengerId | 编号（从 1 开始） | 整数 |
| 1 | Survived | 是否生还（1 代表生还，0 代表遇难） | 0、1 |
| 2 | Pclass | 舱位等级 | 0、1、2 |
| 3 | Name | 姓名 | 字符串 |
| 4 | Sex | 性别 | male、female |
| 5 | Age | 年龄 | 浮点数 |
| 6 | SibSp | 登船的兄弟姐妹数量 | 整数 |
| 7 | Parch | 登船的父母和子女数量 | 整数 |
| 8 | Ticket | 船票编号 | 字符串 |
| 9 | Fare | 船票价格 | 浮点数 |

续表

| 列编号 | 特征名称 | 含义 | 取值 |
| --- | --- | --- | --- |
| 10 | Cabin | 所在船舱编号 | 字符串 |
| 11 | Embarked | 登船港口（C 代表瑟堡，S 代表南安普敦，Q 代表昆斯敦） | C、S、Q |

由于数据集的不同字段类型不同，直接用 NumPy 读取和处理不太方便，我们采用另一个专门为数据分析和处理而设计的工具库 Pandas 来完成数据预处理工作，它可以自动识别字段的数据类型，并将不同字段用不同的数据类型存储。由 Pandas 读入的数据存储在 pandas.DataFrame 实例中，我们可以将其看作扩展的 numpy.ndarray，其许多操作都和 ndarray 相同。

```
import numpy as np
import matplotlib.pyplot as plt
import pandas as pd

# 读取数据
data = pd.read_csv('titanic/train.csv')
# 查看数据集信息和前5行具体内容，其中NaN代表数据缺失
print(data.info())
print(data[:5])

# 删去编号、姓名、船票编号3列
data.drop(columns=['PassengerId', 'Name', 'Ticket'], inplace=True)
```

```
<class 'pandas.core.frame.DataFrame'>
RangeIndex: 891 entries, 0 to 890
Data columns (total 12 columns):
#    Column       Non-Null Count  Dtype
---  ------       --------------  -----
0    PassengerId  891 non-null    int64
1    Survived     891 non-null    int64
2    Pclass       891 non-null    int64
3    Name         891 non-null    object
4    Sex          891 non-null    object
5    Age          714 non-null    float64
6    SibSp        891 non-null    int64
7    Parch        891 non-null    int64
8    Ticket       891 non-null    object
9    Fare         891 non-null    float64
10   Cabin        204 non-null    object
11   Embarked     889 non-null    object
dtypes: float64(2), int64(5), object(5)
memory usage: 83.7+ KB
None
   PassengerId  Survived  Pclass \
0            1         0       3
1            2         1       1
2            3         1       3
3            4         1       1
4            5         0       3
                                                 Name     Sex   Age  SibSp \
0                             Braund, Mr. Owen Harris    male  22.0      1
1   Cumings, Mrs. John Bradley (Florence Briggs Th...  female  38.0      1
```

```
2                         Heikkinen, Miss. Laina female  26.0  0
3        Futrelle, Mrs. Jacques Heath (Lily May Peel) female  35.0  1
4                         Allen, Mr. William Henry   male  35.0  0
   Parch            Ticket     Fare Cabin Embarked
0      0         A/5 21171   7.2500   NaN        S
1      0          PC 17599  71.2833   C85        C
2      0  STON/O2. 3101282   7.9250   NaN        S
3      0            113803  53.1000  C123        S
4      0            373450   8.0500   NaN        S
```

在 12.2 节的算法介绍中，我们只考虑了特征取离散值的情况。在实践中，还有许多特征的取值是连续的，如本数据集中的年龄和船票价格两项。对于这样的特征，我们可以根据数据的范围划出几个分类点，按照取值与分类点的大小关系进行分类。假设有 $K$ 个分类点 $x_1, \cdots, x_K$，将数据分成 $(-\infty, x_1], (x_1, x_2], \cdots, (x_K, +\infty)$ 共 $K+1$ 类。这样，我们就把连续的数据转化成了离散的取值。

```
feat_ranges = {}
cont_feat = ['Age', 'Fare'] # 连续特征
bins = 10 # 分类点数

for feat in cont_feat:
    # 数据集中存在缺省值nan，需要用np.nanmin和np.nanmax
    min_val = np.nanmin(data[feat])
    max_val = np.nanmax(data[feat])
    feat_ranges[feat] = np.linspace(min_val, max_val,bins).tolist()
    print(feat, ': ') # 查看分类点
    for spt in feat_ranges[feat]:
        print(f'{spt:.4f}')
```

```
Age :
0.4200
9.2622
18.1044
26.9467
35.7889
44.6311
53.4733
62.3156
71.1578
80.0000
Fare :
0.0000
56.9255
113.8509
170.7764
227.7019
284.6273
341.5528
398.4783
455.4037
512.3292
```

对于只有有限个取值的离散特征，我们将其转化为整数。

```
# 只有有限取值的离散特征
cat_feat = ['Sex', 'Pclass', 'SibSp', 'Parch', 'Cabin', 'Embarked']
```

```
for feat in cat_feat:
    data[feat] = data[feat].astype('category') # 数据格式转为分类格式
    print(f'{feat}: {data[feat].cat.categories}') # 查看类别
    data[feat] = data[feat].cat.codes.to_list() # 将类别按顺序转换为整数
    ranges = list(set(data[feat]))
    ranges.sort()
    feat_ranges[feat] = ranges
```

```
Sex: Index(['female', 'male'], dtype='object')
Pclass: Int64Index([1, 2, 3], dtype='int64')
SibSp: Int64Index([0, 1, 2, 3, 4, 5, 8], dtype='int64')
Parch: Int64Index([0, 1, 2, 3, 4, 5, 6], dtype='int64')
Cabin: Index(['A10', 'A14', 'A16', 'A19', 'A20', 'A23', 'A24','A26', 'A31', 'A32',
       ...
       'E8', 'F E69', 'F G63', 'F G73', 'F2', 'F33', 'F38', 'F4','G6', 'T'],
      dtype='object', length=147)
Embarked: Index(['C', 'Q', 'S'], dtype='object')
```

由于数据中存在缺省值，我们将所有缺省值填充为 −1，并为所有特征的分类点添加最小值 −1。这一做法是处理缺省值的最简单的方式。如果要更合理地填充缺省值，我们可以通过数据集中其他相似的样本对缺省值进行推断，感兴趣的读者可以自行查阅相关资料。

```
# 将所有缺省值替换为-1
data.fillna(-1, inplace=True)
for feat in feat_ranges.keys():
    feat_ranges[feat] = [-1] + feat_ranges[feat]
```

最后，我们按 8∶2 的比例划分训练集与测试集，并将数据从 pandas.DataFrame 转换为更通用的 numpy.ndarray，完成整个数据处理过程。

```
# 划分训练集与测试集
np.random.seed(0)
feat_names = data.columns[1:]
label_name = data.columns[0]
# 重排下标之后，按新的下标索引数据
data = data.reindex(np.random.permutation(data.index))
ratio = 0.8
split = int(ratio * len(data))
train_x = data[:split].drop(columns=['Survived']).to_numpy()
train_y = data['Survived'][:split].to_numpy()
test_x = data[split:].drop(columns=['Survived']).to_numpy()
test_y = data['Survived'][split:].to_numpy()
print('训练集大小：', len(train_x))
print('测试集大小：', len(test_x))
print('特征数：', train_x.shape[1])
```

```
训练集大小： 712
测试集大小： 179
特征数： 8
```

### 12.4.2　C4.5算法的实现

在本节中，我们实现 C4.5 算法的主体部分。在 12.2 节的算法介绍中，我们在按特征划分节点时，为特征的每种可能取值都分出一个新节点。然而在实践中，为了控制算法的复杂度，提升最后的准确率，我们通常采用二分类法。与 CART 算法类似，对于数据的某个特征 $X_F$，我们枚举其所有可能的取值或分类点 $x_1,\cdots,x_{K_F}$，选择使信息增益率最大的分类点 $x_b$，将数据按 $X_F \leqslant x_b$ 和 $X_F > x_b$ 分为两类。这种做法相比于多分类要更加精细，也更方便我们用正则化控制决策树的复杂度。

对决策树模型来说，最基础的单元就是树的节点，所以我们先来定义节点类。节点中存储分类特征、分类点的值和子节点列表。

```
class Node:

    def __init__(self):
        # 内部节点的feat表示用来分类的特征编号，其数字与数据中的顺序对应
        # 叶节点的feat表示该节点对应的分类结果
        self.feat = None
        # 分类值列表，表示按照其中的值向子节点分类
        self.split = None
        # 子节点列表，叶节点的child为空
        self.child = []
```

考虑到代码整体的结构和可读性，我们将决策树也定义成类，将具体的实现细节以注释的形式标注在类中。对照我们 12.2 节的讲解，该类应当能计算熵、信息增益、信息增益率等值，可以从根节点开始用 C4.5 算法生成决策树，还可以用建立好的决策树预测新样本的分类。下面，我们就按照这一思路，依次实现决策树的各个部分。

```
class DecisionTree:

    def __init__(self, X, Y, feat_ranges, lbd):
        self.root = Node()
        self.X = X
        self.Y = Y
        self.feat_ranges = feat_ranges # 特征取值范围
        self.lbd = lbd # 正则化约束强度
        self.eps = 1e-8 # 防止数学错误log(0)和除以0
        self.T = 0 # 记录叶节点个数
        self.ID3(self.root, self.X, self.Y)

    # 工具函数，计算 a * log a
    def aloga(self, a):
        return a * np.log2(a + self.eps)

    # 计算某个子数据集的熵
    def entropy(self, Y):
        cnt = np.unique(Y, return_counts=True)[1] # 统计每个类别出现的次数
        N = len(Y)
        ent = -np.sum([self.aloga(Ni / N) for Ni in cnt])
        return ent

    # 计算用feat <= val划分数据集的信息增益
    def info_gain(self, X, Y, feat, val):
        # 划分前的熵
        N = len(Y)
        if N == 0:
            return 0
        HX = self.entropy(Y)
```

```
        HXY = 0 # H(X|Y)
        # 分别计算H(X|X_F<=val)和H(X|X_F>val)
        Y_l = Y[X[:, feat] <= val]
        HXY += len(Y_l) / len(Y) * self.entropy(Y_l)
        Y_r = Y[X[:, feat] > val]
        HXY += len(Y_r) / len(Y) * self.entropy(Y_r)
        return HX - HXY

    # 计算特征feat <= val本身的复杂度H_Y(X)
    def entropy_YX(self, X, Y, feat, val):
        HYX = 0
        N = len(Y)
        if N == 0:
            return 0
        Y_l = Y[X[:, feat] <= val]
        HYX += -self.aloga(len(Y_l) / N)
        Y_r = Y[X[:, feat] > val]
        HYX += -self.aloga(len(Y_r) / N)
        return HYX

    # 计算用feat <= val划分数据集的信息增益率
    def info_gain_ratio(self, X, Y, feat, val):
        IG = self.info_gain(X, Y, feat, val)
        HYX = self.entropy_YX(X, Y, feat, val)
        return IG / HYX

    # 用ID3算法递归分裂节点，构造决策树
    def ID3(self, node, X, Y):
        # 判断是否已经分类完成
        if len(np.unique(Y)) == 1:
            node.feat = Y[0]
            self.T += 1
            return

        # 寻找最优分类特征和分类点
        best_IGR = 0
        best_feat = None
        best_val = None
        for feat in range(len(feat_names)):
            for val in self.feat_ranges[feat_names[feat]]:
                IGR = self.info_gain_ratio(X, Y, feat, val)
                if IGR > best_IGR:
                    best_IGR = IGR
                    best_feat = feat
                    best_val = val

        # 计算用best_feat <= best_val分类带来的代价函数变化
        # 由于分裂叶节点只涉及该局部，我们只需要计算分裂前后该节点的代价函数
        # 当前代价
        cur_cost = len(Y) * self.entropy(Y) + self.lbd
        # 分裂后的代价，按best_feat的取值分类统计
        # 如果best_feat为None，说明最优的信息增益率为0，
        # 再分类也无法增加信息了，因此将new_cost设置为无穷大
        if best_feat is None:
            new_cost = np.inf
        else:
            new_cost = 0
            X_feat = X[:, best_feat]
            # 获取划分后的两部分，计算新的熵
```

```python
                new_Y_l = Y[X_feat <= best_val]
                new_cost += len(new_Y_l) * self.entropy(new_Y_l)
                new_Y_r = Y[X_feat > best_val]
                new_cost += len(new_Y_r) * self.entropy(new_Y_r)
                # 分裂后会有两个叶节点
                new_cost += 2 * self.lbd

            if new_cost <= cur_cost:
                # 如果分裂后代价更小，那么执行分裂
                node.feat = best_feat
                node.split = best_val
                l_child = Node()
                l_X = X[X_feat <= best_val]
                l_Y = Y[X_feat <= best_val]
                self.ID3(l_child, l_X, l_Y)
                r_child = Node()
                r_X = X[X_feat > best_val]
                r_Y = Y[X_feat > best_val]
                self.ID3(r_child, r_X, r_Y)
                node.child = [l_child, r_child]
            else:
                # 否则将当前节点上最多的类别作为该节点的类别
                vals, cnt = np.unique(Y, return_counts=True)
                node.feat = vals[np.argmax(cnt)]
                self.T += 1

    # 预测新样本的分类
    def predict(self, x):
        node = self.root
        # 从根节点开始向下寻找，到叶节点结束
        while node.split is not None:
            # 判断x应该处于哪个子节点
            if x[node.feat] <= node.split:
                node = node.child[0]
            else:
                node = node.child[1]
        # 到达叶节点，返回类别
        return node.feat

    # 计算在样本X，标签Y上的准确率
    def accuracy(self, X, Y):
        correct = 0
        for x, y in zip(X, Y):
            pred = self.predict(x)
            if pred == y:
                correct += 1
        return correct / len(Y)
```

最后，我们用训练集构造决策树，并在测试集上检测决策树的分类效果。读者可以通过调节正则化约束强度 $\lambda$ 的值来观察叶节点数量和分类准确率的变化。

```python
DT = DecisionTree(train_x, train_y, feat_ranges, lbd=1.0)
print('叶节点数量：', DT.T)

# 计算在训练集和测试集上的准确率
print('训练集准确率：', DT.accuracy(train_x, train_y))
print('测试集准确率：', DT.accuracy(test_x, test_y))
```

```
叶节点数量:  23
训练集准确率:  0.8300561797752809
测试集准确率:  0.7262569832402235
```

## 12.5　sklearn中的决策树

sklearn 中也提供了决策树工具，包括分类型决策树 DecisionTreeClassifier 和回归型决策树 DecisionTreeRegressor，这两种决策树都内置了不同的节点划分标准，可以通过参数来调整。下面，我们直接使用分类型决策树在我们处理好的数据集上进行训练。由于 sklearn 中进行了大量优化，其最终的预测准确率要比在 12.4 节中手动实现的决策树的分类准确率高一些。但是，sklearn 的决策树含有大量的超参数，想要达到最优的结果往往需要复杂的调参过程。在下面的实现中我们只展示了 max_depth 一个超参数，它表示决策树的最大深度，即从根到任意一个叶节点的最长路径的长度。该参数与我们的正则化类似，也能起到控制决策树复杂度的效果。

```
from sklearn import tree
# criterion表示分类依据，max_depth表示树的最大深度
# entropy生成的是C4.5分类树
c45 = tree.DecisionTreeClassifier(criterion='entropy', max_depth=6)
c45.fit(train_x, train_y)
# gini生成的是CART分类树
cart = tree.DecisionTreeClassifier(criterion='gini', max_depth=6)
cart.fit(train_x, train_y)

c45_train_pred = c45.predict(train_x)
c45_test_pred = c45.predict(test_x)
cart_train_pred = cart.predict(train_x)
cart_test_pred = cart.predict(test_x)
print(f'训练集准确率: C4.5: {np.mean(c45_train_pred == train_y)}, ' \
    f'CART: {np.mean(cart_train_pred == train_y)}')
print(f'测试集准确率: C4.5: {np.mean(c45_test_pred == test_y)}, ' \
    f'CART: {np.mean(cart_test_pred == test_y)}')
```

```
训练集准确率: C4.5: 0.8834269662921348, CART: 0.8848314606741573
测试集准确率: C4.5: 0.7262569832402235, CART: 0.7932960893854749
```

PyDotPlus 库提供了将 sklearn 生成的决策树可视化的工具。我们可以将训练得到的决策树可视化，观察在每个节点上决策树选择了哪个特征进行分类。由于生成的图像较宽，无法完全清晰展示，我们将决策树的左右子树分开放在图 12-5 中。读者可以自行运行代码，查看完整的生成图像。

```
!pip install pydotplus

from six import StringIO
import pydotplus

dot_data = StringIO()
tree.export_graphviz( # 导出sklearn的决策树的可视化数据
    c45,
    out_file=dot_data,
```

```
    feature_names=feat_names,
    class_names=['non-survival', 'survival'],
    filled=True,
    rounded=True,
    impurity=False
)
# 用pydotplus生成图像
graph = pydotplus.graph_from_dot_data(dot_data.getvalue().replace('\n', ''))
graph.write_png('tree.png')
True
```

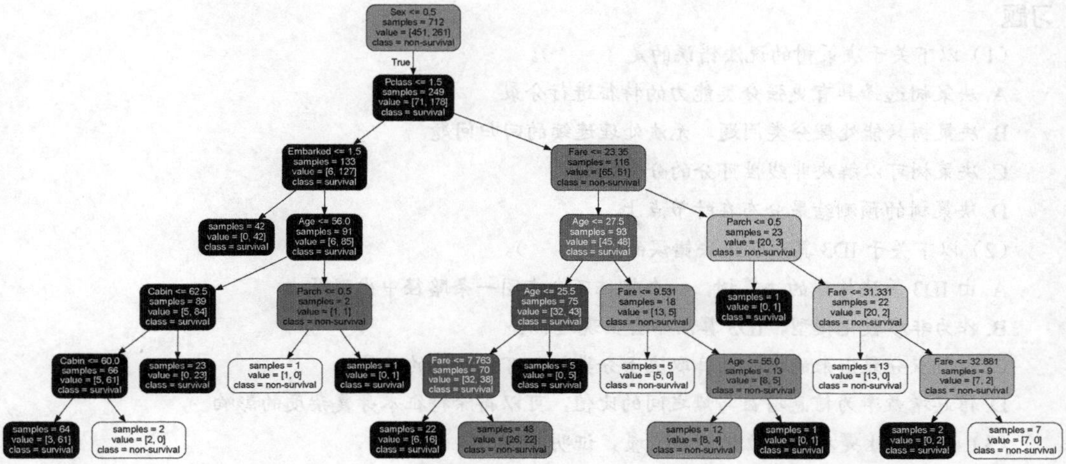

（a）左子树

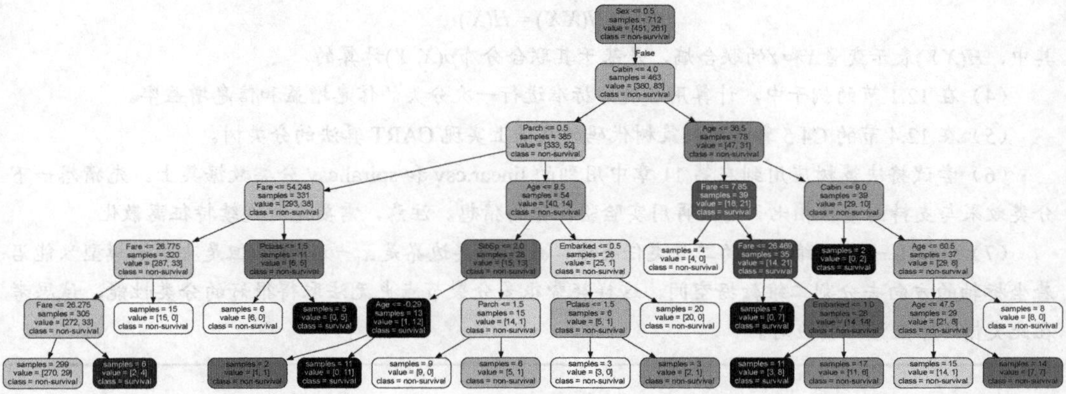

（b）右子树

图 12-5 算法最终生成的决策树示意图

# 12.6 小结

本章介绍了决策树模型的基本概念和最基础的决策树生成算法 ID3 算法。决策树的生成过程就是直接在树模型空间中构建新的分裂节点，不断选择特征和划分阈值或取值，使整体的熵降低的过程。关于特征选择的标准，ID3 算法采用简单的信息增益；其改进版 C4.5 考虑了特征本身的复杂度，选择信息增益率来代替信息增益。此外，CART 算法使用基尼不纯度作为划分选择的标准，计算较为简单；并且它还可以用误差平方和作为选择标准来完成回归任务，在连续特征的数据集上有更好的效果。由于决策树本身倾向于将数据完全精确分类，非常容易出现过拟合现象，因此我们需要用代价函数、最大深度等约束限制其生长。像这样，在决策树构造时就避免其过度生长的方法称为前剪枝（pre-pruning）。也有一些方法在决策树生成后，通过遍历决策树判断节点分裂的价值，从而删除部分叶节点，称为后剪枝（post-pruning）。决策树由于其便于可视化、可解释性强，在一段时间内是非常流行的算法，其中 C4.5 算法及其变种曾在 2008 年被评为“数据挖掘十大算法”之首[5]。

**习题**

（1）以下关于决策树的说法错误的是（　　）。

A. 决策树选择具有更强分类能力的特征进行分裂

B. 决策树只能处理分类问题，无法处理连续的回归问题

C. 决策树可以解决非线性可分的分类问题

D. 决策树的预测结果分布在叶节点上

（2）以下关于 ID3 算法的说法错误的是（　　）。

A. 由 ID3 算法构建的决策树，一个特征不会在同一条路径中出现两次

B. 作为非参数化模型，ID3 算法不会出现过拟合

C. 由节点分裂出来的树枝数目取决于分类特征可能取值的数量

D. 信息增益率为信息增益与熵之间的比值，可以排除特征本身复杂度的影响

（3）设 $X$ 和 $Y$ 是相互独立的随机变量，证明：

$$H(XY) = H(X) + H(Y)$$

$$H(XX) = H(X)$$

其中，$H(XY)$表示变量$X$和$Y$的联合熵，是基于其联合分布$p(X, Y)$计算的。

（4）在 12.1 节的例子中，计算用湿度为标准进行一次分类的信息增益和信息增益率。

（5）在 12.4 节的 C4.5 算法的决策树代码的基础上实现 CART 算法的分类树。

（6）尝试将决策树应用到在第 11 章中用到的 linear.csv 和 spiral.csv 分类数据集上。先猜想一下分类效果与支持向量机相比如何，再用实验验证你的猜想。注意，需要先对连续特征离散化。

（7）假设在一个二维数据的二分类任务中，最优分类边界是 $x_1 - x_2 = 0$，但是决策树模型只能沿着坐标轴的方向去分割二维数据空间，这样耗费很多分裂节点也无法取得很好的分类性能，试思考在此类情形下应该如何应对。

## 12.7 参考文献


[1] QUINLAN J R. Discovering rules from large collections of examples: A case study[M]. Michie D(Ed.) Expert system in the microelectronic age, Edinburgh University Press,1979:168-201.

[2] QUINLAN J R. Induction of decision trees[J]. Machine learning, 1986, 1:81-106.

[3] QUINLAN J R. C4.5: programs for machine learning[M]. Elsevier, 2014.

[4] BREIMAN L. Classification and regression trees[M]. Routledge, 2017.

[5] WU X, KUMAR V, QUINLAN J R, et al. Top 10 algorithms in data mining[J]. Knowledge and information systems, 2008, 14:1-37.

# 第13章

# 集成学习与梯度提升决策树

在本章中，我们先介绍集成学习的思路以及一些常用的集成学习方法，然后介绍梯度提升决策树模型。在前面的章节中，我们讲解了许多不同的机器学习算法，每个算法都有其独特的优缺点。同时，对于同一个任务，往往有多种算法可以将其解决。例如我们要将平面上的一些点分类，假设算法1和算法2的准确率是75%，算法3的准确率是50%。3种算法都通过调参达到了其最优表现，已经无法再进一步优化了。那么，我们是否能通过组合这些算法，得到比75%更高的准确率呢？乍看上去，组合之后，算法3会拖算法1和算法2的后腿，会拉低整体表现，更别说提升了。然而，我们考虑表13-1中的例子。

表 13-1 通过较差算法组合出更好的算法

| 样本 | 算法 1 | 算法 2 | 算法 3 | 多数投票 |
| --- | --- | --- | --- | --- |
| A | √ | √ | × | √ |
| B | × | √ | √ | √ |
| C | √ | × | √ | √ |
| D | √ | √ | × | √ |

该例中共有4个样本和3个算法，每个样本只有两种可能的类别，√表示算法的预测结果与真实结果相符，×表示预测结果与真实结果不符。各个算法的准确率也符合前面的假设。对每个样本，我们用多数投票（majority voting）制集成3个算法，即3个算法分别给出预测的分类，再取较多者作为最终预测。令人惊讶的是，虽然3个算法单独最高的准确率仅有75%，但它们组合之后竟然达到了100%的准确率。仔细观察可以发现，算法1预测错误的B样本，算法2和算法3都预测正确了。对其他样本也类似，当一个算法在此有缺陷时，另外两个算法就可以将其弥补。这一现象启发我们，可以通过将不同算法得到的模型按某些方式进行组合，取长补短，从而获得比任一单个模型表现都要好的模型，这就是集成学习（ensemble learning）的思想。在表13-1的例子中，我们采用了最简单的多数投票制的集成方法。接下来，我们介绍几种实践中常用的集成学习方法。

# 13.1　自举聚合与随机森林

在第 6 章中，我们曾讲解过交叉验证方法。该方法将数据集随机划分成 $k$ 个部分，进行 $k$ 次独立的训练。每次训练时选其中 $k$-1 份作为训练集，剩下的 1 份作为验证集。最后，用模型 $k$ 次训练得到的验证误差的平均值来选择模型，由此降低模型过拟合到某一部分数据集上的风险。既然这一过程中会得到多个模型，将其与集成学习的思想结合起来，就得到了自举聚合（bootstrap aggregation，bagging）算法。

顾名思义，bagging 算法由自举和聚合两部分构成。其中，自举指的是自举采样（bootstrap sampling）。与交叉验证中的无重复均匀划分不同，自举采样为了保证随机性，尽可能降低不同子数据集之间的相关性，采用了允许重复的有放回采样。假设数据集的大小为 $N$，每次从中有放回地采出 $N$ 个样本。那么，某个样本没有被采样到的概率为

$$P(\boldsymbol{x}\text{ 没有被采样到}) = \left(1-\frac{1}{N}\right)^N \approx \mathrm{e}^{-1} = 36.8\%$$

也就是说，每次自举采样采出的大小与原数据集大小相同的样本集合，平均都包含了 63.2% 的样本。这一比例用来训练和防止过拟合都是较为合适的。当然，我们也可以根据情况调整采样的样本数量。

假设我们共进行了 $B$ 次自举采样，得到了 $B$ 个子数据集。接下来，我们分别在第 $i$ 个数据集上独立地训练出模型，记为 $\hat{f}_i(\boldsymbol{x})$。这时，我们可以用某种集成方法将这些模型组合起来，得到更优的模型。例如，我们可以取所有模型预测的平均值作为新的聚合模型：

$$\hat{f}(\boldsymbol{x}) = \frac{1}{B}\sum_{i=1}^{B}\hat{f}_i(\boldsymbol{x})$$

在交叉验证中，我们的目标是通过多个模型选出最优的超参数，因此我们为每个模型单独计算损失后再取平均值。而在 bagging 算法中，我们希望将这些模型聚合成表现更好的新模型，因此应当衡量最后集成模型的整体效果。我们既可以像普通的机器学习算法那样，提前将数据集中的一部分划分出来作为测试集，不参与自举采样；也可以计算 bagging 算法的 out-of-bag（OOB）误差。对于数据集中的每个样本 $\boldsymbol{x}$，我们选择那些训练集中不包含 $\boldsymbol{x}$ 的模型进行测试，将它们的输出用与集成模型相同的集成方式组合起来，得到 $\boldsymbol{x}$ 的预测结果，并用该结果与真实值计算误差，即 OOB 误差。最后，再和交叉验证一样，将所有样本的 OOB 误差取平均值，作为模型整体的损失。实践表明，由于自举采样保持了合适的采样比例，用 OOB 误差进行评估与单独划分测试集进行评估的结果没有显著区别。

为了分析 bagging 算法的作用原理，我们来分析 bagging 算法相比于单个模型的性能提升部分。我们先对机器学习的预测误差做一个普适性的*偏差-方差分解*（bias-variance decomposition）分析。设数据的分布为 $y = f(\boldsymbol{x}) + \epsilon$，其中 $\epsilon$ 是随机噪声，满足 $E(\epsilon) = 0$，$\mathrm{Var}(\epsilon) = \sigma_\epsilon^2$。对于某个机器学习模型 $\hat{f}(\boldsymbol{x})$，其学习具有一定随机因素，但与数据集的噪声 $\epsilon$ 独立。那么其在样本 $\boldsymbol{x}$ 上的期望误差平方损失为

$$
\begin{aligned}
\mathcal{L}(\boldsymbol{x}) &= E((f(\boldsymbol{x})+\epsilon-\hat{f}(\boldsymbol{x}))^2) \\
&= E(((f(\boldsymbol{x})-\hat{f}(\boldsymbol{x}))+\epsilon)^2) \\
&= f^2(\boldsymbol{x})+E(\hat{f}^2(\boldsymbol{x}))-2f(\boldsymbol{x})E(\hat{f}(\boldsymbol{x}))+E(\epsilon^2)+2E(f(\boldsymbol{x})-\hat{f}(\boldsymbol{x}))E(\epsilon) \\
&= f^2(\boldsymbol{x})-2f(\boldsymbol{x})E(\hat{f}(\boldsymbol{x}))+(E(\hat{f}(\boldsymbol{x})))^2+E(\hat{f}^2(\boldsymbol{x}))-(E(\hat{f}(\boldsymbol{x})))^2+\sigma_\epsilon^2 \\
&= (f(\boldsymbol{x})-E(\hat{f}(\boldsymbol{x})))^2+(E(\hat{f}^2(\boldsymbol{x}))-(E(\hat{f}(\boldsymbol{x})))^2)+\sigma_\epsilon^2 \\
&= \mathrm{Bias}^2(\hat{f}(\boldsymbol{x}))+\mathrm{Var}(\hat{f}(\boldsymbol{x}))+\sigma_\epsilon^2
\end{aligned}
$$

其中，$\mathrm{Bias}(\hat{f}(\boldsymbol{x}))$ 表示模型 $\hat{f}(\boldsymbol{x})$ 与数据去除噪声后的真实分布 $f(\boldsymbol{x})$ 之间的期望偏差，$\mathrm{Var}(\hat{f}(\boldsymbol{x}))$ 表示模型在此处的方差。将这一损失函数应用到 bagging 算法得到的模型上，设第 $i$ 个模型表示的函数为 $\hat{f}_i(\boldsymbol{x})$，其在样本 $x$ 上的期望误差平方损失为

$$
\mathcal{L}_i(\boldsymbol{x}) = \mathrm{Bias}^2(\hat{f}_i(\boldsymbol{x}))+\mathrm{Var}(\hat{f}_i(\boldsymbol{x}))+\sigma_\epsilon^2
$$

由于 bagging 算法中得到每个模型的过程都是独立且相同的，其期望偏差和方差可以认为相同，我们将其分别记为 $\mu(\boldsymbol{x})$ 和 $\sigma^2(\boldsymbol{x})$。假设不同模型之间的相关系数为 $\rho$，即模型之间的协方差 $\mathrm{Cov}(\hat{f}_i(\boldsymbol{x}),\hat{f}_j(\boldsymbol{x}))=\rho\sqrt{\mathrm{Var}(\hat{f}_i(\boldsymbol{x}))\mathrm{Var}(\hat{f}_j(\boldsymbol{x}))}$。以聚合模型取各个模型的平均值为例，其期望误差平方损失中的期望偏差和方差分别为

$$
\mathrm{Bias}(\hat{f}(\boldsymbol{x})) = f(\boldsymbol{x})-E\left[\frac{1}{B}\sum_{i=1}^{B}\hat{f}_i(\boldsymbol{x})\right] = \frac{1}{B}\sum_{i=1}^{B}(f(\boldsymbol{x})-E(\hat{f}_i(\boldsymbol{x}))) = \frac{1}{B}\sum_{i=1}^{B}\mu(\boldsymbol{x}) = \mu(\boldsymbol{x})
$$

$$
\begin{aligned}
\mathrm{Var}(\hat{f}(\boldsymbol{x})) &= \mathrm{Var}\left(\frac{1}{B}\sum_{i=1}^{B}\hat{f}_i(\boldsymbol{x})\right) \\
&= \frac{1}{B^2}\left(\sum_{i=1}^{B}\mathrm{Var}(\hat{f}_i(\boldsymbol{x}))+\sum_{i=1}^{B}\sum_{j=1,j\neq i}^{B}\mathrm{Cov}(\hat{f}_i(\boldsymbol{x}),\hat{f}_j(\boldsymbol{x}))\right) \\
&= \frac{1}{B^2}\left(B\sigma^2(\boldsymbol{x})+\rho\sum_{i=1}^{B}\sum_{j=1,j\neq i}^{B}\sqrt{\mathrm{Var}(\hat{f}_i(\boldsymbol{x}))\mathrm{Var}(\hat{f}_j(\boldsymbol{x}))}\right) \\
&= \frac{1}{B^2}(B\sigma^2(\boldsymbol{x})+\rho(B^2-B)\sigma^2(\boldsymbol{x})) \\
&= \frac{1-\rho}{B}\sigma^2(\boldsymbol{x})+\rho\sigma^2(\boldsymbol{x})
\end{aligned}
$$

考虑到不同模型所用的数据集是按相同方式采样的，其相关系数应满足 $0\leqslant\rho\leqslant 1$。从上式中可以看出，聚合模型并不改变单一模型的期望偏差，但是可以缩小模型预测的方差。当 bagging 算法采样的单模型数量 $B$ 趋于无穷大时，其方差是单模型方差 $\rho$ 倍，因为 $0\leqslant\rho\leqslant 1$，所以相对于单模型，方差是降低了。因此，bagging 算法对于低偏差、高方差模型（如神经网络和决策树等）的稳定性有较大提升。

对于决策树模型，其 bagging 算法的改进版本又称为随机森林（random forest）。如图 13-1 所示，我们用 bagging 算法为每棵决策树随机采样进行训练，上面的推导说明，bagging 算法在不同数据集上训练出的模型相关性较强时，降低方差的能力会被削弱。因此，为了进一步降低模型的相关性，在决策树每次分裂节点前，我们都从全部的 $M$ 个特征中采样 $m$ 个特征，只在这 $m$ 个特征中选择最优划分特征。例如在图 13-1 的第二棵树中，每次我

们都先从全部的 4 个特征中采样 2 个，再从中进一步筛选。这样，由采样方式引起的模型之间的相关性就被进一步削弱了。通常来说，我们选择 $m=\sqrt{M}$，甚至 $m=1$ 来增加模型的随机性。

下面，我们来动手实现决策树的 bagging 算法和随机森林算法，并测试其在分类问题上的表现。简单起见，决策树的部分我们直接采用 sklearn 中的 `DecisionTreeClassifier`。为了体现随机森林采样特征的特点，我们用 sklearn 中的工具生成一个高维的点集作为分类数据集。

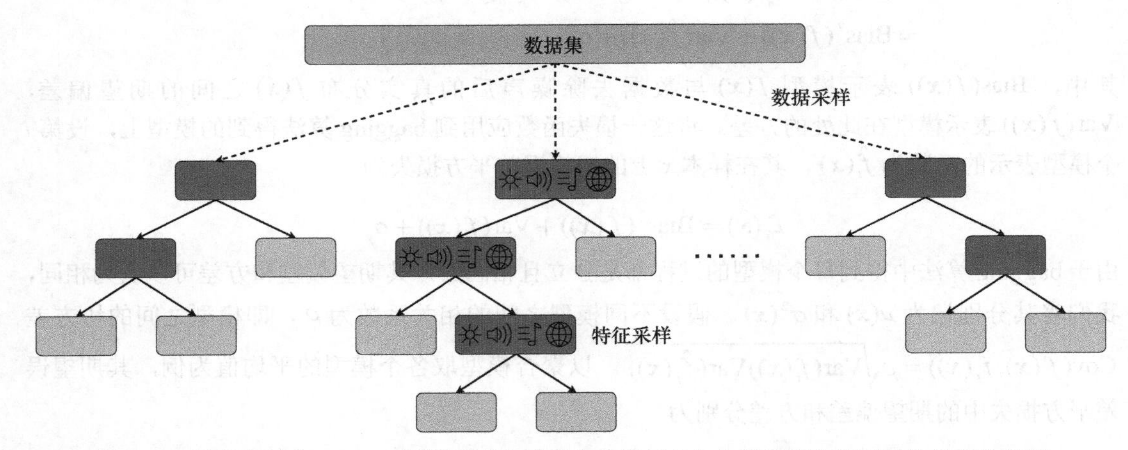


图 13-1　随机森林和 bagging 树的区别在于每个分类节点先会采样部分特征再选择划分特征

```
from tqdm import tqdm
import numpy as np
from matplotlib import pyplot as plt
from sklearn.datasets import make_classification
from sklearn.tree import DecisionTreeClassifier as DTC
from sklearn.model_selection import train_test_split

# 创建随机数据集
X, y = make_classification(
    n_samples=1000, # 数据集大小
    n_features=16, # 特征数，即数据维度
    n_informative=5, # 有效特征个数
    n_redundant=2, # 冗余特征个数，为有效特征的随机线性组合
    n_classes=2, # 类别数
    flip_y=0.1, # 类别随机的样本个数，该值越大，分类越困难
    random_state=0 # 随机种子
)

print(X.shape)
```

```
(1000, 16)
```

接下来，我们实现 bagging 算法和随机森林算法。由于这两个算法只有决策树分裂节点时不同，而数据采样部分相同，我们将其写成一个类，用参数来控制执行哪个算法。

```
class RandomForest():

    def __init__(self, n_trees=10, max_features='sqrt'):
        # max_features是DTC的参数，表示节点分裂时随机采样的特征个数
        # sqrt代表取全部特征的平方根，None代表取全部特征，log2代表取全部特征的对数
        self.n_trees = n_trees
        self.oob_score = 0
```

```
        self.trees = [DTC(max_features=max_features)
            for _ in range(n_trees)]

    # 用X和y训练模型
    def fit(self, X, y):
        n_samples, n_features = X.shape
        self.n_classes = np.unique(y).shape[0]
        # 集成模型的预测，累加单个模型预测的分类概率，再取较大值作为最终分类
        ensemble = np.zeros((n_samples, self.n_classes))

        for tree in self.trees:
            # 自举采样，该采样允许重复
            idx = np.random.randint(0, n_samples, n_samples)
            # 没有被采到的样本
            unsampled_mask = np.bincount(idx, minlength=n_samples) == 0
            unsampled_idx = np.arange(n_samples)[unsampled_mask]
            # 训练当前决策树
            tree.fit(X[idx], y[idx])
            # 累加决策树对OOB样本的预测
            ensemble[unsampled_idx] += tree.predict_proba(X[unsampled_idx])
        # 计算OOB分数，由于是分类问题，我们用准确率来衡量
        self.oob_score = np.mean(y == np.argmax(ensemble, axis=1))

    # 预测类别
    def predict(self, X):
        proba = self.predict_proba(X)
        return np.argmax(proba, axis=1)

    def predict_proba(self, X):
        # 取所有决策树预测概率的平均
        ensemble = np.mean([tree.predict_proba(X)
            for tree in self.trees], axis=0)
        return ensemble

    # 计算准确率
    def score(self, X, y):
        return np.mean(y == self.predict(X))
```

我们通过调整 max_feature 参数的值来测试两种算法的表现，其中 None 代表 bagging 算法，sqrt 代表随机森林算法。接下来，我们再将两种算法的训练准确率和 OOB 分数随其中包含的决策树个数的变化曲线画在一张图中，方便对比两种算法的表现。

```
# 算法测试与可视化
num_trees = np.arange(1, 101, 5)
np.random.seed(0)
plt.figure()

# bagging算法
oob_score = []
train_score = []
with tqdm(num_trees) as pbar:
    for n_tree in pbar:
        rf = RandomForest(n_trees=n_tree, max_features=None)
        rf.fit(X, y)
        train_score.append(rf.score(X, y))
        oob_score.append(rf.oob_score)
        pbar.set_postfix({
            'n_tree': n_tree,
```

```
            'train_score': train_score[-1],
            'oob_score': oob_score[-1]
        })
plt.plot(num_trees, train_score, color='blue', label='bagging_train_score')
plt.plot(num_trees, oob_score, color='blue', ls='-.', label='bagging_oob_score')

# 随机森林算法
oob_score = []
train_score = []
with tqdm(num_trees) as pbar:
    for n_tree in pbar:
        rf = RandomForest(n_trees=n_tree, max_features='sqrt')
        rf.fit(X, y)
        train_score.append(rf.score(X, y))
        oob_score.append(rf.oob_score)
        pbar.set_postfix({
            'n_tree': n_tree,
            'train_score': train_score[-1],
            'oob_score': oob_score[-1]
        })
plt.plot(num_trees, train_score, color='red', ls='--', label='random_forest_train_score')
plt.plot(num_trees, oob_score, color='red', ls=':', label='random_forest_oob_score')

plt.ylabel('Score')
plt.xlabel('Number of trees')
plt.legend()
plt.show()
```

```
100%|██████████| 20/20 [00:14<00:00,  1.40it/s, n_tree=96, train_score=1, oob_score=0.888]
100%|██████████| 20/20 [00:04<00:00,  4.34it/s, n_tree=96, train_score=1, oob_score=0.897]
```

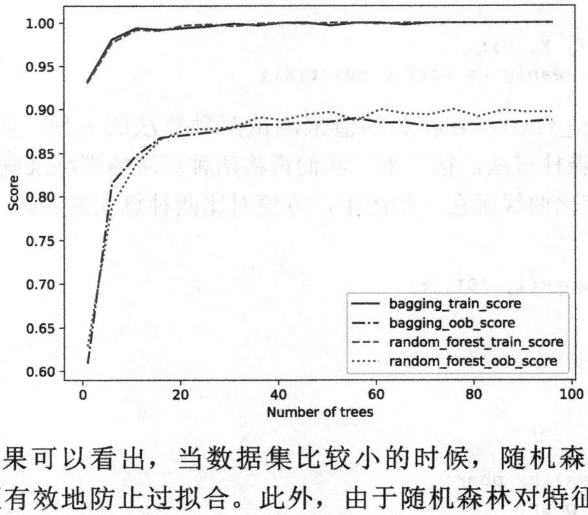

从上面的训练结果可以看出，当数据集比较小的时候，随机森林算法相比于简单的bagging算法，可以更有效地防止过拟合。此外，由于随机森林对特征进行了采样，在选择最优特征进行划分时需要的时间也更少，当包含的决策树数量较多时，其训练时间显著小于bagging算法。读者可以通过调整最开始生成数据集的参数观察两种算法效果的变化，当数据集中的样本个数或者数据维度越来越多时，过拟合现象会被自然削弱，随机森林的优势也随之减弱。当然，bagging算法只是一个集成学习的框架，除决策树之外，还可以应用到神经网络等其他不同的模型上。

最后，我们用 sklearn 中的 bagging 算法和随机森林算法在同样的数据集上进行测试，与我们自己实现的算法的结果进行比较，验证实现的正确性。

```
from sklearn.ensemble import BaggingClassifier, RandomForestClassifier

bc = BaggingClassifier(n_estimators=100, oob_score=True, random_state=0)
bc.fit(X, y)
print('bagging: ', bc.oob_score_)

rfc = RandomForestClassifier(n_estimators=100, max_features='sqrt', oob_score=True, random_state=0)
rfc.fit(X, y)
print('随机森林: ', rfc.oob_score_)
```

```
bagging:  0.885
随机森林:  0.897
```

## 13.2 集成学习器

bagging 算法虽然适用范围较广，但其底层的基础模型要求是同一种类，如都是决策树或都是神经网络，否则，其理论推导中各个模型具有相同的期望偏差和方差的假设将不再成立，其提升模型稳定性的效果也难以保证。假设我们训练好了 $n$ 个模型，分别为 $f_1(\boldsymbol{x}),\cdots,f_n(\boldsymbol{x})$。这些模型的种类可以不同。为了将它们集成起来，我们训练一个新模型，$F(\boldsymbol{x})=g(f_1(\boldsymbol{x}),f_2(\boldsymbol{x}),\cdots,f_n(\boldsymbol{x}))$，即将这 $n$ 个模型的预测结果作为输入，由新模型给出最终的输出。我们通常将底层的模型 $f$ 称为**基学习器**（base learner），而将 $g$ 称为**元学习器**（meta learner），图 13-2 展示了这一过程。

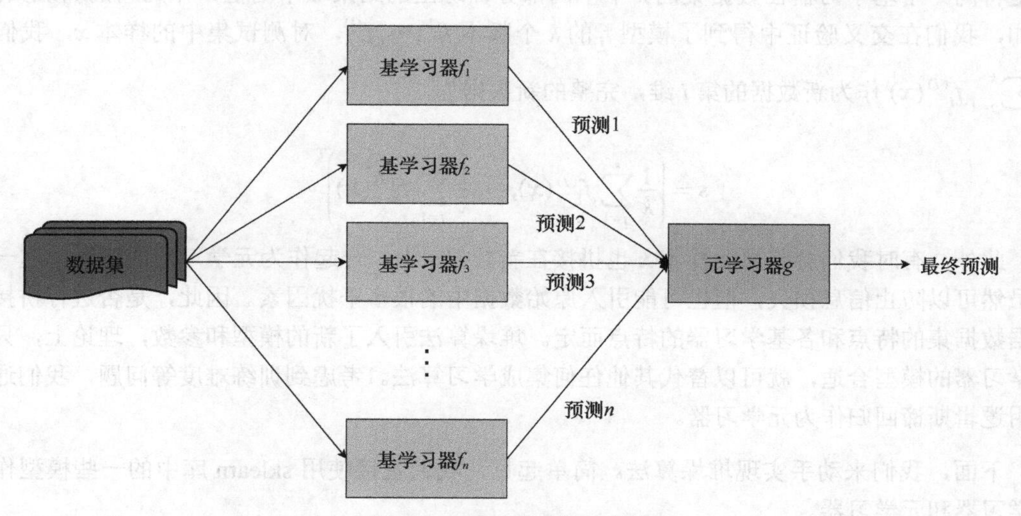


图 13-2 集成学习器的结构

事实上，该思路在表 13-1 的例子中已有所体现，其中使用的元学习器是选择 $f_1(\boldsymbol{x}),\cdots,f_n(\boldsymbol{x})$ 中的多数分类。此外，我们还很容易想到用取平均值等简单的方式作为新模型的输出。而对于更一般的情况，如果我们把 $f_1(\boldsymbol{x}),\cdots,f_n(\boldsymbol{x})$ 看作一个 $n$ 维输入，那么，我们的目标其实是寻找该输入与样本 $\boldsymbol{x}$ 对应的输出 $y$ 之间的函数 $g$。因此，我们可以使用任意的模型来拟合该函数，如决策树或神经网络等模型，从而提升元学习器的表达能力。

在由基学习器构建元学习器的训练数据集时，如果让基学习器直接在原本的训练集上进行预测，那么有极大可能会发生过拟合现象，得到的数据质量不高。如果让其在划分出的验证集上预测，那么训练集的部分就无法用来训练元学习器，造成数据浪费。为了尽可能提升数据利用效率，同时保证数据质量，我们通常采用堆垛（stacking）算法，如图 13-3 所示。假设目前训练的模型是 $f_i$，我们采用与交叉验证中相同的做法，把整个数据集均匀划分为 $k$ 份，让 $f_i$ 分别在其中 $k-1$ 份上训练，再在剩余的一份上进行测试，给出其预测结果。这样，当整个训练过程完成时，数据集中的每一份数据都有 $f_i$ 的预测结果，且进行预测的模型必定没有将其用于训练。

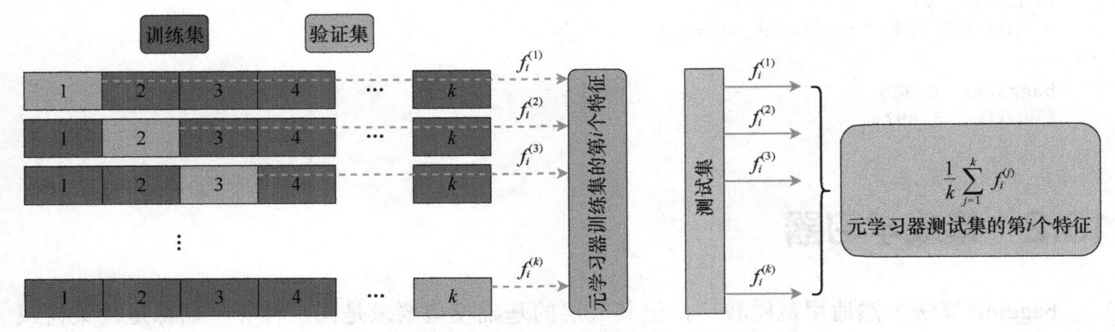


图 13-3　集成学习器的堆垛训练

对每个基学习器重复这一步骤，我们就得到了完整数据集上的 $f_1(\boldsymbol{x}),\cdots,f_n(\boldsymbol{x})$。对于每个原始样本 $\boldsymbol{x}$，我们构建新样本 $\boldsymbol{s}=(f_1(\boldsymbol{x}),\cdots,f_n(\boldsymbol{x}))^{\mathrm{T}}$，并保留原始的标签 $y$ 作为新样本的标签，将 $(\boldsymbol{s},y)$ 作为训练集来训练元学习器 $g$。对于元学习器的测试集，我们不再像训练集那样做划分，而是将同一个基学习器在数据集的 $k$ 个不同部分训练出的结果取平均值，作为新的训练数据。例如，我们在交叉验证中得到了模型 $f_i$ 的 $k$ 个版本 $f_i^{(1)},\cdots,f_i^{(k)}$，对测试集中的样本 $\boldsymbol{x}$，我们将 $\frac{1}{k}\sum_{j=1}^{k}f_i^{(j)}(\boldsymbol{x})$ 作为新数据的第 $i$ 维，完整的新数据为

$$\boldsymbol{s}=\left(\frac{1}{k}\sum_{j=1}^{k}f_1^{(j)}(\boldsymbol{x}),\cdots,\frac{1}{k}\sum_{j=1}^{k}f_n^{(j)}(\boldsymbol{x})\right)^{\mathrm{T}}$$

此外，有时我们会将原始样本 $\boldsymbol{x}$ 也拼接在新数据 $\boldsymbol{s}$ 上，一起作为元学习器的输入。这一做法虽然可以防止信息损失，但也可能引入原始数据中的很多干扰因素。因此，是否进行拼接要根据数据集的特点和各基学习器的特点而定。堆垛算法引入了新的模型和参数，理论上，只要元学习器的模型合适，就可以替代其他任何集成学习算法。考虑到训练难度等问题，我们通常采用逻辑斯谛回归作为元学习器。

下面，我们来动手实现堆垛算法。简单起见，我们直接使用 sklearn 库中的一些模型作为基学习器和元学习器。

```
from sklearn.model_selection import KFold
from sklearn.base import clone

# 堆垛分类器，继承sklearn中的集成分类器基类EnsembleClassifier
class StackingClassifier():
```

```python
    def __init__(
        self,
        classifiers, # 基分类器
        meta_classifier, # 元分类器
        concat_feature=False, # 是否将原始样本拼接在新数据上
        kfold=5 # K折交叉验证
    ):
        self.classifiers = classifiers
        self.meta_classifier = meta_classifier
        self.concat_feature = concat_feature
        self.kf = KFold(n_splits=kfold)
        # 为了在测试时计算平均，我们需要保留每个分类器
        self.k_fold_classifiers = []

    def fit(self, X, y):
        # 用X和y训练基分类器和元分类器
        n_samples, n_features = X.shape
        self.n_classes = np.unique(y).shape[0]

        if self.concat_feature:
            features = X
        else:
            features = np.zeros((n_samples, 0))
        for classifier in self.classifiers:
            self.k_fold_classifiers.append([])
            # 训练每个基分类器
            predict_proba = np.zeros((n_samples, self.n_classes))
            for train_idx, test_idx in self.kf.split(X):
                # 交叉验证
                clf = clone(classifier)
                clf.fit(X[train_idx], y[train_idx])
                predict_proba[test_idx] = clf.predict_proba(X[test_idx])
                self.k_fold_classifiers[-1].append(clf)
            features = np.concatenate([features, predict_proba], axis=-1)
        # 训练元分类器
        self.meta_classifier.fit(features, y)

    def _get_features(self, X):
        # 计算输入X的特征
        if self.concat_feature:
            features = X
        else:
            features = np.zeros((X.shape[0], 0))
        for k_classifiers in self.k_fold_classifiers:
            k_feat = np.mean([clf.predict_proba(X)
                for clf in k_classifiers], axis=0)
            features = np.concatenate([features, k_feat], axis=-1)
        return features

    def predict(self, X):
        return self.meta_classifier.predict(self._get_features(X))

    def score(self, X, y):
        return self.meta_classifier.score(self._get_features(X), y)
```

我们选择 KNN、随机森林和逻辑斯谛回归作为基分类器，用逻辑斯谛回归作为元分类器。下面展示了单个基分类器与最后的元分类器在数据集上的效果，可以看出，将不同分类器组合

后得到的集成分类器要优于任何一个单个分类器。同时，将原始样本拼接到新数据上会使数据中的干扰信息增加，降低集成分类器的效果。读者可以进一步尝试非线性的元分类器，如神经网络和决策树，再次观察原始样本拼接到新数据上的模型预测性能的改变，这一任务留作习题。

```
from sklearn.linear_model import LogisticRegression as LR
from sklearn.ensemble import RandomForestClassifier as RFC
from sklearn.neighbors import KNeighborsClassifier as KNC

# 划分训练集和测试集
X_train, X_test, y_train, y_test = \
    train_test_split(X, y, test_size=0.2, random_state=0)

# 基分类器
rf = RFC(n_estimators=10, max_features='sqrt',
    random_state=0).fit(X_train, y_train)
knc = KNC().fit(X_train, y_train)
# multi_class='ovr'表示二分类问题
lr = LR(solver='liblinear', multi_class='ovr',
    random_state=0).fit(X_train, y_train)
print('随机森林：', rf.score(X_test, y_test))
print('KNN: ', knc.score(X_test, y_test))
print('逻辑斯谛回归：', lr.score(X_test, y_test))
# 元分类器
meta_lr = LR(solver='liblinear', multi_class='ovr', random_state=0)

sc = StackingClassifier([rf, knc, lr], meta_lr, concat_feature=False)
sc.fit(X_train, y_train)
print('Stacking分类器：', sc.score(X_test, y_test))

# 带原始特征的stacking分类器
sc_concat = StackingClassifier([rf, knc, lr], meta_lr, concat_feature=True)
sc_concat.fit(X_train, y_train)
print('带原始特征的Stacking分类器：', sc_concat.score(X_test, y_test))
```

```
随机森林： 0.895
KNN： 0.9
逻辑斯谛回归： 0.855
Stacking分类器： 0.91
带原始特征的Stacking分类器： 0.905
```

## 13.3　提升算法

提升（boosting）算法是另一种集成学习的框架，其基本思路是利用当前模型的偏差来调整训练数据的权重，使下一个模型更多关注目前偏差较大的部分。假如我们在某一数据集上训练出了模型 $f_1$，并计算了该模型在各个数据点上预测值与真实值的偏差。$f_1$ 对某些样本的预测已经较为准确，而在另一部分样本上的预测偏差还较大，那么下一个模型 $f_2$ 就应当更多地关注偏差较大的部分样本。为了达到这一目标，我们可以提高这些样本的损失在总损失中的权重，从而让 $f_2$ 对这些样本的预测更加准确。如图 13-4 所示，上排方框内每个点代表数据集中的一个样本，点的大小代表样本的权重；下排样本的深浅代表模型对该样本的预测偏差，颜色越深代表偏差越大，颜色越浅代表偏差越小。接下来，我们用 $f_2$ 的损失调整 $f_3$ 训练数据的权重；如此重复进行，直到模型数量达到预设的上限为止。最终我们得到了 $n$ 个模型，记为 $f_1,\cdots,f_n$，这些模型称为弱学习器，它们在数据集上各有侧重。因此，我们将这些模型加权求和，使不同弱学习器的优势都能发挥出来，这样，最终得到的强学习器相比于弱学习器就有更好的效果。

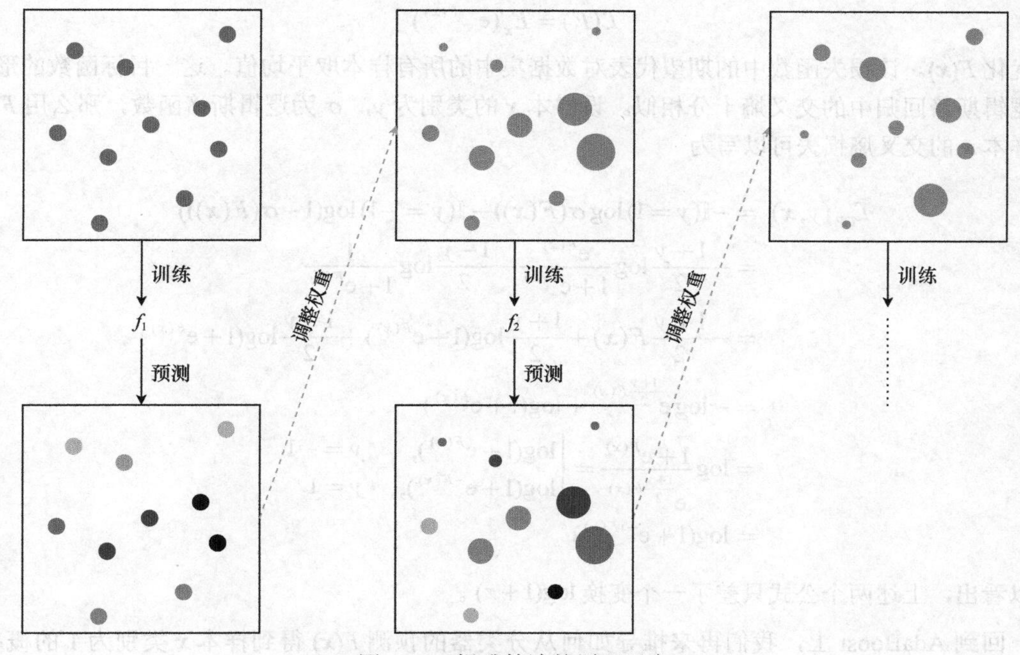


图 13-4 提升算法的原理示意

与前面介绍的 bagging 算法和堆垛算法不同，提升算法用到的各个模型在训练时是串行的。这是因为前两种框架中的子模型互相独立，其训练互不干扰，可以并行训练；而提升算法则在一系列模型中用前一个模型的偏差来调整下一个模型训练集的权重，因此这些模型的训练必须由前到后依次进行。

提升算法的框架中有几个关键问题没有给出确定的答案，分别是如何计算偏差、如何通过偏差计算样本权重以及如何将得到的各个较弱的学习器结合。这些问题的不同解决方式就引出了不同的提升算法，如适应提升（adaptive boosting，AdaBoost）、逻辑提升（logit boosting）和梯度提升（gradient boosting）等。下面，我们来详细讲解 AdaBoost 算法和梯度提升算法，并举例说明梯度提升在决策树上的应用——梯度提升决策树（gradient boost decision tree，GBDT）。

## 13.3.1 适应提升

我们先来考虑提升框架的基本模型。由于各个弱学习器的组合方式是加权求和，我们可以用加性模型（additive model）来表示强学习器：

$$F(\boldsymbol{x})=\sum_{i=1}^{M}\alpha_i f_i(\boldsymbol{x})$$

其中，$M$ 是弱学习器的数量，$f_i(\boldsymbol{x})$ 是弱学习器，$\alpha_i$ 是权重。采用不同的损

失函数 $\mathcal{L}(F)$ 作为优化目标就可以导出不同的算法。对于标签 $y\in\{-1,1\}$ 的二分类问题，约阿夫·弗罗因德（Yoav Freund）和罗伯特·夏皮尔（Robert Schapire）在 1995 年提出了 AdaBoost 算法，并发表在 1996 年和 1997 年的论文 [1,2] 中。夏皮尔和约拉姆·辛格（Yoram Singer）在 1998 年的论文 [3] 中引入了一个新的损失函数

$$\mathcal{L}(F)=E_x(\mathrm{e}^{-yF(x)})$$

来优化 $F(\boldsymbol{x})$。该损失函数中的期望代表对数据集中的所有样本取平均值。这一目标函数的形式与逻辑斯谛回归中的交叉熵十分相似。设样本 $\boldsymbol{x}$ 的类别为 $y$，$\sigma$ 为逻辑斯谛函数，那么用 $F$ 预测样本 $\boldsymbol{x}$ 的交叉熵损失可以写为

$$\begin{aligned}
\mathcal{L}_{\mathrm{CE}}(y,\boldsymbol{x}) &= -\mathbb{I}(y=1)\log\sigma(F(\boldsymbol{x}))-\mathbb{I}(y=-1)\log(1-\sigma(F(\boldsymbol{x})))\\
&= -\frac{1+y}{2}\log\frac{\mathrm{e}^{F(\boldsymbol{x})}}{1+\mathrm{e}^{F(\boldsymbol{x})}}-\frac{1-y}{2}\log\frac{1}{1+\mathrm{e}^{F(\boldsymbol{x})}}\\
&= -\frac{1+y}{2}F(\boldsymbol{x})+\frac{1+y}{2}\log(1+\mathrm{e}^{F(\boldsymbol{x})})+\frac{1-y}{2}\log(1+\mathrm{e}^{F(\boldsymbol{x})})\\
&= -\log\mathrm{e}^{\frac{1+y}{2}F(\boldsymbol{x})}+\log(1+\mathrm{e}^{F(\boldsymbol{x})})\\
&= \log\frac{1+\mathrm{e}^{F(\boldsymbol{x})}}{\mathrm{e}^{\frac{1+y}{2}F(\boldsymbol{x})}}=\begin{cases}\log(1+\mathrm{e}^{F(\boldsymbol{x})}), & y=-1\\ \log(1+\mathrm{e}^{-F(\boldsymbol{x})}), & y=1\end{cases}\\
&= \log(1+\mathrm{e}^{-yF(\boldsymbol{x})})
\end{aligned}$$

可以看出，上述两个公式只差了一个变换 $\log(1+z)$。

回到 AdaBoost 上，我们再来推导如何从分类器的预测 $F(\boldsymbol{x})$ 得到样本 $\boldsymbol{x}$ 类别为 1 的概率。由于总的损失等于整个数据集上每个样本的损失的平均值，我们先考虑对单个样本 $\boldsymbol{x}$ 的损失 $E(\mathrm{e}^{-yF(\boldsymbol{x})}\mid\boldsymbol{x})$。记 $p$ 为样本 $\boldsymbol{x}$ 的类别 $y=1$ 的概率，损失函数可以写为

$$E(\mathrm{e}^{-yF(\boldsymbol{x})}\mid\boldsymbol{x})=p\mathrm{e}^{-F(\boldsymbol{x})}+(1-p)\mathrm{e}^{F(\boldsymbol{x})}$$

当损失函数最小时，其对 $F(\boldsymbol{x})$ 的偏导数应该为零，即

$$0=\frac{\partial E(\mathrm{e}^{-yF(\boldsymbol{x})}\mid\boldsymbol{x})}{\partial F(\boldsymbol{x})}=-p\mathrm{e}^{-F(\boldsymbol{x})}+(1-p)\mathrm{e}^{F(\boldsymbol{x})}$$

解得

$$p=\frac{1}{1+\mathrm{e}^{-2F(\boldsymbol{x})}}=\sigma(2F(\boldsymbol{x}))$$

其中，$\sigma$ 是逻辑斯谛函数。从上式可以看出，AdaBoost 与逻辑斯谛回归在预测上只差了一个常系数 2，在本质上是等价的。

要优化诸如 AdaBoost 的加性模型，我们有许多方法。记 $\gamma_i$ 是模型 $f_i$ 的参数，那么整个强学习器的参数是 $\{\alpha_1,\gamma_1,\cdots,\alpha_M,\gamma_M\}$。同时优化这些参数复杂度通常很高，而像求解支持向量机时用到的 SMO 算法那样，每次固定除 $\alpha_i$ 和 $\gamma_i$ 之外的所有参数，只优化弱学习器 $f_i$ 的参数和权重，在一般情况下并不能保证收敛。因此，我们可以采用前向分步（forward stagewise）算法，向模型中不断添加弱学习器。记 $F_m(\boldsymbol{x})=\sum_{i=1}^m\alpha_i f_i(\boldsymbol{x})$。假设前 $m-1$ 步的优化已经完成，我们

得到了模型 $F_{m-1}$ 并将其固定。在第 $m$ 步的模型 $F_m = F_{m-1} + \alpha_m f_m$ 中，我们只需要优化 $\alpha_m$ 和 $\gamma_m$ 就可以了。这样，整个优化问题的复杂度就降低了许多。

对于二分类问题，我们假设每个弱学习器 $f_i(\boldsymbol{x})$ 的输出都是具体的类别 −1 或 1。将 $\mathcal{L}(F) = E_{\boldsymbol{x}}(\mathrm{e}^{-yF(\boldsymbol{x})})$ 的优化目标函数 $\mathcal{L}(F) = E_{\boldsymbol{x}}(\mathrm{e}^{-yF(\boldsymbol{x})})$ 应用到第 $m$ 步上，就得到

$$\mathcal{L}(F_m) = E_{\boldsymbol{x}}(\mathrm{e}^{-yF_{m-1}(\boldsymbol{x})}\mathrm{e}^{-y\alpha_m f_m(\boldsymbol{x})}) = E_{\boldsymbol{x}}(w_{\boldsymbol{x}}\mathrm{e}^{-y\alpha_m f_m(\boldsymbol{x})}) = E_w(\mathrm{e}^{-y\alpha_m f_m(\boldsymbol{x})})$$

其中，$E_w$ 表示以 $w_x$ 为权重取期望。由于我们固定了 $F_{m-1}$，$w_{\boldsymbol{x}} = \mathrm{e}^{-yF_{m-1}(\boldsymbol{x})}$ 与当前待优化的 $\alpha_m$ 和 $f_m$ 都无关。为了求 $\mathcal{L}(F_m)$ 的最小值，我们令其对 $\alpha_m$ 和 $f_m(\boldsymbol{x})$ 的偏导数分别等于零。

对于 $\alpha_m$，有

$$0 = \frac{\partial E_w(\mathrm{e}^{-y\alpha_m f_m(\boldsymbol{x})})}{\partial \alpha_m} = E_w(-yf_m(\boldsymbol{x})\mathrm{e}^{-y\alpha_m f_m(\boldsymbol{x})})$$

注意，$y$ 和 $f_m(\boldsymbol{x})$ 都属于 $\{-1,1\}$，其乘积当 $y = f_m(\boldsymbol{x})$ 时为 1，当 $y \neq f_m(\boldsymbol{x})$ 时为 −1，上式可以转化为

$$\begin{aligned}
0 &= E_w(-yf_m(\boldsymbol{x})\mathrm{e}^{-y\alpha_m f_m(\boldsymbol{x})}) \\
&= E_w(P(y \neq f_m(\boldsymbol{x}))\cdot \mathrm{e}^{\alpha_m} + (1 - P(y \neq f_m(\boldsymbol{x})))\cdot(-\mathrm{e}^{-\alpha_m})) \\
&= \mathrm{err}\cdot \mathrm{e}^{\alpha_m} - (1 - \mathrm{err})\cdot \mathrm{e}^{-\alpha_m} \\
\Rightarrow \quad \alpha_m &= \frac{1}{2}\log\frac{1-\mathrm{err}}{\mathrm{err}}
\end{aligned}$$

式中，$\mathrm{err} = E_w(\mathbb{I}(y \neq f_m(\boldsymbol{x})))$ 表示以 $\boldsymbol{w}$ 加权的分类错误率。权重 $\alpha_m$ 的图像如图 13-5 所示，可以看出，自变量 err 的取值范围是 (0, 1)，且函数单调递减。分类错误率越小，我们就应当更看重 $f_m$ 的判断，因此赋予其更大的权重。注意，对于二分类问题，错误率高于 0.5 时，我们只需要将原本的分类反过来，即对应负数权重，就可以达到错误率低于 0.5 的分类器。所以，在图 13-5 中，当 $\mathrm{err} > 0.5$ 时，分类器 $f_m$ 的权重是负值。

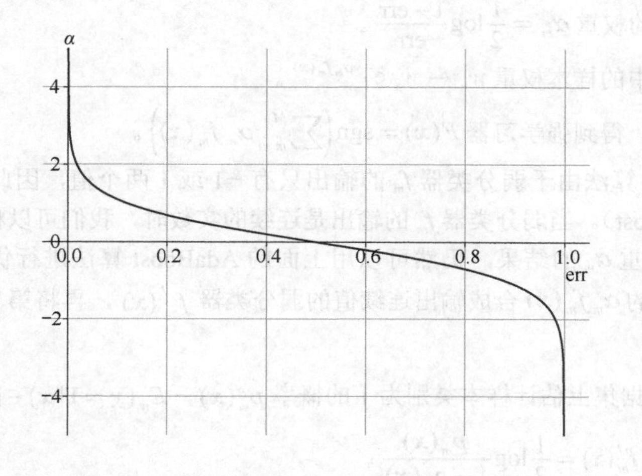


图 13-5 权重的图像

对于 $f_m$，直接计算梯度求解比较困难，我们利用 $e^t$ 函数在 $t=1$ 处的二阶泰勒展开 $e^t \approx 1+t+\frac{1}{2}t^2$ 以及 $f_m^2(\boldsymbol{x})=1$，得到 $\mathcal{L}(F_m)$ 的近似形式为

$$\mathcal{L}(F_m) \approx E_w\left(1-y\alpha_m f_m(\boldsymbol{x})+\frac{1}{2}\alpha_m^2\right)$$

假设分类错误率小于 0.5，那么 $\alpha_m > 0$。令损失函数最小，可以得到

$$\begin{aligned} f_m(\boldsymbol{x}) &= \arg\min_f \mathcal{L}(F_m(\boldsymbol{x})) \\ &\approx \arg\min_f E_w\left(1-y\alpha_m f(\boldsymbol{x})+\frac{1}{2}\alpha_m^2 \mid \boldsymbol{x}\right) \\ &= \arg\min_f E_w(-y\alpha_m f(\boldsymbol{x}) \mid \boldsymbol{x}) \\ &= \arg\max_f E_w(yf(\boldsymbol{x}) \mid \boldsymbol{x}) \end{aligned}$$

由于我们考虑的是 $f_m$ 对某个样本的作用，因此上式右端的期望中限定了 $\boldsymbol{x}$。这一结果提示我们，我们在训练 $f_m$ 时，应当为数据集中的样本添加权重 $w_x = e^{-yF_{m-1}(\boldsymbol{x})}$。考虑到 $f_m(\boldsymbol{x}) \in \{-1, 1\}$，上式的解为

$$f_m(\boldsymbol{x}) = \begin{cases} 1, & E_w(y \mid \boldsymbol{x}) > 0 \\ -1, & \text{其他} \end{cases}$$

综上所述，AdaBoost 算法的过程如下。

（1）初始化，设数据集大小为 $N$，为所有样本赋予相同的权重 $w_x = 1/N$。

（2）开始迭代，$m = 1, 2, \cdots, M$。

a. 在加权的数据集上训练弱分类器 $f_m$。

b. 计算分类器的加权误差 $\text{err} = E_w(\mathbb{I}(y \neq f_m(\boldsymbol{x})))$。

c. 计算分类器的权重 $\alpha_m = \frac{1}{2}\log\frac{1-\text{err}}{\text{err}}$。

d. 更新数据集中的样本权重 $w_x \leftarrow w_x e^{-y\alpha_m f_m(\boldsymbol{x})}$。

（3）迭代完成，得到强学习器 $F(\boldsymbol{x}) = \text{sgn}\left(\sum_{m=1}^{M} \alpha_m f_m(\boldsymbol{x})\right)$。

上述 AdaBoost 算法由于弱分类器 $f_m$ 的输出只有 −1 或 1 两个值，因此又称为**离散适应提升**（discrete AdaBoost）。当弱分类器 $f_m$ 的输出是连续的实数时，我们可以将其看作离散的弱分类器乘以分类器权重 $\alpha_m$ 的结果，仍然可以用上面的 AdaBoost 算法进行优化和组合。具体来说，只需要将上面的 $\alpha_m f_m(\boldsymbol{x})$ 合成输出连续值的弱分类器 $f_m{}'(\boldsymbol{x})$，再将第 b ～ d 行合并为以下两步。

b′. 在加权的数据集上估计样本类别为 1 的概率 $p_m(\boldsymbol{x}) = E_w(y=1 \mid \boldsymbol{x}) \in [0, 1]$。

c′. 令弱分类器 $f_m'(x) = \frac{1}{2}\log\frac{p_m(\boldsymbol{x})}{1-p_m(\boldsymbol{x})}$。

这一算法的可扩展性相比离散 AdaBoost 有了进一步的提升。此算法也称为**实适应提升**（real AdaBoost）算法 [4]。

这里，我们不再手动实现 AdaBoost 算法，而是直接使用 sklearn 库中的工具，比较其与 bagging 算法和随机森林算法的效果。其中，所有算法的弱分类器都采用深度为 1 的决策树，即只从根节点开始做一次分裂，称为桩（stump）。由于桩结构简单、训练快速，但自身效果并不好，因此常用来测试集成学习算法的效果。

```
from sklearn.ensemble import AdaBoostClassifier

# 初始化stump
stump = DTC(max_depth=1, min_samples_leaf=1, random_state=0)

# 弱分类器个数
M = np.arange(1, 101, 5)
bg_score = []
rf_score = []
dsc_ada_score = []
real_ada_score = []
plt.figure()

with tqdm(M) as pbar:
    for m in pbar:
        # bagging算法
        bc = BaggingClassifier(estimator=stump, n_estimators=m, random_state=0)
        bc.fit(X_train, y_train)
        bg_score.append(bc.score(X_test, y_test))
        # 随机森林算法
        rfc = RandomForestClassifier(n_estimators=m, max_depth=1,
            min_samples_leaf=1, random_state=0)
        rfc.fit(X_train, y_train)
        rf_score.append(rfc.score(X_test, y_test))
        # 离散AdaBoost，SAMME是分步加性模型（stepwise additive model）的缩写
        dsc_adaboost = AdaBoostClassifier(estimator=stump,
            n_estimators=m, algorithm='SAMME', random_state=0)
        dsc_adaboost.fit(X_train, y_train)
        dsc_ada_score.append(dsc_adaboost.score(X_test, y_test))
        # 实AdaBoost，SAMME.R表示弱分类器输出实数
        real_adaboost = AdaBoostClassifier(estimator=stump,
            n_estimators=m, algorithm='SAMME.R', random_state=0)
        real_adaboost.fit(X_train, y_train)
        real_ada_score.append(real_adaboost.score(X_test, y_test))

# 绘图
plt.plot(M, bg_score, color='blue', label='Bagging')
plt.plot(M, rf_score, color='red', ls='--', label='Random Forest')
plt.plot(M, dsc_ada_score, color='green', ls='-.', label='Discrete AdaBoost')
plt.plot(M, real_ada_score, color='purple', ls=':', label='Real AdaBoost')
plt.xlabel('Number of trees')
plt.ylabel('Test score')
plt.legend()
plt.show()
```

```
100%|████████████████████████████████████████████████| 20/20 [00:12<00:00,  1.56it/s]
```

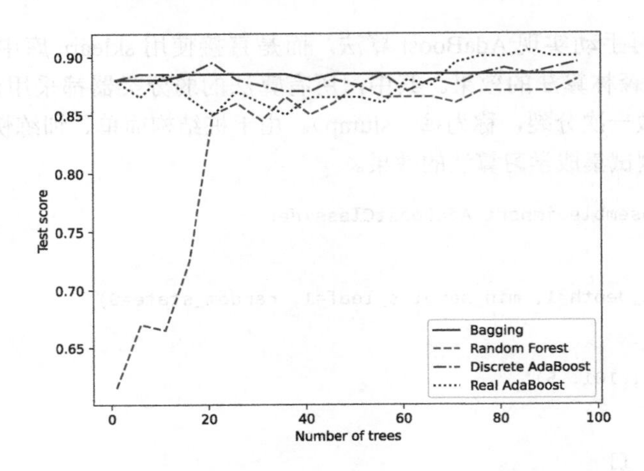


**小故事**

集成学习的思想来自 1989 年哈佛大学的迈克尔·卡恩斯（Michael Kearns）和莱斯利·瓦利安特（Leslie Valiant）提出的问题，其大意是：如果在某一问题上已有一个比随机方法好、但是仍然较弱的学习算法，能否保证一定存在很强的学习算法？这一反直觉的问题在 1990 年由夏皮尔给出了回答。他证明总可以通过不断让新的弱学习器关注当前模型的弱点，将弱学习器组合起来得到强学习器。1995 年，约阿夫·弗罗因德和夏皮尔共同提出了里程碑式的集成学习算法 AdaBoost，并相继发表在 1996 年和 1997 年的论文中。由 AdaBoost 开始衍生出的一大类提升算法，目前是机器学习领域集成学习方法的绝对主流。与此同时，利奥·布雷曼（Leo Breiman）在 1994 年提出了 bagging 算法，何天琴（Tin Kam Ho）于 1995 年开创了随机森林算法，而布雷曼在 2001 年进一步发展和完善了随机森林算法。

由于 AdaBoost 的非凡表现，从 1996 年开始，不断有学者尝试从数学上分析这一算法，给出泛化误差的理论解释和上界。最初，大家认为与支持向量机相同，AdaBoost 的关键在于最大化了最小间隔。但是 1999 年，布雷曼从最小间隔出发提出的 Arc-gv 算法却显示，在比 AdaBoost 最小间隔更大的情况下泛化误差也更大，这一实验结果无疑给了最小间隔理论沉重的打击。2006 年，夏皮尔和列夫·雷津（Lev Reyzin）发现了布雷曼实验中的漏洞，断言最小间隔并非 AdaBoost 的关键物理量。随后，高尉和周志华在 2013 年证明，AdaBoost 的关键在于使平均间隔最大的同时使间隔方差最小。直到 2019 年，艾伦·格隆德（Allan Grønlund）等人最终给出了与下界相匹配的泛化误差上界，解决了 AdaBoost 的理论问题。

## 13.3.2　梯度提升

我们可以换一个视角来考虑加性模型的优化过程。考虑连续的回归问题，和实 AdaBoost 一样，将弱学习器的权重与学习器本身合并，记 $F_{m-1}=\sum_{i=1}^{m-1} f_i(\boldsymbol{x})$ 是到第 $m-1$ 步为止的学习器，这些弱学习器已经固定，不再训练。设总损失函数为 $\mathcal{L}(F)$，单个样本的损失函数为 $l(y,\hat{y})$，其中 $y$ 和 $\hat{y}$ 分别是样本 $\boldsymbol{x}$ 对应的真实值和模型的预测值。当我们添加第 $m$ 个弱学习器 $f_m$ 后，模型在数据集上的总损失为

$$\mathcal{L}(F_m)=E_x\left(l\left(y,\sum_{i=1}^{m}f_i(\boldsymbol{x})\right)\right)=E_x(l(y,F_{m-1}(\boldsymbol{x})+f_m(\boldsymbol{x})))$$

为简单起见，记 $\hat{y}_{m-1}=F_{m-1}(\boldsymbol{x})$。新添加的 $f_m$ 应当使上式的总损失尽可能小，即

$$f_m=\arg\min_f E_x(l(y,\hat{y}_{m-1}+f(\boldsymbol{x})))$$

这里，我们以误差平方损失为例来进一步说明。对于误差平方损失，$l$ 的形式为

$$l(y,\hat{y}_{m-1}+f(\boldsymbol{x}))=\frac{1}{2}(y-\hat{y}_{m-1}-f(\boldsymbol{x}))^2$$

如果把 $y-\hat{y}_{m-1}$ 看作样本 $\boldsymbol{x}$ 的标签，那么 $f_m$ 就相当于在拟合前 $m-1$ 轮训练后模型 $F_{m-1}$ 的残差。而对于更一般的损失函数形式，这一结论并不一定成立。因此，我们应当寻找其他的方式来寻找最优的 $f_m(\boldsymbol{x})$。在梯度下降中我们讲过，沿损失函数梯度的反方向更新参数是让损失函数的值下降最快的办法。仿照这一思想，如果我们将上面的 $F(\boldsymbol{x})$ 看成函数 $\mathcal{L}(F)$ 的参数，那么新添加的 $f_m$ 就应当沿着 $\mathcal{L}$ 在 $F_{m-1}$ 处的梯度方向。对函数求"梯度"有些不够严谨，但在这里可以分别求其对每个样本 $\boldsymbol{x}$ 上预测值 $F(\boldsymbol{x})$ 的梯度，为

$$\nabla_{F(\boldsymbol{x})}\mathcal{L}(\hat{y}_{m-1})=\nabla_{F(\boldsymbol{x})}l(y,\hat{y}_{m-1})$$

做一步梯度下降得到 $F_m$：

$$F_m(\boldsymbol{x})=\hat{y}_{m-1}-\eta_m\nabla_{F(\boldsymbol{x})}\mathcal{L}(\hat{y}_{m-1})$$

其中，$\eta_m>0$ 是第 $m$ 步的学习率。而 $F_m=F_{m-1}+f_m$，于是新的弱学习器 $f_m$ 为

$$f_m(\boldsymbol{x})=-\eta_m\nabla_{F(\boldsymbol{x})}\mathcal{L}(\hat{y}_{m-1})$$

因此，我们可以通过求损失函数在第 $m-1$ 步时的梯度来得到 $f_m$。由于这一方法采用了梯度作为优化目标，我们将其称为梯度提升算法。我们也可以从函数近似的角度来理解梯度提升算法。对于损失函数 $\mathcal{L}(F_m(\boldsymbol{x}))=\mathcal{L}(\hat{y}_{m-1}+f_m(\boldsymbol{x}))$，将其在已经固定的 $\hat{y}_{m-1}$ 处泰勒展开，得到

$$\mathcal{L}(\hat{y}_{m-1}+f_m(\boldsymbol{x}))=\mathcal{L}(\hat{y}_{m-1})+\nabla_{F(\boldsymbol{x})}\mathcal{L}(\hat{y}_{m-1})\cdot f_m(\boldsymbol{x})+\frac{1}{2}\nabla^2_{F(\boldsymbol{x})}\mathcal{L}(\hat{y}_{m-1})f_m^2(\boldsymbol{x})+\cdots$$

如果我们保留一阶近似，就得到

$$\mathcal{L}(\hat{y}_{m-1}+f_m(\boldsymbol{x}))\approx\mathcal{L}(\hat{y}_{m-1})+\nabla_{F(\boldsymbol{x})}\mathcal{L}(\hat{y}_{m-1})\cdot f_m(\boldsymbol{x})$$

这时，如果寻找使 $\mathcal{L}(\hat{y}_{m-1}+f_m(\boldsymbol{x}))$ 最小的 $f_m(\boldsymbol{x})$，考虑到在整个数据集上 $f_m(\boldsymbol{x})$ 和梯度 $\nabla_{F(\boldsymbol{x})}\mathcal{L}(\hat{y}_{m-1})$ 组合起来会变成向量，因而 $f_m$ 应当和梯度共线反向来使其乘积最小，即

$$f_m(\boldsymbol{x})=-\eta_m\nabla_{F(\boldsymbol{x})}\mathcal{L}(\hat{y}_{m-1})$$

这样，我们就得到了和上面仿照梯度下降思路写出的相同的求解公式。并且泰勒展开的思路也提示我们，$\eta_m$ 不应当太大，否则被我们省略的高阶项将会显著影响求解的质量。与前面的 AdaBoost 相比，学习率 $\eta_m$ 并不是学习器 $f_m$ 的权重，而是手动设置的超参数，同时可以起到防止过拟合的作用。因此，这一过程又称为梯度提升的收缩（shrinkage），其本质上是通过减小每次迭代中对残差的收敛程度，增加学习树模型的总数量。

梯度提升算法一般要求各个弱学习器的模型一致，在实践中通常与决策树相结合，组成梯

度提升决策树[5]算法。除了简单的直接组合，GBDT 算法还可以针对决策树的特点进行各种优化，其中极限梯度提升（extreme gradient boosting，XGBoost）[6]是应用最广泛的优化之一。相比于普通的 GBDT 算法，XGBoost 在损失函数中添加与决策树复杂度有关的正则化约束，防止单个弱学习器发生过拟合现象。设第 $m$ 棵树为 $f_m$，其复杂度为 $\Omega(f_m)$，那么模型的损失函数为

$$\mathcal{L}(F_m)=\sum_{x} l(y,\hat{y}_{m-1}+f_m(\boldsymbol{x}))+\Omega(f_m)$$

此式把每个样本的损失函数从期望改为相加，在本质上没有区别。此外，由于前 $m-1$ 棵树已经固定，它们的复杂度也不会计入损失函数中。我们依然对 $\mathcal{L}(F_m)$ 的第一个求和项在 $F_{m-1}$ 处泰勒展开，只不过为了更高的精度，我们保留到二阶项：

$$\begin{aligned}\mathcal{L}(F_m)&=\sum_{x} l(y,\hat{y}_{m-1}+f_m(\boldsymbol{x}))+\Omega(f_m)\\&\approx\sum_{x}\left[l(y,\hat{y}_{m-1})+g(\boldsymbol{x})f_m(\boldsymbol{x})+\frac{1}{2}h(\boldsymbol{x})f_m^2(\boldsymbol{x})\right]+\Omega(f_m)\end{aligned}$$

其中，$g(\boldsymbol{x})$ 和 $h(\boldsymbol{x})$ 分别是损失函数 $l$ 在 $F_{m-1}$ 处的一阶和二阶梯度：

$$\begin{aligned}g(\boldsymbol{x})&=\nabla_{F(\boldsymbol{x})}l(y,\hat{y}_{m-1})\\h(\boldsymbol{x})&=\nabla_{F(\boldsymbol{x})}^2 l(y,\hat{y}_{m-1})\end{aligned}$$

为了进一步简化损失函数，使其可以求解，我们考虑决策树模型 $f_m$ 应当具有怎样的形式。设决策树的叶节点数目为 $T$，$\boldsymbol{w}\in\mathbb{R}^T$ 为每个叶节点上的预测值组成的向量，函数 $q(\boldsymbol{x})$ 表示样本 $\boldsymbol{x}$ 被决策树分到的叶节点的编号，那么决策树对样本 $\boldsymbol{x}$ 的预测为 $f(\boldsymbol{x}_m)=w_{q(\boldsymbol{x})}$。仿照第 12 章中的正则化约束，我们希望决策树的叶节点数目和每个叶节点上的预测值都不要太大，否则容易产生过拟合。因此，复杂度导出的正则化约束可以写为

$$\Omega(f_m)=\gamma T+\frac{1}{2}\lambda\|\boldsymbol{w}\|^2$$

式中，$\gamma$ 和 $\lambda$ 都是正则化约束强度。

我们将 $f_m$ 和复杂度函数的表达式代入上述保留到二阶项的损失函数，并用 $\mathcal{I}_j=\{x\mid q(\boldsymbol{x})=j\}$ 表示被决策树分到叶节点 $j$ 上的样本的集合，得到

$$\begin{aligned}\mathcal{L}(F_m)&\approx\sum_{x}\left[l(y,\hat{y}_{m-1})+g(\boldsymbol{x})f_m(\boldsymbol{x})+\frac{1}{2}h(\boldsymbol{x})f_m^2(\boldsymbol{x})\right]+\Omega(f_m)\\&=\sum_{x}\left(g(\boldsymbol{x})w_{q(\boldsymbol{x})}+\frac{1}{2}h(\boldsymbol{x})w_{q(\boldsymbol{x})}^2\right)+\gamma T+\frac{1}{2}\lambda\|\boldsymbol{w}\|^2+C\\&=\sum_{j=1}^{T}\left(\left(\sum_{x\in\mathcal{I}_j}g(\boldsymbol{x})\right)w_j+\frac{1}{2}\left(\sum_{x\in\mathcal{I}_j}h(\boldsymbol{x})+\lambda\right)w_j^2\right)+\gamma T+C\end{aligned}$$

其中，$C$ 是与 $f_m$ 无关的常数。上式的最后一个等号从对数据集中的样本求和变为对决策树 $f_m$ 的每个叶节点求和，但求和都会遍历数据集中的所有样本，因此没有本质区别。简记 $G_j=\sum_{x\in\mathcal{I}_j}g(\boldsymbol{x})$，$H_j=\sum_{x\in\mathcal{I}_j}h(\boldsymbol{x})$，并舍去常数项，上式可以写为

$$\mathcal{L}(F_m)=\sum_{j=1}^{T}\left(G_j w_j+\frac{1}{2}(H_j+\lambda)w_j^2\right)+\gamma T$$

当决策树对样本的分类方式 $q(\boldsymbol{x})$ 和叶节点个数 $T$ 固定时，即决策树的内部结构固定时，上式可以变化的参数只有决策树叶节点上的值 $\boldsymbol{w}$。上式关于 $\boldsymbol{w}$ 是一个简单的二次函数优化问题，我们省略具体过程，直接给出其最优解为

$$w_j^*=\left(\arg\min_{w}\mathcal{L}(F_m)\right)_j=-\frac{G_j}{H_j+\lambda}$$

其对应的损失函数的最小值为

$$\mathcal{L}(F_m;\boldsymbol{w})=-\frac{1}{2}\sum_{j=1}^{T}\frac{G_j^2}{H_j+\lambda}+\gamma T$$

上式是在我们固定决策树结构的前提下求出的损失函数的最小值，那么对于某个结构的决策树，无论其叶节点的值怎样优化，其损失函数都无法比上式更低了。因此，上式可以用来评价一个决策树结构的好坏。与第 12 章中的做法相同，在分裂节点前，我们首先计算上式在分裂前后的值，只有当分裂后的最小损失比分裂前的最小损失更低时，我们才会执行分裂操作。XGBoost 算法通过如上步骤设计的损失函数，其构造的决策树结构往往比用其他损失函数构造出的决策树结构更优，因此取得了较好的均衡表现。在实践中，XGBoost 还进行了许多算法和工程上的优化，如随机森林的特征采样、缓存优化、并行优化等，大大提升了它在大规模数据集上的性能。

在本章的最后，我们用 xgboost 库来展示 XGBoost 算法的表现，并和之前介绍的其他算法进行对比。为了体现各个算法的水平，我们用 sklearn 中的 `make_friedman1` 工具生成一个更复杂的非线性回归数据集进行测试。设输入样本为 $\boldsymbol{x}$，其每一维都在 [0,1] 内，那么其标签 $y$ 为

$$y=10\sin(x_1x_2\pi)+20(x_3-0.5)^2+10x_4+5x_5+\epsilon,\quad \epsilon\sim\mathcal{N}(0,\sigma^2)$$

其中，$\epsilon$ 是均值为 0、方差为 $\sigma^2$ 的高斯噪声。可以看出，$\boldsymbol{x}$ 只有前 5 个维度参与计算 $y$，剩余维度都是干扰信息。这一数据集最初由统计学家杰尔姆·H. 弗里德曼（Jerome H. Friedman）提出 [7]。结果表明，XGBoost 算法无论是预测准确率还是运行效率，都比其他用来比较的算法更加优秀。

```
# 安装并导入xgboost库
!pip install xgboost
import xgboost as xgb
from sklearn.datasets import make_friedman1
from sklearn.neighbors import KNeighborsRegressor
from sklearn.linear_model import LinearRegression
from sklearn.tree import DecisionTreeRegressor
from sklearn.ensemble import BaggingRegressor, RandomForestRegressor, \
    StackingRegressor, AdaBoostRegressor

# 生成回归数据集
reg_X, reg_y = make_friedman1(
    n_samples=2000, # 样本数目
    n_features=100, # 特征数目
    noise=0.5, # 噪声的标准差
    random_state=0 # 随机种子
)
```

```
# 划分训练集与测试集
reg_X_train, reg_X_test, reg_y_train, reg_y_test = \
    train_test_split(reg_X, reg_y, test_size=0.2, random_state=0)

def rmse(regressor):
    # 计算regressor在测试集上的RMSE
    y_pred = regressor.predict(reg_X_test)
    return np.sqrt(np.mean((y_pred - reg_y_test) ** 2))

# XGBoost回归树
xgbr = xgb.XGBRegressor(
    n_estimators=100, # 弱分类器数目
    max_depth=1, # 决策树最大深度
    learning_rate=0.5, # 学习率
    gamma=0.0, # 对决策树叶节点数目的惩罚系数，当弱分类器为stump时不起作用
    reg_lambda=0.1, # L2正则化约束强度
    subsample=0.5, # 与随机森林类似，表示采样特征的比例
    objective='reg:squarederror', # MSE损失函数
    eval_metric='rmse', # 用RMSE作为评价指标
    random_state=0 # 随机种子
)

xgbr.fit(reg_X_train, reg_y_train)
print(f'XGBoost: {rmse(xgbr):.3f}')

# KNN回归
knnr = KNeighborsRegressor(n_neighbors=5).fit(reg_X_train, reg_y_train)
print(f'KNN: {rmse(knnr):.3f}')

# 线性回归
lnr = LinearRegression().fit(reg_X_train, reg_y_train)
print(f'线性回归: {rmse(lnr):.3f}')

# bagging
stump_reg = DecisionTreeRegressor(max_depth=1, min_samples_leaf=1, random_state=0)
bcr = BaggingRegressor(base_estimator=stump_reg, n_estimators=100, random_state=0)
bcr.fit(reg_X_train, reg_y_train)
print(f'Bagging: {rmse(bcr):.3f}')

# 随机森林
rfr = RandomForestRegressor(n_estimators=100, max_depth=1, max_features='sqrt', random_state=0)
rfr.fit(reg_X_train, reg_y_train)
print(f'随机森林: {rmse(rfr):.3f}')

# 堆垛，默认元学习器为带L2正则化约束的线性回归
stkr = StackingRegressor(estimators=[
    ('knn', knnr),
    ('ln', lnr),
    ('rf', rfr)
])
stkr.fit(reg_X_train, reg_y_train)
print(f'Stacking: {rmse(stkr):.3f}')

# 带有输入特征的堆垛
stkr_pt = StackingRegressor(estimators=[
    ('knn', knnr),
    ('ln', lnr),
```

```
        ('rf', rfr)
    ], passthrough=True)
stkr_pt.fit(reg_X_train, reg_y_train)
print(f'带输入特征的Stacking: {rmse(stkr_pt):.3f}')

# AdaBoost，回归型AdaBoost只有连续型，没有离散型
abr = AdaBoostRegressor(estimator=stump_reg, n_estimators=100,
    learning_rate=1.5, loss='square', random_state=0)
abr.fit(reg_X_train, reg_y_train)
print(f'AdaBoost: {rmse(abr):.3f}')
```

```
XGBoost: 1.652
KNN: 4.471
线性回归: 2.525
Bagging: 4.042
随机森林: 4.514
Stacking: 2.231
带输入特征的Stacking: 2.288
AdaBoost: 3.116
```

## 13.4 小结

本章主要介绍了集成学习的基本概念和 3 类不同的集成学习框架。其中，自举聚合和集成学习器两种框架利用模型之间取长补短的思想进行提升，各个模型之间互不干扰，可以并行训练；而提升框架希望模型组成序列依次进行优化，让后一个模型关注当前模型的缺陷和误差点，需要串行训练，但也更有针对性。各个框架各有优劣，面对不同的任务和条件限制时，我们应当根据具体情况选择合适的集成学习算法。

在最后的比较中，XGBoost 算法取得了最好的效果。事实上，XGBoost 算法的参数对其表现有非常关键的影响。在本章的例子中只列出了算法的部分参数，读者可以查阅官方文档和相关教程，了解更多参数的含义，并观察参数改变时训练结果的变化。此外，xgboost 库对 GPU 并行计算做了优化，有计算资源的读者还可以尝试在 GPU 和更大的数据集上运行 XGBoost 与其他算法，比较它们的运行速度。

由于复杂度的关系，本章选取的学习器中不包含神经网络模型。但随着深度学习的发展，集成学习在神经网络上的应用也越来越受重视。不同的神经网络模型由于其结构不同，依然可以通过取长补短的思想集成得到更好的模型。此外，集成学习还发展出了神经网络的自集成、集成结构自动搜索等多个研究领域。在第 9 章的最后，我们曾提到对大模型进行微调逐渐成为现在的主流。由于训练更好的大模型十分困难，而并行的集成学习不需要重新训练底层的模型，在实际应用中，人们还会将不同的大模型进行集成，从而快速达到比单一大模型更好的效果。

### 习题

（1）以下关于集成学习的说法不正确的是（　　）。

A. 在集成学习中，我们可以为数据空间的不同区域使用不同的预测模型，再将预测结果进行组合

B. 一组预测模型可以有多种方式进行集成学习

C. 有效的集成学习需要集合中的模型具有单一性，最好将同一类型的预测模型结合起来

D. 训练集成模型时，单个模型的参数不会随之更新

（2）以下关于提升算法的说法正确的是（　　）。

A. 在 AdaBoost 算法中，err 绝对值越小的模型权重绝对值越大，在集成模型中占有主导地位

B. 在 AdaBoost 算法中，需要按照之前学习器的结果对训练数据进行加权采样

C. GBDT 算法用到了“梯度反方向是函数值下降最快方向”的思想

D. GBDT 的正则化约束只考虑了叶节点的数目

（3）由基学习器提取特征后再供给元学习器进一步学习，这一特征提取的思想在前面哪些章节也出现过？为什么合适的特征提取往往能提升算法的表现？

（4）基于本章代码，尝试非线性的元分类器，如神经网络和决策树，观察原始数据拼接到新数据上的模型预测性能的改变。

（5）在提升算法中，弱学习器的数量越多，元学习器的效果是否一定越好？调整 AdaBoost 和 GBDT 代码中弱学习器的数量，验证你的想法。

（6）基于 xgboost 库，对于本章涉及的回归任务，调试树的数量上限、每棵树的深度上限以及学习率，观察其训练模型性能的改变，讨论是大量较浅的树组成的 GBDT 模型更强，还是少量的较深的树组成的 GBDT 模型更强。

## 13.5 参考文献

[1] FREUND Y, SCHAPIRE R E. Game theory, on-line prediction and boosting[C]//Proceedings of the 9th annual conference on computational learning theory, 1996:325-332.

[2] FREUND Y, SCHAPIRE R E. A decision-theoretic generalization of on-line learning and an application to boosting[J]. Journal of computer and system science, 1997, 55(1):119-139.

[3] SCHAPIRE R E, SINGER Y. Improved boosting algorithms using confidence-rated predictions[C]//Proceedings of the eleventh annual conference on computational learning theory, 1998:80-91.

[4] FRIEDMAN J, HASTIE T, TIBSHIRANI R. Additive logistic regression: a statistical view of boosting (with discussion and a rejoinder by the authors)[J]. Annals of statistics, 2000, 28(2): 337-407.

[5] FRIEDMAN J H. Greedy function approximation: a gradient boosting machine[J]. Annals of statistics, 2001, 29(5):1189-1232.

[6] CHEN T, GUESTRIN C. Xgboost: A scalable tree boosting system[C]//Proceedings of the 22nd acm sigkdd international conference on knowledge discovery and data mining, 2016:785-794.

[7] FRIEDMAN J H. Multivariate adaptive regression splines[J]. Annals of statistics, 1991, 19(1): 1-67.

# 第四部分

# 无监督模型

# 第14章

# $k$ 均值聚类

从本章开始，我们讲解无监督学习算法。在之前的章节中，我们给模型的任务通常是找到样本 $\boldsymbol{x}$ 与标签 $y$ 之间的对应关系。在训练时，模型对样本 $\boldsymbol{x}$ 给出预测 $\hat{y}$，再通过损失函数计算 $\hat{y}$ 与 $y$ 之间的偏差，从而优化模型。在这一过程中，真实标签 $y$ 保证我们可以根据模型的预测 $\hat{y}$ 来调整模型，起到了“监督”模型输出的作用。因此，这样的学习过程称为监督学习（supervised learning）。还有一类任务，我们只有样本 $\boldsymbol{x}$，却没有其标签 $y$。这类任务也不再是通过 $\boldsymbol{x}$ 去预测 $y$，而是通过样本的特征找到样本之间的关联。由于没有标签作为监督信号，这一过程也被称为无监督学习（unsupervised learning）。监督学习和无监督学习在某些情况下可以互相转换。例如在第 9 章中，我们通过训练集中的图像与其类别得到模型，在测试集上完成了图像分类任务，这是监督学习的过程。我们最后给图像分类的依据是由模型提取出的图像的特征。然而，即使我们一开始不知道图像的真实类别，也可以通过图像特征之间的相似程度判断出来哪些图像属于同一类别。也就是说，我们可以在仅有图像的情况下把猫和狗的图像分为两类，而类别无非是告诉我们这两类分别叫“猫”和“狗”而已。

在本章中，我们将要讲解的 $k$ 均值（$k$-means）聚类算法就是一个无监督学习算法。它的目标是将数据集中的样本根据其特征分为几个类，使得每一类内部样本的特征都尽可能相近，这样的任务通常称为聚类任务。作为最简单的聚类算法，$k$ 均值算法在现实中有广泛的应用。下面，我们先详细讲解 $k$ 均值算法的原理，然后动手实现该算法，最后我们将介绍改进的 $k$-means++ 算法。

## 14.1 $k$均值聚类算法的原理

扫码观看视频课程

假设空间中有一些样本，聚类问题的目标就是将这些样本按距离划分成数个类。设数据集 $\mathcal{D}=\{\boldsymbol{x}_1,\cdots,\boldsymbol{x}_M\}$，其中每个样本 $\boldsymbol{x}_i\in\mathbb{R}^n$ 的特征维数都是 $n$。最终聚类的个数 $K$ 由我们提前指定。直观上说，同一类的样本之间距离应该比不同类的样本之间的距离近。但是，由于我们没有任何点的真实标签，所以也无法在最开始确定每一类的中心（centroid），以其为基准计算距离并分类。针对这一问题，$k$ 均值算法提出了一个非常简单的解决方案：在初始时，随机选取数据集中的 $K$ 个样本 $\boldsymbol{\mu}_1,\cdots,\boldsymbol{\mu}_K$，将 $\boldsymbol{\mu}_i$ 作为第 $i$ 类的中心。选取中心后，我们用最简单的方式，把数据集中的样本归到最近的中心点所代表的类中。记第 $i$ 类包含样本的集合为 $\mathcal{C}_i$，两

样本之间的距离函数为 $d$，那么 $\mathcal{C}_i$ 可以写为

$$\mathcal{C}_i=\left\{\boldsymbol{x}_j\in\mathcal{D}\mid\forall l\neq i,d(\boldsymbol{x}_j,\boldsymbol{\mu}_i)\leqslant d(\boldsymbol{x}_j,\boldsymbol{\mu}_l)\right\}$$

当然，仅仅随机选取中心点还不够，我们还要继续进行优化，尽可能减小类内的样本到中心点的距离。将数据集中所有样本到其对应中心距离之和作为损失函数，得到

$$\mathcal{L}(\mathcal{C}_1,\cdots,\mathcal{C}_K)=\sum_{i=1}^{K}\sum_{\boldsymbol{x}\in\mathcal{C}_i}d(\boldsymbol{x},\boldsymbol{\mu}_i)=\sum_{i=1}^{K}\sum_{j=1}^{M}\mathbb{I}(\boldsymbol{x}_j\in\mathcal{C}_i)d(\boldsymbol{x}_j,\boldsymbol{\mu}_i)$$

既然在初始时，各个类的中心点 $\boldsymbol{\mu}_i$ 是随机选取的，那么我们应当再选取新的中心点，使得损失函数的值最小。将上式对 $\boldsymbol{\mu}_i$ 求偏导，得到

$$\frac{\partial\mathcal{L}}{\partial\boldsymbol{\mu}_i}=\sum_{\boldsymbol{x}\in\mathcal{C}_i}\frac{\partial d(\boldsymbol{x},\boldsymbol{\mu}_i)}{\partial\boldsymbol{\mu}_i}$$

如果我们用欧氏距离的平方作为度量标准，即 $d(\boldsymbol{x},\boldsymbol{\mu})=\|\boldsymbol{x}-\boldsymbol{\mu}\|^2$，上式可以进一步计算为

$$\frac{\partial\mathcal{L}}{\partial\boldsymbol{\mu}_i}=\sum_{\boldsymbol{x}\in\mathcal{C}_i}\frac{\partial\|\boldsymbol{x}-\boldsymbol{\mu}_i\|^2}{\partial\boldsymbol{\mu}_i}=2\sum_{\boldsymbol{x}\in\mathcal{C}_i}(\boldsymbol{x}-\boldsymbol{\mu}_i)=2\sum_{\boldsymbol{x}\in\mathcal{C}_i}\boldsymbol{x}-2|\mathcal{C}_i|\boldsymbol{\mu}_i$$

令该偏导数为零，就得到最优的中心点：

$$\boldsymbol{\mu}_i=\frac{1}{|\mathcal{C}_i|}\sum_{\boldsymbol{x}\in\mathcal{C}_i}\boldsymbol{x}$$

上式表明，最优中心点就是 $\mathcal{C}_i$ 中所有点的质心。但是，当中心点更新后，每个样本到最近的中心点的距离可能也会发生变化。因此，我们重新计算每个样本点到中心点的距离，对它们重新分类，再计算新的质心。如此反复迭代，直到各个点的分类几乎不再变化或者达到预设的迭代次数为止。注意，如果采用其他的距离函数作为度量，那么最优的中心点就不是集合的质心。

## 14.2 动手实现k均值算法

下面，我们用一个简单的平面点集 kmeans_data.csv 来展示 $k$ 均值算法的效果。首先，我们加载数据集并可视化。数据集中每行包含两个值 $x_1$ 和 $x_2$，表示平面上坐标为 $(x_1, x_2)$ 的点。考虑到我们还希望绘制迭代的中间步骤，这里将绘图部分写成一个函数。

```
import numpy as np
import matplotlib.pyplot as plt

dataset = np.loadtxt('kmeans_data.csv', delimiter=',')
print('数据集大小: ', len(dataset))
数据集大小： 80
# 绘图函数
def show_cluster(dataset, cluster, centroids=None):
    # dataset: 数据
    # centroids: 聚类中心点的坐标
    # cluster: 每个样本所属聚类
    # 不同种类的颜色和形状，用以区分划分的数据类别
```

```
    colors = ['blue', 'red', 'green', 'purple']
    markers = ['o', '^', 's', 'd']
    # 画出所有样例
    K = len(np.unique(cluster))
    for i in range(K):
        plt.scatter(dataset[cluster == i, 0], dataset[cluster == i, 1],
            color=colors[i], marker=markers[i])

    # 画出中心点
    if centroids is not None:
        plt.scatter(centroids[:, 0], centroids[:, 1],
            color=colors[:K], marker='+', s=150)

    plt.show()

# 初始时不区分类别
show_cluster(dataset, np.zeros(len(dataset), dtype=int))
```

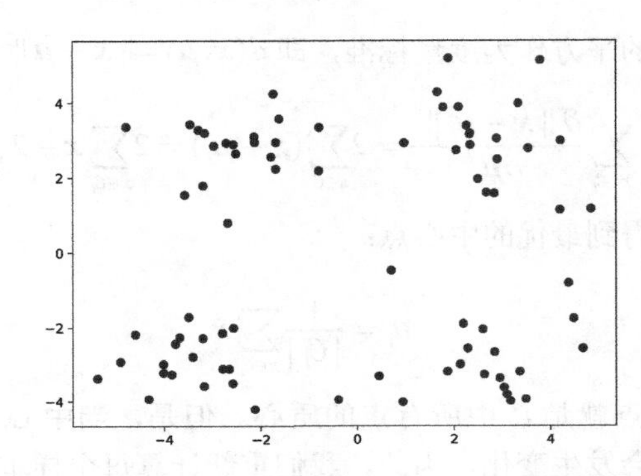


对于简单的 $k$ 均值算法，初始的中心点是从现有样本中随机选取的，我们将其实现如下。

```
def random_init(dataset, K):
    # 随机选取是不重复的
    idx = np.random.choice(np.arange(len(dataset)), size=K, replace=False)
    return dataset[idx]
```

接下来，我们用欧氏距离作为度量标准，实现 14.1 节描述的迭代过程。由于数据集比较简单，我们将迭代的终止条件设置为所有样本的分类都不再变化。对于更复杂的数据集，这一条件很可能无法使迭代终止，需要人为控制最大迭代次数，或者设置允许类别变动的样本的比例等。

```
def Kmeans(dataset, K, init_cent):
    # dataset: 数据集
    # K: 目标聚类数
    # init_cent: 初始化中心点的函数
    centroids = init_cent(dataset, K)
    cluster = np.zeros(len(dataset), dtype=int)
    changed = True
    # 开始迭代
    itr = 0
    while changed:
        changed = False
        loss = 0
        for i, data in enumerate(dataset):
            # 寻找最近的中心点
```

```
            dis = np.sum((centroids - data) ** 2, axis=-1)
            k = np.argmin(dis)
            # 更新当前样本所属的聚类
            if cluster[i] != k:
                cluster[i] = k
                changed = True
            # 计算损失函数
            loss += np.sum((data - centroids[k]) ** 2)
        # 绘图
        print(f'Iteration {itr}, Loss {loss:.3f}')
        show_cluster(dataset, cluster, centroids)
        # 更新中心点
        for i in range(K):'
            centroids[i] = np.mean(dataset[cluster == i], axis=0)
        itr += 1

    return centroids, cluster
```

最后，我们观察 $k$ 均值算法在数据集上聚类的过程。根据前面的可视化结果，我们大概可以看出有 4 个聚类，因此设定 $K=4$。

```
np.random.seed(0)
cent, cluster = Kmeans(dataset, 4, random_init)
```

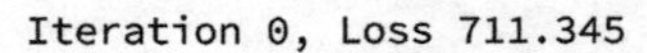


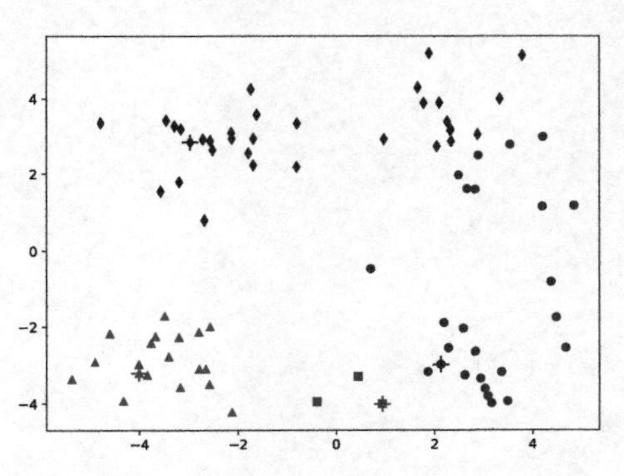

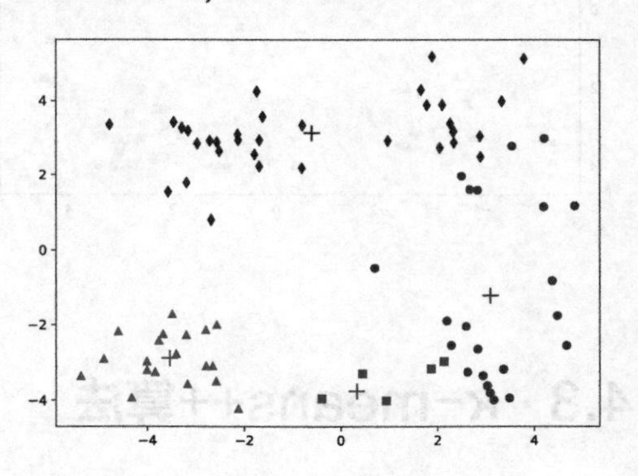


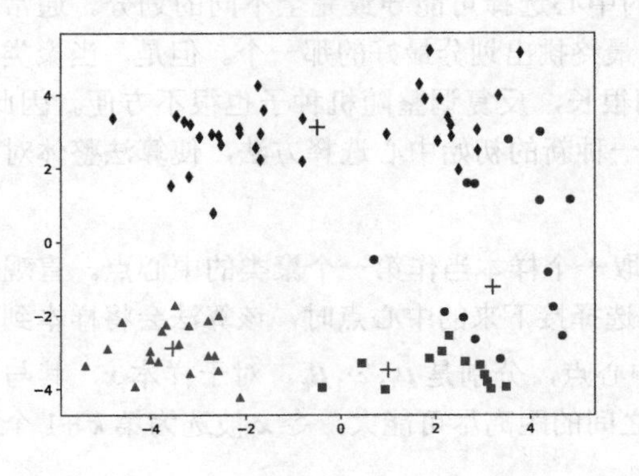


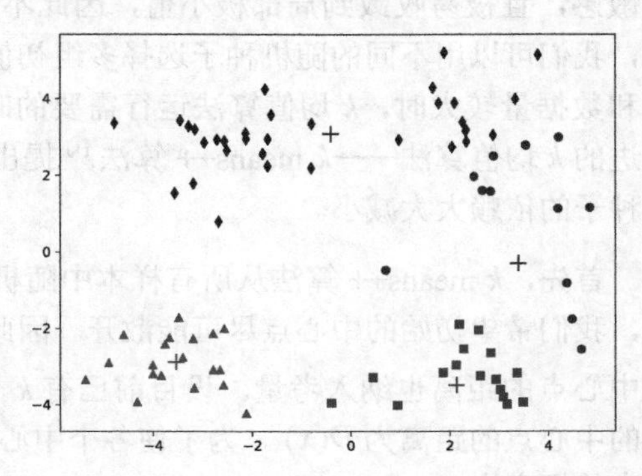

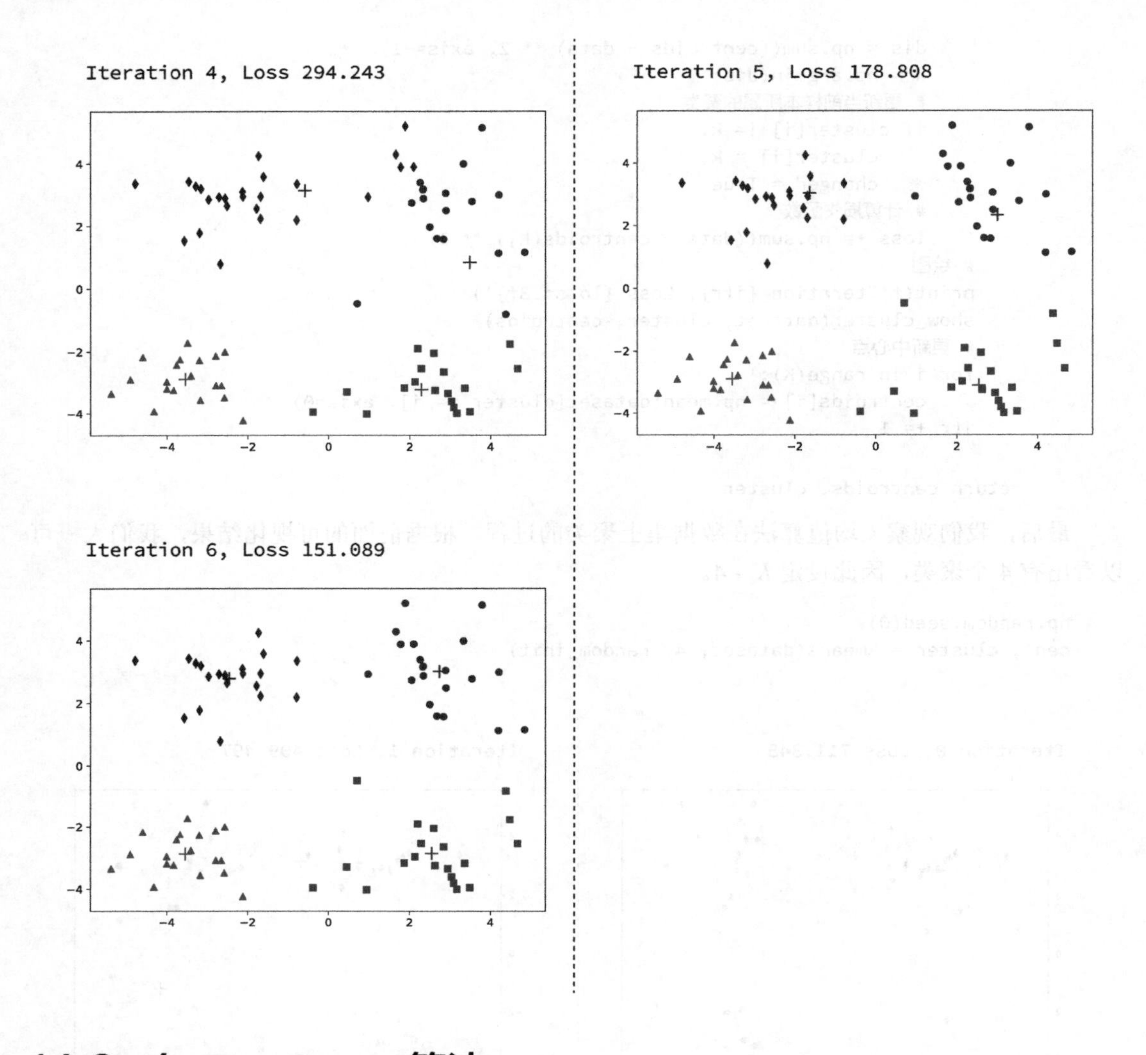


## 14.3 *k*-means++算法

上面的分类结果与我们的主观感受区别不大。但是，*k* 均值算法对初始选择的聚类中心非常敏感，且极易收敛到局部极小值，因此不同的中心选择可能导致完全不同的划分。通常来说，我们可以用不同的随机种子选择多组初值，最终挑出划分最好的那一个。但是，当聚类个数和数据量较大时，*k* 均值算法运行需要的时间很长，反复调整随机种子也很不方便。因此，改进的 *k* 均值算法——*k*-means++ 算法 [1] 提出了一种新的初始中心选择方法，使算法整体对随机种子的依赖大大减小。

首先，*k*-means++ 算法从所有样本中随机选取一个样本当作第一个聚类的中心点。直观上讲，我们希望初始的中心点尽可能散开。因此在选择接下来的中心点时，该算法会将样本到当前中心点的距离也纳入考量。设目前已有 $k$ 个中心点，分别是 $\boldsymbol{\mu}_1,\cdots,\boldsymbol{\mu}_k$，对于样本 $\boldsymbol{x}$，其与最近的中心点的距离为 $D(\boldsymbol{x})$ 。为了使各个中心点之间的距离尽可能大，令 $\boldsymbol{x}$ 被选为第 $k+1$ 个中心点的概率为

$$P(\boldsymbol{\mu}_{k+1}=\boldsymbol{x})=\frac{D^2(\boldsymbol{x})}{\sum_{x} D^2(\boldsymbol{x})}$$

上式中的分母是在整个数据集上进行的求和，使所有样本被选为中心点的概率值和为 1。上式的含义是，样本 $\boldsymbol{x}$ 被选为中心点的概率与其到当前中心点距离的平方成正比。我们重复这一过程，直到 $K$ 个聚类中心都被选出为止。

下面，我们来实现 *k*-means++ 的初始化函数。

```
def kmeanspp_init(dataset, K):
    # 随机选取第一个中心点
    idx = np.random.choice(np.arange(len(dataset)))
    centroids = dataset[idx][None]
    for k in range(1, K):
        d = []
        # 计算每个点到当前中心点的距离
        for data in dataset:
            dis = np.sum((centroids - data) ** 2, axis=-1)
            # 取最短距离的平方
            d.append(np.min(dis) ** 2)
        # 归一化
        d = np.array(d)
        d /= np.sum(d)
        # 按概率选取下一个中心点
        cent_id = np.random.choice(np.arange(len(dataset)), p=d)
        cent = dataset[cent_id]
        centroids = np.concatenate([centroids, cent[None]], axis=0)

    return centroids
```

我们已经预留了初始化函数的接口，只需要将参数从 `random_init` 替换为 `kmeanspp_init` 就可以测试 *k*-means++ 算法的表现了。从绘制的迭代中间结果可以看出，用 *k*-means++ 算法选择的初始中心点互相之间的距离非常远，从而收敛速度也要快很多。读者可以修改随机种子，观察随机初始化和 *k*-means++ 初始化对随机种子的敏感程度。

```
cent, cluster = Kmeans(dataset, 4, kmeanspp_init)
```

```
Iteration 0, Loss 373.941
```

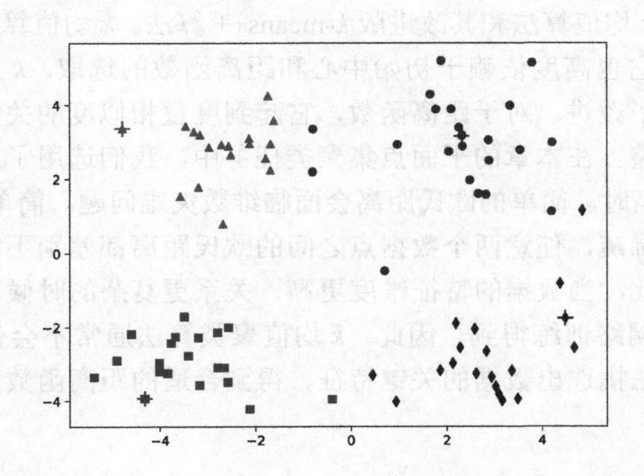

```
Iteration 1, Loss 158.147
```

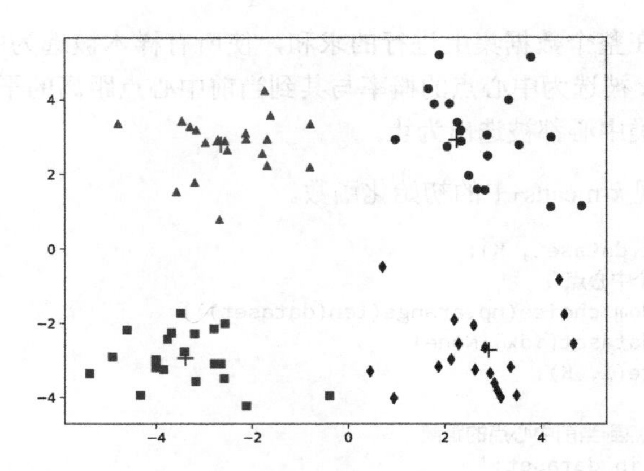

```
Iteration 2, Loss 151.273
```

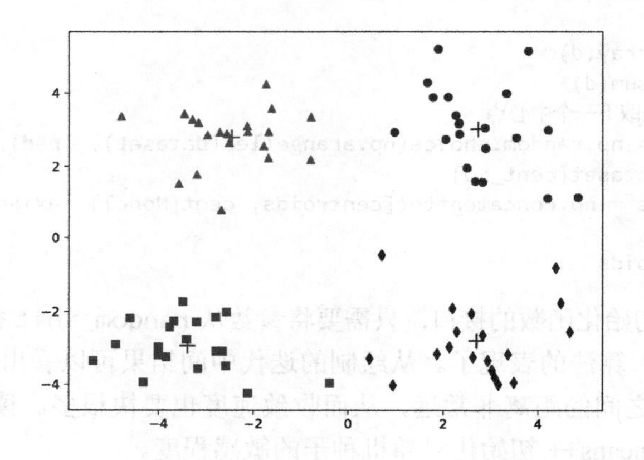

## 14.4 小结

本章主要介绍了 *k* 均值算法和其改进版 *k*-means++ 算法。*k* 均值算法由于其简单易用，应用非常广泛。然而，它也高度依赖于初始中心和距离函数的选取。*k*-means++ 就是在初始中心点选取的方式上做了改进。对于距离函数，它起到度量相似度的关键作用，因此也要随数据集的特征而灵活调整。在本章的平面点集聚类任务中，我们选用了最简单的欧氏距离。而当数据的特征维度较高时，简单的欧氏距离会面临维数灾难问题。简单来说，在高维空间中，数据点会变得越来越稀疏，任意两个数据点之间的欧氏距离都差别不大，欧氏距离失去了判断相似度的功能。因此，当数据的特征维度更高、关系更复杂的时候，距离函数需要精心设计，甚至要通过神经网络训练得到。因此，*k* 均值聚类算法通常不会作为复杂聚类任务的第一步，而是在其他算法挑选出数据的关键特征、得到合适的距离函数后，再进行最后的聚类工作。

**习题**

（1）$k$ 均值算法收敛得到的解一定是局部最优吗？一定是全局最优吗？

A. 是

B. 不是

（2）如果设定的 $K$ 值比数据中实际的类别要少，会产生什么结果？是否有办法在不知道数据包含类别的情况下，选出合适的 $K$ 值？

（3）$k$ 均值算法的结果极其依赖于初始中心的选取，从而对随机种子非常敏感。试构造一个数据集，在 $K=3$ 时，存在至少两组 $k$ 均值算法可能收敛到的聚类中心，且数据的分类不同。如果换成 $k$-means++ 算法，在该数据集上收敛的结果是否唯一？

（4）除了 $k$-means++ 算法，$k$ 均值算法还有一种改进，称为二分 $k$ 均值算法。该算法首先将所有数据看作一类。接下来在每次迭代中，计算每个类内部所有点距离之和，即

$$S(C_k)=\frac{1}{2}\sum_{\boldsymbol{x}_i,\,\boldsymbol{x}_j\in C_k} d(\boldsymbol{x}_i,\boldsymbol{x}_j)$$

找到 $S(C_k)$ 最大的类，再将该类分成两个使得类内距离之和下降最多的子类。如此循环，直到类的数量达到预先指定的 $K$ 为止。实现该算法，并在 14.2 节中的数据集上测试。

（5）设计一种新的距离函数，实现基于该度量函数的 $k$ 均值算法和 $k$-means++ 算法，并在 14.2 节中的数据集上测试。

（6）查阅相关文献，学习并实现 DBSCAN 聚类算法[2]，并与 $k$ 均值算法和 $k$-means++ 算法对比。

## 14.5 参考文献

[1] ARTHUR D, VASSILVITSKII S. k-means++: the advantages of careful seeding[C]//Acm-siam symposium on discrete algorithms, 2007:1027-1035.

[2] ESTER M, KRIEGEL H P, SANDER J, et al. A density-based algorithm for discovering clusters in large spatial databases with noise[C]//International conference on knowledge discovery and data mining, 1996, 96(34):226-231.

# 第15章

# 主成分分析

在第 14 章中，我们介绍了无监督学习的重要问题之一——聚类问题。结尾处我们提到，在解决复杂聚类问题时，第一步通常不会直接使用 $k$ 均值算法，而是会先用其他手段提取数据的有用特征。对高维复杂数据来说，其不同维度代表的特征可能存在关联，还有可能存在无意义的噪声干扰。因此，无论后续任务是监督学习还是无监督学习，我们都希望能先从中提取出具有代表性、能最大限度保留数据本身信息的几个特征，从而降低数据维度，简化之后的分析和计算。这一过程通常称为*数据降维*（dimensionality reduction），这同样是无监督学习中的重要问题。在本章中，我们将介绍数据降维中最经典的算法——*主成分分析*（principal component analysis，PCA）。

## 15.1 主成分与方差

顾名思义，PCA 的含义是将高维数据中的主要成分找出来。设原始数据 $\mathcal{D}=\{\boldsymbol{x}_1,\boldsymbol{x}_2,\cdots,\boldsymbol{x}_m\}$，其中，$\boldsymbol{x}_i\in\mathbb{R}^d$。我们的目标是通过某种变换 $f:\mathbb{R}^d\to\mathbb{R}^k$，将数据的维度从 $d$ 减小到 $k$，且通常 $k\ll d$。变换后的数据不同维度之间线性无关，这些维度就称为主成分。也就是说，如果将变换后的数据排成矩阵 $\boldsymbol{Z}=(\boldsymbol{z}_1,\cdots,\boldsymbol{z}_m)^{\mathrm{T}}$，其中，$\boldsymbol{z}_i=f(\boldsymbol{x}_i)$，那么 $\boldsymbol{Z}$ 的列向量是线性无关的。从矩阵的知识可以立即得到 $k<m$。

PCA 算法不仅希望变换后的数据特征线性无关，更要求这些特征之间相互独立，即任意两个不同特征之间的协方差为零。因此，PCA 算法在计算数据的主成分时，会从第一个主成分开始依次计算，并保证每个主成分与之前的所有主成分都是正交的，直到选取了预先设定的 $k$ 个主成分为止。关于主成分选取的规则，我们以一个平面上的二元高斯分布为例来具体说明。如图 15-1（a）所示，数据点服从以 (3, 3) 为中心、$x_1$ 方向方差为 1.5、$x_2$ 方向方差为 0.5、协方差为 0.8 的二元高斯分布。从图中可以明显看出，当前的 $x_1$ 和 $x_2$ 两个特征之间存在关联，并不是独立的。

图 15-1（b）展示了数据分别向 $x_1$ 和 $x_2$ 方向投影的结果。由于 $x_1$ 方向方差更大，数据在该方向的投影分布也更广。也就是说，数据向 $x_1$ 方向的投影保留了更多信息，$x_1$ 是一个比 $x_2$ 更好的特征。如果我们不再把目光局限于 $x_1$ 和 $x_2$ 两个方向，而是考虑平面上的任意一个方向，那么如图 15-1（a）中虚线所示，沿直线 $x_2=0.557x_1+1.330$ 的方向数据的方差是最大的，我

们应当将此方向作为数据的特征之一。既然 PCA 算法希望选出的主成分保留最多的信息，那就应当不断选取数据方差最大的方向作为主成分。因此，计算主成分的过程就是依次寻找方差最大方向的过程。

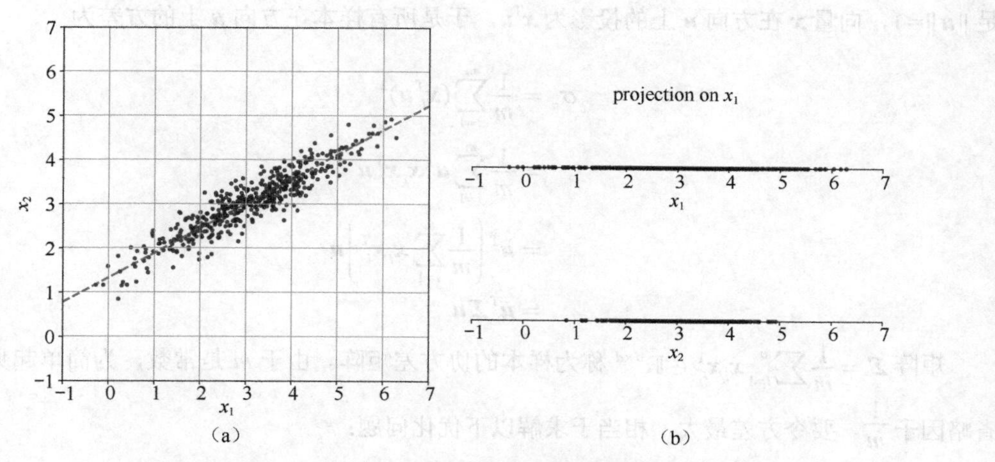


图 15-1 一个二元高斯分布及其在两个维度的投影

为了方便计算，我们通常要先对数据进行中心化，把当前每个特征都变为均值为 0 的分布。用 $x_i^{(j)}$ 表示数据 $\boldsymbol{x}_i$ 的第 $j$ 个维度，那么均值 $\mu_j$ 为

$$\mu_j = \frac{1}{m}\sum_{i=1}^{m} x_i^{(j)}, \quad j = 1,\cdots,d$$

将数据中心化，得到

$$x_i^{(j)} \leftarrow x_i^{(j)} - \mu_j, \quad i = 1,\cdots,m$$

以图 15-1（a）的高斯分布为例，变换后的图像如图 15-2（b）所示，其中心点已经从 (3, 3) 变为了 (0, 0)。接下来在讨论时，我们默认数据都已经被中心化。下面，我们就来具体讲解如何寻找数据中方差最大的方向。

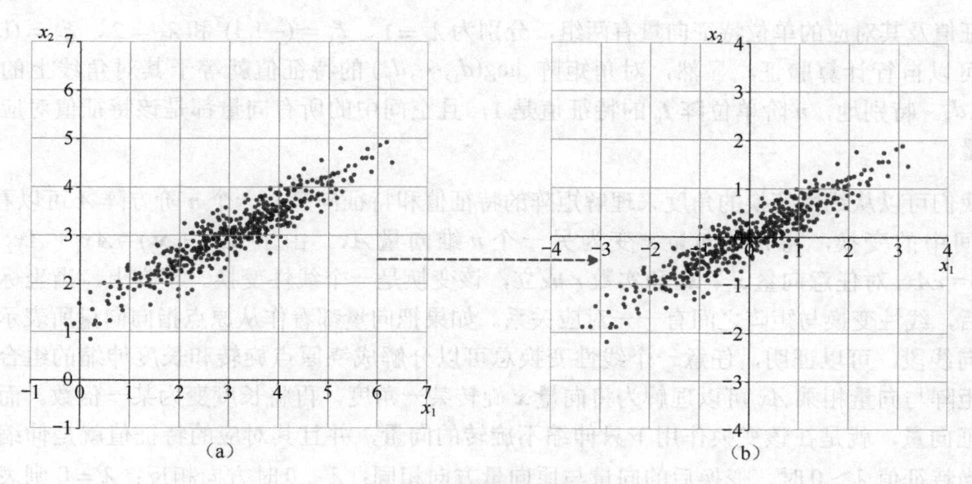


图 15-2 数据的中心化

## 15.2 利用特征分解进行PCA

为了找到方差最大的方向，我们先来计算样本在某个方向上的投影。设 $\boldsymbol{u}$ 为方向向量，满足 $\|\boldsymbol{u}\|=1$，向量 $\boldsymbol{x}$ 在方向 $\boldsymbol{u}$ 上的投影为 $\boldsymbol{x}^{\mathrm{T}}\boldsymbol{u}$。于是所有样本在方向 $\boldsymbol{u}$ 上的方差为

$$\begin{aligned}\sigma_{\boldsymbol{u}} &= \frac{1}{m}\sum_{i=1}^{m}(\boldsymbol{x}_i^{\mathrm{T}}\boldsymbol{u})^2 \\ &= \frac{1}{m}\sum_{i=1}^{m}\boldsymbol{u}^{\mathrm{T}}\boldsymbol{x}_i\boldsymbol{x}_i^{\mathrm{T}}\boldsymbol{u} \\ &= \boldsymbol{u}^{\mathrm{T}}\left(\frac{1}{m}\sum_{i=1}^{m}\boldsymbol{x}_i\boldsymbol{x}_i^{\mathrm{T}}\right)\boldsymbol{u} \\ &= \boldsymbol{u}^{\mathrm{T}}\boldsymbol{\Sigma}\boldsymbol{u}\end{aligned}$$

矩阵 $\boldsymbol{\Sigma}=\frac{1}{m}\sum_{i=1}^{m}\boldsymbol{x}_i\boldsymbol{x}_i^{\mathrm{T}}\in\mathbb{R}^{d\times d}$ 称为样本的协方差矩阵。由于 $m$ 是常数，为简单起见，下面省略因子 $\frac{1}{m}$。要令方差最大，相当于求解以下优化问题：

$$\max_{\boldsymbol{u}}\ \boldsymbol{u}^{\mathrm{T}}\boldsymbol{\Sigma}\boldsymbol{u} \quad \text{s.t.}\ \|\boldsymbol{u}\|=1$$

在求解该问题之前，先来介绍矩阵的特征值（eigenvalue）和特征分解（eigendecomposition）相关的知识。对于方阵 $\boldsymbol{A}\in\mathbb{R}^{n\times n}$，如果向量 $\boldsymbol{\xi}\in\mathbb{R}^n$ 与实数 $\lambda$ 满足 $\boldsymbol{A}\boldsymbol{\xi}=\lambda\boldsymbol{\xi}$，就称 $\lambda$ 是矩阵 $\boldsymbol{A}$ 的特征值，$\boldsymbol{\xi}$ 为矩阵的特征向量。特征向量 $\boldsymbol{x}$ 的任意非零实数倍 $r\boldsymbol{x}$ 满足

$$\boldsymbol{A}(r\boldsymbol{x})=r(\boldsymbol{A}\boldsymbol{x})=r(\lambda\boldsymbol{x})=\lambda(r\boldsymbol{x})$$

因而 $r\boldsymbol{x}$ 也还是特征向量。简单来说，矩阵 $\boldsymbol{A}$ 作用到其特征向量 $\boldsymbol{x}$ 上的结果等价于对该向量做伸缩变换，伸缩的倍数等于特征值 $\lambda$，但不改变向量所在的直线。从这个角度来看，$r\boldsymbol{x}$ 与 $\boldsymbol{x}$ 共线，$r\boldsymbol{x}$ 自然就是特征向量。因此，我们通常更关心单位特征向量，即长度为1的特征向量。例如矩阵

$$\boldsymbol{A}=\begin{pmatrix}2 & 1\\ 0 & 1\end{pmatrix}$$

的特征值及其对应的单位特征向量有两组，分别为 $\lambda_1=1$、$\boldsymbol{\xi}_1=(-1,1)^{\mathrm{T}}$ 和 $\lambda_2=2$、$\boldsymbol{\xi}_2=(1,0)^{\mathrm{T}}$，读者可以自行计算验证。显然，对角矩阵 $\mathrm{diag}(d_1,\cdots,d_n)$ 的特征值就等于其对角线上的元素 $d_1,\cdots,d_n$。特别地，$n$ 阶单位阵 $\boldsymbol{I}_n$ 的特征值是 1，且空间中的所有向量都是该特征值对应的特征向量。

我们可以从线性变换的角度来理解矩阵的特征值和特征向量。一个 $n$ 阶方阵 $\boldsymbol{A}$ 可以看作 $n$ 维空间中的变换，将 $n$ 维向量 $\boldsymbol{x}$ 变为另一个 $n$ 维向量 $\boldsymbol{A}\boldsymbol{x}$。由于 $\boldsymbol{A}(\boldsymbol{x}_1+\boldsymbol{x}_2)=\boldsymbol{A}\boldsymbol{x}_1+\boldsymbol{A}\boldsymbol{x}_2$ 以及 $\boldsymbol{A}(r\boldsymbol{x}_1)=r\boldsymbol{A}\boldsymbol{x}_1$ 对任意向量 $\boldsymbol{x}_1$、$\boldsymbol{x}_2$ 和实数 $r$ 成立，该变换是一个线性变换。事实上，当坐标轴确定之后，线性变换与矩阵之间有一一对应关系。如果把向量都看作从原点指向向量所表示坐标的有向线段，可以证明，任意一个线性变换总可以分解成绕原点旋转和长度伸缩的组合。因此，矩阵与向量相乘 $\boldsymbol{A}\boldsymbol{x}$ 可以理解为将向量 $\boldsymbol{x}$ 旋转某一角度，再将长度变为某一倍数。而矩阵的特征向量，就是在该变换作用下只伸缩不旋转的向量，并且其对应的特征值就是伸缩的倍数。当特征值 $\lambda>0$ 时，变换后的向量与原向量方向相同；$\lambda<0$ 时方向相反；$\lambda=0$ 则表示矩

阵会把所有该直线上的向量压缩为零向量。

从这一角度继续，我们可以引入**正定矩阵**（positive definite matrix）和**半正定矩阵**（positive semidefinite matrix）的概念。如果对任意非零向量 $\boldsymbol{x}$，都有 $\boldsymbol{x}^{\mathrm{T}}\boldsymbol{A}\boldsymbol{x} \geqslant 0$，就称 $\boldsymbol{A}$ 为半正定矩阵；如果严格有 $\boldsymbol{x}^{\mathrm{T}}\boldsymbol{A}\boldsymbol{x} > 0$，就称 $\boldsymbol{A}$ 为正定矩阵。如果将 $\boldsymbol{y} = \boldsymbol{A}\boldsymbol{x}$ 看作变换后的向量，那么 $\boldsymbol{x}^{\mathrm{T}}\boldsymbol{y} \geqslant 0$ 就表示 $\boldsymbol{x}$ 与 $\boldsymbol{y}$ 之间的夹角小于等于 90°。由此，我们可以立即得到半正定矩阵的所有特征值都非负，否则负特征值会使特征向量在变换后反向，与原向量夹角为 180°，产生矛盾。

为什么我们要引入半正定矩阵呢？在本节的优化问题中，我们得到的目标函数是 $\boldsymbol{u}^{\mathrm{T}}\boldsymbol{\Sigma}\boldsymbol{u}$，其中，$\boldsymbol{\Sigma}$ 是协方差矩阵。事实上，该矩阵一定是半正定矩阵。设 $\boldsymbol{y}$ 是任一非零向量，那么

$$\boldsymbol{y}^{\mathrm{T}}\boldsymbol{\Sigma}\boldsymbol{y} = \boldsymbol{y}^{\mathrm{T}}\left(\sum_{i=1}^{m}\boldsymbol{x}_i\boldsymbol{x}_i^{\mathrm{T}}\right)\boldsymbol{y} = \sum_{i=1}^{m}\boldsymbol{y}^{\mathrm{T}}\boldsymbol{x}_i\boldsymbol{x}_i^{\mathrm{T}}\boldsymbol{y} = \sum_{i=1}^{m}(\boldsymbol{x}_i^{\mathrm{T}}\boldsymbol{y})^2 \geqslant 0$$

根据定义，$\boldsymbol{\Sigma}$ 是半正定矩阵。因此，我们可以用半正定矩阵的一些性质来帮助我们求解该优化问题。这里，我们不加证明地给出一条重要性质：对于 $d$ 阶对称半正定矩阵 $\boldsymbol{\Sigma}$，总可以找到它的 $d$ 个单位特征向量 $\boldsymbol{e}_1,\cdots,\boldsymbol{e}_d$，使得这些特征向量是两两正交的，即对任意 $1 \leqslant i, j \leqslant d$，都有

$$\|\boldsymbol{e}_i\| = 1, \quad \boldsymbol{e}_i^{\mathrm{T}}\boldsymbol{e}_j = \begin{cases} 1, & i = j \\ 0, & i \neq j \end{cases}$$

有兴趣的读者可以在线性代数的相关资料中找到该性质的证明。利用该性质，记 $\boldsymbol{Q} = (\boldsymbol{e}_1,\cdots,\boldsymbol{e}_d) \in \mathbb{R}^{d\times d}$，有

$$(\boldsymbol{Q}^{\mathrm{T}}\boldsymbol{Q})_{ij} = \boldsymbol{e}_i^{\mathrm{T}}\boldsymbol{e}_j = \mathbb{I}(i = j)$$

于是，$\boldsymbol{Q}^{\mathrm{T}}\boldsymbol{Q}$ 对角线上的元素全部为 1，其他元素全部为 0，恰好是单位矩阵 $\boldsymbol{I}_d$。因此，$\boldsymbol{Q}$ 的逆矩阵就是其转置，$\boldsymbol{Q}^{-1} = \boldsymbol{Q}^{\mathrm{T}}$。因为组成该矩阵的向量是相互正交的，我们将这样的矩阵称为**正交矩阵**（orthogonal matrix）。根据逆矩阵的性质，我们有

$$\boldsymbol{I}_d = \boldsymbol{Q}^{\mathrm{T}}\boldsymbol{Q} = \boldsymbol{Q}\boldsymbol{Q}^{\mathrm{T}} = (\boldsymbol{e}_1,\cdots,\boldsymbol{e}_d)\begin{pmatrix}\boldsymbol{e}_1^{\mathrm{T}} \\ \vdots \\ \boldsymbol{e}_d^{\mathrm{T}}\end{pmatrix} = \sum_{i=1}^{d}\boldsymbol{e}_i\boldsymbol{e}_i^{\mathrm{T}}$$

设特征向量 $\boldsymbol{e}_i$ 对应的特征值是 $\lambda_i$，那么矩阵 $\boldsymbol{\Sigma}$ 可以写为

$$\begin{aligned}\boldsymbol{\Sigma} = \boldsymbol{\Sigma}\boldsymbol{I}_d = \boldsymbol{\Sigma}\sum_{i=1}^{d}\boldsymbol{e}_i\boldsymbol{e}_i^{\mathrm{T}} &= \sum_{i=1}^{d}(\boldsymbol{\Sigma}\boldsymbol{e}_i)\boldsymbol{e}_i^{\mathrm{T}} = \sum_{i=1}^{d}\lambda_i\boldsymbol{e}_i\boldsymbol{e}_i^{\mathrm{T}} \\ &= (\boldsymbol{e}_1,\boldsymbol{e}_2,\cdots,\boldsymbol{e}_d)\begin{pmatrix}\lambda_1 & 0 & \cdots & 0 \\ 0 & \lambda_2 & \cdots & 0 \\ \vdots & \vdots & & \vdots \\ 0 & 0 & \cdots & \lambda_d\end{pmatrix}\begin{pmatrix}\boldsymbol{e}_1^{\mathrm{T}} \\ \boldsymbol{e}_2^{\mathrm{T}} \\ \vdots \\ \boldsymbol{e}_d^{\mathrm{T}}\end{pmatrix} \\ &= \boldsymbol{Q}\boldsymbol{\Lambda}\boldsymbol{Q}^{\mathrm{T}}\end{aligned}$$

其中，$\boldsymbol{\Lambda} = \mathrm{diag}(\lambda_1,\cdots,\lambda_d)$ 是由特征向量所对应的特征值依次排列而成的对角矩阵。上式表明，一个半正定矩阵可以分解成 3 个矩阵的乘积，其中 $\boldsymbol{Q}$ 是其正交的特征向量构成的正交矩阵，$\boldsymbol{\Lambda}$ 是其特征值构成的对角矩阵，这样的分解就称为矩阵的特征分解。

利用特征分解，我们可以很容易地计算$\boldsymbol{u}^{\mathrm{T}}\boldsymbol{\Sigma u}$的值。首先，由于$\boldsymbol{e}_1,\cdots,\boldsymbol{e}_d$是$d$维空间中的$d$个正交向量，$\boldsymbol{u}$一定可以唯一表示成这些向量的线性组合，即$\boldsymbol{u}=\sum_{i=1}^{d}\alpha_i\boldsymbol{e}_i$，其中系数$\alpha_i$等于向量$\boldsymbol{u}$在$\boldsymbol{e}_i$方向上的投影长度。我们可以将这组向量想象成相互垂直的坐标轴，而$(\alpha_1,\cdots,\alpha_d)$就相当于$\boldsymbol{u}$在这组坐标轴下的坐标。这样，$\boldsymbol{Q}^{\mathrm{T}}\boldsymbol{u}$可以转化为

$$\boldsymbol{Q}^{\mathrm{T}}\boldsymbol{u}=\boldsymbol{Q}^{\mathrm{T}}\sum_{i=1}^{d}\alpha_i\boldsymbol{e}_i=\begin{pmatrix}\sum_{i=1}^{d}\alpha_i\boldsymbol{e}_1^{\mathrm{T}}\boldsymbol{e}_i\\ \vdots\\ \sum_{i=1}^{d}\alpha_i\boldsymbol{e}_d^{\mathrm{T}}\boldsymbol{e}_i\end{pmatrix}=(\alpha_1,\cdots,\alpha_d)=\boldsymbol{\alpha}$$

这里，我们用到了$\boldsymbol{e}_i^{\mathrm{T}}\boldsymbol{e}_j=\mathbb{I}(i=j)$的性质，把求和中$\boldsymbol{e}_i^{\mathrm{T}}\boldsymbol{e}_j$都消去了。接下来，$\boldsymbol{u}^{\mathrm{T}}\boldsymbol{\Sigma u}$可以计算得到：

$$\boldsymbol{u}^{\mathrm{T}}\boldsymbol{\Sigma u}=\boldsymbol{u}^{\mathrm{T}}\boldsymbol{Q\Lambda Q}^{\mathrm{T}}\boldsymbol{u}=\boldsymbol{\alpha}^{\mathrm{T}}\boldsymbol{\Lambda\alpha}=\sum_{i=1}^{d}\lambda_i\alpha_i^2$$

在本节的优化问题$\max\limits_{\boldsymbol{u}}\ \boldsymbol{u}^{\mathrm{T}}\boldsymbol{\Sigma u}\ \ \text{s.t.}\|\boldsymbol{u}\|=1$中，我们还要求$\boldsymbol{u}$是方向向量，即$\|\boldsymbol{u}\|=1$。这一要求给系数$\alpha_i$添加了限定条件：

$$\begin{aligned}\sum_{i=1}^{d}\alpha_i^2&=\sum_{i=1}^{d}(\boldsymbol{u}^{\mathrm{T}}\boldsymbol{e}_i)^2=\sum_{i=1}^{d}\boldsymbol{u}^{\mathrm{T}}\boldsymbol{e}_i\boldsymbol{e}_i^{\mathrm{T}}\boldsymbol{u}\\&=\boldsymbol{u}^{\mathrm{T}}\left(\sum_{i=1}^{d}\boldsymbol{e}_i\boldsymbol{e}_i^{\mathrm{T}}\right)\boldsymbol{u}\\&=\boldsymbol{u}^{\mathrm{T}}\boldsymbol{I}_d\boldsymbol{u}\\&=\boldsymbol{u}^{\mathrm{T}}\boldsymbol{u}=\|\boldsymbol{u}\|^2=1\end{aligned}$$

因此，原优化问题等价于

$$\max_{\boldsymbol{u}}\sum_{i=1}^{d}\lambda_i\alpha_i^2,\quad \text{s.t.}\quad \sum_{i=1}^{d}\alpha_i^2=1$$

由于$\boldsymbol{\Sigma}$是半正定矩阵，其特征值$\lambda_i$必定非负，该问题的解就是$\boldsymbol{\Sigma}$的最大特征值$\lambda_{\max}$，不妨设其为$\lambda_u$。为了使上式取到最大值，应当有$\alpha_u=\boldsymbol{u}^{\mathrm{T}}\boldsymbol{e}_u=1$，且其他的$\alpha_i$全部为零。因此，使方差最大的方向就是该特征值$\lambda_u$对应的特征向量$\boldsymbol{e}_u$的方向。

上面的计算结果表面，用特征分解寻找第一个主成分的过程就是求解协方差矩阵最大特征值及其对应特征向量的过程。事实上，由于协方差矩阵$\boldsymbol{\Sigma}$半正定，其所有特征向量正交，恰好也满足我们最开始“每个主成分都与之前的所有主成分正交”的要求。如果排除第一主成分，第二主成分就对应$\boldsymbol{\Sigma}$第二大特征值的特征向量，依次类推。因此，如果我们要把$d$维的数据降到$k$维，只需要计算$\boldsymbol{\Sigma}$最大的$k$个特征值对应的特征向量即可。设这$k$个特征向量依次为$\boldsymbol{e}_1,\cdots,\boldsymbol{e}_k$，矩阵$\boldsymbol{W}=(\boldsymbol{e}_1,\cdots,\boldsymbol{e}_k)\in\mathbb{R}^{d\times k}$，原数据矩阵$\boldsymbol{X}=(\boldsymbol{x}_1,\cdots,\boldsymbol{x}_m)^{\mathrm{T}}\in\mathbb{R}^{m\times d}$，那么降维后的数据为

$$\text{PCA}(\boldsymbol{X})=\boldsymbol{XW}$$

# 15.3 动手实现PCA算法

下面，我们在 NumPy 库中线性代数工具的帮助下实现 PCA 算法。首先，我们导入数据集 PCA_dataset.csv 并将其可视化。数据集的每一行包含两个数 $x_1$ 与 $x_2$，代表平面上点的坐标 $(x_1, x_2)$。

```
import numpy as np
import matplotlib.pyplot as plt
# 导入数据集
data = np.loadtxt('PCA_dataset.csv', delimiter=',')
print('数据集大小：', len(data))

# 可视化
plt.figure()
plt.scatter(data[:, 0], data[:, 1], color='blue', s=10)
plt.axis('square')
plt.ylim(-2, 8)
plt.grid()
plt.xlabel(r'$x_1$')
plt.ylabel(r'$x_2$')
plt.show()
```

```
数据集大小： 500
```

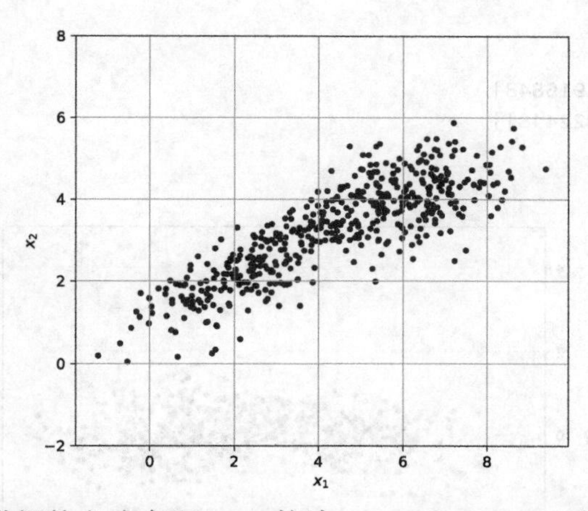


然后，我们按上面讲解的方式实现 PCA 算法。numpy.linalg 提供了许多线性代数相关的工具，可以帮助我们计算矩阵的特征值与特征向量。

```
def pca(X, k):
    d, m = X.shape
    if d < k:
        print('k应该小于特征数')
        return X, None

    # 中心化
    X = X - np.mean(X, axis=0)
    # 计算协方差矩阵
    cov = X.T @ X
    # 计算特征值和特征向量
```

```
    eig_values, eig_vectors = np.linalg.eig(cov)
    # 获取最大的k个特征值的下标
    idx = np.argsort(-eig_values)[:k]
    # 对应的特征向量
    W = eig_vectors[:, idx]
    # 降维
    X = X @ W
    return X, W
```

最后，我们在数据集上测试该 PCA 函数的效果，并将变换后的数据绘制出来。由于原始数据是二维数据，为了演示 PCA 的效果，我们仍然设置 $k=2$，不进行降维。但是，从结果中仍然可以看出 PCA 计算的主成分方向。相比于原始数据，变换后的数据最“长”的方向变成了横轴的方向。

```
X, W = pca(data, 2)
print('变换矩阵：\n', W)

# 绘图
plt.figure()
plt.scatter(X[:, 0], X[:, 1], color='blue', s=10)
plt.axis('square')
plt.ylim(-5, 5)
plt.grid()
plt.xlabel(r'$x_1$')
plt.ylabel(r'$x_2$')
plt.show()
```

```
变换矩阵：
 [[ 0.90322448 -0.42916843]
 [ 0.42916843  0.90322448]]
```

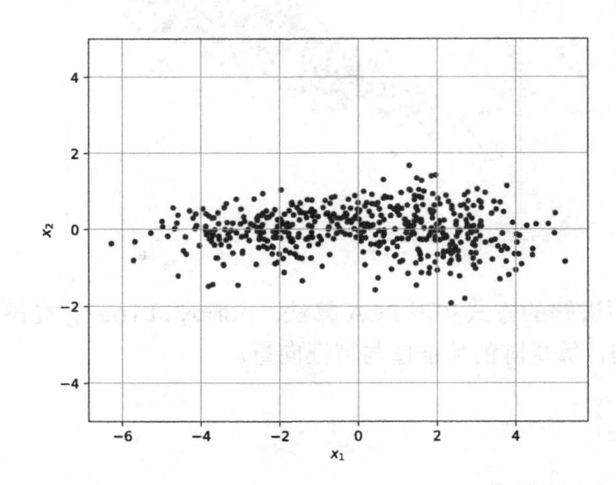


## 15.4　用sklearn实现PCA算法

sklearn 库同样提供了实现好的 PCA 算法，我们可以直接调用它来完成 PCA 变换。可以看出，虽然结果图像与我们在 15.3 节中直接实现的版本有 180° 的旋转，变换矩阵的元素也互为相反数，但 PCA 本质上只需要找到主成分的方向，因此两者得到的结果是等价的。

```
from sklearn.decomposition import PCA

# 中心化
X = data - np.mean(data, axis=0)
pca_res = PCA(n_components=2).fit(X)
W = pca_res.components_.T
print ('sklearn计算的变换矩阵：\n', W)
X_pca = X @ W

# 绘图
plt.figure()
plt.scatter(X_pca[:, 0], X_pca[:, 1], color='blue', s=10)
plt.axis('square')
plt.ylim(-5, 5)
plt.grid()
plt.xlabel(r'$x_1$')
plt.ylabel(r'$x_2$')
plt.show()
```

```
sklearn计算的变换矩阵：
 [[-0.90322448  0.42916843]
 [-0.42916843 -0.90322448]]
```

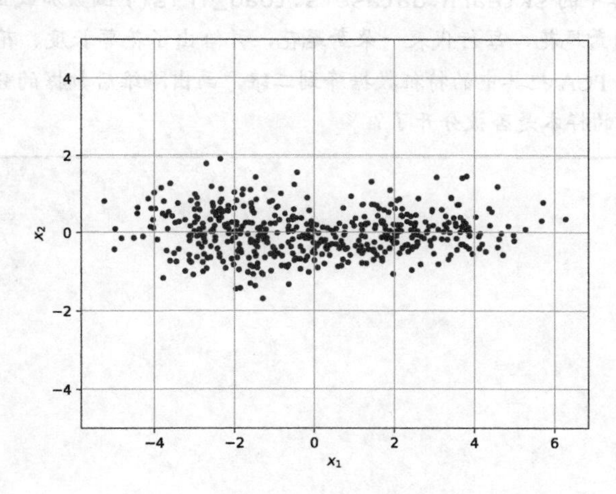


## 15.5 小结

本章介绍了数据降维的常用算法之一——PCA 算法。数据降维是无监督学习的重要问题，在机器学习中有广泛的应用。由于从现实生活中采集的数据往往非常复杂，包含大量的冗余信息，通常我们必须对其进行降维，选出有用的特征供给后续模型使用。此外，有时我们还希望将高维数据可视化，也需要从数据中挑选 2 到 3 个最有价值的维度，将数据投影后绘制出来。除 PCA 之外，现在常用的降维算法还有线性判别分析（linear discriminant analysis，LDA）、一致流形逼近与投影（uniform manifold approximation and projection，UMAP）、$t$ 分布随机近邻嵌入（$t$-distributed stochastic neighbor embedding，$t$-SNE）等。这些算法的特点各不相同，也有不同的适用场景。

关于 PCA 的计算方式，由于计算协方差矩阵 $\boldsymbol{\Sigma}=\boldsymbol{X}\boldsymbol{X}^\mathrm{T}$ 和特征分解的时间复杂度较高，实践中通常会采用矩阵的奇异值分解（singular value decomposition，SVD）来代替特征分解。我们在 15.4 节中用到的 sklearn 库中的 PCA 算法就是以奇异值分解为基础来实现的。相比于特征分解，奇异值分解不需要实际计算出 $\boldsymbol{\Sigma}$，并且存在更高效的迭代求解方法。感兴趣的读者可以查阅相关资料，了解特征分解和奇异值分解的异同。

最后，读者可以在 SETOSA 网站的 PCA 算法动态展示平台上观察 PCA 的结果随数据分布的变化，加深对算法的理解。

**习题**

（1）PCA 算法成立的条件与数据分布的形式是否有关系？尝试计算下列特殊数据分布的第一个主成分，和你的直观感受一样吗？

a. 直线 $y=x$ 上的点 $\{(k,k)|k=1,\cdots,10\}$

b. 两边不等长的十字形 $\{(x,0)\mid x=-3,\cdots,3\}\cup\{(0,y)\mid y=-2,\cdots,2\}$

c. 三维中单位立方体的 8 个顶点 $\{(x,y,z)\mid x,y,z=0,1\}$

（2）当有数据集中包含多个不同类别的数据时，PCA 还可以用来把数据区分开，完成类似聚类的效果。这样做的原理是什么？（提示：考虑主成分与方差的关系。）

（3）利用 sklearn 库中的 `sklearn.datasets.load_iris()` 函数加载鸢尾花数据集。该数据集中共包含 3 种不同的鸢尾花，每行代表一朵鸢尾花，并给出了花萼长度、花瓣长度等特征，以及鸢尾花所属的种类。用 PCA 把其中的特征数据降到二维，画出降维后数据的分布，并为每种鸢尾花涂上不同颜色。不同种的样本是否被分开了？

# 第16章

# 概率图模型

在本章中，我们将讨论无监督学习中的数据分布建模问题。当我们需要在一个数据集上完成某个任务时，数据集中的样本分布显然是最基本的要素。面对不同的数据分布，我们可能针对同一任务采用完全不同的算法。例如，如果样本有明显的线性相关关系，我们就可以考虑用基于线性模型的算法解决问题；如果样本呈高斯分布，我们可能会使用高斯分布的各种性质来简化任务的要求。第 15 章介绍的数据降维算法，也是为了在数据分布不明显的情况下，尽可能提取出数据的关键特征。因此，如何建模数据集中样本关于其各个特征的分布，就成了一个相当关键的问题。

我们从图 16-1 的场景中看起。一群人在秋天出游，黄叶满地，风光无限。但是，在同一个温度下，不同人的衣着也有差异。有人穿了厚厚的大衣，有人穿了长袖长裤，还有人穿着短袖或者裙子。可以设想，如果气温再高一些，穿短袖的人会增加；如果气温再低一些，恐怕就不会有人再穿短袖了。因此我们可以认为，人群穿衣选择的概率分布受到天气的影响。

图 16-1　不同的人的衣着背后有一个数据分布

我们先从最简单的表格数据看起。假设表 16-1 中是天气和人群中衣服选择的部分数据，我们可以直接从中写出最简单的数据分布：

$$P(\text{天气}=\text{热},\text{衣服}=\text{衬衫})=48\%$$

表 16-1　不同天气和穿衣选择的概率

| 天气 | 衣服 | 概率 |
|---|---|---|
| 热 | 衬衫 | 48% |
| 热 | 大衣 | 12% |
| 冷 | 衬衫 | 8% |
| 冷 | 大衣 | 32% |

以此类推，我们可以把表中的每一行都写出来，得到样本的分布。但是，这样的做法显然过于低效。当特征的数目增加时，我们按此建模的复杂度将呈指数增长。因此，我们需要设法寻找不同特征之间的相关性，降低模型的复杂度。例如，根据生活常识，我们可以认为人们选择衣服的概率应该是和天气有关的。天气热时，人们更倾向于选择衬衫，而天气冷时倾向于大衣。这样，我们可以将上面的分布转化为条件概率：

$$P(\text{天气}=\text{热})=60\%,\ P(\text{衣服}=\text{衬衫}\mid\text{天气}=\text{热})=80\%$$

通过这种方式，我们可以建立起样本不同特征之间的关系。如果用随机变量 $t$ 表示天气，$c$ 表示衣服，那么上述的关系可以表示为图 16-2 中的结构。

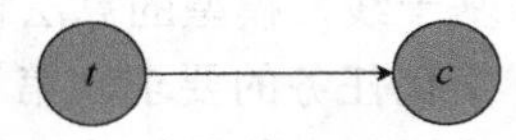

图 16-2　天气与衣服之间的概率模型

在图 16-2 中，从 $t$ 指向 $c$ 的箭头表示随机变量 $c$ 依赖于 $t$。把样本的所有特征按依赖关系列出来，每个特征作为一个顶点，每对依赖关系作为一条边，就形成了一张概率图。我们可以通过概率图中体现的不同特征之间的关系，推断出数据的概率分布。像图 16-2 这样，由依赖关系构成的概率图是有向图，称为贝叶斯网络（Bayesian network）。如果我们只知道两个特征之间相关，但没有明确的单向依赖关系，就可以用无向图来建模，称为马尔可夫网络（Markov network）。下面，我们就来介绍这两种概率图模型的具体内容。

## 16.1　贝叶斯网络

贝叶斯网络又称信念网络（belief network），与概率中的贝叶斯推断有很大关联。由于网络中的有向关系清楚地表明了变量间的依赖，我们可以根据网络结构直接写出变量的概率分布。例如，设变量 $a$、$b$ 和 $c$ 构成的贝叶斯网络如图 16-3 所示。从图中可以看出，$c$ 依赖于 $a$，$b$ 同时依赖于 $a$ 和 $c$，于是其联合概率分布 $p(a, b, c)$ 可以写为

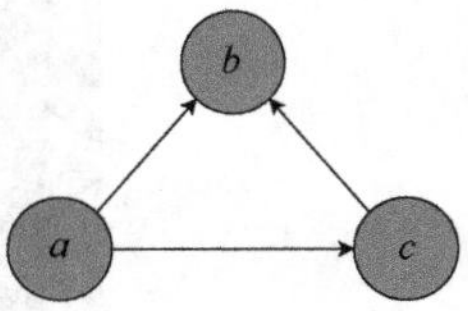

图 16-3　3 个变量的贝叶斯网络

$$p(a,b,c)=p(a,c)p(b\mid a,c)=p(a)p(c\mid a)p(b\mid a,c)$$

更一般地，对于有 $K$ 个节点 $x_1,\cdots,x_K$ 的贝叶斯网络，记 $\rho(x)$ 为所有有边指向 $x$ 的节点，即 $x$ 在图上的父节点集，那么其联合概率分布为

$$p(x_1,\cdots,x_K)=\prod_{k=1}^{K}p(x_k\mid\rho(x_k))$$

根据贝叶斯网络，我们可以清晰地判断变量之间是否独立。如图 16-4 所示，我们以 3 个变量 $a$、$b$ 和 $c$ 为例来说明 3 种不同的依赖关系。在图 16-4（a）中，$a$ 和 $b$ 分别依赖于 $c$，但是 $a$ 与 $b$ 之间没有直接关联。根据图写出三者的联合概率分布为

$$p(a,b,c) = p(a|c)p(b|c)p(c)$$

从上式中我们并不能直接得到这些变量间的独立性。但是，如果给定变量 $c$，上式就变为

$$p(a,b|c) = \frac{p(a,b,c)}{p(c)} = p(a|c)p(b|c)$$

这说明变量 $a$ 与 $b$ 在给定 $c$ 的条件下独立，记作 $a \perp\!\!\!\perp b|c$。在本章最开始的天气和穿衣的例子中，把穿什么衣服看作变量 $a$，把天气看作变量 $c$，如果再加上一个是否打伞的变量 $b$，它们之间就满足这样尾对尾的依赖关系。条件独立（conditional independence）是概率图模型中最重要的基本概念之一，它直接刻画了一个多变量联合分布中变量之间的依赖关系，从而影响建模的方式。

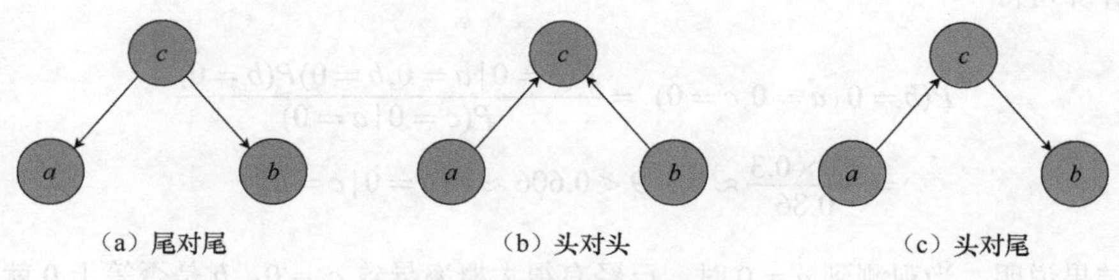

（a）尾对尾　　（b）头对头　　（c）头对尾

图 16-4　变量依赖关系

接下来我们考虑图 16-4（b）展示的头对头关系。同样，可以根据图直接写出三者的联合概率分布为

$$p(a,b,c) = p(c|a,b)p(a)p(b)$$

根据条件概率公式，有 $p(a,b,c) = p(c|a,b)p(a,b)$，于是我们得到

$$p(a,b) = p(a)p(b)$$

因此，在这一关系中，$a$ 和 $b$ 是天然独立的，不需要条件，记作 $a \perp\!\!\!\perp b|\varnothing$。然而，一旦 $c$ 给定，$a$ 与 $b$ 就会由 $c$ 产生联系，用条件概率写为

$$p(a,b|c) = \frac{p(a,b,c)}{p(c)} = \frac{p(a)p(b)p(c|a,b)}{p(c)} \neq p(a|c)p(b|c)$$

这种情况似乎有些反直觉，为何原本独立的 $a$ 和 $b$ 在观测到 $c$ 后反而不独立了？这是因为 $c$ 引入了额外信息，我们用带概率的逻辑与来解释这一现象。假设 $a$、$b$ 和 $c$ 的取值都是 0 或 1，且 $a$ 与 $b$ 的取值相互独立，都满足 $P(a=1)=P(b=1)=0.7$。$c$ 的取值与 $a$ 和 $b$ 的关系如表 16-2 所示。

表 16-2　带概率的逻辑与真值表

| $a$ | $b$ | $P(c=1\|a,b)$ |
|---|---|---|
| 0 | 0 | 0 |
| 1 | 0 | 0.2 |
| 0 | 1 | 0.2 |
| 1 | 1 | 1 |

假如我们观测到 $c=0$，那么 $a$ 和 $b$ 取 0 的概率是多少？我们可以进行如下简单的计算：

$$P(c=0) = \sum_{a=0,1}\sum_{b=0,1} P(a)P(b)P(c=0\mid a,b) = 0.426$$

$$P(c=0\mid a=0) = \sum_{b=0,1} P(b)P(c=0\mid a=0,b) = 0.86$$

$$P(a=0\mid c=0) = \frac{P(c=0\mid a=0)P(a=0)}{P(c=0)} = \frac{0.86\times 0.3}{0.426} \approx 0.606$$

由于 $a$ 和 $b$ 是对称的，同样也有 $P(b=0\mid c=0)\approx 0.606$ 。但是，此时 $a$ 和 $b$ 已经不独立了，我们可以通过计算 $P(b\mid a,c)\neq P(b\mid c)$ 来验证这一观点。考虑进一步观测到 $a=0$ 的前提下 $b=0$ 的概率，计算可得

$$\begin{aligned} P(b=0\mid a=0,c=0) &= \frac{P(c=0\mid a=0,b=0)P(b=0)}{P(c=0\mid a=0)} \\ &= \frac{1.0\times 0.3}{0.86} \approx 0.349 < 0.606 \approx P(b=0\mid c=0) \end{aligned}$$

这一结果说明，当观测到 $a=0$ 时，已经有很大概率导致 $c=0$，$b$ 是否等于 0 就变得没有那么重要了。也就是说，在给定 $c$ 的条件下，$a$ 的结果会影响 $b$ 取值的概率，从而 $a \not\perp\!\!\!\perp b\mid c$。

最后，我们来看图 16-4（c）展示的头对尾关系，这一关系比较好理解。首先，$a$ 可以通过 $c$ 影响 $b$，所以 $a$ 与 $b$ 之间不独立。用数学语言来说，它们的联合分布为

$$p(a,b,c) = p(a)p(c\mid a)p(b\mid c)$$

当给定 $c$ 后，$a$ 与 $b$ 的联系就被切断了，这时考察 $a$ 与 $b$ 的联合分布 $p(a,b\mid c)$，有

$$p(a,b\mid c) = \frac{p(a,b,c)}{p(c)} = \frac{p(a)p(c\mid a)}{p(c)}p(b\mid c) = p(a\mid c)p(b\mid c)$$

因此，$a$ 与 $b$ 关于 $c$ 是条件独立的，即 $a \perp\!\!\!\perp b\mid c$。这 3 种依赖关系是贝叶斯网络中各种复杂依赖的基础，通过这 3 种依赖的拆解就可以分析更加复杂的贝叶斯网络。

## 16.2 最大后验估计

在第 6 章中，我们曾用最大似然估计的思想推导出了逻辑斯谛回归的优化目标。由于贝叶斯网络中的有向边清晰地表明了先验（prior）与后验（posterior）的关系，我们可以通过它推导出类似的结果。设数据集 $\mathcal{D}=\{(\boldsymbol{x}_1,y_1),\cdots,(\boldsymbol{x}_N,y_N)\}$ ，$\boldsymbol{X}$ 表示所有样本，$\boldsymbol{y}$ 表示所有标签。假设样本与标签服从参数为 $\boldsymbol{w}$ 的分布，但是 $\boldsymbol{w}$ 是未知的，我们的目标就是根据观测到的数据计算 $\boldsymbol{w}$ 的后验分布 $p(\boldsymbol{w}\mid \boldsymbol{X},\boldsymbol{y})$。例如，在上面天气与衣服选择的例子中，我们可以把每个人看成样本 $\boldsymbol{x}_n$，选择的衣服看成标签 $\boldsymbol{y}_n$，天气看成参数 $\boldsymbol{w}$。因此，参数 $\boldsymbol{w}$、样本 $\boldsymbol{x}_n$ 和样本标签 $y_n$ 的依赖关系可以用贝叶斯网络表示为图 16-5 的结构。

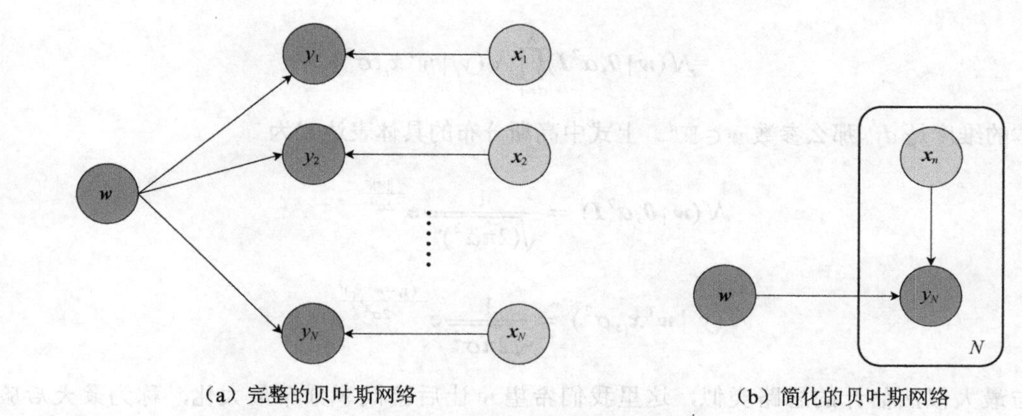


（a）完整的贝叶斯网络　　（b）简化的贝叶斯网络

图 16-5　线性模型的贝叶斯网络

图 16-5（a）是完整的贝叶斯网络。可以看出，对每个样本和标签来说，它们之间的依赖关系都是相同的，在网络中表现为大量重复的结构。对于这样的重复，我们通常将其简化为图 16-5（b）的形式，用一组 $\boldsymbol{x}_n \to y_n$ 的关系代表所有相似的节点，并在外面加一个方框，框里的 $N$ 表示重复的节点个数。此外，由于样本 $\boldsymbol{x}_n$ 对标签 $y_n$ 有影响，但我们无法控制或者通常不关心其分布，因此在模型中将其看作定值，图 16-5 中用浅色节点表示。此外，根据尾对尾的依赖法则，我们可以判定，不同样本的标签 $y_n$ 相对模型参数 $\boldsymbol{w}$ 条件独立。这样，$\boldsymbol{y}$ 和 $\boldsymbol{w}$ 的概率分布为

$$p(\boldsymbol{y},\boldsymbol{w}\mid\boldsymbol{X}) = p(\boldsymbol{y}\mid\boldsymbol{w},\boldsymbol{X})p(\boldsymbol{w}) = p(\boldsymbol{w})\prod_{i=1}^{N} p(y_i\mid\boldsymbol{w},\boldsymbol{x}_i)$$

其中，参数自身的分布 $p(\boldsymbol{w})$ 就是先验分布，而 $p(y_i\mid\boldsymbol{w},\boldsymbol{x}_i)$ 项之间之所以可以连乘，就是因为条件独立的性质。进一步，根据贝叶斯公式，模型参数 $\boldsymbol{w}$ 的后验分布可以表示为

$$p(\boldsymbol{w}\mid\boldsymbol{X},\boldsymbol{y}) = \frac{p(\boldsymbol{y}\mid\boldsymbol{w},\boldsymbol{X})p(\boldsymbol{w})}{p(\boldsymbol{y}\mid\boldsymbol{X})} \propto p(\boldsymbol{w})\prod_{i=1}^{N} p(y_i\mid\boldsymbol{w},\boldsymbol{x}_i)$$

上式中的分母 $p(\boldsymbol{y}\mid\boldsymbol{X})$ 同样被数据集完全确定，属于常数。通过贝叶斯网络，我们就确定了待求参数 $\boldsymbol{w}$ 的后验分布 $p(\boldsymbol{w}\mid\boldsymbol{X},\boldsymbol{y})$ 的表达式。

如果要进一步求解该后验分布，我们必须对参数空间和样本与标签之间的关系做出假设，以写出 $p(\boldsymbol{w})$ 和 $p(y_i\mid\boldsymbol{w},\boldsymbol{x}_i)$ 的具体形式。我们以线性回归为例，假设参数 $\boldsymbol{w}$ 的先验服从高斯分布，即 $\boldsymbol{w}\sim\mathcal{N}(\boldsymbol{0},\alpha^2)$，$\boldsymbol{w}$ 的每个维度相互独立，并且都服从均值为 0、方差为 $\alpha^2$ 的高斯分布，我们用 $p(\boldsymbol{w}\mid\alpha^2)=\mathcal{N}(\boldsymbol{w}\mid\boldsymbol{0},\alpha^2\boldsymbol{I})$ 来表示。样本的标签 $y_i$ 和样本 $\boldsymbol{x}_i$ 满足 $y_i\sim\mathcal{N}(\boldsymbol{w}^{\mathrm{T}}\boldsymbol{x}_i,\sigma^2)$，用 $p(y_i\mid\boldsymbol{w},\boldsymbol{x}_i,\sigma^2)=\mathcal{N}(y_i\mid\boldsymbol{w}^{\mathrm{T}}\boldsymbol{x}_i,\sigma^2)$ 表示。由于引入了新的量 $\alpha^2$ 和 $\sigma^2$，我们将概率图更新为图 16-6。

两个新引入的量都可以视为常量，因此在图 16-6 中也用浅色节点表示。把上述的表达式代入上式的后验分布，就得到

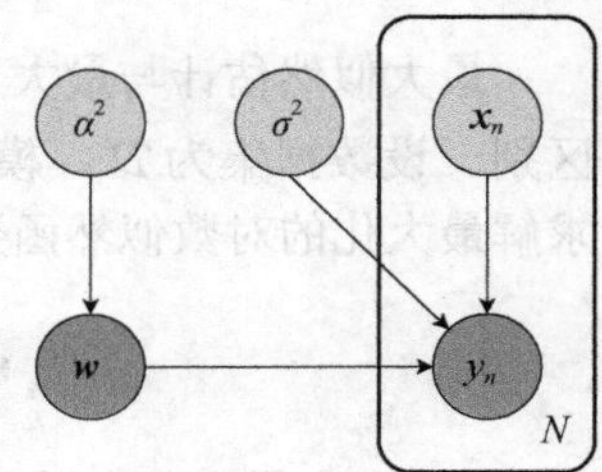


图 16-6　高斯假设下线性模型的贝叶斯网络

$$\begin{aligned} p(\boldsymbol{w}\mid\boldsymbol{X},\boldsymbol{y}) &\propto p(\boldsymbol{w})\prod_{i=1}^{N} p(y_i\mid\boldsymbol{w},\boldsymbol{x}_i) \\ &\propto p(\boldsymbol{w}\mid\alpha^2)\prod_{i=1}^{N} p(y_i\mid\boldsymbol{w},\boldsymbol{x}_i,\sigma^2) \end{aligned}$$

$$=\mathcal{N}(\boldsymbol{w}\mid\boldsymbol{0},\alpha^2\boldsymbol{I})\prod_{i=1}^{N}\mathcal{N}(y_i\mid\boldsymbol{w}^{\mathrm{T}}\boldsymbol{x}_i,\sigma^2)$$

设样本的维度是 $d$，那么参数 $\boldsymbol{w}\in\mathbb{R}^d$。上式中高斯分布的具体表达式为

$$\mathcal{N}(\boldsymbol{w}\mid\boldsymbol{0},\alpha^2\boldsymbol{I})=\frac{1}{\sqrt{(2\pi\alpha^2)^d}}\mathrm{e}^{-\frac{\|\boldsymbol{w}\|^2}{2\alpha^{2d}}}$$

$$\mathcal{N}(y_i\mid\boldsymbol{w}^{\mathrm{T}}\boldsymbol{x}_i,\sigma^2)=\frac{1}{\sqrt{2\pi\sigma^2}}\mathrm{e}^{-\frac{(y_i-\boldsymbol{w}^{\mathrm{T}}\boldsymbol{x}_i)^2}{2\sigma^2}}$$

与最大似然估计的思路类似，这里我们希望 $\boldsymbol{w}$ 让后验概率分布最大化，称为最大后验（maximum a posteriori，MAP）估计。我们对后验分布两边取对数，让连乘变为连加，并代入高斯分布的表达式，可以计算出

$$\begin{aligned}\arg\max_{\boldsymbol{w}} p(\boldsymbol{w}\mid\boldsymbol{X},\boldsymbol{y})&=\arg\max_{\boldsymbol{w}}\log p(\boldsymbol{w}\mid\boldsymbol{X},\boldsymbol{y})\\&=\arg\max_{\boldsymbol{w}}\log\left(\mathcal{N}(\boldsymbol{w}\mid\boldsymbol{0},\alpha^2\boldsymbol{I})\prod_{i=1}^{N}\mathcal{N}(y_i\mid\boldsymbol{w}^{\mathrm{T}}\boldsymbol{x}_i,\sigma^2)\right)\\&=\arg\max_{\boldsymbol{w}}\left(\log\mathcal{N}(\boldsymbol{w}\mid\boldsymbol{0},\alpha^2\boldsymbol{I})+\sum_{i=1}^{N}\log\mathcal{N}(y_i\mid\boldsymbol{w}^{\mathrm{T}}\boldsymbol{x}_i,\sigma^2)\right)\\&=\arg\max_{\boldsymbol{w}}\left(-\frac{\|\boldsymbol{w}\|^2}{2\alpha^{2d}}-\sum_{i=1}^{N}\frac{(y_i-\boldsymbol{w}^{\mathrm{T}}\boldsymbol{x}_i)^2}{2\sigma^2}\right)\\&=\arg\min_{\boldsymbol{w}}\left(\frac{\sigma^2}{\alpha^{2d}}\|\boldsymbol{w}\|^2+\sum_{i=1}^{N}(y_i-\boldsymbol{w}^{\mathrm{T}}\boldsymbol{x}_i)^2\right)\end{aligned}$$

因此，我们最终要解决的优化问题是

$$\min_{\boldsymbol{w}}\sum_{i=1}^{N}(y_i-\boldsymbol{w}^{\mathrm{T}}\boldsymbol{x}_i)^2+\frac{\sigma^2}{\alpha^{2d}}\|\boldsymbol{w}\|^2$$

可以发现，该目标函数与线性回归中用 MSE 损失函数、约束强度为 $\lambda=\sigma^2/\alpha^{2d}$ 的 $L_2$ 正则化约束所得到的结果完全一致。如果把标签 $y_i$ 关于样本 $\boldsymbol{x}_i$ 的分布从高斯分布改为二项分布等其他形式，就可以得到其他的朴素贝叶斯模型。对于更复杂的变量依赖结构和分布模型，我们也可以用贝叶斯网络建模，再用最大化后验的思路求解。

最大似然估计与最大后验估计是机器学习中常用的两种求解模型参数的方式，但两者有所区别。设数据集为 $\mathcal{D}$，模型参数为 $\boldsymbol{w}$。MLE 考虑哪个参数生成当前数据集的概率最大，因此求解最大化的对数似然函数：

$$\boldsymbol{w}_{\mathrm{MLE}}=\arg\max_{\boldsymbol{w}} p(\mathcal{D}\mid\boldsymbol{w})=\arg\max_{\boldsymbol{w}}\log p(\mathcal{D}\mid\boldsymbol{w})$$

而 MAP 考虑最大化参数的后验分布 $P(\boldsymbol{w}\mid\mathcal{D})$，利用贝叶斯公式，可以得到

$$
\begin{aligned}
\boldsymbol{w}_{\text{MAP}} &= \arg\max_{\boldsymbol{w}} p(\boldsymbol{w} \mid \mathcal{D}) \\
&= \arg\max_{\boldsymbol{w}} \log p(\boldsymbol{w} \mid \mathcal{D}) \\
&= \arg\max_{\boldsymbol{w}} \log \frac{p(\boldsymbol{w}) p(\mathcal{D} \mid \boldsymbol{w})}{p(\mathcal{D})} \\
&= \arg\max_{\boldsymbol{w}} (\log p(\mathcal{D} \mid \boldsymbol{w}) + \log p(\boldsymbol{w}))
\end{aligned}
$$

两者对比可以发现，MAP 的优化目标比 MLE 多了一项 $\log p(\boldsymbol{w})$，即参数 $\boldsymbol{w}$ 的先验分布的对数。因此 MAP 相当于在 MLE 的基础上引入了我们对参数的先验假设，对参数的分布添加了一定限制。从 MLE 的角度来考虑，这种做法等价于引入正则化约束。所以，前面我们用 MAP 推导出的线性回归是自然带有 $L_2$ 正则化约束的。贝叶斯模型给了我们一种理解正则化约束的更自然的视角。

## 16.3 用朴素贝叶斯模型完成文本分类

朴素贝叶斯（naive Bayes）是贝叶斯公式和贝叶斯网络模型的最简单应用。顾名思义，朴素贝叶斯模型只使用基本的条件独立假设和计数方法，统计各个变量的先验分布，再由贝叶斯公式反推出参数的后验。应用到分类模型中，待求的参数就是每个样本的类别。设样本的特征是 $(x_1,\cdots,x_d)$，类别是 $y$，那么它们之间的依赖关系可以用贝叶斯网络表示为图 16-7 中的结构。可以看出，朴素贝叶斯模型是一个生成模型（generative model），从每个样本的类别标签生成整个样本的特征。

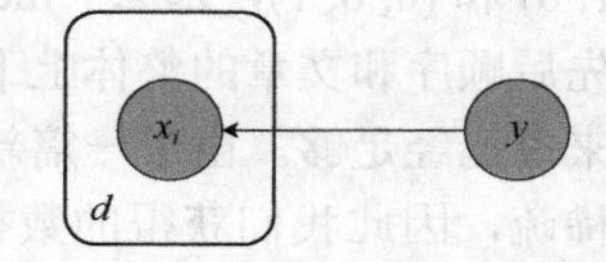

图 16-7 朴素贝叶斯分类

事实上，我们在这里隐含了各个特征之间相互独立的假设。具体来说，朴素贝叶斯模型假设：给定每个样本的类别 $y$，样本特征变量 $x_1,\cdots,x_d$ 之间是相互独立的，即

$$
x_i \perp\!\!\!\perp x_j \mid y, \quad \forall i, j, \quad 1 \leqslant i, j \leqslant d, i \neq j
$$

这样就可以将特征变量的联合概率拆解为独立概率的乘积：

$$
p(x_1,\cdots,x_d \mid y) = \prod_{i=1}^{d} p(x_i \mid y)
$$

虽然这一假设在实际中不甚合理，但是作为最简单的朴素模型，这一假设可以大大简化我们计算的难度。下面，我们按与 16.2 节相同的步骤，在样本特征 $(x_1,\cdots,x_d)$ 给定的前提下最大化类别 $y$ 的后验概率，作为对样本类别的预测：

$$
\begin{aligned}
\hat{y} &= \arg\max_{y} p(y \mid x_1,\cdots,x_d) \\
&= \arg\max_{y} \frac{p(x_1,\cdots,x_d \mid y) p(y)}{p(x_1,\cdots,x_d)} \\
&= \arg\max_{y} p(y) \prod_{i=1}^{d} p(x_i \mid y) \\
&= \arg\max_{y} \log p(y) + \sum_{i=1}^{d} \log p(x_i \mid y) \\
&= \arg\max_{y \in \{1,\cdots,C\}} \left( \log P(y) + \sum_{i=1}^{d} \log P(x_i \mid y) \right)
\end{aligned}
$$

其中，$C$ 是总的类别数量。由于 $y$ 是离散的类别，我们直接把分布 $p(y)$ 写成概率 $P(y)$。因此，朴素贝叶斯分类模型的核心就是统计 $y$ 的先验概率 $P(y)$ 和各个特征的概率 $P(x_i \mid y)$。

下面，我们在新闻组数据集“The 20 Newsgroups”上用朴素贝叶斯分类器完成新闻分类任务。该数据集包含了 20 个类别的大概 20 000 篇新闻，涵盖了计算机、科学、体育等主题，每个主题的新闻数量大致相等。我们的目标是根据新闻中出现的单词判断新闻属于哪个主题。首先，我们导入必要的库和数据集，该数据集可以直接从 sklearn 中获取到。

考虑到文本处理不属于本书的重点讲述范围，我们直接从 sklearn 中下载处理好的数据集，仅在这里简要介绍数据处理的方法。首先，我们将文本按照空白字符分隔成一个个单词，再将所有长度在 2 以下的单词（如 I、a、单独的数字和符号）去除。对于剩下的单词，我们建立起词汇表，设其大小为 $V$，那么每个单词都可以按照它在词汇表中的位置，用一个独热向量表示。假设“the”是词汇表中的第一个单词，那么它的向量表示就是 $(1, 0, \cdots, 0)$，共有 $V$ 维。把一篇新闻中的所有单词都用独热向量表示后，我们把这些独热向量相加，就得到表示该文章的向量。例如，词汇表中有 3 个单词“the”“dog”和“cat”，其向量表示分别为 $(1, 0, 0)$、$(0, 1, 0)$ 和 $(0, 0, 1)$，那么“the cat”的向量表示就是 $(1,0,1)$。这一表示方法完全忽略了单词之间的先后顺序和文章的整体上下文结构，是一种非常粗略的表示方法，但对我们的朴素贝叶斯模型来说已经足够。由于一篇新闻中包含的单词相比于整个词汇表来说非常有限，其向量表示也很稀疏，因此我们获得的数据集也是用稀疏矩阵表示的。`fetch_20newsgroups_vectorized` 函数存储所用的是 SciPy 库的稀疏矩阵，输出中 `(i,j)`　k 表示矩阵第 $i$ 行 $j$ 列的值为 $k$，在本例中，其具体含义为新闻 $i$ 中单词 $j$ 出现了 $k$ 次（省略部分程序输出内容）。

```
import numpy as np
from sklearn.datasets import fetch_20newsgroups_vectorized
from tqdm import trange

# normalize表示是否对数据归一化，这里我们保留原始数据
# data_home是数据保存路径
train_data = fetch_20newsgroups_vectorized(subset='train',
    normalize=False, data_home='20newsgroups')
test_data = fetch_20newsgroups_vectorized(subset='test',
    normalize=False, data_home='20newsgroups')
print('文章主题：', '\n'.join(train_data.target_names))
print(train_data.data[0])
```

```
文章主题： alt.atheism
comp.graphics
comp.os.ms-windows.misc
comp.sys.ibm.pc.hardware
comp.sys.mac.hardware
comp.windows.x
misc.forsale
rec.autos
rec.motorcycles
rec.sport.baseball
rec.sport.hockey
sci.crypt
sci.electronics
sci.med
sci.space
soc.religion.christian
```

```
talk.politics.guns
talk.politics.mideast
talk.politics.misc
talk.religion.misc
  (0, 56979)    4
  (0, 106171)   2
  (0, 129935)   2
  (0, 119977)   2
  (0, 106184)   3
  (0, 29279)    3
  ⋮
  (0, 107568)   1
  (0, 117020)   1
  (0, 108951)   1
  (0, 104352)   1
  (0, 80986)    1
  (0, 6216)     1
```

接下来，我们统计训练集中的$P(y)$和$P(x_i \mid y)$，这里$y$是新闻的主题，$x_i$是单词。对于给定的离散数据，我们直接用频率代替概率，因此$P(y)$是不同主题新闻出现的频率，$P(x_i \mid y)$是主题为$y$的新闻中单词$x_i$出现的频率。在16.2节中，我们认为数据集中的样本先验概率与模型无关，但对文本中的单词来说，虽然一篇文章中不可能出现所有单词，但这并不代表没有出现的单词概率就是零。一般来说，我们会为所有单词设置一个先验计数$\alpha$，通常取$\alpha=1$，真实计数将在先验计数的基础上累加。

```
# 统计新闻主题频率
cat_cnt = np.bincount(train_data.target)
print('新闻数量: ', cat_cnt)
log_cat_freq = np.log(cat_cnt / np.sum(cat_cnt))

# 对每个主题统计单词频率
alpha = 1.0
# 单词频率，20是主题个数，train_data.feature_names是分割出的单词
log_voc_freq = np.zeros((20, len(train_data.feature_names))) + alpha
# 单词计数，需要加上先验计数
voc_cnt = np.zeros((20, 1)) + len(train_data.feature_names) * alpha
# 用nonzero返回稀疏矩阵不为零的行列坐标
rows, cols = train_data.data.nonzero()
for i in trange(len(rows)):
    news = rows[i]
    voc = cols[i]
    cat = train_data.target[news] # 新闻类别
    log_voc_freq[cat, voc] += train_data.data[news, voc]
    voc_cnt[cat] += train_data.data[news, voc]

log_voc_freq = np.log(log_voc_freq / voc_cnt)
```

```
新闻数量:  [480 584 591 590 578 593 585 594 598 597 600 595 591 594 593 599 546 564
 465 377]
100%|██████████| 1787565/1787565 [05:03<00:00, 5893.59it/s]
```

至此，统计的信息已经足够我们判断新闻的主题了。我们遍历所有主题$y$，计算对数后验，并返回使对数后验最大的主题。

```
def test_news(news):
    rows, cols = news.nonzero()
```

```
    # 对数后验
    log_post = np.copy(log_cat_freq)
    for row, voc in zip(rows, cols):
        # 加上每个单词在类别下的后验
        log_post += log_voc_freq[:, voc]
    return np.argmax(log_post)
```

最后，我们在测试集的所有新闻上查看我们的分类准确率，只有当我们判断的新闻主题与真实主题相同时才算作正确。

```
preds = []
for news in test_data.data:
    preds.append(test_news(news))
acc = np.mean(np.array(preds) == test_data.target)
print('分类准确率：', acc)
```

```
分类准确率： 0.7823951141795008
```

在 sklearn 中也提供了朴素贝叶斯分类器，对于本例中的离散特征多分类任务，我们选用 MultinomialNB 进行测试，并与我们自己实现的效果比较。该分类器同样有默认参数 $\alpha=1$，读者可以通过调整 $\alpha$ 的值，观察分类效果的变化。

```
from sklearn.naive_bayes import MultinomialNB

mnb = MultinomialNB(alpha=alpha)
mnb.fit(train_data.data, train_data.target)
print('分类准确率：', mnb.score(test_data.data, test_data.target))
```

```
分类准确率： 0.7728359001593202
```

## 16.4　马尔可夫网络

扫码观看视频课程

与贝叶斯网络不同，在某些情况下，变量之间的关联是双向的。例如在第 3 章中，我们曾用到了照片中某一像素和周围像素大概率很接近这一假设。如果把每个像素看作一个变量，那么它和周围的像素就是互相影响、互相依赖的。此时，我们可以把贝叶斯网络的有向图变为无向图，构造出马尔可夫网络。

图 16-8 展示了一个简单的马尔可夫网络，其中包含 5 个变量 $a$、$b$、$c$、$d$ 和 $e$，每个变量在图中为一个节点，两个节点之间的边代表这两个变量之间存在直接依赖关系。与贝叶斯网络不同，马尔可夫网络更多地用于描述几个变量之间是如何相互依赖的，在物理上更像是一种"场"的体现，因此它又称为马尔可夫随机场（Markov random field）。与贝叶斯网络的有向图不同，由于依赖是双向的，我们无法将这些变量的联合分布通过条件概率直接拆分。例如穿衣时上衣、裤子和鞋子的搭配，三者是相互依赖的，并没有明确哪个是因、哪个是果。因此，我们需要通过其他方式分析马尔可夫网络中变量之间的依赖方式。通过观察可以发现，如果两个变量之间所有路径上的变量全部已知，那么这两个变量相互独立。例如在图 16-8 中，假如

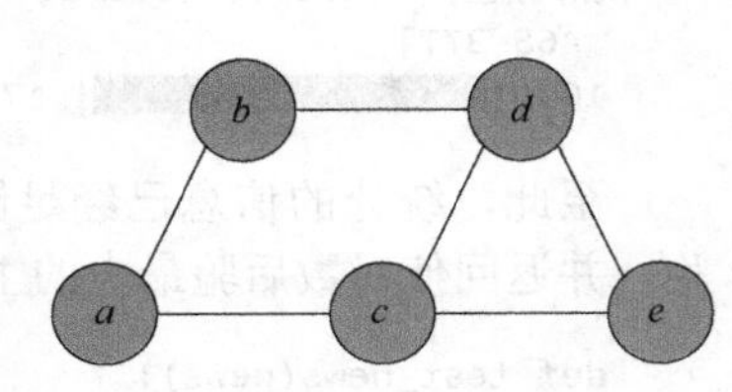


图 16-8　简单的马尔可夫网络

我们给定了 $c$ 和 $d$，它们就不再被视为变量，与其相连的边也失去了意义。这时，变量 $a$ 和 $e$ 之间不再有路径可以互相到达，它们之间的关联也就不存在了。我们记为 $a \perp\!\!\!\perp b \mid c,d$，表示在给定 $c$ 和 $d$ 时，$a$ 和 $b$ 条件独立。

我们可以从这一性质出发，继续考虑马尔可夫网络的拆分。对于网络中的任意两个不同节点 $x_i$ 和 $x_j$，记 $\boldsymbol{x}_{\setminus\{i,j\}}$ 为除去这两个节点以外的所有节点。当 $\boldsymbol{x}_{\setminus\{i,j\}}$ 给定时，如果 $x_i$ 与 $x_j$ 没有直接相连，那么它们之间的所有路径上的变量必然都是固定的，两者条件独立。因此，这两个变量的条件联合分布可以拆分为

$$p(x_i, x_j \mid \boldsymbol{x}_{\setminus\{i,j\}}) = p(x_i \mid \boldsymbol{x}_{\setminus\{i,j\}})p(x_j \mid \boldsymbol{x}_{\setminus\{i,j\}})$$

如果变量 $x_i$ 与 $x_j$ 之间有边相连，那么无论其他变量如何，它们之间必然存在依赖关系，无法通过中间变量拆分。所以，我们可以按照变量之间的连接关系，将网络拆分成一些内部紧密连接、相互条件独立的部分。

在图论中，如果一张无向图中的某些节点之间两两连接，我们就称这些节点组成了一个团（clique）。在图 16-8 中，大小为 2 的团有 6 个，分别是 $\{a, b\}$、$\{b, c\}$、$\{c, d\}$、$\{b, d\}$、$\{c, e\}$ 和 $\{d, e\}$；大小为 3 的团有 1 个，是 $\{c, d, e\}$。注意，$\{a, b, c, d\}$ 不是团，因为 $b$ 和 $c$ 之间没有边连接。根据前面的推导，我们可以将团视为马尔可夫网络的基本单位，每个团之内的变量相互之间存在无法拆分的依赖关系。然而，有些较小的团是被较大的团所包含的，如团 $\{c, d, e\}$ 中就包含了 3 个大小为 2 的团 $\{c, d\}$、$\{c, e\}$ 和 $\{d, e\}$。如果我们用函数来描述一个团中变量之间的关联，那么较小团中的关联是被较大团中的关联所包含的。因此，我们定义不被其他团包含的团为极大团（maximal clique）。在图 16-8 的例子中，极大团共有 4 个，分别是 $\{a, b\}$、$\{a, c\}$、$\{b, d\}$ 和 $\{c, d, e\}$。我们只需要将马尔可夫网络拆分成极大团，就可以涵盖所有存在的变量关联。

记团 $C$ 中所有变量为 $\boldsymbol{x}_C$，设其在整个网络的联合分布 $p(\boldsymbol{x})$ 拆分后的因子可以用函数 $\psi_C(\boldsymbol{x}_C)$ 表示。由上所述，我们只考虑极大团的因子，将 $p(\boldsymbol{x})$ 拆分为

$$p(\boldsymbol{x}) = \frac{1}{Z}\prod_C \psi_C(\boldsymbol{x}_C)$$

其中，乘积遍历所有极大团，$Z = \sum_{x \in x}\prod_C \psi_C(\boldsymbol{x}_C)$ 是归一化因子，称为配分函数（partition function）。在图 16-8 的网络中，按此方式得到的联合分布为

$$p(a,b,c,d,e) = \frac{1}{Z}\psi_{ab}(a,b)\psi_{ac}(a,c)\psi_{bd}(b,d)\psi_{cde}(c,d,e)$$

由于概率分布必须处处非负，所有的函数 $\psi_C$ 都必须满足 $\psi_C(\boldsymbol{x}_C) \geqslant 0$，我们将其称为势函数（potential function）。势函数的具体形式可以通过对问题的先验知识规定。例如，势函数

$$\psi_{ab}(a,b) = \begin{cases} 1.0, & a = b \\ 0.1, & a \neq b \end{cases}$$

会让变量 $a$ 和 $b$ 倾向于取值相同。

如果势函数不仅非负，而且严格为正，我们可以用能量函数 $E(\boldsymbol{x}_C)$ 来表示势函数，使得 $\psi_C(\boldsymbol{x}_C) = \mathrm{e}^{-E(\boldsymbol{x}_C)}$。这样，联合分布就由连乘转化为指数上的求和：

$$p(\boldsymbol{x})=\frac{1}{Z}\prod_{C}\psi_{C}(\boldsymbol{x}_{C})=\frac{1}{Z}\mathrm{e}^{-\sum_{C}E(\boldsymbol{x}_{C})}$$

再利用我们已经多次使用过的求对数的技巧，将寻找 $p(\boldsymbol{x})$ 的最大值转换为寻找 $\log p(\boldsymbol{x})$ 的最大值，得到

$$\begin{aligned}\arg\max_{\boldsymbol{x}} p(\boldsymbol{x}) &= \arg\max_{\boldsymbol{x}}\log p(\boldsymbol{x}) \\ &= \arg\max_{\boldsymbol{x}}\left(-\sum_{C}E(\boldsymbol{x}_{C})\right) \\ &= \arg\min_{\boldsymbol{x}}\sum_{C}E(\boldsymbol{x}_{C})\end{aligned}$$

该优化问题是对所有极大团的能量的和进行优化，且能量函数的取值和形式没有限制，相比于直接求解势函数的乘积方便很多。这一思想来自物理中的势和势能，以及玻尔兹曼分布，感兴趣的读者可以自行查阅相关资料。

## 16.5　用马尔可夫网络完成图像去噪

在第 3 章中我们已经讲过，对于一幅有意义的图像，其每个像素点的颜色和周围像素点大概率相近，并且这一关联是双向的，符合马尔可夫网络的模型。当一幅图像中存在噪声时，它们与周围像素的关联大概率比真实像素弱，反映在能量函数上，其整体的能量应当较大。因此，我们可以通过设计合适的能量函数并在图像上进行优化，还原出噪声的真实颜色。

简单起见，我们用一幅只有两种颜色的图像来演示。如图 16-9 所示，上半部分是只有黑色与白色的原始图像，我们随机将其中 10% 的像素进行黑白反转，得到了下半部分带有噪声的图像。

图 16-9　原始图像与带噪图像

为了对图像添加噪声前后的状态建模，设图像上像素的真实颜色 $x_i\in\{-1,1\}$，添加噪声后观察到的颜色 $y_i\in\{-1,1\}$。由于不同像素的颜色是否翻转是相互独立的，某个像素的显示颜色 $y_i$ 只和其真实颜色 $x_i$ 有关，而与其他像素无关。对于像素间的关联，我们只考虑最简单的上下左右 4 像素。这样，图像的真实颜色 $x_i$ 与显示颜色 $y_i$ 就构成了一个马尔可夫网络，其结构如图 16-10 所示。下层的深色节点表示图像的真实颜色，上层的浅色节点表示图像的显示颜色。从图中可以看出，该网络中极大团只有两种，一种是相邻像素的真实颜色的关联 $\{x_i, x_j\}$，另一种是像素真实颜色与显示颜色的关联 $\{x_i, y_i\}$。在这样的网格状结构中，极大团的大小都是 2。接下来，我们需要为极大团设计能量函数。考虑到这些极大团的对称性，并忽略边缘处网络结构细微的不同，我们只需要为每种极大团设计一个函数，而不需要为每个极大团分别设计。

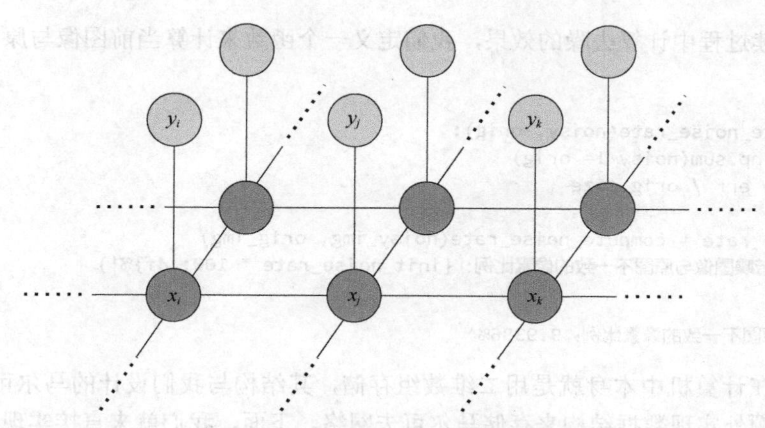


图 16-10 去噪任务的马尔可夫模型

首先考虑相邻像素的真实颜色间的关联，我们预计相邻像素的颜色应当较为相似。由于图像中只有两种颜色 −1 和 1，我们可以用相邻像素颜色的乘积 $x_ix_j$ 来判断它们是否相同。当颜色相同时，乘积为 1，反之为 −1。考虑到颜色相同时能量应当较低，我们用其乘积的相反数作为能量，即

$$E(x_i, x_j) = -\alpha x_i x_j$$

其中，$\alpha$ 是常数系数，且函数只对相邻的像素有定义。对于像素真实颜色与对应的显示颜色间的关联，我们期望像素的颜色没有被反转，显示颜色与真实颜色相同。因此，我们可以得到与上面相似的能量函数：

$$E(x_i, y_i) = -\beta x_i y_i$$

其中，$\beta$ 是另一个常数系数。记 $\mathcal{N}(x_i)$ 为像素 $x_i$ 相邻像素的集合，$N$ 为图像中像素的总数量，将能量函数对网络中所有的极大团求和，就得到总能量为

$$E(\boldsymbol{x}, \boldsymbol{y}) = -\frac{\alpha}{2}\sum_{i=1}^{N}\sum_{x_j \in \mathcal{N}(x_i)} x_i x_j - \beta \sum_{i=1}^{N} x_i y_i$$

式中的第一项由于相邻像素对的能量被计算了两遍，因此乘上了 $\frac{1}{2}$。

由于图像中像素数量 $N$ 往往较大，直接优化 $E(\boldsymbol{x}, \boldsymbol{y})$ 较为困难。考虑到问题中变量的取值范围很小，我们每次优化一个像素 $x_i$，判断改变 $x_i$ 的值是否可以降低网络的总能量。下面，我们就在图 16-9 展示的图像上动手实现用马尔可夫网络为图像去噪。

```
import matplotlib.image as mpimg
import matplotlib.pyplot as plt

# 读取原图
orig_img = np.array(mpimg.imread('origimg.jpg'), dtype=int)
orig_img[orig_img < 128] = -1 # 黑色设置为-1
orig_img[orig_img >= 128] = 1 # 白色设置为1

# 读取带噪图像
noisy_img = np.array(mpimg.imread('noisyimg.jpg'), dtype=int)
noisy_img[noisy_img < 128] = -1
noisy_img[noisy_img >= 128] = 1
```

为了在后续过程中计算去噪的效果，我们定义一个函数来计算当前图像与原图中不一致的像素比例。

```
def compute_noise_rate(noisy, orig):
    err = np.sum(noisy != orig)
    return err / orig.size

init_noise_rate = compute_noise_rate(noisy_img, orig_img)
print (f'带噪图像与原图不一致的像素比例: {init_noise_rate * 100:.4f}%')
```

```
带噪图像与原图不一致的像素比例: 9.9386%
```

由于图像在计算机中本身就是用二维数组存储，其结构与我们设计的马尔可夫网络相同，我们不需要再额外实现数据结构来存储马尔可夫网络。下面，我们就来直接实现逐像素优化的算法。在该算法中，优化每个像素时，能量的改变都是局部的。因此，我们只需要计算局部的能量变化，无须每次都重新计算整个网络的能量。

```
# 计算坐标(i, j)处的局部能量
def compute_energy(X, Y, i, j, alpha, beta):
    # X: 当前图像
    # Y: 带噪图像
    energy = -beta * X[i][j] * Y[i][j]
    # 判断坐标是否超出边界
    if i > 0:
        energy -= alpha * X[i][j] * X[i - 1][j]
    if i < X.shape[0] - 1:
        energy -= alpha * X[i][j] * X[i + 1][j]
    if j > 0:
        energy -= alpha * X[i][j] * X[i][j - 1]
    if j < X.shape[1] - 1:
        energy -= alpha * X[i][j] * X[i][j + 1]
    return energy
```

最后，我们定义超参数，并将图像去噪结果随训练轮数的变化绘制出来。可以看出，随着迭代进行，图像中在大范围色块内的噪声基本都消失了。

```
# 设置超参数
alpha = 2.1
beta = 1.0
max_iter = 5

# 逐像素优化
# 复制一份噪声图像，保持网络中的Y不变，只优化X
X = np.copy(noisy_img)
for k in range(max_iter):
    for i in range(X.shape[0]): # 枚举所有像素
        for j in range(X.shape[1]):
            # 分别计算当前像素取1和-1时的能量
            X[i, j] = 1
            pos_energy = compute_energy(X, noisy_img, i, j, alpha, beta)
            X[i, j] = -1
            neg_energy = compute_energy(X, noisy_img, i, j, alpha, beta)
            # 将该像素设置为使能量最低的值
            X[i, j] = 1 if pos_energy < neg_energy else -1

    # 展示图像并计算噪声率
```

```
plt.figure()
plt.axis('off')
plt.imshow(X, cmap='binary_r')
plt.show()
noise_rate = compute_noise_rate(X, orig_img) * 100
print(f'迭代轮数: {k}, 噪声率: {noise_rate:.4f}%')
```

迭代轮数：0，噪声率：0.5632%

迭代轮数：1，噪声率：0.4071%

迭代轮数：2，噪声率：0.3993%

迭代轮数：3，噪声率：0.3979%

迭代轮数：4，噪声率：0.3975%

如果图像的图案更复杂、色彩更丰富，也可以使用类似的方法去噪，但是通常需要我们使用先验知识，设计更复杂的网络结构和能量函数。例如考虑彩色图像中的颜色渐变、考虑更大范围像素之间的关联等。在此例中，当黑色与白色给出的能量相同时，我们默认将其设置为白色。对于更复杂的情况，我们可以为每个像素单独设置一个能量函数 $E(x_i)$，表示其颜色具有的能量，以此来规定图像整体的颜色偏好。

## 16.6　小结

本章仅介绍了概率图模型的最基本概念，它作为一种机器学习建模工具，具有广阔的应用范围。读者可以参阅 *Pattern Recognition and Machine Learning* [1] 第 8 章或者《概率图模型：原理与技术》[2] 来更深入地学习关于概率图模型的技术。本章主要讲述了两种概率图模型——贝叶斯网络和马尔可夫网络。这两种网络分别用有向图和无向图来表示变量间的依赖关系，适用于不同的场景。贝叶斯网络以贝叶斯推断为基础，由先验分布导出后验分布。在如今需要随机性的深度学习任务中，由贝叶斯网络衍生出的深度贝叶斯网络有重要的应用。马尔可夫网络表达变量间的双向依赖，事实上，它也是从一种特殊的有向图中得来的，这种有向图称作马尔可夫链（Markov chain）。在马尔可夫链中，变量之间可以以一定概率互相转移，当转移达到稳态时，图中的每个节点转入和转出的部分相等，从而可以看作一个无向图。由马尔可夫链建模的马尔可夫过程、马尔可夫决策过程等是强化学习的基础，感兴趣的读者可以在掌握了一定机器学习基础后，继续学习强化学习的内容。

**习题**

（1）以下关于概率图模型的说法错误的是（　　）。

A. 图分为有向图和无向图两种，分别表示变量间的单向和双向依赖关系

B. 概率图的有效建立往往需要人的先验知识

C. 由贝叶斯网络导出的 MAP 和 MLE 解是等价的

D. 在马尔可夫网络中，势能越高的状态出现的概率越低

（2）以下关于条件独立的说法，不正确的是（　　）。

A. 条件独立的定义是：考虑 3 个变量 $a$、$b$ 和 $c$，假设给定 $b$ 和 $c$ 的情况下，$a$ 的条件分布不依赖于 $b$ 的值，则在给定 $c$ 的情况下 $a$ 条件独立于 $b$

B. 在图模型的尾对尾结构中，当父节点未被观测到时，其子节点不会条件独立

C. 在图模型的头对尾结构中，当中间节点未被观测到时，其两头的节点不会条件独立

D. 在图模型的头对头结构中，当子节点未被观测到时，其父节点不会条件独立

（3）在线性模型中，假设参数 $\boldsymbol{w}$ 的先验分布是偏移参数 $\boldsymbol{\mu}=0$、尺度参数为 $b$ 的拉普拉斯分布，其概率密度函数为

$$p(\boldsymbol{w}\mid\boldsymbol{\mu}=0,b)=\frac{1}{2b}\mathrm{e}^{-\frac{|\boldsymbol{w}|}{b}}$$

仿照 16.1 节中的推导，利用 MAP 求解此时的优化目标。这个目标相当于为线性模型添加了什么正则化约束？

（4）把一句话中的每个词看作一个单元，为了构成完整的具有语义的句子，这些单元之间必然存在关联。这种关联用哪种概率模型描述更合适？简要画出相应的概率图。

（5）如果要扩展图像去噪中像素之间的关联，认为任意一个像素和周围的 8 个像素有关，对应的马尔可夫网络和能量函数要怎样变化？修改相应的代码，观察去噪结果是否有变化。

（6）在“The 20 Newsgroups”数据集中，各个新闻事实上还包含了标题、脚注、引用等信息，而这些信息常常含有大量提示主题的关键词。因此，是否包含这些信息对分类准确率的影响非常大。阅读文档，在 `fetch_20newsgroups_vectorized` 函数中添加 `remove` 参数，把相关的主题信息移除，观察分类准确率的变化。在现实场景中，我们是否能获取到这些信息？这对我们利用机器学习完成实际中的任务有什么启示？

## 16.7 参考文献

[1] BISHOP C M, NASRABADI N M. Pattern recognition and machine learning[M]. New York: Springer, 2006.

[2] 科勒，弗里德曼 . 概率图模型：原理与技术 [M]. 王飞跃，韩素青，译 . 北京：清华大学出版社，2015.

# 第17章

# EM 算法

在本章中，我们继续介绍概率相关模型的算法。在前面的章节中，我们已经讲解了贝叶斯网络与最大似然估计（MLE）。设数据集的样本为 $\boldsymbol{x}_1, \cdots, \boldsymbol{x}_N$，标签为 $y_1, \cdots, y_N$，我们用 $\boldsymbol{X}$ 和 $\boldsymbol{y}$ 分别表示全体样本和全体标签。对于监督学习的任务，我们可以通过最大化对数似然 $l(\boldsymbol{w}) = \log P(\boldsymbol{y} | \boldsymbol{X}, \boldsymbol{w})$ 来求解模型的参数 $\boldsymbol{w}$；而对于无监督学习的任务，我们要求解样本 $\boldsymbol{X}$ 的分布。这时，我们通常需要先假设数据服从某种分布，再求解这个分布的参数。例如假设数据呈现高斯分布 $\mathcal{N}(\boldsymbol{\mu}, \boldsymbol{\Sigma})$，然后可以通过 MLE 的方式来求得最佳的高斯分布参数 $\boldsymbol{\mu}$ 和 $\boldsymbol{\Sigma}$。

更进一步思考，真实世界的数据分布往往较为复杂，其背后也往往具有一定的结构性，直接使用一个概率分布模型无法有效刻画数据分布。例如，我们可以假设数据服从高斯混合模型（Gaussian mixture model，GMM）即 $\mathcal{N}(\boldsymbol{\mu}_1, \boldsymbol{\Sigma}_1, \cdots, \boldsymbol{\mu}_k, \boldsymbol{\Sigma}_k)$，该模型是由 $k$ 个相互独立的高斯分布 $\mathcal{N}_i(\boldsymbol{\mu}_i, \boldsymbol{\Sigma}_i)(i = 1, \cdots, k)$ 组合而成的，数据集中的每个样本 $\boldsymbol{x}_j$ 都从其中的某个高斯分布采样得到。在现实生活中，符合 GMM 的数据集有很多。例如，我们统计了某学校中所有学生的身高。通常认为，人的身高是在某个均值附近的高斯分布，然而男生和女生身高的均值是不同的。因此，我们可以认为男生身高和女生身高分别服从不同的高斯分布，而总的数据集就符合 GMM。

在 GMM 中，我们要求解的参数共有两种，一种是每个高斯分布的参数 $\boldsymbol{\mu}_i$ 和 $\boldsymbol{\Sigma}_i$，另一种是每个高斯分布在 GMM 中的占比。记 $z \in 1, \cdots, k$ 是高斯分布的编号，$z$ 出现的次数越多，从分布 $\mathcal{N}(\boldsymbol{\mu}_z, \boldsymbol{\Sigma}_z)$ 采样的数据在数据集中的占比就越大。所以，后者相当于求解 $z$ 的多项分布 $p(z)$。

从贝叶斯网络的角度来看，上面的分析过程建立了图 17-1 所示的贝叶斯网络。其中，$\boldsymbol{\phi}$ 是多项分布 $p(z)$ 的参数，$z$ 取 $1, \cdots, k$ 的概率分别是 $\phi_1, \cdots, \phi_k$。而对每个样本 $\boldsymbol{x}_i$，我们先从多项分布中采样 $z_i$，确定样本属于哪个高斯分布，再从该高斯分布 $\mathcal{N}(\boldsymbol{\mu}_{z_i}, \boldsymbol{\Sigma}_{z_i})$ 中采样出样本 $\boldsymbol{x}_i$。于是，我们可以利用中间变量 $z$ 把 $\boldsymbol{x}$ 的分布拆分为 $p(\boldsymbol{x}) = p(\boldsymbol{x} | z) p(z)$。

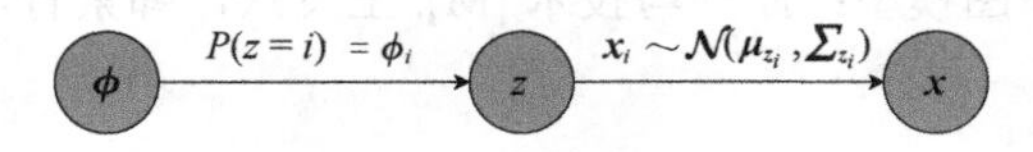


图 17-1　高斯混合模型的贝叶斯网络

按照 MLE 的思想，参数的似然就是在此参数条件下出现观测到的数据分布的概率，即 $L(\boldsymbol{\phi}, \boldsymbol{\mu}, \boldsymbol{\Sigma}) = P(\boldsymbol{X} | \boldsymbol{\phi}, \boldsymbol{\mu}, \boldsymbol{\Sigma})$。我们将似然取对数，得到

$$
\begin{aligned}
l(\boldsymbol{\phi},\boldsymbol{\mu},\boldsymbol{\Sigma}) &= \log L(\boldsymbol{\phi},\boldsymbol{\mu},\boldsymbol{\Sigma}) = \log P(\boldsymbol{X} \mid \boldsymbol{\phi},\boldsymbol{\mu},\boldsymbol{\Sigma}) \\
&= \log \prod_{i=1}^{N} P(\boldsymbol{x}_i \mid \boldsymbol{\phi},\boldsymbol{\mu},\boldsymbol{\Sigma}) \\
&= \sum_{i=1}^{N} \log P(\boldsymbol{x}_i \mid \boldsymbol{\phi},\boldsymbol{\mu},\boldsymbol{\Sigma}) \\
&= \sum_{i=1}^{N} \log \sum_{j=1}^{k} P(\boldsymbol{x}_i \mid z=j,\boldsymbol{\mu}_j,\boldsymbol{\Sigma}_j) P(z=j \mid \phi_j) \\
&= \sum_{i=1}^{N} \log \sum_{j=1}^{k} \mathcal{N}(\boldsymbol{x}_i \mid \boldsymbol{\mu}_j,\boldsymbol{\Sigma}_j)\phi_j
\end{aligned}
$$

为了求出使对数似然最大化的参数，我们需要令对数似然对 3 个参数的梯度均为零：

$$\nabla_{\boldsymbol{\phi}} l(\boldsymbol{\phi},\boldsymbol{\mu},\boldsymbol{\Sigma}) = \boldsymbol{0},\ \ \nabla_{\boldsymbol{\mu}} l(\boldsymbol{\phi},\boldsymbol{\mu},\boldsymbol{\Sigma}) = \boldsymbol{0},\ \ \nabla_{\boldsymbol{\Sigma}} l(\boldsymbol{\phi},\boldsymbol{\mu},\boldsymbol{\Sigma}) = \boldsymbol{0}$$

然而，上述方程的求解非常复杂，并且没有解析解，因此，我们需要寻找其他方法求解。本章介绍的 EM 算法是一种求解复杂分布参数的通用算法。

## 17.1 高斯混合模型的EM算法

我们在最开始为了拆分 $\boldsymbol{X}$ 的分布引入了中间变量 $z$，用来指示每个样本属于哪个高斯分布，而 $z$ 的分布就是混合高斯分布中每个分布的占比。像这样虽然不能直接被观测到、但是可以直接影响最后观测结果的变量，就称为隐变量（latent variable）。通常来说，隐变量比可观测的变量更本质。因此，我们经常会用引入隐变量的方法来把复杂的问题简单化。同时，隐变量也对问题的求解有关键作用。在对数似然的表达式中，如果每个样本 $\boldsymbol{x}_i$ 所属的高斯分布编号 $z_i$ 已知，那么推导的倒数第二步中 $P(\boldsymbol{x}_i \mid z=j,\boldsymbol{\mu}_j,\boldsymbol{\Sigma}_j)$ 一项在 $j \neq z_i$ 时就变为 0。因此，对数似然可以写为

$$
\begin{aligned}
l(\boldsymbol{\phi},\boldsymbol{\mu},\boldsymbol{\Sigma}) &= \sum_{i=1}^{N} \log P(\boldsymbol{x}_i \mid z=z_i,\boldsymbol{\mu}_i,\boldsymbol{\Sigma}_i) P(z=z_i \mid \boldsymbol{\phi}) \\
&= \sum_{i=1}^{N} (\log \mathcal{N}(\boldsymbol{x}_i \mid \boldsymbol{\mu}_i,\boldsymbol{\Sigma}_i) + \log \phi_{z_i})
\end{aligned}
$$

求这一函数的最大值就相对容易了。首先，由于 $z$ 已知，其多项分布的参数 $\boldsymbol{\phi}$ 可以直接通过统计数据集中属于每个高斯分布的样本比例得到：

$$N_i = \sum_{j=1}^{N} \mathbb{I}(z_j = i)$$

$$\phi_i = \frac{N_i}{N}$$

其中，$N_i$ 表示数据集中属于第 $i$ 个高斯分布的样本数目。每个高斯分布之间的参数是相互独立的，并且在 $z$ 已知的条件下，它们也和 $\boldsymbol{\phi}$ 独立。这一点从图 17-1 的贝叶斯网络示意图中也可以看出来，当中间的节点 $z$ 已知时，左右两端的节点之间不存在依赖关系。高斯分布的参数分别

是均值和协方差，二者也可以从数据集中属于该分布的样本直接计算出来：

$$\boldsymbol{\mu}_i = \frac{1}{N_i}\sum_{j=1}^{N}\mathbb{I}(z_j = i)\boldsymbol{x}_j$$

$$\boldsymbol{\Sigma}_i = \frac{1}{N_i - 1}\sum_{j=1}^{N}\mathbb{I}(z_j = i)(\boldsymbol{x}_j - \boldsymbol{\mu}_i)^{\mathrm{T}}(\boldsymbol{x}_j - \boldsymbol{\mu}_i)$$

求和中每一项的因子 $\mathbb{I}(z_j = i)$ 是为了筛选出属于第 $i$ 个高斯分布的样本。如果样本 $\boldsymbol{x}_j$ 不属于分布 $i$，那么这一项就为 0，对求和没有贡献。如果我们已知的是隐变量 $z$ 的分布 $q(z|\boldsymbol{x})$，即第 $j$ 个样本 $\boldsymbol{x}_j$ 属于第 $i$ 个高斯分布的概率是 $q(z=i|\boldsymbol{x}_j)$，那么上述 3 个公式也分别相应地改为

$$\phi_i = \frac{1}{N}\sum_{j=1}^{N} q(z=i|\boldsymbol{x}_j)$$

$$\boldsymbol{\mu}_i = \frac{1}{N\phi_i}\sum_{j=1}^{N} q(z=i|\boldsymbol{x}_j)\boldsymbol{x}_j$$

$$\boldsymbol{\Sigma}_i = \frac{1}{(N-1)\phi_i}\sum_{j=1}^{N} q(z=i|\boldsymbol{x}_j)(\boldsymbol{x}_j - \boldsymbol{\mu}_i)^{\mathrm{T}}(\boldsymbol{x}_j - \boldsymbol{\mu}_i)$$

反过来考虑，如果我们已经知道了分布的参数 $\boldsymbol{\phi}$、$\boldsymbol{\mu}$ 和 $\boldsymbol{\Sigma}$，我们同样也可以推断出每个样本 $\boldsymbol{x}_i$ 属于第 $j$ 个高斯分布的概率 $P(z_i = j|\boldsymbol{x}_i,\boldsymbol{\phi},\boldsymbol{\mu},\boldsymbol{\Sigma})$。根据贝叶斯公式可以得到 $z$ 的后验分布为

$$\begin{aligned} P(z_i = j|\boldsymbol{x}_i,\boldsymbol{\phi},\boldsymbol{\mu},\boldsymbol{\Sigma}) &= \frac{P(\boldsymbol{x}_i|z_i = j,\boldsymbol{\mu},\boldsymbol{\Sigma})P(z_i = j|\boldsymbol{\phi})}{P(\boldsymbol{x}_i,\boldsymbol{\phi},\boldsymbol{\mu},\boldsymbol{\Sigma})} \\ &= \frac{P(\boldsymbol{x}_i|z_i = j,\boldsymbol{\mu}_j,\boldsymbol{\Sigma}_j)P(z_i = j|\boldsymbol{\phi})}{\sum_{l=1}^{k} P(\boldsymbol{x}_i|z_i = l,\boldsymbol{\mu}_l,\boldsymbol{\Sigma}_l)P(z_i = l|\boldsymbol{\phi})} \\ &= \frac{\mathcal{N}(\boldsymbol{x}_i|\boldsymbol{\mu}_j,\boldsymbol{\Sigma}_j)\phi_j}{\sum_{l=1}^{k}\mathcal{N}(\boldsymbol{x}_i|\boldsymbol{\mu}_l,\boldsymbol{\Sigma}_l)\phi_l} \end{aligned}$$

在各个参数已知的情况下，分子分母都可以直接计算出来。到此为止，看起来我们似乎在进行循环论证，在已知 $z$ 的前提下可以计算出参数 $\boldsymbol{\phi}$、$\boldsymbol{\mu}$ 和 $\boldsymbol{\Sigma}$，而在已知参数的前提下可以计算出 $z$，但是这两者都是未知的。因此，我们可以采用之前用过许多次的近似方式，先固定其中一方来优化另一方，再反过来固定另一方，如此迭代，这就形成了 EM 算法的基本思想。具体在本例中，EM 算法每一次迭代由以下两步构成。

（1）期望步骤（E-step）：固定各个参数，由数据集中的样本统计计算隐变量 $z$ 的后验分布 $p(z|\boldsymbol{X},\boldsymbol{\phi},\boldsymbol{\mu},\boldsymbol{\Sigma})$。

（2）最大化步骤（M-step）：固定隐变量，最大化参数的对数似然 $l(\boldsymbol{\phi},\boldsymbol{\mu},\boldsymbol{\Sigma})$。

由于两步分别计算样本的统计期望和最大化参数的对数似然，这样交替优化隐变量和参数的方法就称为期望最大化算法（Expectation-maximization algorithm），简称 EM 算法。

## 17.2 动手求解GMM来拟合数据分布

虽然 GMM 是由高斯分布组成的，然而理论上它可以用来拟合任意的数据分布。图 17-2(a) 是由 $y = \sin x$ 加上随机的高斯噪声生成的数据，显然这些数据并不符合高斯分布。如果我们试图用两个高斯分布来拟合数据，如图 17-2（b）所示，每个椭圆形区域表示拟合出的一个高斯分布，可以看出该结果与实际数据偏差仍然较大。但是，当我们继续增加 GMM 中高斯分布的数目时，拟合结果也会越来越精确。图 17-2（c）和图 17-2（d）分别展示了用 5 个和 10 个高斯分布拟合出的结果，已经可以基本覆盖所有的数据点，且几乎没有多出的区域。事实上我们可以证明，任何数据分布都可以用 GMM 来无限逼近。而在现实场景中，由于高斯分布简单易算、性质良好，GMM 也就成为了最常用的模型之一。

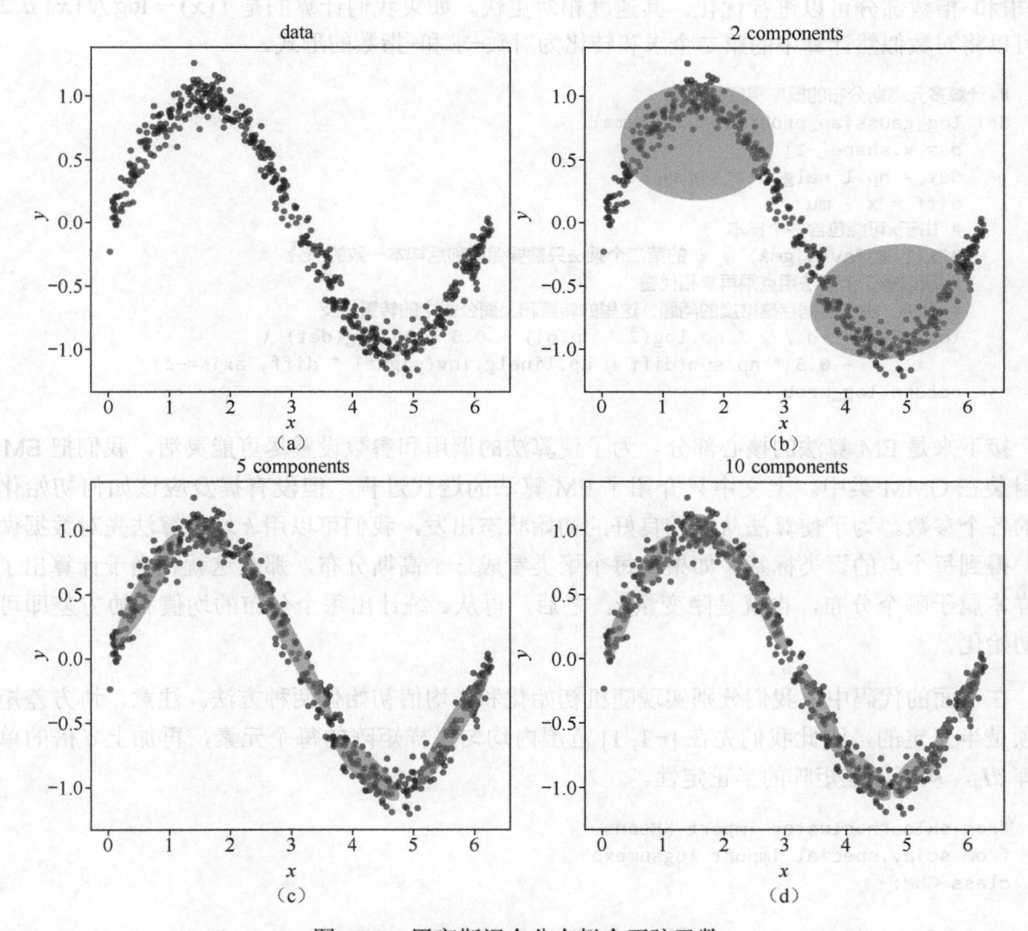


图 17-2　用高斯混合分布拟合正弦函数

从图 17-2 的拟合结果中还可以发现，如果我们有一组分布未知的数据，并且还希望能按照同样的分布生成一些新的数据，那么也可以先用 GMM 对数据进行拟合，再由它来继续做数据生成。因此，从数据中拟合 GMM 就变得十分重要。下面，我们就来用在 17.1 节中介绍的 EM 算法来求解 GMM 模型。简单起见，我们采用与图 17-2（a）相同的正弦数据集。

```
import numpy as np
import matplotlib.pyplot as plt

X = np.loadtxt('sindata.csv', delimiter=',')
```

在实现 EM 算法之前，我们先来定义计算高斯分布概率密度 $\mathcal{N}(\boldsymbol{x}\mid\boldsymbol{\mu},\boldsymbol{\Sigma})$ 的函数。设 $\boldsymbol{x}\in\mathbb{R}^d$，那么概率密度的表达式为

$$\mathcal{N}(\boldsymbol{x}\mid\boldsymbol{\mu},\boldsymbol{\Sigma})=\frac{1}{\sqrt{(2\pi)^d\,|\boldsymbol{\Sigma}|}}\mathrm{e}^{-\frac{1}{2}(x-\mu)^{\mathrm{T}}\Sigma^{-1}(x-\mu)}$$

其中，$|\boldsymbol{\Sigma}|$ 表示矩阵 $\boldsymbol{\Sigma}$ 的行列式，可以用 `numpy.linalg` 中的工具直接计算得到。此外，我们通常会计算概率密度的对数而非概率密度本身，这是因为形如 $\log\sum_x \mathrm{e}^{f(x)}$ 的式子在计算时，对数-求和-指数部分可以进行优化，其速度相对更快。如果我们计算的是 $f(\boldsymbol{x})=\log\mathcal{N}(\boldsymbol{x}\mid\boldsymbol{\mu},\boldsymbol{\Sigma})$，就可以将对数似然计算中的第二个求和转化为对数-求和-指数的形式。

```
# 计算多元高斯分布的概率密度的对数
def log_gaussian_prob(x, mu, sigma):
    d = x.shape[-1]
    det = np.linalg.det(sigma)
    diff = x - mu
    # 由于x可能包含多个样本
    # x.T @ inv(sigma) @ x 的第二个乘法只需要保留前后样本一致的部分
    # 所以第二个乘法用点乘再求和代替
    # 此外，由于数据存储维度的问题，这里的转置和上面公式中的转置相反
    log_prob = -d / 2 * np.log(2 * np.pi) - 0.5 * np.log(det) \
             - 0.5 * np.sum(diff @ np.linalg.inv(sigma) * diff, axis=-1)
    return log_prob
```

接下来是 EM 算法的核心部分。为了使算法的调用和参数设置尽可能灵活，我们把 EM 算法封装在 GMM 类中。上文中只介绍了 EM 算法的迭代过程，但没有提及应该如何初始化算法的各个参数。为了使算法从比较良好的初始状态出发，我们可以用 $k$ 均值算法先对数据做聚类，得到每个点的聚类标签。如果将每个聚类看成一个高斯分布，那么这就相当于计算出了每个样本属于哪个分布，也就是隐变量 $z$。之后，再从 $z$ 统计出每个分布的均值和协方差即可完成初始化。

在下面的代码中，我们分别实现随机初始化和 $k$ 均值初始化两种方法。注意，协方差矩阵必须是半正定的，因此我们先在 $[-1, 1]$ 范围内均匀采样矩阵的每个元素，再加上 $d$ 倍的单位矩阵 $d\boldsymbol{I}_d$，从而保证矩阵的半正定性。

```
from sklearn.cluster import KMeans
from scipy.special import logsumexp
class GMM:

    def __init__(self, n_components=2, eps=1e-4, max_iter=100, init='random'):
        # n_components: GMM中高斯分布的数目
        # eps: 迭代精度，当对数似然的变化小于eps时迭代终止
        # max_iter: 最大迭代次数
        # init: 初始化方法，random或kmeans
        self.k = n_components
        self.eps = eps
        self.max_iter = max_iter
```

```
        self.init = init
        self.phi = None # 隐变量的先验分布，即每个高斯分布的占比
        self.means = None # 每个高斯分布的均值
        self.covs = None # 每个高斯分布的协方差

    def EM_fit(self, X):
        # 用EM算法求解GMM的参数
        # 参数初始化
        if self.init == 'random':
            self._random_init_params(X)
        elif self.init == 'kmeans':
            self._kmeans_init_params(X)
        else:
            raise NotImplementedError
        ll = self._calc_log_likelihood(X) # 当前的对数似然
        n, d = X.shape
        # 开始迭代
        qz = np.zeros((n, self.k)) # z的后验分布
        for t in range(self.max_iter):
            # E步骤，更新后验分布
            for i in range(self.k):
                # 计算样本属于第i类的概率
                log_prob = log_gaussian_prob(X, self.means[i], self.covs[i])
                qz[:, i] = self.phi[i] * np.exp(log_prob)
            # 归一化
            qz = qz / np.sum(qz, axis=1).reshape(-1, 1)

            # M步骤，统计更新参数，最大化对数似然
            self.phi = np.sum(qz, axis=0) / n # 更新隐变量分布
            for i in range(self.k):
                # 更新均值
                self.means[i] = np.sum(qz[:, i, None] * X, axis=0) \
                    / n / self.phi[i]
                # 更新协方差
                diff = X - self.means[i]
                self.covs[i] = (qz[:, i, None] * diff).T @ diff \
                    / (n - 1) / self.phi[i]

            # 判断对数似然是否收敛
            new_ll = self._calc_log_likelihood(X)
            # assert new_ll >= ll, new_ll
            if new_ll - ll <= self.eps:
                break
            ll = new_ll

    def _calc_log_likelihood(self, X):
        # 计算当前的对数似然
        ll = 0
        for i in range(self.k):
            log_prob = log_gaussian_prob(X, self.means[i], self.covs[i])
            # 用logsumexp简化计算
            # 该函数底层对对数-求和-指数形式的运算做了优化
            ll += logsumexp(log_prob + np.log(self.phi[i]))
        return ll

    def _random_init_params(self, X):
        self.phi = np.random.uniform(0, 1, self.k) # 随机采样phi
        self.phi /= np.sum(self.phi)
```

```
        self.means = np.random.uniform(np.min(X), np.max(X),
            (self.k, X.shape[1])) # 随机采样均值
        self.covs = np.random.uniform(-1, 1,
            (self.k, X.shape[1], X.shape[1])) # 随机采样协方差
        self.covs += np.eye(X.shape[1]) * X.shape[1] # 加上维度倍的单位矩阵

    def _kmeans_init_params(self, X):
        # 用Kmeans算法初始化参数
        # 简单起见，我们直接调用sklearn库中的Kmeans方法
        kmeans = KMeans(n_clusters=self.k, init='random', random_state=0).fit(X)
        # 计算高斯分布占比
        data_in_cls = np.bincount(kmeans.labels_, minlength=self.k)
        self.phi = data_in_cls / len(X)
        # 计算均值和协方差
        self.means = np.zeros((self.k, X.shape[1]))
        self.covs = np.zeros((self.k, X.shape[1], X.shape[1]))
        for i in range(self.k):
            # 取出属于第i类的样本
            X_i = X[kmeans.labels_ == i]
            self.means[i] = np.mean(X_i, axis=0)
            diff = X_i - self.means[i]
            self.covs[i] = diff.T @ diff / (len(X_i) - 1)
```

最后，我们设置好超参数，用 GMM 模型拟合正弦数据集，并绘图观察拟合效果。由于绘图过程要用到从协方差矩阵计算椭圆参数、用 matplotlib 中的工具绘制椭圆等方法，较为复杂，我们在这里直接给出绘制椭圆的函数和使用方法，不再具体讲解绘制过程。我们分别用 2、3、5、10 个高斯分布和两种初始化方法进行拟合，并把结果画在一起进行对比。

```
import matplotlib as mpl

def plot_elipses(gmm, ax):
    # 绘制椭圆
    # gmm: GMM模型
    # ax: matplotlib的画布
    covs = gmm.covs
    for i in range(len(covs)):
        # 计算椭圆参数
        cov = covs[i][:2, :2]
        v, w = np.linalg.eigh(cov)
        u = w[0] / np.linalg.norm(w[0])
        ang = np.arctan2(u[1], u[0])
        ang = ang * 180 / np.pi
        v = 2.0 * np.sqrt(2.0) * np.sqrt(v)
        # 设置椭圆的绘制参数
        # facecolor和edgecolor分别是填充颜色和边缘颜色
        # 可以自由调整
        elp = mpl.patches.Ellipse(gmm.means[i, :2], v[0], v[1],
            180 + ang, facecolor='orange', edgecolor='none')
        elp.set_clip_box(ax.bbox)
        # 设置透明度
        elp.set_alpha(0.5)
        ax.add_artist(elp)

# 超参数
max_iter = 100
eps = 1e-4
np.random.seed(0)
```

```
n_components = [2, 3, 5, 10]
inits = ['random', 'kmeans']
fig = plt.figure(figsize=(13, 25))
for i in range(8):
    ax = fig.add_subplot(4, 2, i + 1)
    # 绘制原本的数据点
    ax.scatter(X[:, 0], X[:, 1], color='blue', s=10, alpha=0.5)
    # 初始化并拟合GMM
    k = n_components[i // 2]
    init = inits[i % 2]
    gmm = GMM(k, eps, max_iter, init)
    gmm.EM_fit(X)
    # 绘制椭圆
    plot_elipses(gmm, ax)
    ax.set_title(f'{k} components, {init} init')
plt.show()
```

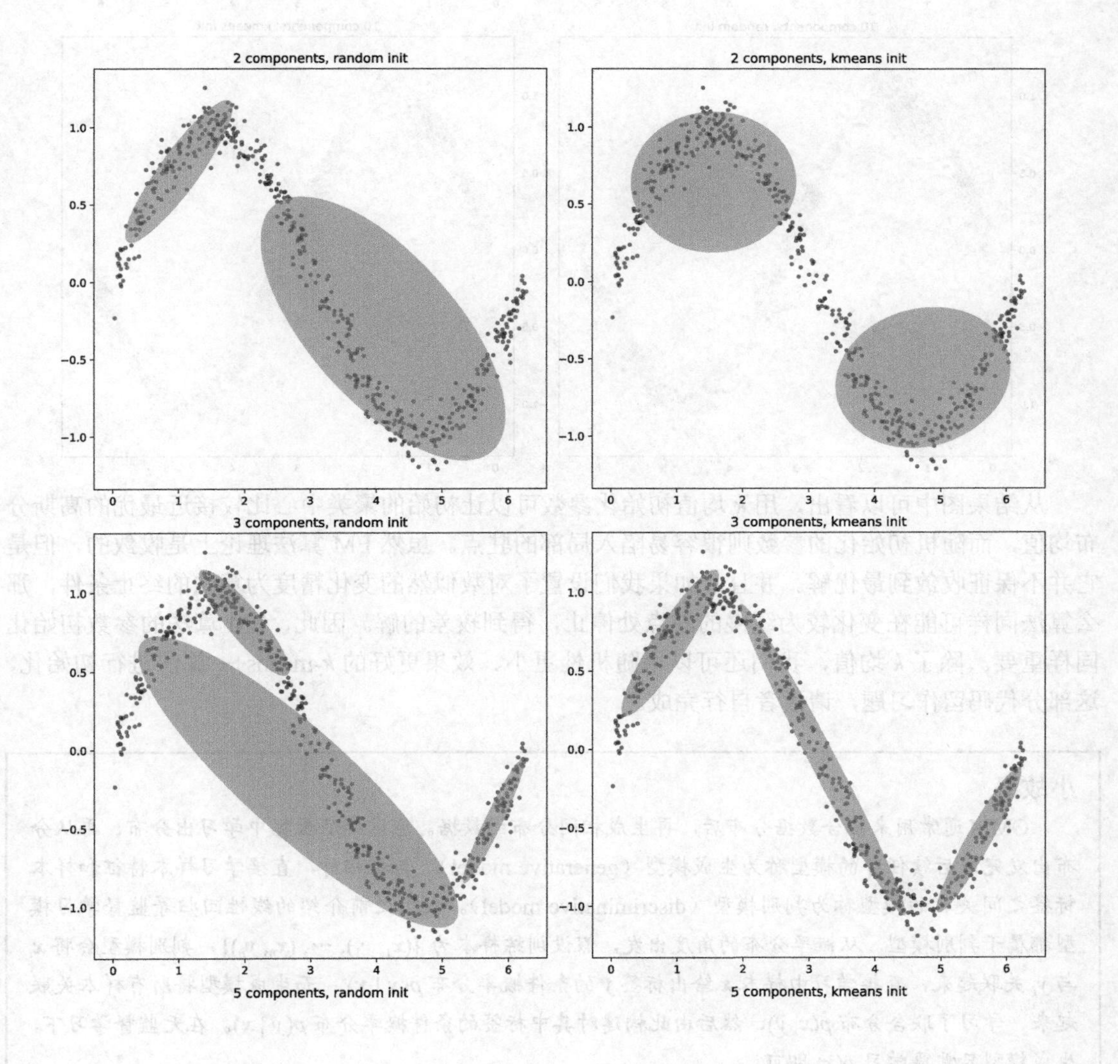

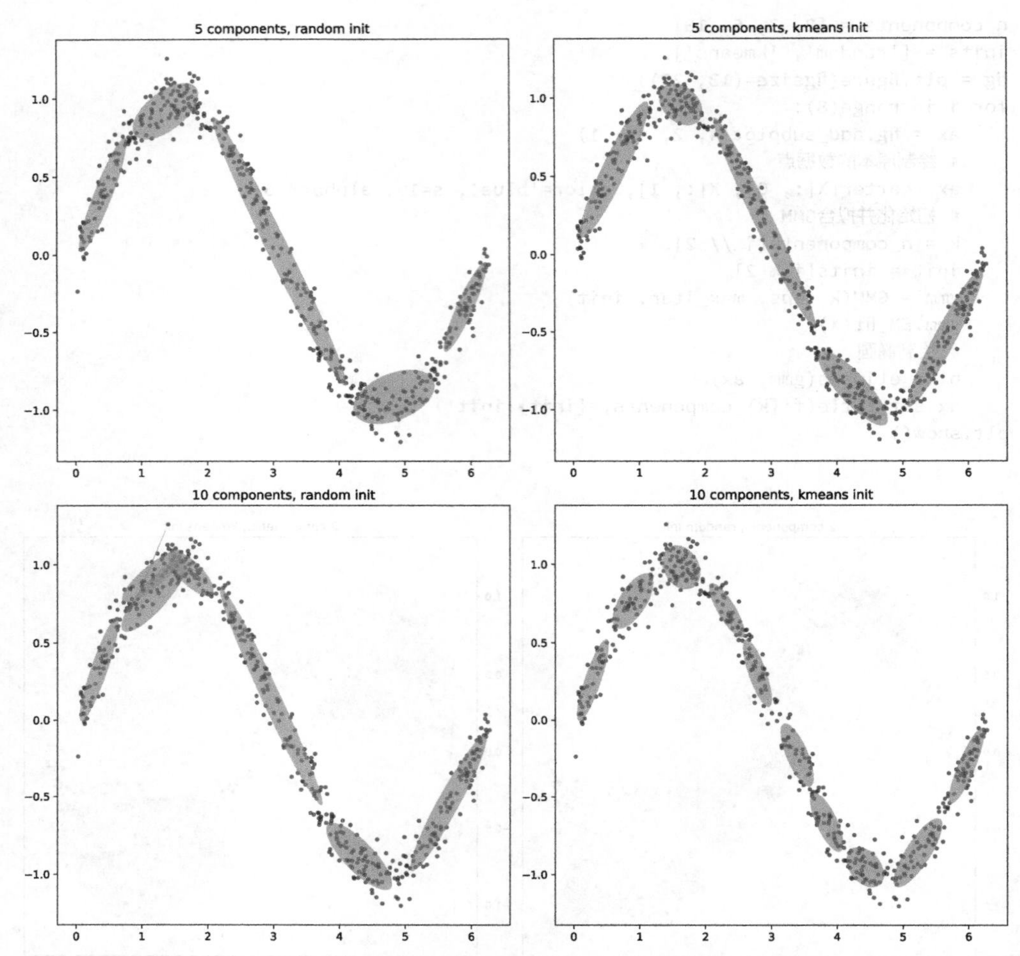


从结果图中可以看出，用 $k$ 均值初始化参数可以让初始的聚类中心比较接近最优的高斯分布均值，而随机初始化的参数则很容易陷入局部的驻点。虽然 EM 算法理论上是收敛的，但是它并不保证收敛到最优解。并且，如果我们设置了对数似然的变化精度为算法的终止条件，那么算法同样可能在变化较为缓慢的驻点处停止，得到较差的解。因此，EM 算法的参数初始化同样重要。除了 $k$ 均值，我们还可以用随机性更小、效果更好的 $k$-means++ 算法进行初始化，这部分代码留作习题，请读者自行完成。

### 小故事

GMM 通常用来拟合数据分布后，再生成相同分布的数据。像这样从数据中学习出分布、再从分布出发完成后续任务的模型称为生成模型（generative model）。与之相对，直接学习样本特征和样本标签之间关联的模型称为判别模型（discriminative model）。我们之前介绍的线性回归等监督学习模型都属于判别模型。从概率分布的角度出发，假设训练样本为 $\{(\boldsymbol{x}_1, y_1), \cdots, (\boldsymbol{x}_n, y_n)\}$，判别模型会将 $\boldsymbol{x}_i$ 与 $y_i$ 关联起来，直接学习由样本 $\boldsymbol{x}$ 给出标签 $y$ 的条件概率分布 $p(y \mid \boldsymbol{x})$；而生成模型将所有样本关联起来，学习了联合分布 $p(\boldsymbol{x}, y)$，然后由此构建对其中标签的条件概率分布 $p(y \mid \boldsymbol{x})$。在无监督学习下，生成模型只需要学习 $p(\boldsymbol{x})$ 即可。

在现代深度学习中，生成模型同样有广泛的应用。2013 年，迪德里克·金马（Diederik Kingma）和马克斯·韦林（Max Welling）提出了变分自编码器；2014 年，伊恩·古德费洛（Ian Goodfellow）提出了划时代的生成对抗网络。这两类模型衍生出了许多算法，让生成模型在深度学习时代保有了自己的一席之地。如今，最新的扩散模型在图像任务上取得了令人震惊的效果，并催生了足以以假乱真的人工智能绘画。用于文本任务的生成式预训练 Transformer 可以生成高质量的自然语言，以它为基础的 ChatGPT 掀起了新一轮人工智能热潮。

## 17.3 一般情况下的EM算法

扫码观看视频课程

对于更一般的、样本分布不服从 GMM 的情况，我们同样可以模仿 17.1 节中的步骤使用 EM 算法推进学习。设样本为 $\boldsymbol{x}_1, \cdots, \boldsymbol{x}_N$，隐变量为 $z$，样本服从参数为 $\theta$ 的某个分布 $p(\boldsymbol{X} \mid \theta)$，那么参数的对数似然为

$$
\begin{aligned}
l(\theta) &= \log P(\boldsymbol{X} \mid \theta) = \log \prod_{i=1}^{N} P(\boldsymbol{x}_i \mid \theta) \\
&= \sum_{i=1}^{N} \log \sum_{z_i} P(\boldsymbol{x}_i, z_i \mid \theta)
\end{aligned}
$$

上式的第二个求和是对隐变量 $z_i$ 的所有可能取值求和。如果隐变量连续，这里的求和应当改为积分。当每个样本的隐变量 $z$ 给定时，上式对 $z$ 的所有可能性求和就只剩下一项：

$$
l(\theta) = \sum_{i=1}^{N} \log P(\boldsymbol{x}_i, z_i \mid \theta) = \sum_{i=1}^{N} \log P(\boldsymbol{x}_i \mid z_i, \theta)
$$

其中，$z_i$ 表示样本 $\boldsymbol{x}_i$ 对应的隐变量的值。

然而，到此为止，我们并没有论证为什么 EM 算法是合理的。为什么可以假设隐变量已知？这样的迭代方式为何能给出收敛的结果？为了探究这一问题，我们从头考虑 MLE 的求解。我们不妨先对原本的 $l(\theta)$ 进行缩放，尝试求出其下界。设对每个样本 $\boldsymbol{x}_i$，隐变量 $z$ 的分布是 $q_i(z)$，对任意 $z$，满足归一性 $\sum_z q_i(z) = 1$ 和非负性 $q_i(z) \geqslant 0$。这样，对数似然可以写为

$$
\begin{aligned}
l(\theta) &= \sum_{i=1}^{N} \log \sum_{z_i} P(\boldsymbol{x}_i, z_i \mid \theta) \\
&= \sum_{i=1}^{N} \log \sum_{z_i} q_i(z_i) \frac{P(\boldsymbol{x}_i, z_i \mid \theta)}{q_i(z_i)}
\end{aligned}
$$

为了进行缩放，我们介绍一个重要的常用不等式：**延森不等式**（Jensen's inequality）。设函数 $f(x)$ 是凸函数，那么任取自变量 $x_1$、$x_2$ 和 $0 < \alpha < 1$，都有 $f(\alpha x_1 + (1-\alpha)x_2) \leqslant \alpha f(x_1) + (1-\alpha) f(x_2)$；反之，如果函数 $f(x)$ 是凹函数，那么任取自变量 $x_1$、$x_2$ 和 $0 < \alpha < 1$，都有 $f(\alpha x_1 + (1-\alpha)x_2) \geqslant \alpha f(x_1) + (1-\alpha) f(x_2)$。如果 $f(x)$ 是严格凸或凹函数，那么上式的不等号在 $x_1 \neq x_2$ 时严格成立；当且仅当 $x_1 = x_2$ 时，等号成立。

图 17-3 以 $\log x$ 的图像为例展示了延森不等式的含义。从图中可以看出，如果 $f(x)$ 是凹函

数，那么在图像上任意取两点连线，必定在函数曲线的下方。因此，自变量的组合 $x'=\alpha x_1+(1-\alpha)x_2$ 所对应的函数值 $f(x')$ 要高于函数值的组合 $\alpha f(x_1)+(1-\alpha)f(x_2)$。

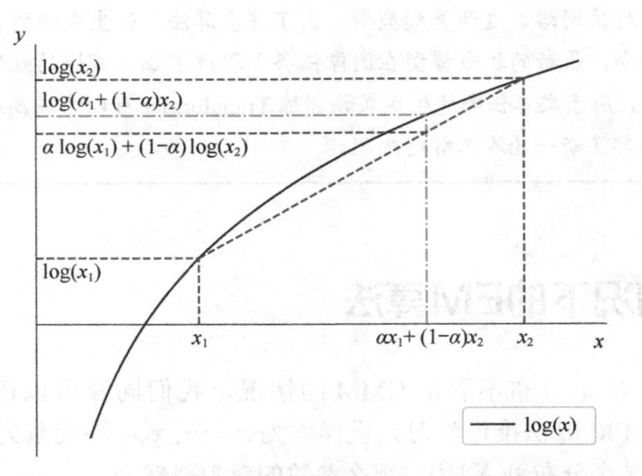


图 17-3　延森不等式的几何理解（以对数函数为例）

延森不等式还可以推广到多个点的情况。设 $f(x)$ 是凹函数，任取 $x_1,\cdots,x_n$ 及其组合系数 $0<\alpha_1,\cdots,\alpha_n<1$，且组合系数满足 $\sum_{i=1}^{n}\alpha_i=1$，那么

$$f(\alpha_1 x_1+\cdots+\alpha_n x_n)\geqslant \alpha_1 f(x_1)+\cdots+\alpha_n f(x_n)$$

我们注意到，在上述对数似然的表达式中，$\log x$ 是凹函数，内部求和的系数 $q_i(z_i)$ 之和为 1，于是，由延森不等式可得

$$l(\theta)=\sum_{i=1}^{N}\log\sum_{z_i}q_i(z_i)\frac{P(\boldsymbol{x}_i,z_i\mid\theta)}{q_i(z_i)}\geqslant\sum_{i=1}^{N}\sum_{z_i}q_i(z_i)\log\frac{P(\boldsymbol{x}_i,z_i\mid\theta)}{q_i(z_i)}$$

上式给出了对数似然的下界。虽然最大化 $l(\theta)$ 较为困难，但是如果我们能提升其下界，就能为 $l(\theta)$ 的值提供最低保证。如果下界不断提升，那么最后的 $l(\theta)$ 就很可能接近其真正的最大值。因此，我们需要设法选取合适的 $q_i(z)$，使其下界尽可能大。从延森不等式的形式中容易看出，如果 $x_1=x_2=\cdots=x_n$，不等式显然可以取到等号。而在下界的表达式中，$\frac{P(\boldsymbol{x}_i,z_i\mid\theta)}{q_i(z_i)}$ 相当于自变量，为了使等号成立，我们令

$$q_i(z_i)=\frac{1}{C}P(\boldsymbol{x}_i,z_i\mid\theta)$$

其中，$C$ 是常数。这样，所有的“自变量”都等于 $C$，不等式等号成立。而常数 $C$ 可以由归一化条件 $\sum_z q_i(z)=1$ 得到。所以，$q_i(z_i)$ 的表达式为

$$q_i(z_i)=\frac{P(\boldsymbol{x}_i,z_i\mid\theta)}{\sum_z P(\boldsymbol{x}_i,z\mid\theta)}=\frac{P(\boldsymbol{x}_i,z_i\mid\theta)}{P(\boldsymbol{x}_i\mid\theta)}=\frac{P(\boldsymbol{x}_i\mid\theta)P(z_i\mid\boldsymbol{x}_i,\theta)}{P(\boldsymbol{x}_i\mid\theta)}=P(z_i\mid\boldsymbol{x}_i,\theta)$$

这恰好是隐变量 $z$ 的后验分布。这也就解释了为什么 EM 算法的 E 步骤要计算 $z$ 的后验分布，再用后验分布得出的 $z$ 来优化 $l(\theta)$。本质上，E 步骤通过计算后验得出了 $l(\theta)$ 的一个最好的下

界，M 步骤通过调整参数 $\theta$ 来优化这一下界。而 M 步骤一旦调整了参数 $\theta$，当前的下界 $\sum_{i=1}^{N}\sum_{z_i} q_i(z_i)\log\frac{P(\boldsymbol{x}_i,z_i\mid\theta)}{q_i(z_i)}$ 就不再贴合而是严格小于 $l(\theta)$，则又需要再次做 E 步骤，计算 $z$ 的后验，如此往复。那么这样的迭代是否保证能收敛呢？答案是肯定的，我们在 17.4 节具体讨论 EM 算法的收敛性。

## 17.4 EM算法的收敛性

在 17.3 节中，我们通过缩放解释了 EM 算法的含义以及合理性，本节我们继续证明算法的收敛性。由于我们最终要求解的是参数 $\theta$，记迭代第 $t$ 步的 M 步骤优化前参数为 $\theta(t)$，那么我们需要证明优化后的参数 $\theta^{(t+1)}$ 会使对数似然函数增大，即 $l(\theta^{(t)})\leqslant l(\theta^{(t+1)})$。由于对数似然函数是一些不超过 1 的概率相乘再取对数，其上界为 0，因此证明其单调递增就可以保证其收敛。同时，记第 $t$ 步隐变量 $z$ 的分布为 $q_i^{(t)}(z_i)=P(z_i\mid\boldsymbol{x}_i,\theta^{(t)})$，在 17.3 节中已经证明过，这一选择可以使延森不等式取到等号。

证明收敛性的关键在于，$q_i^{(t)}(z_i)$ 并不是参数 $\theta^{(t+1)}$ 对应的最优选择，从而

$$
\begin{aligned}
l(\theta^{(t+1)}) &= \sum_{i=1}^{N}\log\sum_{z_i} q_i^{(t)}(z_i)\frac{P(\boldsymbol{x}_i,z_i\mid\theta^{(t+1)})}{q_i^{(t)}(z_i)} \\
&\geqslant \sum_{i=1}^{N}\sum_{z_i} q_i^{(t)}(z_i)\log\frac{P(\boldsymbol{x}_i,z_i\mid\theta^{(t+1)})}{q_i^{(t)}(z_i)} \\
&\geqslant \sum_{i=1}^{N}\sum_{z_i} q_i^{(t)}(z_i)\log\frac{P(\boldsymbol{x}_i,z_i\mid\theta^{(t)})}{q_i^{(t)}(z_i)} \\
&= l(\theta^{(t)})
\end{aligned}
$$

上式的第一个不等号是延森不等式，且在参数为 $\theta^{(t+1)}$ 时 $q_i^{(t)}(z_i)$ 不一定能使等号成立。第二个不等号是由于 M 步骤对参数进行了优化，得到的 $\theta^{(t+1)}$ 对应的值一定不小于 $\theta^{(t)}$ 对应的值。最后一个等号是由于 $q_i^{(t)}(z_i)$ 可以使参数为 $\theta^{(t)}$ 的延森不等式取到等号。于是，数列 $l(\theta^{(1)}),l(\theta^{(2)}),\cdots,l(\theta^{(t)}),l(\theta^{(t+1)}),\cdots$ 是单调递增的，并且是有上界的（元素都为非正数），根据单调收敛原理，该数列一定收敛。这样，我们就证明了 EM 算法的迭代过程必定是收敛的。

如果记

$$
J(\theta,q)=\sum_{i=1}^{N}\sum_{z_i} q_i(z_i)\log\frac{P(\boldsymbol{x}_i,z_i\mid\theta)}{q_i(z_i)}
$$

那么，EM 算法的 E 步骤就可以看作固定 $\theta$、优化 $q$，而 M 步骤可以看作固定 $q$、优化 $\theta$。这样交替优化的方式又称作坐标上升（coordinate ascent）。在第 11 章中，我们求解用到的 SMO 算法其实就是一种特殊的坐标上升算法。当然，坐标上升法并非对所有二元函数都适用。简单来说，如果目标函数是凹且光滑的，那么坐标上升法就能收敛到全局最大值。对于更复杂的情况和收敛性的讨论，感兴趣的读者可以自行查阅相关数学资料。

## 17.5 小结

本章介绍了求解带有隐变量数据分布下的 MLE 问题的 EM 算法。本质上，EM 算法将 MLE 问题分解成两步，E 步骤通过推导隐变量的后验分布来求出对数似然的良好下界，M 步骤则更新模型参数来优化该下界。我们还证明了，如此迭代下去，EM 算法必定会收敛。事实上，我们介绍过的 $k$ 均值聚类算法也属于 EM 算法的一种，只不过它优化的目标与对数似然有一些区别，但迭代的方式和基本思想是一致的。在实践中，EM 算法常被用来求解 GMM 的参数。由于 GMM 可以拟合任意形式的数据分布，并且高斯分布计算简单、性质良好，EM 算法也就显得非常重要了。EM 算法与决策树、支持向量机等算法一样，也在 2008 年被评为“数据挖掘十大算法”之一。

**习题**

（1）延森不等式：设 $f$ 为凸函数，$X$ 为随机变量，那么 $E(f(X)) \geqslant f(E(X))$，是否正确？

A. 正确　　　　B. 错误

（2）EM 算法中，E 步骤是在构造对数似然的一个（良好）下界，而 M 步骤是在优化此下界。这个说法是否正确？

A. 正确　　　　B. 错误

（3）以下关于混合高斯模型的说法不正确的是（　　）。

A. GMM 可以拟合任意分布，在现实生活中也有很多真实案例

B. 因为高斯分布在全空间中的概率密度都不为零，所以一个样本可以同时属于 GMM 中的多个高斯分布

C. GMM 中每个高斯分布的权重取决于该分布对应数据的数量

D. 高斯模型是对数据分布的先验假设，因此 GMM 是参数化模型

（4）以下关于 EM 算法的说法不正确的是（　　）。

A. EM 算法是一类优化算法的统称，不只可以用来求解 GMM 的参数

B. 优化目标函数的性质对 EM 算法的收敛性没有影响

C. 在每个 EM 步骤后，当前参数计算出的似然不可能降低

D. EM 算法的本质是坐标上升，求解 SVM 所用的 SMO 也属于这一类算法

（5）在 17.2 节的代码中，将 $k$ 均值算法改为 $k$-means++ 算法，观察拟合效果的变化。

（6）试使用本章示例代码中的 `_calc_log_likelihood` 函数，观察 EM 算法每一轮迭代的对数似然值的变化，验证 EM 算法关于对数似然的单调递增优化性质和收敛性。

# 第18章 自编码器

在前面的章节中，我们介绍了各种类型的无监督学习算法，如聚类算法、降维算法等。归根结底，无监督学习的目的是从复杂数据中提取出可以代表数据的特征，如数据的分布、数据的主成分，等等，再用这些信息帮助后续的其他任务。随着机器学习向深度学习发展和神经网络的广泛应用，用神经网络提取数据特征的方法也越来越重要。本章介绍的自编码器（autoencoder，AE）就是其中最基础的一种无监督特征提取方法。

自编码器的原理并不复杂，它将一个输入数据样本压缩成一个低维特征向量表示，然后试图基于该低维特征向量恢复出原数据样本。可以想象，如果该低维特征向量能充分保留原数据样本的信息，那么就可能基于该低维特征向量较好地恢复出原数据。例如在图 18-1 中，我们希望把梵高的 *The Starry Night* 存储在一台计算机中，但是这幅画的细节非常丰富，如果用非常高的精度存储，要占用很大的空间。因此，我们可以通过某种算法，把这幅画编码成较少的数据；需要读取时，再通过对应的算法解码出来。这样，虽然解码出的画丢失了一些细节，但是存储的开销大大降低了。计算机中常见的图像格式 JPEG 就是一种有损的图像编码方法。自编码器的思想也一样，当我们提取特征时，必然也会保留主要特征、丢弃次要特征，因此最后解码的结果通常不会和输入完全相同。

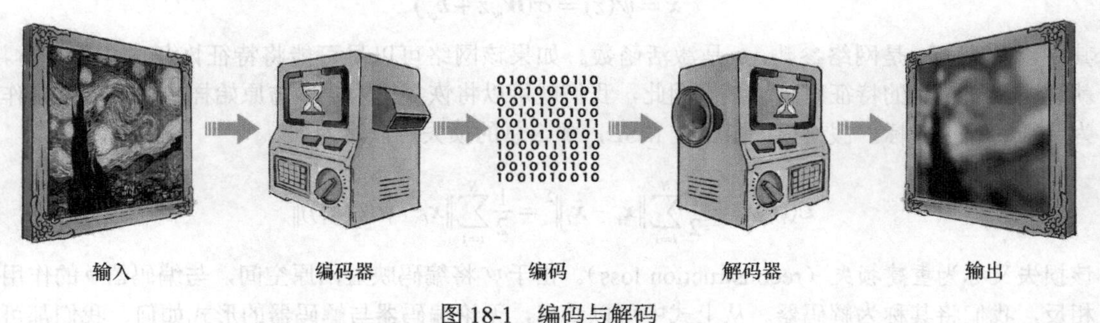


图18-1 编码与解码

设数据集 $\mathcal{D}=\{\boldsymbol{x}_1,\cdots,\boldsymbol{x}_N\}$，其中每个样本 $\boldsymbol{x}_i\in\mathbb{R}^d$。在第 15 章中，我们通过矩阵分解提取出了使样本方差最大的 $k$ 个主成分。然而，当样本数量或者样本维度 $d$ 较大时，PCA 的计算复杂度非常高。并且，如果样本的有效特征并非样本当前维度的线性组合，而是要经过非线性变换才能得到，那么 PCA 算法就无能为力了。为了解决这一问题，我们可以用神经网络中的非线性激活函数来引入非线性成分。利用神经网络强大的函数拟合能力，我们就可以近似任意的非线性变换，从而得到质量较高的样本特征。由于将高维样本 $\boldsymbol{x}_i$ 映射得到的低维特征向量 $\boldsymbol{z}_i$ 可以看作样本的编码，因此提取样本特征的模块称作*编码器*（encoder），而基于低维特征向量 $\boldsymbol{z}_i$ 恢复出接近原始样本 $\tilde{\boldsymbol{x}}_i$ 的模块称作*解码器*（decoder）。

编码器和解码器的设计方式有很多。如果我们对数据分布有足够的先验知识，当然可以直接通过这些知识来对数据做编码和解码。例如，如果所有的样本都是独热向量，我们就可以用 $1,\cdots,d$ 的正整数来编码样本，表示值为 1 的维度的下标，这样解码也很直接。但是，多数时候样本的分布非常复杂，我们很难用简单的分析手段得出其分布情况。因此，我们可以用神经网络来直接学习编码器和解码器，并用反向传播等方式自动更新其参数，这就是自编码器。在 18.1 节中，我们具体讲解自编码器的结构和训练方式。

## 18.1　自编码器的结构

设编码器表示的映射为 $\phi$，将样本 $\boldsymbol{x}$ 变换为特征向量 $\boldsymbol{z}=\phi(\boldsymbol{x})$。以最简单的单层感知机为例，其变换 $\phi$ 由一次线性变换和一次非线性的激活函数复合而成：

$$\phi(\boldsymbol{x})=\sigma(\boldsymbol{W}_\phi\boldsymbol{x}+\boldsymbol{b}_\phi)$$

其中，$\boldsymbol{W}_\phi$ 和 $\boldsymbol{b}_\phi$ 是网络参数，$\sigma$ 是激活函数。我们知道，在监督学习中神经网络参数的更新需要监督信号，即样本的标签。用神经网络的预测和真实的样本标签计算出损失，再用损失的梯度回传更新参数。然而在无监督学习中，我们无法获得监督信号，并且由于我们缺乏对数据分布的认知，很难评判训练得到的特征的质量，也很难计算训练损失，也就无法更新网络参数。

这时，我们可以考虑编码器的任务目标。编码器需要将高维的样本变换为低维的特征，并且这些特征应当保留原始样本尽可能多的信息。从高维到低维的变换中必定伴随着不可逆的信息损失，如果特征质量较差，保留的信息较少，那么我们无论如何都不可能从特征恢复出原始样本。反过来说，我们可以引入第二个网络 $\psi$，将特征 $\boldsymbol{z}$ 再变回接近原始样本 $\boldsymbol{x}$ 的输出 $\tilde{\boldsymbol{x}}$：

$$\tilde{\boldsymbol{x}}=\psi(\boldsymbol{z})=\sigma(\boldsymbol{W}_\psi\boldsymbol{z}+\boldsymbol{b}_\psi)$$

其中，$\boldsymbol{W}_\psi$ 和 $\boldsymbol{b}_\psi$ 是网络参数，$\sigma$ 是激活函数。如果该网络可以尽可能将特征恢复成原始样本，就说明我们得到的特征质量较高。因此，我们就可以将恢复出的样本与原始样本之间的差别作为特征的评价指标。假设损失函数是 MSE，那么总的损失可以写为

$$\mathcal{L}(\phi,\psi)=\frac{1}{2}\sum_{i=1}^N\|\boldsymbol{x}_i-\tilde{\boldsymbol{x}}_i\|^2=\frac{1}{2}\sum_{i=1}^N\|\boldsymbol{x}_i-\psi(\phi(\boldsymbol{x}_i))\|^2$$

该损失又称为*重建损失*（reconstruction loss）。由于 $\psi$ 将编码映射回原空间，与编码器 $\phi$ 的作用相反，我们将其称为解码器。从上式中可以看出，无论编码器与解码器的形式如何，我们都可以用重建损失的梯度来更新网络参数，与监督学习的方式很相似。像这样在无监督学习任务中，从数据集中自行构造出监督信号进行学习的方法就称为*自监督学习*（self-supervised learning）。注意，自监督学习中用到的监督信号也来自样本自身，并非引入了额外的信息，因此它仍然属于无监督学习的范畴。

将上面的编码器和解码器组合起来，就得到了自编码器，其结构如图 18-2 所示。通常来说，自编码器的结构不会特别复杂，简单的 MLP 就足以满足任务的要求。考虑到编码与解码过程的对称性，设编码器的隐含层大小依次为 $h_1,\cdots,h_m$，也就是说权重矩阵的维度为 $d\times h_1,h_1\times h_2,\cdots,h_m\times k$，我们一般会将解码器的隐含层大小依次设置为 $h_m,\cdots,h_1$，与编码器相反。但是由于非线性激活函数的存在，编码与解码过程并不完全对称，其权重应当不同，且解码器的权重与编码器的权重甚至大概率没有关联。

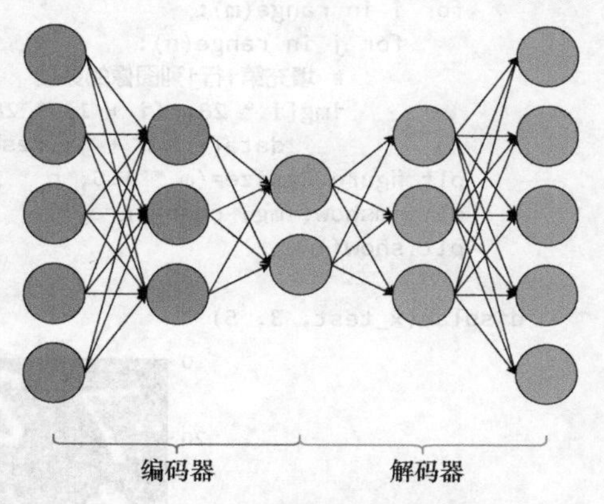

图 18-2　自编码器的结构示意

在 18.2 节中，我们在手写数字数据集 MNIST 上实现自编码器，用自编码器提取图像的特征，并观察用解码器还原后的效果。

## 18.2　动手实现自编码器

在第 3 章中，我们已经介绍过 MNIST 数据集的内容。该数据集包含一些手写数字的黑白图像，其中白色的部分是数字，黑色的部分是背景，所有图像的尺寸都是 28 像素 ×28 像素，且只有黑白两种颜色。由于图像尺寸较大，占用存储空间大，并且通常还有许多空间上的关联信息。如果我们要完成基于图像上的任务，既可以利用卷积神经网络来提取其空间特征，也可以先从图像中提取出一些一维的特征，再用更简单的网络结构进行训练，降低训练的复杂度。因此，我们希望用自编码器完成这一任务。

首先，我们导入必要的库和数据集。

```
import numpy as np
import matplotlib.pyplot as plt
import pandas as pd
import torch
import torch.nn as nn
# 导入数据
mnist_train = pd.read_csv("mnist_train.csv")
mnist_test = pd.read_csv("mnist_test.csv")
# 提取出图像信息，并将内容从0~255的整数转换为0.0-1.0的浮点数
# 图像尺寸为28*28，数组中每一行代表一幅图像
x_train = mnist_train.iloc[:, 1:].to_numpy().reshape(-1, 28 * 28) / 255
x_test = mnist_test.iloc[:, 1:].to_numpy().reshape(-1, 28 * 28) / 255
print(f'训练集大小：{len(x_train)}')
print(f'测试集大小：{len(x_test)}')
```

```
训练集大小：60000
测试集大小：10000
```

我们先来展示部分数据集中的图像，来对数据集有更清晰的认识。考虑到后面还要比较重建图像和原始图像，我们把展示图像的方法写成函数。

```
def display(data, m, n):
    # data：图像的像素数据，每行代表一幅图像
```

```
    # m, n: 按m行n列的方式展示前m*n幅图像
    img = np.zeros((28 * m, 28 * n))
    for i in range(m):
        for j in range(n):
            # 填充第i行j列图像的数据
            img[i * 28: (i + 1) * 28, j * 28: (j + 1) * 28] = \
                data[i * m + j].reshape(28, 28)
    plt.figure(figsize=(m * 1.5, n * 1.5))
    plt.imshow(img, cmap='gray')
    plt.show()

display(x_test, 3, 5)
```

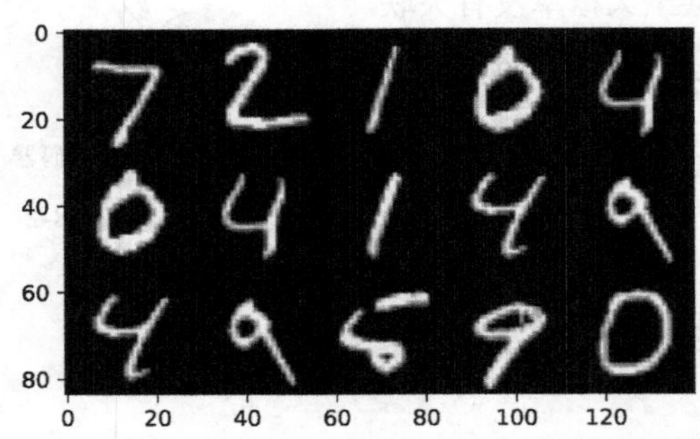


接下来，我们来用 PyTorch 库实现自编码器的网络结构。这里，我们用两层隐含层的 MLP 作为编码器和解码器，且全部使用逻辑斯谛激活函数。由于两者结构本质上相同，我们只实现一个 MLP 类，再分别实例化为编码器和解码器。原始图像拉平成一维后尺寸是 28 像素 × 28 像素 =784 像素，之后的隐含层大小我们选择 256 位和 128 位，最后输出的特征向量大小为 100 位。这些参数的选择都只是默认的，读者可以自行调整隐含层和特征向量的大小，观察编码效果的变化。

```
# 多层感知机
class MLP(nn.Module):

    def __init__(self, layer_sizes):
        super().__init__()
        self.layers = nn.ModuleList() # ModuleList用列表存储PyTorch模块
        num_in = layer_sizes[0]
        for num_out in layer_sizes[1:]:
            # 创建全连接层
            self.layers.append(nn.Linear(num_in, num_out))
            # 创建逻辑斯谛激活函数层
            self.layers.append(nn.Sigmoid())
            num_in = num_out

    def forward(self, x):
        # 前向传播
        for l in self.layers:
            x = l(x)
        return x

layer_sizes = [784, 256, 128, 100]
encoder = MLP(layer_sizes)
decoder = MLP(layer_sizes[::-1]) # 解码器的各层大小与编码器相反
```

我们按照 18.1 节讲解的方式，先用编码器计算出每个样本的编码 $z=\phi(x)$，再用解码器计算恢复出的样本 $\tilde{x}=\psi(z)$，计算 $x$ 与 $\tilde{x}$ 之间的重建损失，通过重建损失来训练编码器和解码

器的参数。训练过程我们利用 PyTorch 进行自动化，并采用 Adam 优化器。下面，我们设置训练所需的超参数。在训练过程中，为了更清晰地展示编码质量的变化，我们每隔一定轮数就将重建的图像绘制出来，展示其随训练过程的变化。

```
# 训练超参数
learning_rate = 0.01 # 学习率
max_epoch = 10 # 训练轮数
batch_size = 256 # 批量大小
display_step = 2 # 展示间隔
np.random.seed(0)
torch.manual_seed(0)

# 采用Adam优化器，编码器和解码器的参数共同优化
optimizer = torch.optim.Adam(list(encoder.parameters()) \
    + list(decoder.parameters()), lr=learning_rate)
# 开始训练
for i in range(max_epoch):
    # 打乱训练样本
    idx = np.arange(len(x_train))
    idx = np.random.permutation(idx)
    x_train = x_train[idx]
    st = 0
    ave_loss = [] # 记录每一轮的平均损失
    while st < len(x_train):
        # 遍历数据集
        ed = min(st + batch_size, len(x_train))
        X = torch.from_numpy(x_train[st: ed]).to(torch.float32)
        Z = encoder(X)
        X_rec = decoder(Z)
        loss = 0.5 * nn.functional.mse_loss(X, X_rec) # 重建损失
        ave_loss.append(loss.item())
        optimizer.zero_grad()
        loss.backward() # 梯度反向传播
        optimizer.step()
        st = ed
    ave_loss = np.average(ave_loss)

    if i % display_step == 0 or i == max_epoch - 1:
        print(f'训练轮数：{i}，平均损失：{ave_loss:.4f}')
        # 选取测试集中的部分图像重建并展示
        with torch.inference_mode():
            X_test = torch.from_numpy(x_test[:3 * 5]).to(torch.float32)
            X_test_rec = decoder(encoder(X_test))
            X_test_rec = X_test_rec.cpu().numpy()
        display(X_test_rec, 3, 5)
```

```
训练轮数：0，平均损失：0.0307
```

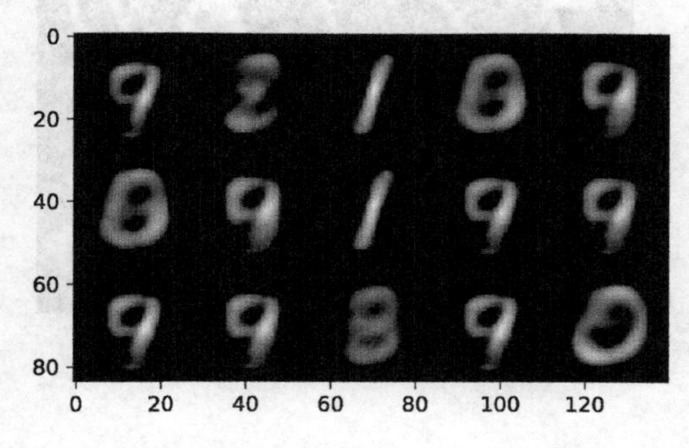

训练轮数：2，平均损失：0.0166

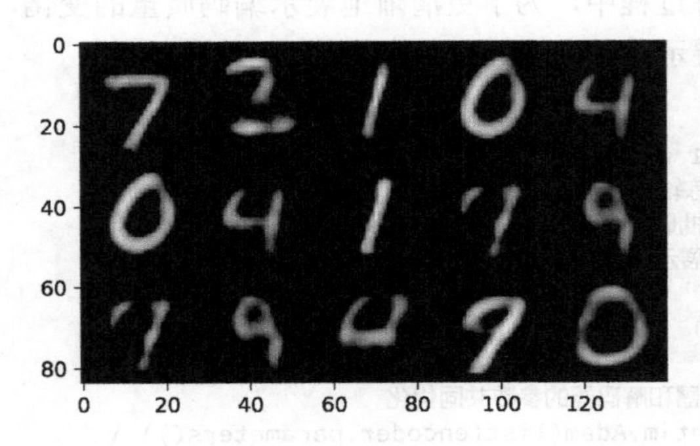


训练轮数：4，平均损失：0.0126

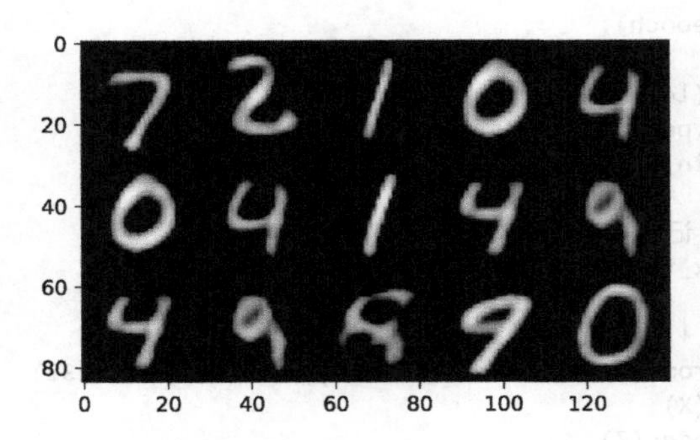


训练轮数：6，平均损失：0.0106

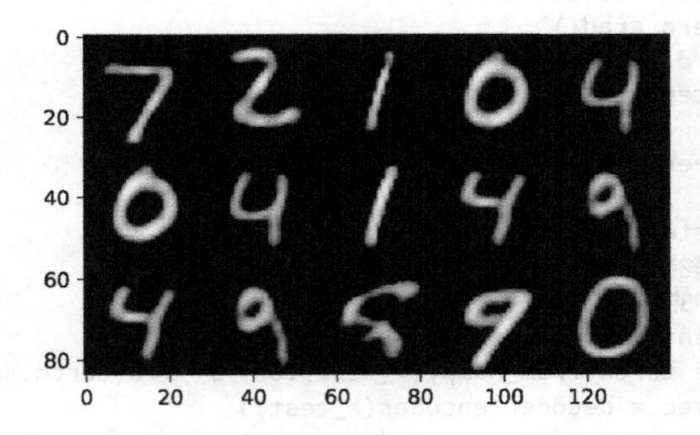


训练轮数：8，平均损失：0.0096

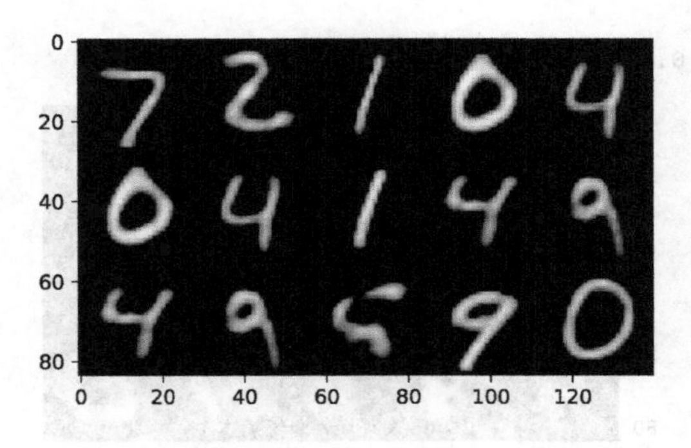

```
训练轮数：9，平均损失：0.0089
```

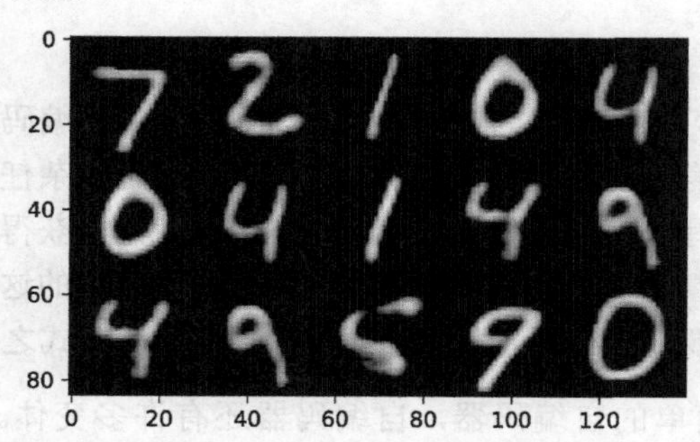

最后，我们把得到的模型在测试集上选取部分图像进行重建，并与原始图像比较，观察模型的效果。可以看出，重建的图像与原始图像非常相近，肉眼很容易辨认出重建图像中的数字，但也能观察出部分缺失的细节。然而，原始图像的尺寸是 784 像素，而经由编码器得到的编码长度只有 100 位，大大减小了数据的复杂度。因为解码器对所有图像的编码都是通用的，即使算上解码器的模型参数，复杂度也无非是加上一个常数。因而需要存储的图像越多，由编码节约的空间就越大，而且完全可以覆盖模型参数需要的空间。

```
print('原始图像')
display(x_test, 3, 5)

print('重建图像')
X_test = torch.from_numpy(x_test[:3 * 5]).to(torch.float32)
X_test_rec = decoder(encoder(X_test))
X_test_rec = X_test_rec.detach().cpu().numpy()
display(X_test_rec, 3, 5)
```

```
原始图像
```

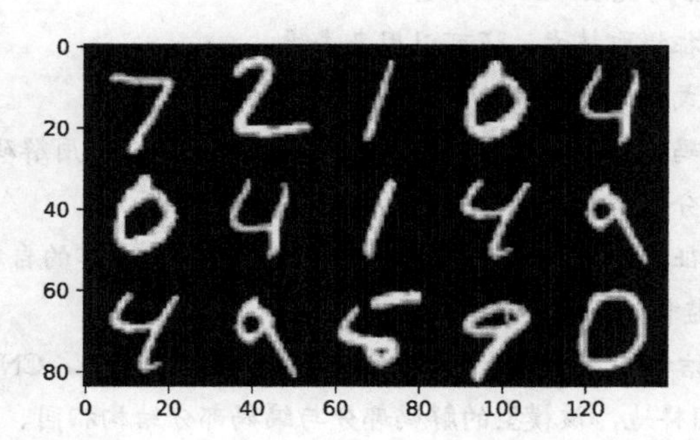

```
重建图像
```

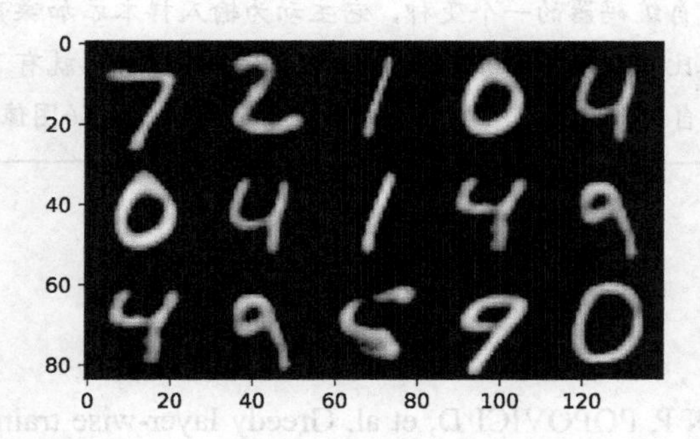

## 18.3　小结

本章介绍了无监督学习和深度学习中的重要模型之一——自编码器。它结构简单，不依赖监督信号，只需要数据本身，易于和其他模块结合，可以作为复杂任务的数据处理和特征提取步骤。例如我们要完成手写数字分类任务，就可以先用自编码器获得样本的特征，再用这些特征作为输入，训练其他监督学习任务的机器学习模型。自编码器的这种自监督学习范式是现代深度学习中的一种非常重要的范式，也是机器学习重要的思维方式之一。

除了本章讲解的最简单的自编码器，自编码器还有许多变体。栈式自编码器（stacked autoencoder）[1] 采用分层训练的方式，先训练只有一层的 MLP 编码器和解码器。第一层训练完成后，再固定其参数，添加第二层，用同样的方法训练第二层的参数，依次类推。这种方式减小了训练多层复杂编码器的难度，但也会增加训练时间。去噪自编码器（denoising autoencoder）[2] 通过为输入数据样本添加噪声，再通过自编码器恢复原始数据样本的方式，让模型能对带有噪声的数据样本做去噪和编码。将自编码器和贝叶斯推断结合可以得到变分自编码器（variational autoencoder，VAE）[3]，其中的编码器和解码器分别拟合特征 $\boldsymbol{z}$ 的后验概率分布 $p(\boldsymbol{z}|\boldsymbol{x})$ 和样本的条件概率分布 $p(\boldsymbol{x}|\boldsymbol{z})$。在 VAE 训练完毕后，可以通过在编码空间中采样不同的 $\boldsymbol{z}$，用解码器生成与真实样本相似的虚拟样本。因此，VAE 常被视为生成式模型，用来拟合数据分布，生成同一分布的更多数据用于后续训练。在如今的计算机视觉和自然语言处理领域中，由于输入的图像或文本维度都相当大，编码器已经成为模型中必不可少的部分，而编码器结构的设计也是算法十分重要的环节，有着大量而广泛的应用。

**习题**

（1）以下关于自编码器的说法不正确的是（　　）。

A. 自编码器是一种特征提取技术，还可以用来去噪

B. 自编码器的训练方式属于无监督学习

C. 自编码器得到的编码完整保留了原始输入的信息，从而可以再用解码器还原

D. 自编码器的编码部分和解码部分是一体的，无法分开训练

（2）自编码器作为特征提取结构，可以和其他算法组合。将本章的自编码器提取出的特征输入 MLP 中，利用 MLP 完成监督学习的手写数字分类任务。

（3）自编码器的基础结构并不一定局限于 MLP，对图像任务来说，CNN 在理论上更合适。尝试用 CNN 搭建自编码器，同样地，该模型的解码部分与编码部分结构相同、顺序相反，并且将编码时的池化用上采样代替。

（4）去噪自编码器是自编码器的一个变种，它主动为输入样本添加噪声，将带噪声的样本给自编码器训练，与原始样本比较计算重建损失。这样训练出的自编码器就有了去噪功能。试给手写数字图像加上噪声，用去噪自编码器为其去噪，观察去噪后的图像与原始图像的区别。

## 18.4　参考文献

[1] BENGIO Y, LAMBLIN P, POPOVICI D, et al. Greedy layer-wise training of deep networks[C]//

Advances in neural information processing systems, 2007:153-160.
[2] VINCENT P, LAROCHELLE H, BENGIO Y, et al. Extracting and composing robust features with denoising autoencoders[C]//Proceedings of the 25th international conference on machine learning, 2008:1096-1103.
[3] KINGMA D P, WELLING M. Auto-encoding variational bayes[C]//International conference on learning representation, 2014.

# 总结与展望

## 总结

亲爱的读者，至此你已经完成了本书全部章节的学习，祝贺你！

本书以“动手学”为编写机器学习内容的主要思路，将主要的机器学习基础知识分为 4 部分。

- 第一部分以监督学习中最简单的非参数化模型 KNN 和参数化线性回归为主要案例，通过讲解模型原理和代码让读者了解这两类机器学习模型，并由此进一步了解机器学习中的基本思想，包括过拟合、正则化方法、训练和验证方法等。
- 第二部分以监督学习的参数化模型为主体，包括线性模型、双线性模型和神经网络模型，通过讲解参数化模型训练中如何设计损失函数以及对参数求梯度来更新模型参数的过程，让读者了解实践中主要应用的机器学习模型的工作原理和主要的代码实现方式。
- 第三部分关注监督学习中的非参数化模型，包括支持向量机和多种树模型，通过对模型原理和代码实践的讲解，让读者掌握各种非参数化模型背后的统一思维方式，体会非参数化模型和参数化模型的不同与优劣。
- 第四部分专注讨论无监督学习任务和模型，包括聚类、降维、概率图模型、EM 算法和自编码器，帮助读者了解并掌握无监督学习的相关知识，体会其与监督学习的区别。

全书共 18 章，每章都以模型原理讲解和对应可运行的代码块相互穿插来呈现，希望这样的编写方式能够帮助你更加高效地入门和深入了解机器学习的基础知识，并紧密联系模型原理和代码实践，获得第一手的机器学习实现和调试经验。

本书包含的内容都是机器学习最基础的知识。目前机器学习是人工智能领域发展最快的方向，每年都有无数新理论、新模型、新算法涌现。如果你发现自己对机器学习很感兴趣，那么请拥抱它，持续跟进学习机器学习，尝试在你的领域问题中使用机器学习来提升效率，甚至开展机器学习的研究，为机器学习领域做出你的贡献！

## 展望

机器学习现在已经作为一种从数据中产生模型的工具，服务人们生活的方方面面。在不少领域的业务中，我们已经习惯将收集的数据构建一个封闭的训练集，选择并训练一个机器学习模型，并将其投入下一段时间的预测或决策服务中，但其实机器学习还有更大的潜能可以被挖掘和释放。下面，我们从 6 个方面谈谈机器学习的未来发展。

- 自动机器学习（Auto ML）。在本书第 1 章中提到，机器学习工程师的一大工作重点是根据具体的任务和数据特性，选择一个适合的机器学习模型。这包括选择机器学习模型的类型，以及选择模型的架构或者调试超参数。近几年涌现的自动机器学习技术则希望凭借强化的算力平台服务来降低机器学习工程师的模型选择和调参门槛。自动机器学习的服务往往由一些云计算平台来提供，用户只需关注任务和数据，不用雇用机器学习工程师就能得到一个服务自己业务的性能优秀的机器学习模型。
- 元学习（meta-learning）。元学习又称“学习如何学习”（learning to learn）。试想如果你已经学习了 100 个任务，给定一个新的类似的任务，你能否更好更高效地学习完成这个任务呢？对人类来说，这个答案显然是肯定的，因为我们总是可以在学习一个任务的过程中，积累一些更高层面的知识或者技能，进而在面对新任务时能更加从容和高效。那么机器学习是否也能做到呢？在元学习中，我们期望让模型也能做到“学习如何学习”。其中，元训练集包括了多个任务的训练集和测试集，而元测试阶段则给出一些新任务的训练集和测试集，评测元学习算法的在测试集上的学习速度和表现。
- 持续学习（continual learning）和终身学习（lifelong learning）。目前绝大部分机器学习任务都只涉及有限大小或固定的数据集，而如果一个机器一直被喂入新的数据，它会学习成什么样呢？其实我们人就是在自己的人生中做持续学习，或者说是终身学习。对于体量接近无限、数据分布可能随时间变化的学习任务，一般的参数化模型无法记住早期学到的知识，造成灾难性遗忘，而非参数化模型则很难有算力能存下所有数据点。持续学习和终身学习使得机器学习能从固定、孤立的小任务中扩展出来，利用一些可以利用的数据进行充分的学习，被称为通往通用人工智能的关键一步。
- 因果机器学习（causal machine learning）。传统监督学习任务中，一般特征都是直接同时给定的，机器学习模型根据数据特征预测数据标签。这样的学习方式容易学习出数据集中特征和标签的相关性，但不一定能学习到特征到标签的因果性。然而在许多情况下，因果性其实才是预测模型真正应该学到的模式。例如在收集的数据中，有感冒症状的人去医院被诊断为感冒，那么机器学习就会学到“去医院”和“有感冒症状”对预测是否感冒同等重要，但去医院其实和得感冒本身是无关的。能学到因果关系的机器学习模型往往有更好的泛化性能，更能在分布外（out-of-distribution）的数据预测上获得很大的成功。
- 知识融入的学习（learning with knowledge base）。正如第 1 章中提到的，机器学习的基础是数理统计，但人类的智慧中包含逻辑推理举一反三的能力。支撑人工智能的技术本身也包含除学习以外的搜索、推理和博弈。因此，如何融合这些不同的人工智能技术十分关键，而融入知识的机器学习模型是这一研究方向的关键课题。一种结合知识库检索结果和参数化模型的学习框架是这个课题的一种解决思路。
- 基于大语言模型的提示学习（prompt learning based on large language models）。随着深度学习的进一步发展，训练和微调参数量超过十亿的大模型愈发成熟。一些序列生成大模型（如 ChatGPT）可以通过调整其输入的前序序列数据，直接让大模型完成不同的任务，而无须对模型参数做任何调整。这种前序序列数据称为提示（prompt），而寻找适合于给定任务的前序序列数据的过程则称为提示学习。提示学习就像在寻找开启任务之门的一把钥匙，不同的任务对应的钥匙也不同。提示学习也将机器学习的对象从模型本身改为模型输入，已成为一种全新的机器学习模式。

以上讨论的技术大都还在实验室研究的阶段。一旦这些技术取得突破，我们有理由相信机器学习会突破当前作为封闭环境中产生模型的工具的角色限制，发展出新的服务形式，发挥更强大的作用和影响力，为人们的生产生活带来更广大的便利。

# 中英文术语对照表

## 中英文术语对照表

| 中文术语 | 英文术语 | 章节 |
| --- | --- | --- |
| (ROC) 曲线下面积 | area under the curve，AUC | 第 6 章 |
| （聚类）中心 | centroid | 第 14 章 |
| （梯度提升）收缩 | shrinkage | 第 13 章 |
| F1 分数 | F1 score | 第 6 章 |
| $k$ 近邻 | $k$-neareast neighbor，KNN | 第 3 章 |
| $k$ 均值 | $k$-means | 第 14 章 |
| $t$ 分布随机近邻嵌入 | $t$-distribution stochastic neighbour embedding，$t$-SNE | 第 15 章 |
| 阿达马积 | Hadamard product | 第 10 章 |
| 凹函数 | concave function | 第 2 章 |
| 半正定矩阵 | positive semidefinite matrix | 第 15 章 |
| 贝叶斯网络 | Bayesian network | 第 16 章 |
| 编码器 | encoder | 第 18 章 |
| 变分自编码器 | variational autoencoder，VAE | 第 18 章 |
| 标量 | scalar | 第 2 章 |
| 参数化模型 | parametric model | 第 1 章 |
| 测试集 | test set | 第 3 章 |
| 查准率（精确率） | precision | 第 6 章 |
| 超参数 | hyperparameter | 第 5 章 |
| 池化 | pooling | 第 9 章 |
| 持续学习 | continual learning | 总结与展望 |
| 重建损失 | reconstruction loss | 第 18 章 |
| 单位矩阵 | identity matrix | 第 2 章 |
| 点击率 | click-through rate，CTR | 第 7 章 |
| 点积 | dot product | 第 2 章 |
| 独热编码 | one-hot encoding | 第 7 章 |
| 堆垛 | stacking | 第 13 章 |

续表

| 中文术语 | 英文术语 | 章节 |
| --- | --- | --- |
| 对角矩阵 | diagonal matrix | 第 2 章 |
| 对数似然 | log-likelihood | 第 1 章 |
| 多层感知机 | multi-layer perceptron，MLP | 第 8 章 |
| 多数投票 | majority voting | 第 13 章 |
| 多域独热编码 | multi-field one-hot encoding | 第 7 章 |
| 反向传播 | backpropagation | 第 8 章 |
| 泛化能力 | generalization ability | 第 1 章 |
| 范数 | norm | 第 2 章 |
| 非参数化模型 | nonparametric model | 第 1 章 |
| 非显式编程 | non-explicit programming | 第 1 章 |
| 分类和回归树 | classification and regression tree，CART | 第 12 章 |
| 弗罗贝尼乌斯范数，F 范数 | Frobenius norm | 第 2 章 |
| 概率矩阵分解 | probabilistic matrix factorization，PMF | 第 7 章 |
| 感受野 | receptive field | 第 9 章 |
| 感知机 | perceptron | 第 8 章 |
| 高斯混合模型 | Gaussian mixture model，GMM | 第 17 章 |
| 格拉姆矩阵 | Gram matrix | 第 9 章 |
| 贯穿恒等式 | push-through identity | 第 5 章 |
| 广义线性模型 | generalized linear model，GLM | 第 6 章 |
| 归纳偏置 | inductive bias | 第 1 章 |
| 过拟合 | overfitting | 第 5 章 |
| 函数间隔 | functional margin | 第 11 章 |
| 核函数 | kernel function | 第 5 章 |
| 核技巧 | kernel trick | 第 5 章 |
| 核矩阵 | kernel matrix | 第 5 章 |
| 黑塞矩阵 | Hessian matrix | 第 2 章 |
| 恒等函数 | identity function | 第 8 章 |
| 宏观 F1 分数 | macro-F1 score | 第 6 章 |
| 后剪枝 | post-pruning | 第 12 章 |
| 后验 | posterior | 第 16 章 |
| 互相关 | cross-correlation | 第 9 章 |
| 混淆矩阵 | confusion matrix | 第 6 章 |
| 机器学习 | machine learning | 第 1 章 |
| 基尼不纯度 | Gini impurity | 第 12 章 |
| 基学习器 | base learner | 第 13 章 |
| 基于大语言模型的提示学习 | prompt learning based on large language models | 总结与展望 |

续表

| 中文术语 | 英文术语 | 章节 |
| --- | --- | --- |
| 激活函数 | activation function | 第 8 章 |
| 极大团 | maximal clique | 第 16 章 |
| 极限梯度提升 | extreme gradient boosting，XGBoost | 第 13 章 |
| 集成学习 | ensemble learning | 第 13 章 |
| 几何间隔 | geometric margin | 第 11 章 |
| 加性模型 | additive model | 第 13 章 |
| 假阳性 | false positive，FP | 第 6 章 |
| 假阳性率 | false positive rate，FPR | 第 6 章 |
| 假阴性 | false negative，FN | 第 6 章 |
| 间隔 | margin | 第 11 章 |
| 监督学习 | supervised learning | 第 1 章 |
| 降维 | dimensionality reduction | 第 15 章 |
| 交叉熵 | cross entropy | 第 6 章 |
| 交叉验证 | cross validation | 第 5 章 |
| 解码器 | decoder | 第 18 章 |
| 径向基函数 | radial basis function，RBF | 第 11 章 |
| 矩阵 | matrix | 第 2 章 |
| 矩阵分解 | matrix factorization，MF | 第 7 章 |
| 卷积 | convolution | 第 9 章 |
| 卷积神经网络 | convolutional neural network，CNN | 第 9 章 |
| 决策树 | decision tree | 第 12 章 |
| 均方根误差 | rooted mean squared error，RMSE | 第 4 章 |
| 均方误差 | mean squared error，MSE | 第 4 章 |
| 卡罗需-库恩-塔克条件，KKT 条件 | Karush-Kuhn-Tucker conditions | 第 11 章 |
| 库尔贝克-莱布勒散度，KL 散度 | Kullback-Leibler divergence | 第 6 章 |
| 拉格朗日函数 | Lagrangian function | 第 11 章 |
| 离散适应提升 | discrete AdaBoost | 第 13 章 |
| 岭回归 | ridge regression | 第 5 章 |
| 逻辑斯谛函数 | logistic function | 第 6 章 |
| 逻辑斯谛回归（对数几率回归） | logistic regression | 第 6 章 |
| 逻辑提升 | logit boosting | 第 13 章 |
| 马尔可夫链 | Markov chain | 第 16 章 |
| 马尔可夫随机场 | Markov random field | 第 16 章 |
| 马尔可夫网络 | Markov network | 第 16 章 |
| 曼哈顿距离 | Manhattan distance | 第 3 章 |
| 门控循环单元 | gated recurrent unit，GRU | 第 10 章 |

续表

| 中文术语 | 英文术语 | 章节 |
|---|---|---|
| 模型族 | model family | 第 1 章 |
| 内积 | inner product | 第 2 章 |
| 逆矩阵 | inverse matrix | 第 2 章 |
| 欧氏距离 | Euclidean distance | 第 3 章 |
| 判别模型 | discriminative model | 第 17 章 |
| 配分函数 | partition function | 第 16 章 |
| 批量 | batch | 第 4 章 |
| 偏差-方差分解 | bias-variance decomposition | 第 13 章 |
| 偏置 | bias | 第 8 章 |
| 平均池化 | average pooling | 第 9 章 |
| 评分预测 | rating prediction | 第 7 章 |
| 朴素贝叶斯 | naive Bayes | 第 16 章 |
| 期望最大化算法，EM 算法 | expectation-maximazation algorithm | 第 17 章 |
| 奇异值分解 | singular value decomposition，SVD | 第 15 章 |
| 迁移学习 | transfer learning | 第 5 章 |
| 前剪枝 | pre-pruning | 第 12 章 |
| 前馈 | feedforward | 第 8 章 |
| 前向分步 | forward stagewise | 第 13 章 |
| 欠拟合 | underfitting | 第 5 章 |
| 强化学习 | reinforcement learning | 第 1 章 |
| 去噪自编码器 | denoising autoencoder | 第 18 章 |
| 人工神经网络 | artificial neural network，ANN | 第 8 章 |
| 柔性最大值 | softmax | 第 6 章 |
| 熵 | entropy | 第 6 章 |
| 神经网络 | neural network，NN | 第 8 章 |
| 生成模型 | generative model | 第 16 章 |
| 实适应提升 | real AdaBoost | 第 13 章 |
| 势函数 | potential function | 第 16 章 |
| 适应提升 | adaptive boosting，AdaBoost | 第 13 章 |
| 似然函数 | likelihood function | 第 6 章 |
| 受试者操作特征 | receiver operating characteristic，ROC | 第 6 章 |
| 输出层 | output layer | 第 8 章 |
| 输入层 | input layer | 第 8 章 |
| 数据增强 | data augmentation | 第 9 章 |
| 双曲正切 | hyperbolic tangent，tanh | 第 8 章 |
| 双线性模型 | bilinear model | 第 7 章 |

续表

| 中文术语 | 英文术语 | 章节 |
|---|---|---|
| 随机森林 | random forest | 第 13 章 |
| 随机梯度下降 | stochastic gradient decent，SGD | 第 4 章 |
| 特征分解 | eigendecomposition | 第 15 章 |
| 特征值 | eigenvalue | 第 15 章 |
| 梯度 | gradient | 第 2 章 |
| 梯度提升 | gradient boosting | 第 13 章 |
| 梯度提升决策树 | gradient boosting decision tree，GBDT | 第 13 章 |
| 梯度下降 | gradient decent | 第 4 章 |
| 提升 | boosting | 第 13 章 |
| 提示 | prompt | 总结与展望 |
| 填充 | padding | 第 9 章 |
| 条件独立 | conditional independence | 第 6 章 |
| 通道 | channel | 第 9 章 |
| 凸函数 | convex function | 第 2 章 |
| 团 | clique | 第 16 章 |
| 微观 F1 分数 | micro-F1 score | 第 6 章 |
| 无监督学习 | unsupervised learning | 第 1 章 |
| 下采样 | downsampling | 第 9 章 |
| 先验 | prior | 第 16 章 |
| 线性回归 | linear regression | 第 4 章 |
| 线性判别分析 | linear discriminant analysis，LDA | 第 15 章 |
| 线性整流单元 | rectified linear unit，ReLU | 第 8 章 |
| 相对熵 | relative entropy | 第 6 章 |
| 向量 | vector | 第 2 章 |
| 小批量梯度下降 | mini-batch gradient decent，MBGD | 第 4 章 |
| 信念网络 | belief network | 第 16 章 |
| 信息增益 | information gain | 第 12 章 |
| 信息增益率 | information gain rate | 第 12 章 |
| 序列最小优化 | sequential minimal optimization，SMO | 第 11 章 |
| 学习率 | learning rate | 第 4 章 |
| 循环神经网格 | recurrent neural network，RNN | 第 10 章 |
| 训练集 | training set | 第 3 章 |
| 雅可比矩阵 | Jacobian matrix | 第 2 章 |
| 延森不等式 | Jensen’s inequality | 第 17 章 |
| 验证集 | validation set | 第 5 章 |
| 一致流形逼近与投影 | uniform manifold approximation and projection，UMAP | 第 15 章 |

续表

| 中文术语 | 英文术语 | 章节 |
|---|---|---|
| 因果机器学习 | casual machine learning | 总结与展望 |
| 因子分解机 | factorization machine，FM | 第 7 章 |
| 隐变量 | latent variable | 第 17 章 |
| 隐含层 | hidden layer | 第 8 章 |
| 预训练模型 | pre-trained model | 第 9 章 |
| 元学习 | meta-learning | 总结与展望 |
| 元学习器 | meta learner | 第 13 章 |
| 暂退法 | dropout | 第 9 章 |
| 栈式自编码器 | stacked autoencoder | 第 18 章 |
| 长短期记忆 | long short-term memory，LSTM | 第 10 章 |
| 召回率（查全率） | recall | 第 6 章 |
| 真阳性 | true positive，TP | 第 6 章 |
| 真阳性率 | true positive rate，TPR | 第 6 章 |
| 真阴性 | true negative，TN | 第 6 章 |
| 正定矩阵 | positive definite matrix | 第 15 章 |
| 正交矩阵 | orthogonal matrix | 第 15 章 |
| 正则化 | regularization | 第 5 章 |
| 支持向量 | support vector | 第 11 章 |
| 支持向量机 | support vector machine，SVM | 第 11 章 |
| 知识融入的学习 | learning with knowledge base | 总结与展望 |
| 秩 | rank | 第 2 章 |
| 终身学习 | lifelong learning | 总结与展望 |
| 主成分分析 | principal component analysis，PCA | 第 15 章 |
| 转置 | transpose | 第 2 章 |
| 桩 | stump | 第 13 章 |
| 准确率（精度） | accuracy | 第 6 章 |
| 自编码器 | autoencoder，AE | 第 18 章 |
| 自动机器学习 | AutoML | 第 5 章 |
| 自监督学习 | self-supervised learning | 第 18 章 |
| 自举采样 | bootstrap sampling | 第 13 章 |
| 自举聚合 | bootstrap aggregation, bagging | 第 13 章 |
| 最大后验 | maximum a posteriori，MAP | 第 16 章 |
| 最大池化 | max pooling | 第 9 章 |
| 最大似然估计 | maximum likelihood estimation，MLE | 第 6 章 |
| 最小绝对值收敛和选择算子 | least absolute shrinkage and selection operator，LASSO | 第 5 章 |
| 坐标上升 | coordinate ascent | 第 17 章 |